高职高专规划教材

# 金属工艺学

第二版


安少云 主 编

陈文娟 刘翔宇 副主编

贾志宁 主 审

化学工业出版社

·北京·

《金属工艺学》是根据高等职业教育人才培养目标要求编写的。全书共十一章，主要内容包括：金属材料的性能，金属材料微观结构的基本知识，钢的热处理，常用金属材料，铸造成形，金属压力加工，焊接成形，金属切削加工，机械零件成型方法的选择，新型金属功能材料，并结合实例介绍了热处理工艺设计的基本方法及最优化工艺设计的概念，书中大量实例均来自生产实际，注重内容的实用性与针对性。

本书突出职业教育的特点，侧重应用能力的培养，内容上简化了过多的理论介绍，注重基本原理、工艺特点，知识面宽而浅。每部分内容后配有一定数量的复习思考题。书中有关名词术语、工艺资料等均采用国家最新标准。

本书可作为高等职业院校、高等专科学校、高级技工学校、技师学院、成人教育学院等大专层次的理工科类金属工艺学课程的教材，也可供中等专业学校机械类专业的学生选用，同时可作为广大自学者的自学用书及工程技术人员的参考书。

**图书在版编目（CIP）数据**

金属工艺学/安少云主编．—2版．—北京：化学工业出版社，2015.8（2024.6重印）
高职高专规划教材
ISBN 978-7-122-24039-2

Ⅰ.①金… Ⅱ.①安… Ⅲ.①金属加工-工艺学-高等学校-教材 Ⅳ.①TG

中国版本图书馆CIP数据核字（2015）第106281号

责任编辑：于　卉　　文字编辑：张绪瑞
责任校对：王素芹　　装帧设计：王晓宇

出版发行：化学工业出版社（北京市东城区青年湖南街13号　邮政编码100011）
印　　装：北京盛通数码印刷有限公司
787mm×1092mm　1/16　印张15　字数396千字　2024年6月北京第2版第7次印刷

购书咨询：010-64518888　　售后服务：010-64518899
网　　址：http://www.cip.com.cn
凡购买本书，如有缺损质量问题，本社销售中心负责调换。

**定　　价：45.00元**

# 前言

“十二五”时期是我国全面建设小康社会的关键时期，也是贯彻落实《国家中长期教育改革和发展规划纲要（2010～2020年）》的关键五年。普通高等学校在教育改革与发展过程中面临着前所未有的机遇和挑战。以加快转变经济发展方式为主线，推进经济结构战略性调整、建立现代产业体系，推进资源节约型、环境友好型社会建设，迫切需要进一步提高劳动者素质，调整人才培养结构，增加应用型、技能型、复合型人才的供给。近年来教育部先后印发了《教育部关于实施卓越工程师教育培养计划的若干意见》（教高［2011］1号）、《关于“十二五”普通高等教育本科教材建设的若干意见》（教高［2011］5号）、《关于“十二五”期间实施“高等学校本科教学质量与教学改革工程”的意见》（教高［2011］6号）、《教育部关于全面提高高等教育质量的若干意见》（教高［2012］4号）等指导性意见，对全国高等专科类学校教学改革和发展方向提出了明确的要求。

在上述大背景下，本书根据教育部对高职高专教学改革的要求，邀请我校从事机械类专业教学一线的教师，结合多名教师的实践教学经验，按照教育部《高职高专工程材料与成形工艺基础教学基本要求》[机械类专业适用]（1999），从培养21世纪高等技术应用性人才的角度编写并再次修改完善了这本专业基础教材，该教材是各类高等职业技术教育、高等专科学校机械类专业的专业基础教材。

本教材是根据课程教学专业规范的要求编写的，适应新时期教学需要，既可以作为满足机械工程师后备人才的培养的基础教材，也可供相关工程技术人员参考使用。

重新编写的教材具备如下特点：

1. 采用了最新国家标准。

2. 以机械工程知识和能力的培养为根本，与企业对机械工程师的能力目标紧密结合，力求满足学科、教学和社会三方面的需求。

3. 在结构上和内容上体现思想性、科学性、先进性，把握行业人才要求，突出工程教育特色。

4. 充分重视新材料、新工艺、新技术的引入。如增加了新型材料、新型工艺的介绍等。

5. 注重对学生学以致用能力的培养，用一种典型机械零件作为工作项目引入，通过分析这个零件的工作条件、失效形式、性能要求，引导学生将所学理论应用到实际零部件的工艺设计和生产过程中。

6. 建立金属材料与加工工艺和现代机械制造过程的密不可分的联系及重要性。

本书由承德石油高等专科学校安少云副教授主编，承德石油高等专科学校贾志宁副教授主审。

参加本书编写的有承德石油高等专科学校安少云（第1章、第4章、第6章、第7章、第11章），陈文娟（第2章、第3章、第5章、第9章），刘翔宇（第8章、第10章），王燕华也参加了部分编写工作，全书由安少云负责统稿。

本书经过近六年的课堂教学实践，现对教材中的一些内容、格式、标准进行了进一步的完善和统一。本书编写得到了全国有关院校专家、老师的大力支持，并参考了有关文献资料，在此一并表示衷心的感谢。

根据课程教学专业的进一步要求，编写组准备开发《金属工艺学》的其他配套教材（习题、课程设计和实践教材及数字化学习资源）。

**编者**

**2015 年 3 月**

# 第一版前言

随着社会的进步和科学技术的快速发展，社会大生产对人才的要求发生了较大的变化，特别是加入 WTO 后，我国要建立新型工业化社会，成为世界制造中心，培养高级技能型应用型专门人才已成为高职高专教育重要而紧迫的任务。教育部根据社会急需的生产、经营与管理的高级技能型应用型专门人才的要求，聘请教育专家和学者，结合国内外人才培养的先进经验和高职高专教育的目前实际状况，在教育部机械职业教育教学指导委员会的配合下，制订了高职高专机械类专业人才培养的教学方案，并开发了教学计划与教学大纲。本教材就是依据该方案和教学计划及大纲，在教育部机械职业教育教学指导委员会帮助与指导下，编写的机械类专业技术基础课程的专用教材，供本科机械类专业及高职高专机械类各个专业使用，也可供机械类专业技术人员参考。

本教材坚持以服务为宗旨，以就业为导向的指导思想，以能力为本位，以培养学生的创新精神和实践能力为核心，坚持以人为本，始终贯彻“实际、实用、实效”的原则，依据机械类专业的培养目标，将机械制造的主干课程进行了有机的综合，打破了传统的学科性的课程体系，并且每章配有相应的思考题与习题，使学生每学完一章后，都能对所学知识进行总结和应用，对分析问题和解决问题能力培养进行综合训练，从而突出了综合能力的培养，以适应社会新形势对高等技能型应用性专门人才的需要。

本书具有以下特点：

（1）综合性　对机械加工知识和能力培养的课程进行了有机的综合化处理，体现了多方位知识的相互交叉和融合，突出综合职业能力的培养。

（2）实用性　本教材以各个机械类应用型专业面向的岗位和岗位群职业能力的要求为依据，确定课程的结构和内容，所涵盖的知识具有现实的应用性。

（3）先进性　教材更多地吸收了当前新知识、新技术、新工艺的内容，有效地拓展了学生的知识空间。

（4）创造性　教材每章后面设有思考题和习题，激发学生的学习兴趣，开拓学生思路，从而培养学生的实践能力和创新精神。

（5）广泛性　本教材涵盖了金属材料与各种机械加工工艺所涉及的全部内容，具有实用性和实效性，因此，适用于机械加工领域的各种人员进行参考。

本教材共分 11 章，重点介绍了金属材料基本知识与实际生产中的选材原则，机械和建筑工程以及机械零件的材料及加工工艺基本知识和基本理论以及先进加工的方法等。

本教材由承德石油高等专科学校安少云任主编，陈文娟与刘翔宇任副主编，蔡广新任主审。参加编写的有安少云(前言，绪论，第 1 章，第 4 章，第 6 章，第 11 章)，陈文娟（第 2 章，第 3 章，第 5 章，第 10 章)，刘翔宇(第 7 ~ 9 章)。刘艳军、王雍军也参与了部分编写工作。

本教材在编写过程中得到了我校各级部门的大力支持和帮助，并提出了很好的意见和建议，在此一并表示谢意！

由于编者水平有限，书中不足之处在所难免，恳请读者提出宝贵意见，以便今后加以修改与提高。

**编者**

**2010 年 2 月**

# 目录 CONTENTS

目录 CONTENTS

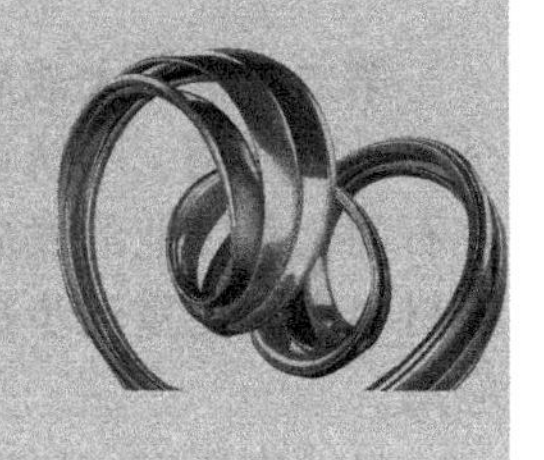

# 绪论

金属工艺学是研究常用金属材料的性质及其加工方法的热处理和金属加工工艺基础两部分的一门学科。

金属材料部分主要内容分为金属材料、非金属材料、各种新型材料及复合材料。

金属材料指钢铁、有色金属等材料；非金属材料指无机高分子材料（陶瓷、水泥、木材等），有机高分子材料（如塑料、橡胶）；复合材料指玻璃钢、碳纤维复合材料、硼纤维材料。现在新材料有纳米材料、功能性材料。目前，世界的四大材料是钢铁、木材、塑料、水泥。

热处理部分主要是研究常用热处理方法来进一步改变金属材料的组织和性能。

金属加工工艺基础部分主要包括有铸造、锻造、焊接、切削加工以及钳工工艺基础等。因此金属工艺学是一门综合性的实用科学。

中国是世界上文明古国之一，早在原始社会末期人们已经开始使用简单的铜器，到商代和西周达到了极盛时期。材料发展概括：①石器时代，材料有天然石、兽骨、树枝；②陶器时代，材料有泥巴（日晒→原始陶器；火烧→瓷器用具）；③铜器时代，司母戊鼎（公元前16～公元前11世纪）1130mm×780mm×1100mm等，著名的司母戊大铜鼎就是商代晚期器物，重达875千克。④铁器时代：有沧州的铁狮子（公元953年）重50t，长5.3m，宽3m。

当时能铸造这样精美的铜鼎和铁器，必须解决一系列技术问题，可见，我国古代的冶炼和铸造技术已达到非常卓越的地步。

春秋战国初期创造的生铁柔化处理技术使硬和脆的白口铁变为延展性的铸铁（相当于当今可锻铸铁），而西方在2300年之后才有此项技术。春秋战国时代的越王勾践剑，历经千百年尚且保存完好，说明我国很早就掌握炼钢、锻造、热处理和防腐蚀等工艺技术。

《考工记》是我国最早的一部工艺著作，大约成书于春秋战国之际，是齐国人记录手工业技术的官书，作者不详。此书在战国时期已广为流传。西汉时河间献王刘德整理先秦古籍，因《周官》缺《冬官》篇，便以《考工记》补入。后《周官》改名《周礼》，遂成为《周礼》之一篇，也称作《周礼·考工记》。在“考工记”中曾有“金之六齐”一段记载（金就是铜，齐就是合金），这是关于青铜合金成分配比规律最早的阐述。明朝科学家宋应星所铸《天工开物》一书叙述冶铁、炼钢、铸钟、锻铁、淬火等金属加工方法是世界上最早有关金属工艺的科学著作之一，书中记载了我国劳动人民在金属工艺方面的卓越成就。唐代应用的锡焊、锻焊也比欧洲早用一千余年。

从以上看出，我国不仅使用金属的历史悠久，而且积累了丰富的科学知识。但是，人类虽早在公元前已了解金、银、铜、汞、锡、铁、铅等多种金属，但由于采矿和冶炼技术的限制，在相当长的历史时期内，很多器械仍用木材制造或采用铁木混合结构。直到1856年英国人H. 贝塞麦发明转炉炼钢法，1856～1864年英国人K. W. 西门子和法国人P. 马丁发明平炉炼钢以后，大规模炼钢工业兴起，钢铁才成为最主要的机械工程材料。

第二次世界大战后，科学技术的进步促进了新型材料的发展，球墨铸铁、合金铸铁、合金钢、耐热钢、不锈钢、镍合金、钛合金和硬质合金等相继形成系列并扩大应用。同时，随着石油化学工业的发展，促进了合成材料的兴起，工程塑料、合成橡胶和胶黏剂等在机械工程材料中的比重逐步提高。另外，宝石、玻璃和特种陶瓷材料等也逐步扩大在机械工程中的应用。

自新中国成立以来，我国机械制造业获得迅猛发展，已建立起汽车、造船、航空、重型机械、精密轴承、精密机床等现代工业，人造卫星、洲际导弹发射成功都与机械制造工艺发展水平有关，可见现代化建设离不开机械制造工艺的进步。

在机械制造与发展这方面来说，机械产品的可靠性和先进性，除设计因素外，在很大程度上取决于所选用材料的质量和性能。新型材料的发展是发展新型产品和提高产品质量的物质基础。各种高强度材料的发展，为发展大型结构件和逐步提高材料的使用强度等级，减轻产品自重提供了条件；高性能的高温材料、耐腐蚀材料为开发和利用新能源开辟了新的途径。现代发展起来的新型材料有新型纤维材料、功能性高分子材料、非晶质材料、单晶体材料、精细陶瓷和新合金材料等，对于研制新一代的机械产品有重要意义。如碳纤维比玻璃纤维强度和弹性更高，用于制造飞机和汽车等结构件，能显著减轻自重而节约能源。精细陶瓷如热压氮化硅和部分稳定结晶氧化锆，有足够的强度，比合金材料有更高的耐热性，能大幅度提高热机的效率，是绝热发动机的关键材料。还有不少与能源利用和转换密切有关的功能材料的突破，将会引起机电产品的巨大变革。

随着科学技术的发展，尤其是材料测试分析技术的不断提高，如电子显微技术、微区成分分析技术等的应用，材料的内部结构和性能间的关系不断被揭示，对于材料的认识也从宏观领域进入微观领域。在认识各种材料的共性基本规律的基础上，正在探索按指定性能来设计新材料的途径。

金属材料是现代工业的基础，学习本课程的目的，是使学生了解常用金属材料的成分、组织和性能之间的关系以及改善金属材料性能的方法，从而达到能够正确地选择和使用，同时又可使学生在设计机械零件时，有一定的工艺基础知识，初步具有采用合理材料及加工方法的能力。

金属工艺学是劳动人民在长期实践中创造和发展起来的，学习这门课程必须理论联系实际，除了学习书本知识，掌握必要的理论基础外，还要向有实践经验的工人、工程技术人员学习，逐步培养分析问题和解决问题的能力。

金属工艺学的特点是实践性强，内容广博，是工艺入门课。因此必须通过实习与现场参观获得感性知识，熟悉金属材料的常用加工方法、所用设备和工具的一般原理，并掌握一定的操作技能，在此基础上再进行理论讲课。

为此要求学生：

① 掌握各种主要加工方法的特点、基本原理，常用设备大致结构和加工范围，并有选用材料、选择毛坯、拟定零件加工方案以及初步的工艺分析能力。

② 熟悉零件结构工艺性对结构设计的要求。

金属工艺学内容十分丰富，各种工艺方法皆具特色。为了掌握其规律性，联系实际，完成综合性作业，切实达到本课程的要求。

在机械类专业教育改革中，金属工艺学教学应在提高学生的综合素质，特别是培养设计和创造能力以及工程实践能力等方面积极进行探索，发挥重要的不可替代的作用。

# 第1章 金属材料的力学性能

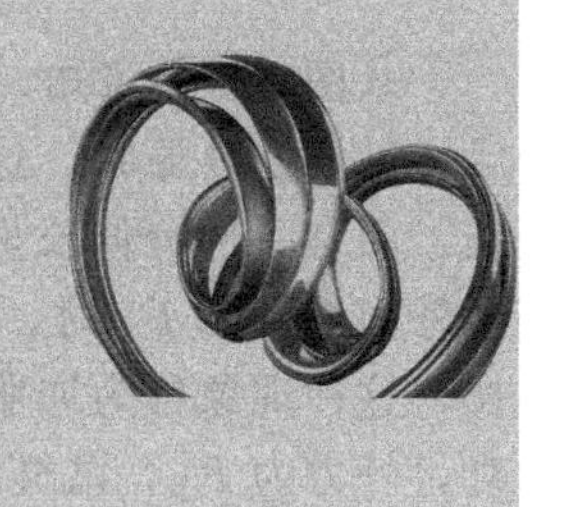

**学习目的**

本章主要介绍了金属材料的力学性能以及测定性能的试验方法，学完本章以后，学生应做到：在机械制造行业中，能在大量的金属材料中进行准确的选材与设计。

**重点和难点**

重点是金属材料强度与硬度的测定及应用。难点是金属材料的冲击韧性指标与材料实际性能之间的对应关系。

**学习指导**

学习时要注意理解和掌握四大性能指标在实际设计和选材中如何恰当应用，将各种典型的金属材料性能与实际零部件的应用完美结合，以便加深学生理解与掌握。

金属是制造机器的基本材料。为了合理选用金属材料并把它加工成零件，必须掌握金属材料的使用性能和工艺性能。使用性能是指材料适应工作条件所必须具备的性能，包括力学性能、物理性能（如密度、熔点、导热性、导电性等）和化学性能（如耐蚀性、耐热性等）。工艺性能是指材料在加工过程中所表现的性能，包括铸造性能、可锻性、可焊性和切削加工性能。

金属材料包括纯金属和合金两大类。合金是在一种金属元素基础上，加入其他元素，组成具有金属特性的新材料。例如，钢铁是以铁为基础的铁碳合金，黄铜是以铜为基础的铜锌合金等。合金往往比纯金属具有更好的力学性能和工艺性能，成本较低，故制造机械零件大都选用合金而很少采用纯金属。

机械零件在使用过程中，往往受到各种外力的作用。金属材料在外力作用下所表现出的性能称为力学性能。它是设计零件时选择材料的重要依据。

金属材料的力学性能主要有强度、刚度、塑性、硬度、冲击韧性和疲劳强度等。

## 1.1 强度、刚度和塑性

### 1.1.1 拉伸试验

材料的强度、刚度和塑性指标可以通过拉伸试验加以测定。

拉伸试验是在拉伸试验机上进行的。试验前，先将金属材料制成标准拉伸试样，如图1-1所示。图中 $d_0$ 为试样直径，$l_0$ 为测定试样伸长用的标距长度。试验时，把试样夹持在拉伸试验机的两个夹头上缓慢加载，随着载荷的不断增加，试样不断被拉长，直到拉断为止。图1-2所示为用低碳钢试样做拉伸试验时测得的拉力（$F$）和伸长量（$\Delta l$）的关系曲线，称为低碳钢拉伸曲线。

从图 1-2 中可知，在开始的 $oe$ 阶段，试样的伸长量随拉力成正比例增长。若去除外力后，试样恢复原状，这种变形称为弹性变形。超过 $e$ 点后若去除外力，试样不能完全恢复原状，尚有一部分伸长量被保留下来。这种在外力消除后仍存在的永久变形，称为塑性变形。当外力增加到 $F_s$ 时，拉伸曲线在 $s$ 点后出现水平线段，即表示外力不增加而试样继续伸长，这种现象称为屈服。当屈服现象过后，试样又随外力增加而逐渐伸长。在拉伸曲线 $b$ 点时，外力为 $F_b$，试样出现局部变细的缩颈现象。由于试样截面缩小，所需外力开始下降，变形主要集中于颈部。当达到 $k$ 点时，试样在缩颈处分裂。因此，试样在整个拉伸过程中，先后经历了弹性变形、弹-塑性变形和断裂三个阶段。

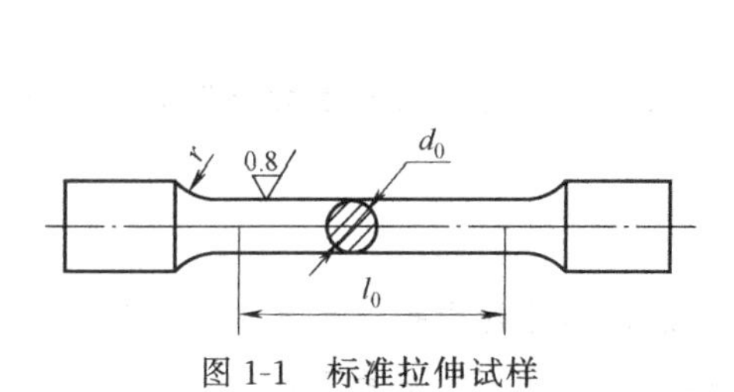

图 1-1　标准拉伸试样

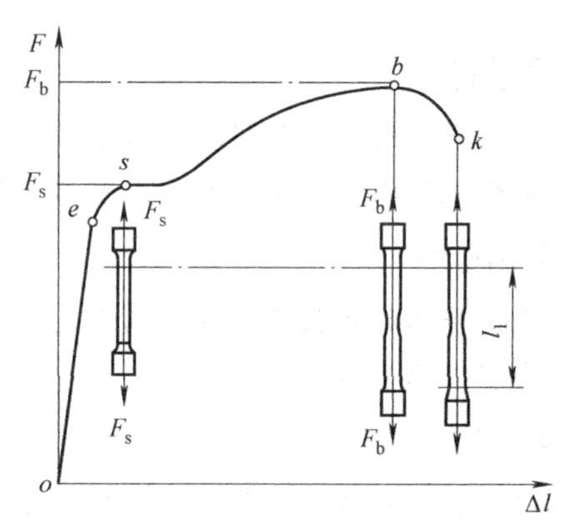

图 1-2　低碳钢拉伸曲线

## 1.1.2　强度指标

强度是指金属材料在外力作用下抵抗变形和断裂的能力。

当材料受外力作用而未引起破坏时，其内部产生与外力相平衡的内力。单位面积上的内力为应力。强度的高、低是以材料所能承受的应力数值大小来表示的。常用的强度指标有屈服强度和抗拉强度。

### 1.1.2.1　弹性极限

在弹性阶段内，卸力后而不产生塑性变形的最大应力为材料的弹性伸长应力，通常称为弹性极限，以 $\sigma_e$ 表示。弹性极限是理论上的概念，难以由实验直接测出，弹性极限是材料产生弹性变形时的最大应力值，即

$$\sigma_e=\frac{F_e}{A_0}$$

式中　$F_e$——试样发生最大弹性变形时的拉力，N；

　　$A_0$——试样原来的横截面积，$mm^2$。

### 1.1.2.2　屈服强度

屈服强度是材料产生屈服现象时的应力，用符号 $\sigma_s$ 表示。

$$\sigma_s=\frac{F_s}{A_0}$$

式中　$F_s$——试样产生屈服现象时的拉力，N；

　　$A_0$——试样原来的横截面积，$mm^2$。

在我们遇到的多数金属材料特别是那些脆性的材料，如铸铁、高碳钢等，它们没有明显的屈服现象，很难测定其屈服强度，为了进行工程设计方便，规定产生 0.2%的塑性变形时

的应力，称为该材料的条件屈服强度，用表示 $\sigma_{0.2}$。$\sigma_{0.2}$ 的确定方法如图 1-3 所示。

在拉伸曲线坐标上截取 $c$ 点，使 $oc=0.2\%l_0$ 过 $c$ 点作斜线的平行线，交曲线于 $s$ 点，对应 $c$ 点可找到相对应的 $F_{0.2}$，按照计算公式即可得出 $\sigma_{0.2}$。

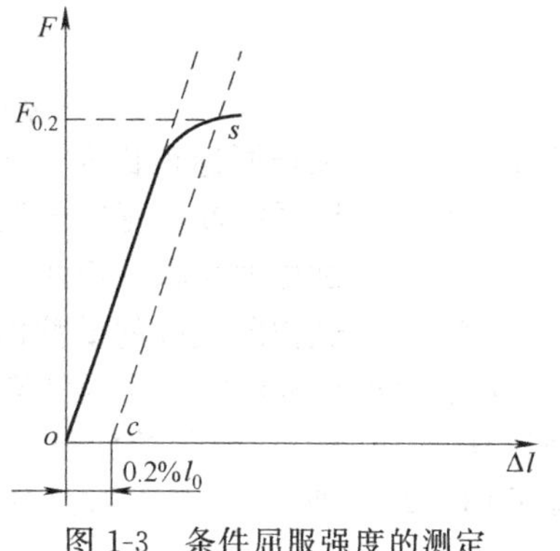

图 1-3　条件屈服强度的测定

### 1.1.2.3　抗拉强度

抗拉强度是通过拉伸试验测定金属试样在拉力作用下，先引起弹性变形，接着产生塑性变形，最后被拉断时的最大拉力获得。是材料在断裂前所能承受的最大应力，用 $\sigma_b$ 表示

$$\sigma_b=\frac{F_b}{A_0}(\text{MPa})$$

式中　$F_b$——试样在断裂前的最大拉力，N；

　　　$A_0$——试样原来的横截面积，$mm^2$。

$\sigma_s$、$\sigma_{0.2}$ 以及 $\sigma_b$ 是选用金属材料所依据的重要强度指标。究竟采用哪个强度指标用作设计时的强度指标，需视零件的工作要求而定。若只要求零件在使用时不断裂，如钢丝绳等，则以材料的 $\sigma_b$ 来计算强度：若零件在使用过程中不允许产生塑性变形，如内燃机气缸盖螺栓，则以材料的 $\sigma_s$ 来计算强度。

## 1.1.3　刚度

刚度是衡量金属材料抵抗弹性变形的一种能力，一般的机械零件大都在弹性状态下工作，对刚度有一定要求，如起重机臂架、机床床身、精密机床主轴等，这样的机械零件在使用时不允许产生过大的弹性变形。

材料在弹性范围内，应力 $\sigma$ 和应变 $\varepsilon$（指单位长度的变形量）成正比关系，比例常数称为弹性模量，其物理意义为引起单位变形时所需的应力。工程上常用 $E$ 作为衡量材料刚度的指标。

$$E=\frac{\sigma}{\varepsilon}=\frac{F/A_0}{\Delta l/l_0}=\frac{Fl_0}{\Delta lA_0}\ (\text{MPa})$$

式中　$\Delta l$——试样在弹性范围内的变形量，mm；

　　　$F$——试样所受拉力，N；

　　　$l_0$——试样原标距长度，mm；

　　　$A_0$——试样原始横截面积，$mm^2$。

从上式可知，当 $F$、$l_0$ 和 $A_0$ 一定时，$E$ 与 $\Delta l$ 成反比，即弹性模量愈大，产生的弹性变形愈小，则刚度愈大。

弹性模量 $E$ 主要决定于金属的本身性质，与晶格类型和原子间距有关，而与强化金属的手段（如热处理，合金化冷变形等）无关。对钢来说，在室温时，$E$ 在 $1.9\times10^5\sim2.2\times10^7$ MPa 范围内，$E$ 随温度升高而逐渐降低。

提高零件刚度的主要途径有两个：一是改变零件的结构形式（如采用加强筋等）和增加横截面积；二是选择具有较大弹性模量的材料。

## 1.1.4　塑性

塑性是金属材料在外力作用下，产生永久变形而不破坏的性能。常用的塑性指标有伸长率（$\delta$）和断面收缩率（$\psi$）

$$\delta=\frac{l_1-l_0}{l_0}\times100\%$$

$$\psi=[(A_0-A_K)/A_0]\times100\%$$

式中　$l_0$——试样原标距长度，mm；

$l_1$——试样拉断后标距长度，mm；

$A_0$——试样原始横截面积，$mm^2$；

$A_K$——试样断裂处的横截面积，$mm^2$。

$\delta$ 的大小与试样的尺寸因素有关。用长试样（$l_0=10d_0$）测得的伸长率用 $\delta_{10}$ 表示。用短试样（$l_0=5d_0$）测得的伸长率用 $\delta_5$ 表示。对于同一材料用短试样测得的伸长率大于长试样的伸长率，即 $\delta_5>\delta_{10}$。因此在比较不同材料伸长率时应采用同样尺寸规格的试样，而断面收缩率 $\psi$ 与试样的尺寸因素无关。对于材料质量引起的塑性改变，$\psi$ 比 $\delta$ 反应敏感。例如，在大型锻件表面和内部分别取样，往往 $\psi$ 相差悬殊而 $\delta$ 变化不大。所以，$\psi$ 能更可靠全面地代表金属材料的塑性。

金属材料的塑性好坏对零件的加工和使用都具有重要的实际意义。塑性好的材料不仅能顺利地进行锻压、轧制等成形工艺，而且在使用时万一超载，由于产生塑性变形，能避免突然断裂，所以，大多数机械零件除要求具有较高强度外，必须有一定的塑性。一般 $\delta$ 达 5% 或 $\Psi$ 达 10%，已能满足零件的使用要求。过高地追求塑性指标会降低材料的强度，是不恰当的。

## 1.2 硬度

硬度是金属材料抵抗更硬物体压入的能力，也表示抵抗局部塑性变形的能力。

硬度测定常用压入法：把一定的压头压入金属材料表面层，然后根据压痕的面积或深度，测定其硬度值。根据压头和压力的不同，常用的硬度指标有布氏硬度（HBS 或 HBW）和洛氏硬度（HR）。

### 1.2.1 布氏硬度

布氏硬度试验原理如图 1-4 所示：用直径为 $D$ 的淬火钢球或硬质合金球，以相应的试验力 $F$ 压入试样表面，经规定的保持时间后，卸除试验力，测量试样表面的压痕直径 $d$。布氏硬度值是试验力 $F$ 除以压痕球形表面积 $S$ 所得的商值，布氏硬度值

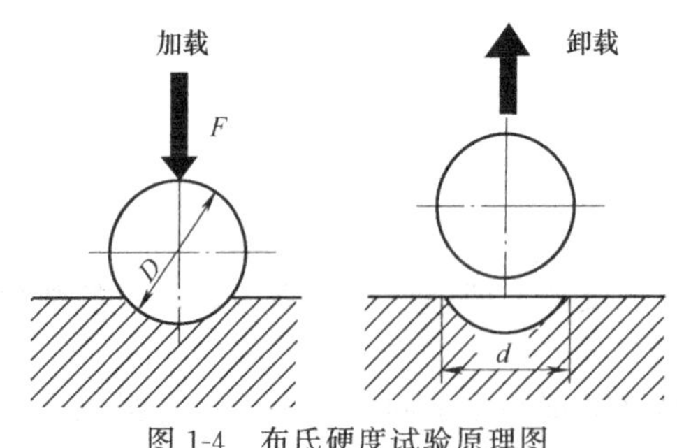

图 1-4　布氏硬度试验原理图

$$\text{HBS 或 HBW}=0.102\frac{2F}{\pi D(D-\sqrt{D^2-d^2})}$$

布氏硬度的单位为 MPa，一般只标其数值而不注明单位。根据国家标准（GB 231—84）规定：硬度值写在布氏硬度符号前。当压头用淬火钢球时，硬度值符号为 HBS。

具体的表示方法如下，例如：120HBS10/9807/30，数值的意义依次为：硬度值/硬度标准/球直径/载荷/作用时间。当压头用硬质合金球时，硬度标准表示为 HBW，例如：530HBW5/750。

在测定硬度的几种常用方法中，布氏硬度试验的测量误差小，测定的硬度值准确、稳定。但淬火钢球压头测量硬材料时容易变形，故只能测定 HBS<450 的金属材料如灰铸铁，有色金属及经过退火、正火和调质处理的钢材等。

如果要求测定硬度较高的金属材料，为避免压头变形，可用硬质合金球压头测定，适用于 450＜HBW＜650 的金属材料。当布氏硬度值超过 350 时，用淬火钢球和硬质合金球测定同样的金属材料其试验结果将明显不同。

材料的强度越高，塑性变形抗力越大，硬度值也就高。实践证明：材料的硬度值与抗拉强度以及屈服强度之间存在着一定的内在联系，下列经验公式可供参考：低碳钢 $\sigma_b \approx$ 3.6HBS；高碳钢 $\sigma_b \approx$3.4HBS；调质合金钢 $\sigma_b \approx$3.25HBS；灰口铸铁 $\sigma_b \approx$1HBS。

硬度试验方法比较简便、迅速、经济，而且一般不破坏零件，测得硬度值便可以大致估计出材料的抗拉强度，这在生产实际中是很有用的。

### 1.2.2 洛氏硬度（HR）

洛氏硬度（HRC）试验原理如图 1-5 所示：先预加初载荷 98N，将顶角为 120°的圆锥形金刚石压头紧密接触试样表面，并压入深度 $h$，再加上 1372N 的主载荷（与初载荷一共为 1470N），在总的载荷的共同作用下，压入深度为 $h$。经规定的保持时间卸去主载荷，待材料回弹少许，此时的压入深度为 $h_1$，就以 $(h_1-h_0)$ 来衡量硬度值，用符号 HR 来表示洛氏硬度值。$(h_1-h_0)$ 愈大，则硬度值愈低。

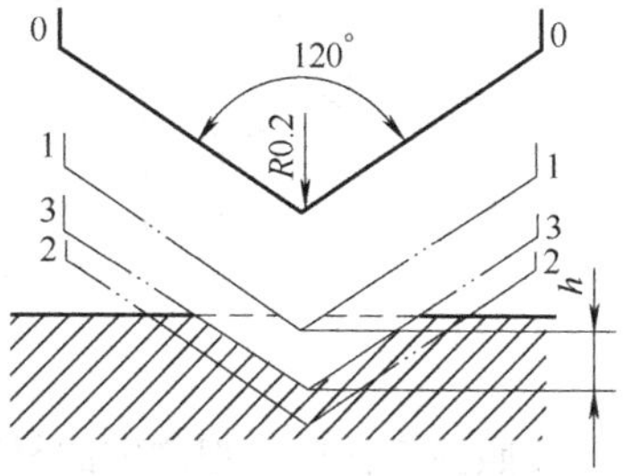

图 1-5　洛氏硬度试验原理图

实际测试时，可以从洛氏硬度计刻度盘上直接读出洛氏硬度值。

洛氏硬度举例：65HRC、60HRA、75HRA。

为了可以用一种硬度计测定从软到硬的多种金属材料的硬度，采用不同的压头和实验载荷相配合，因而组成了三种不同的硬度标尺，这三种硬度标尺分别为 HRA、HRB、HRC，将三种实验方法以及适用材料范围列为表 1-1。

**表 1-1　三种洛氏硬度标尺的试验规范和应用范围**

| 标尺 | 测量范围 | 总载荷/kgf(N) | 压头类型 | 应用举例 |
|---|---|---|---|---|
| HRA | 70～85HRA | 60(588.4) | 金刚石圆锥体 | 硬质合金、表面淬硬层，渗碳层 |
| HRB | 25～100HRB | 100(980.7) | 钢球(直径 1.588mm) | 非铁金属，退火、正火钢等 |
| HRC | 20～67HRC | 150(1471.1) | 金刚石圆锥 | 淬火钢，调质钢等 |

三种标尺中以 HRC 应用最广，有关洛氏硬度的试验方法和技术条件可参考 GB/T 230。

洛氏硬度试验操作简便、迅速，可测定各种金属材料的硬度和较薄工件或表面薄层的硬度，但不及布氏硬度试验准确。

各种洛氏硬度值或与布氏硬度值之间，可以利用通过实验测定而特制的表格进行相对比较或换算。洛氏硬度（HRC）和布氏硬度（HBS）在数值上有以下近似关系

$$\text{HRC} \approx \frac{1}{10}\text{HBS}$$

硬度试验比较简单、迅速、经济，并且一般不破坏试样或零件；根据测定的硬度值还可以大致估计出材料的抗拉强度，这在生产实践中是很重要的。根据试验方法和适应范围的不同，除上述两种方法外，还有维氏硬度、显微维氏硬度等许多种方法。

## 1.3 冲击韧性

前面所讨论的是金属材料在静载荷作用下的力学性能指标，但许多机器零件在工作过程中，往往受到的是冲击载荷的作用，如锻锤的锤杆、锤头；内燃机的活塞连杆、曲轴；铁道

车辆间的挂钩等。由于外力的瞬时冲击作用所引起材料的变形和应力，比静载荷作用时大得多，因此，在设计承受冲击载荷的零件和工具时必须考虑所用材料的冲击韧性。

韧性这个名词一般是与脆性相对应的。冲击韧性就是金属材料承受冲击载荷的能力。目前工程技术上常用一次摆锤冲击弯曲试验进行测定。

摆锤冲击试验的原理如图 1-6 所示，

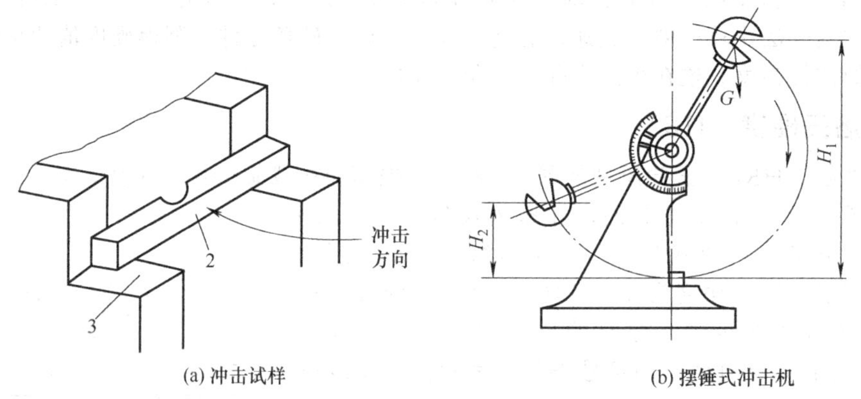


(a) 冲击试样　　(b) 摆锤式冲击机

图 1-6　摆锤冲击试验原理示意

按照国家标准，把测定的材料按国家标准 GB/T 229—2007 规定，加工成标准试样，如图 1-6 所示，然后安装在试验机的支座上，缺口背向摆锤刃口，再将具有一定重量 $G$ 的摆锤，举到一定的高度 $H_1$ 后释放，摆锤自由落下，将试样击断之后，又升到 $H_2$ 的高度。摆锤冲断试样所失去的能量（势能），就是冲击载荷使试样破断所做的功，称为冲击功 $A_K$，其值为 $A_K=G(H_1-H_2)$，单位为 J。

一般情况下，冲断试样时，在试样横截面的单位面积上所消耗的功，称为冲击韧性，用符号 $a_K$ 表示。目前很多冲击试验机如 JB 型，可以从刻盘上直接读出所消耗的功，之后用下列公式计算出金属的冲击韧性（用冲断试样的缺口处单位面积上所消耗的功来表示）

$$a_K=A_K/S\ (\mathrm{J/mm^2})$$

式中　$a_K$——冲击韧性值，$\mathrm{J/mm^2}$；

$S$——试样缺口处的断面面积，$\mathrm{mm^2}$；

$A_K$——冲断试样后所消耗的功，J。

实际上，在动载荷下工作的零件，很少受一次冲击载荷冲击而破坏，不少情况是承受小能量多次重复冲击载荷，材料承受多次冲击的能力主要取决于强度，而不是决定于冲击韧性值（$a_K$）。所以，设计在能量不太大的多次冲击下工作的零件，单纯追求过高的冲击值并没有什么必要，而主要应当有足够的强度。

为了熟悉和比较各种力学性能的符号、名称和含义，现归纳如表 1-2。

**表 1-2　常用的力学性能指标及其含义**

| 力学性能 | 名称 | 符号 | 解释 |
| --- | --- | --- | --- |
| 强度 | 抗拉强度 | $\sigma_b$ | 材料抵抗外力破坏的最大能力。当金属材料单位截断面积上受的拉力达到 $\sigma_b$ 时，材料会被拉断 |
| | 屈服强度 | $\sigma_s$ | 材料抵抗微量塑性变形的能力。当金属材料单位横截面积上受的拉力达到 $\sigma_s$ 时，在产生弹性性变形的同时开始产生微量的塑性变形 |
| | 条件屈服强度 | $\sigma_{0.2}$ | 对脆性材料因无明显的塑性变形点，故测定其发生塑性变形为标距长度 0.2%时的应力作为屈服强度。它标志材料对微量塑性变形的抵抗能力 |

续表

| 力学性能 | 名称 | 符号 | 解释 |
| --- | --- | --- | --- |
| 塑性 | 伸长率 | $\delta$ | 试件拉断后标距长度的伸长量与原来标距长度的百分比，它反映材料塑性的大小，$\delta$ 愈大，材料的塑性愈好 |
| | 断面收缩率 | $\psi$ | 试件拉断处横断面积减小量与原始横断面积的百分比。$\psi$ 值愈大，材料的塑性愈好 |
| 硬度 | 布氏硬度 | HBS(W) | 表示被测材料压入钢球单位面积上所受的载荷数值，标志着材料抵抗其他更硬的物质压入其表面的能力 |
| | 洛氏硬度 | HRA<br>HRB<br>HRC | 根据压痕深浅来衡量硬度，硬度数值可以直接从硬度计表盘上读出。HRC 应用最广，一般淬火钢件都用此洛氏硬度标度 |
| 韧性 | 冲击韧性 | $a_K$ | 材料抵抗冲击外力的能力。摆锤打断试件单位横截面积上所消耗的冲击力。$a_K$ 值愈大，材料的韧性愈好 |

## 1.4 疲劳

### 1.4.1 疲劳概念

大多数机器零件，如轴、齿轮、弹簧等，都是在交变应力（应力大小和方向随时间周期性变化）作用下工作的。这些零件在受力远低于该材料的抗拉强度（$\sigma_b$），甚至低于屈服强度（$\sigma_s$）的情况下，经过长时间的工作而发生断裂的现象叫做金属的疲劳。

疲劳断裂时不产生明显的塑性变形，断裂是突然发生的，具有很大的危险性，常常造成灾难性的事故。因此机器零件在使用过程中，决不允许产生疲劳破坏，必须保证零件在具有无数次交变载荷作用下仍不会断裂的能力，这时的最大应力值称为疲劳极限（疲劳强度），用 $\sigma_{-1}$ 表示。实验证明：金属材料承受的交变应力和断裂前所能承受的应力循环次数 $N$ 之间的关系，通常用疲劳曲线来表示，如图 1-7 所示。

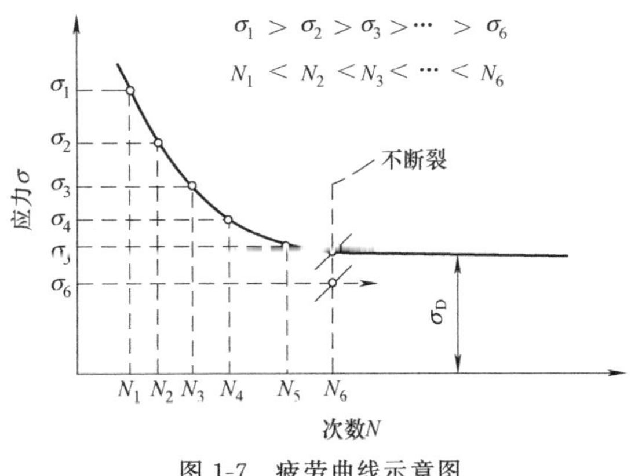

图 1-7 疲劳曲线示意图

虽然疲劳强度是材料在无数次重复交变载荷的作用下不致引起断裂的最大应力，但实际上不可能进行无数次试验，故一般给各种材料规定一个应力循环基数。对钢材来说，如应力循环次数 $N$ 达 $10^7$ 次仍不发生疲劳破坏，就认为不会再发生疲劳破坏，所以钢以 $10^7$ 次为基数。有色金属和超高强度钢则常取 $10^8$ 次为基数。

### 1.4.2 原因及改善方法

产生疲劳破坏的原因很多，一般由于材料有夹杂、表面划痕及其他能引起应力集中的缺陷，从而导致微裂纹的产生，这种微裂纹的产生又随着应力循环次数的增加而逐渐扩展，致使零件的有效截面积不断减小，最后承受不住所加载荷而突然破坏。

为了提高零件的疲劳强度，除改善其结构形状、避免应力集中外，还可以降低零件表面粗糙度及对零件表面进行强化处理来达到，如喷丸处理、表面淬火及化学热处理等。

## 思考题与习题

1. 评定金属材料力学性能最常用的指标有哪些？说明它们各自的代表符号和物理意义。

2. 某种材料的拉伸试样，$l_0$=100mm，$d_0$=10mm。拉伸时产生0.2%残余变形的载荷为65000N，$F_b$=85000N，拉断后测得$l_1$=120mm，$d_1$=6.4mm，试求该材料的$\sigma_{0.2}$、$\sigma_b$、$\delta$、$\psi$各为多少？

3. 试判断下列试验数据表示的是否正确，并说出分析过程及理由。

（1）热轧15钢硬度为202HBS10/1000/10；（2）正火15号钢硬度18HRC；（3）在直径为10mm的退火黄铜试样上测出硬度值为50HBS10/1000/30；（4）20钢渗碳淬火后渗碳层硬度为45HRC。

4. 冲击韧性指标$a_K$在实际生产中，经常用来衡量金属材料哪方面的性能？

# 第 2 章 金属的微观结构

**学习目的**

本章主要介绍材料的结合方式以及由结合方式决定的材料的晶体结构。要求掌握材料的晶体结构和材料力学性能之间的关系。

**重点和难点**

重点是三种典型的金属晶体结构以及实际的金属晶体结构。难点是实际晶体结构对力学性能的影响。

**学习指导**

学习时要注意理解实际金属晶体结构与力学性能之间的关系，并把三种典型的金属晶体结构与之后的学习内容联系起来，以便学生理解。

材料的结构是材料科学与工程的核心问题，也是理解材料的性能的基础。工程材料的各种性能，尤其是力学性能，与其微观结构关系密切。大多数材料的使用状态是固态，因此，深入地分析和了解材料的固态结构与其形成过程是十分必要的。可以从几个不同的侧面来描述材料的结构，例如从化学的侧面来理解原子的构造和原子之间的键合，从晶体缺陷和微结构的侧面来理解实际材料丰富多彩的行为等。

固体物质根据其原子排列情况分为两种形式：晶体与非晶体。物质的结构可以通过外界条件加以改变，这种改变为改善材料的性能提供了可能。

## 2.1 材料的结合方式

### 2.1.1 结合键

组成物质的质点（原子、分子或离子）之间通过某种相互作用而联系在一起，这种作用力称为键。结合键对物质的性能有重大影响。通常结合键分为结合力较强的离子键、共价键、金属键和结合力较弱的分子键与氢键。

绝大多数金属元素是以金属键结合的。金属原子结构的特点是外层电子少，容易失去。当金属原子相互靠近时，这些外层电子就脱离原子，成为自由电子，为整个金属所共有，它们在整个金属内部运动，形成电子气。这种由金属正离子和自由电子之间相互作用而结合的方式称金属键。图 2-1 是金属键的模型。

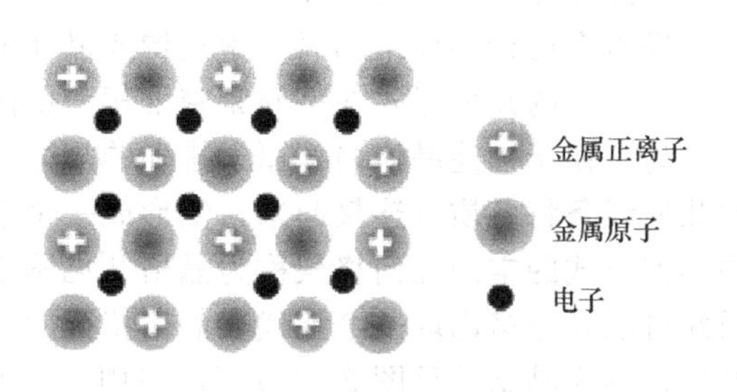

图 2-1　金属键的模型

根据金属键的结合特点可以解释金属晶体

的一般性能。由于自由电子的存在，容易形成电流，显示出良好的导电性；自由电子的易动性也使金属有良好的导热性；由于金属原子移动一定位置以后仍然保持金属键，所以具有很好的变形能力；自由电子可以吸收光的能量，因而金属不透明；而所吸收的能量在电子回复到原来状态时产生辐射，使金属具有光泽。

工程上使用的材料有的是单纯一种键，更多的是几种键的结合。金属材料的结合键主要是金属键，也有共价键和离子键（如某些金属间化合物）。陶瓷材料的结合键是离子键和共价键，大部分材料以离子键为主。所以陶瓷材料有高的熔点和很高的硬度，但脆性较大。高分子材料又称聚合物，它的结合键是共价键和分子键。由于高分子材料的分子很大，分子间的作用力较小，因而也具有一定的力学性能。

### 2.1.2 晶体与非晶体

原子或分子通过结合键结合在一起时，依键性的不同以及原子或分子的大小可在空间组成不同的排列，即形成不同的结构。化学键相同而结构不同时，性能可以有很大差别。原子或分子在空间有秩序地排列形成晶体，无序排列就是非晶体。

（1）晶体

几乎所有的金属、大部分陶瓷以及一些聚合物在其凝固时都要发生结晶，形成原子本身在三维空间按一定几何规律重复排列的有序结构，这种结构称为晶体。晶体具有固定熔点和各向异性等特性。

（2）非晶体

某些工程上常用的材料，包括玻璃、绝大多数的塑料和少数从液态快速冷却下来的金属，还包括人们所熟悉的松香、沥青等，其内部原子无规则地堆垛在一起，这种结构为非晶体。非晶体材料的共同特点是：①结构无序，物理性质表现为各向同性；②没有固定的熔点；③热导率和热膨胀性均小；④塑性形变大。

（3）晶体与非晶体的转化

非晶体结构从整体上看是无序的，但在有限的小范围内观察，还具有一定的规律性，即是近程有序的；而晶体尽管从整体上看是有序的，但由于有缺陷，在很小的尺寸范围内也存在着无序性。所以两者之间尚有共同特点且可互相转化。物质在不同条件下，既可形成晶体结构，又可形成非晶体结构。如金属液体在高速冷却下可以得到非晶态金属，玻璃经适当热处理可形成晶体玻璃。有些物质，可看成是有序和无序的中间状态，如塑料、液晶等。

## 2.2 金属材料的晶体结构

### 2.2.1 晶体结构的基本概念

实际晶体中的各类质点（包括离子、电子等）都是在它的平衡位置上不停的振动着，但是，通常在讨论晶体结构时，常把构成晶体的原子看成是一个个固定不动的小球，这些原子小球按一定的几何形式在空间紧密堆积，如图 2-2(a) 所示。

为了便于描述晶体内部原子排列的规律，将每个原子视为一个几何质点，并用一些假想的几何线条将各质点连接起来，便形成一个空间几何格架。这种抽象的用于描述原子在晶体中排列方式的空间几何格架称为晶格［见图 2-2(b)］。由于晶体中原子作周期性规则排列，因此可以在晶格内取一个能代表晶格特征的，由最少数目的原子构成的最小结构单元来表示晶格，称为晶胞［见图 2-2(c)］，并用棱边长度 $a$、$b$、$c$ 和棱边夹角 $\alpha$、$\beta$、$\gamma$ 来表示晶胞的几何形状及尺寸。不难看出晶格可以由晶胞不断重复堆砌而成。通过对晶胞的研究可找出

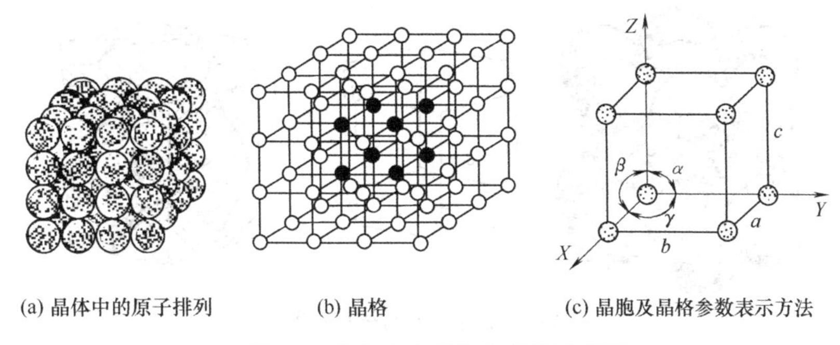


图 2-2　简单立方晶格与晶胞示意图

该种晶体中原子在空间的排列规律。晶格类型不同，就呈现出不同的力学和物理、化学性能。

## 2.2.2　三种典型的金属晶体结构

在金属晶体中，约有 90%属于以下三种常见的晶格类型：体心立方晶格、面心立方晶格和密排六方晶格。

体心立方晶格的晶胞是一个立方体，在立方体的八个角上和晶胞中心各有一个原子，如图 2-3 所示。属于这种晶格类型的金属有 α-Fe、Cr、W、Mo、V、Nb 等。

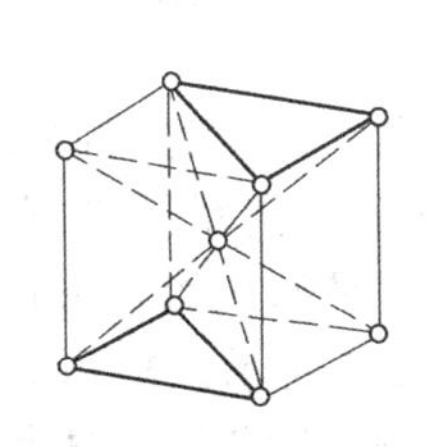
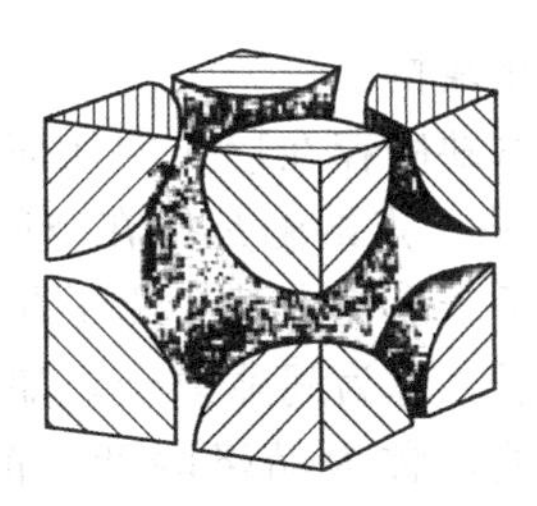

图 2-3　体心立方晶格示意图

面心立方晶格和密排六方晶格示意图如图 2-4 和图 2-5 所示，属于面心立方晶格类型的金属有 γ-Fe、Cu、Al、Ni、Ag、Pb 等；属于密排六方晶格类型的金属有 Mg、Zn、Be 等。

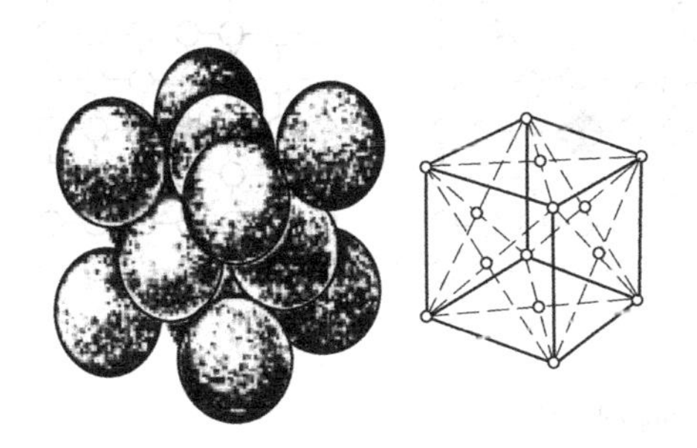
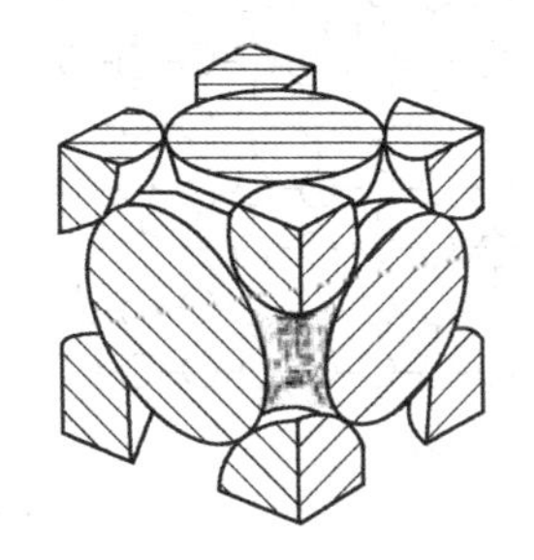

图 2-4　面心立方晶格示意图

## 2.2.3　实际金属的晶体结构

（1）单晶体和多晶体

如果一块金属晶体，其内部的晶格位向完全一致，称为单晶体。金属的单晶体只能靠特

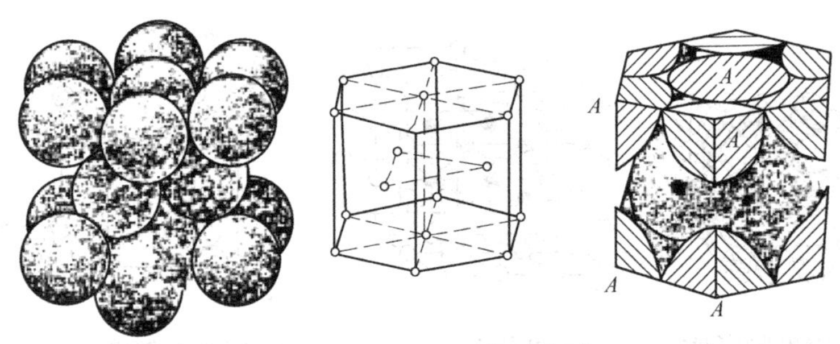

图 2-5 密排六方晶格示意图

殊的方法制得。实际使用的金属材料都是由许多晶格位向不同的微小晶体组成的，称为多晶体，如图 2-6 所示。每个小晶体都相当于一个单晶体，内部的晶格位向是一致的，而小晶体之间的位向却不相同。这种外形呈多面体颗粒状的小晶体称为晶粒。晶粒与晶粒之间的界面称为晶界，实际上，晶界就是不同晶格位向的相邻晶粒在原子排列上的过渡区。在晶粒内部，实际上也不是理想的规则排列，而是由于结晶或其他加工等条件的影响，存在着大量的晶体缺陷，它们对性能有很大的影响。

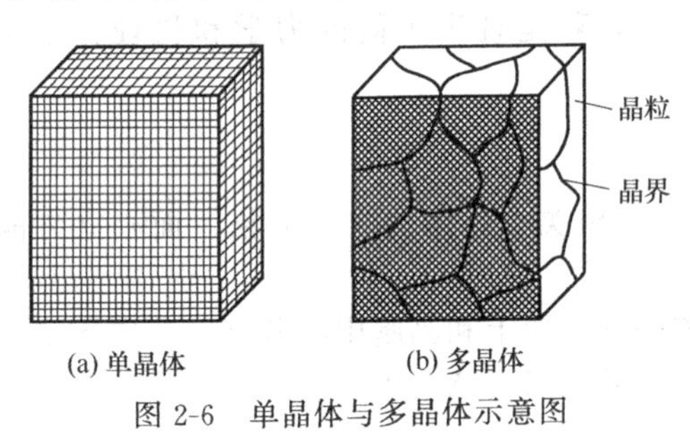

图 2-6 单晶体与多晶体示意图

(2) 晶体缺陷

根据晶体缺陷存在形式的几何特点，通常将它们分为点缺陷、线缺陷和面缺陷三大类。

① 点缺陷　点缺陷是指在空间三个方向尺寸都很小的缺陷。最常见的点缺陷是晶格空位和间隙原子。晶格中某个原子脱离了平衡位置，形成了空结点，称为空位。某个晶格间隙中挤进了原子，称为间隙原子，如图 2-7 所示。缺陷的出现，破坏了原子间的平衡状态，使晶格发生扭曲，称为晶格畸变。晶格畸变将使晶体性能发生改变，如强度、硬度和电阻增加。

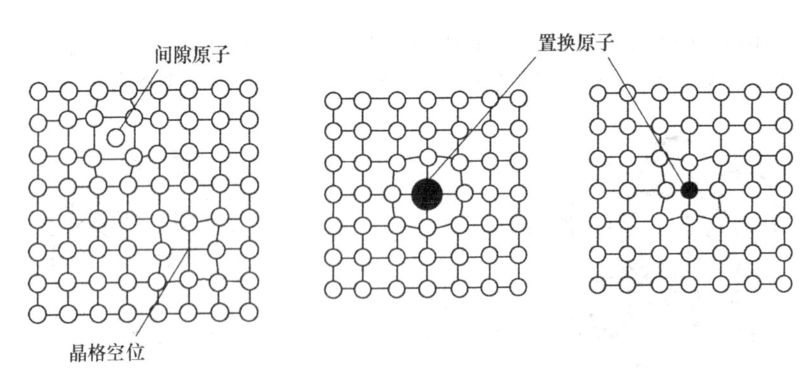

图 2-7 晶格点缺陷示意图

此外，空位和间隙原子的运动也是晶体中原子扩散的主要方式之一，这对金属热处理过程是极其重要的。

② 线缺陷　线缺陷的特征是在晶体空间两个方向上尺寸很小，而第三个方向的尺寸很大。属于这一类的主要是各种类型的位错。

位错是一种很重要的晶体缺陷。它是晶体中一列或数列原子发生有规律错排的现象。位错有许多类型，这里只介绍简单立方晶体中的刃型位错和螺型位错的几何模型，如图 2-8 所示。由图可见，刃型位错是在晶体上多出一个垂直半原子面，这个多余半原子面像刀刃一样垂直切入晶体，使晶体中刃部周围上下的原子产生了错排现象。多余半原子面底边称为位错线。在位错线周围引起晶格畸变，离位错线越近，畸变越严重；螺型位错实际上是原子层围绕位错作螺旋状排列，如果在原子面上绕位错线走一周，就会从一个原子面走到下一个原子面上。

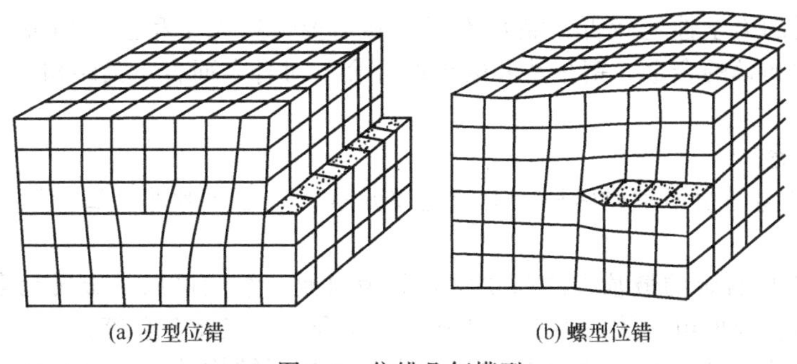

(a) 刃型位错　　(b) 螺型位错

图 2-8　位错几何模型

晶体中的位错不是固定不变的。晶体中的原子发生热运动或晶体受外力作用而发生塑性变形时，位错在晶体中能够进行不同形式的运动，致使位错密度（单位体积晶体中位错的总长度）及组态发生变化。位错的存在及其密度的变化对金属很多性能会产生重大影响。图 2-9定性地表达了金属强度与其中位错密度之间的关系。图中的理论强度是根据原子结合力计算出的理想晶体的强度值。如果用特殊方法制成几乎不含位错的晶须，其强度接近理论计算值。一般金属的强度由于位错的存在较理论值约低两个数量级，此时金属易于进行塑性变形。但随着位错密度的增加，位错之间的相互作用和制约使位错运动变得困难起来，金属的强度会逐步提高。当缺陷增至趋近百分之百时，金属将失去规则排列的特征，而成为非晶态金属，这时金属也显示出很高的强度。可见，增加或降低位错密度都能有效提高金属的强度。目前生产中一般是采用增加位错密度的方法（如冷塑性变形）等来提高金属强度。

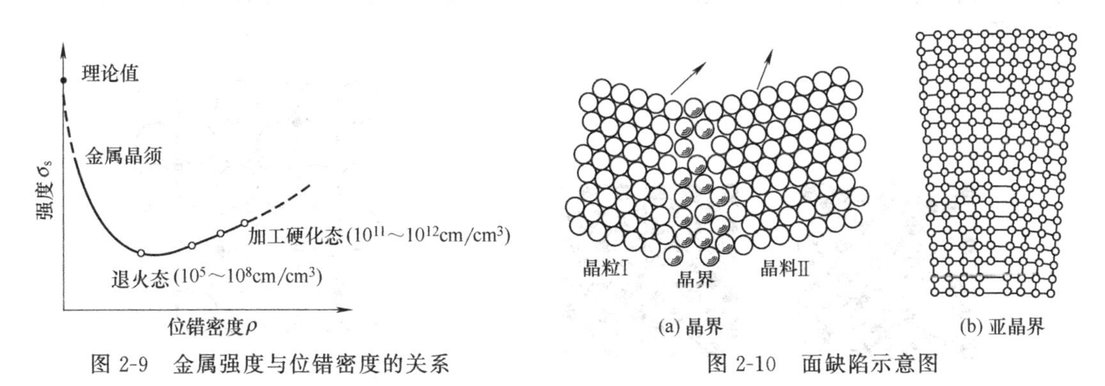


图 2-9　金属强度与位错密度的关系

(a) 晶界　　(b) 亚晶界

图 2-10　面缺陷示意图

③ 面缺陷　面缺陷特征是在一个方向上尺寸很小，而另两个方向上尺寸很大，主要指晶界和亚晶界。

晶界处的原子排列与晶内是不同的，要同时受到其两侧晶粒不同位向的综合影响，所以晶界处原子排列是不规则的，是从一种取向到另一种取向的过渡状态［图 2-10(a)］。在一个晶粒内部，还可能存在许多更细小的晶块，它们之间晶格位向也并非完全一致，而是存在着许多晶格位向差小于 2°～3°的更小的晶块，这些小晶块称为亚晶。亚晶粒之间的界面称为亚晶界［图 2-10(b)］。

由于晶界处原子排列不规则，偏离平衡位置，晶界处能量较晶粒内部要高，因此，晶界具有与晶粒内部不同的特性。如，晶界比晶内易受腐蚀、熔点低、电阻率也较高，晶界对塑性变形（位错运动）有阻碍作用等。在常温下，晶界处不易产生塑性变形，故晶界处硬度和强度均较晶内高。晶粒越细小，晶界亦越多，则金属的强度和硬度亦越高。

### 2.2.4 合金的晶体结构

由于纯金属的力学性能较低，满足不了实际需要，所以工程上应用最广泛的是各种合金。如黄铜是铜和锌的合金，钢是铁和碳等的合金。对合金而言，其结构及影响性能的因素更为复杂。

（1）基本概念

① 合金：合金是由两种或两种以上的金属元素，或金属和非金属元素组成的具有金属性质的物质。

② 组元：组成合金的最基本的独立物质称为组元。组元可以是金属元素、非金属元素和稳定的化合物。根据组元数的多少，可分为二元合金、三元合金等。

③ 相：所谓相是金属或合金中具有相同成分、相同结构并以界面相互分开的各个均匀组成部分。若合金是由成分、结构都相同的同一种晶粒构成的，则各晶粒虽有界面分开，却属于同一种相；若合金是由成分、结构互不相同的几种晶粒所构成，它们将属于不同的几种相。金属与合金的一种相在一定条件下可以变为另一种相，叫做相变。例如纯铜在熔点温度以上或以下，分别为液相或固相，而在熔点温度时则为液、固两相共存。

④ 组织：用金相观察方法，在金属及合金内部看到的组成相的种类、大小、形状、数量、分布及相间结合状态称为组织。只有一种相组成的组织为单相组织；由两种或两种以上相组成的组织为多相组织。

（2）合金的基本相结构

合金的基本相结构可分为固溶体和金属化合物两大类。

① 固溶体　溶质原子溶入溶剂晶格中而仍保持溶剂晶格类型的合金相称为固溶体。根据溶质原子在溶剂晶格中占据的位置，可将固溶体分为置换固溶体和间隙固溶体。如图 2-11、图 2-12所示。

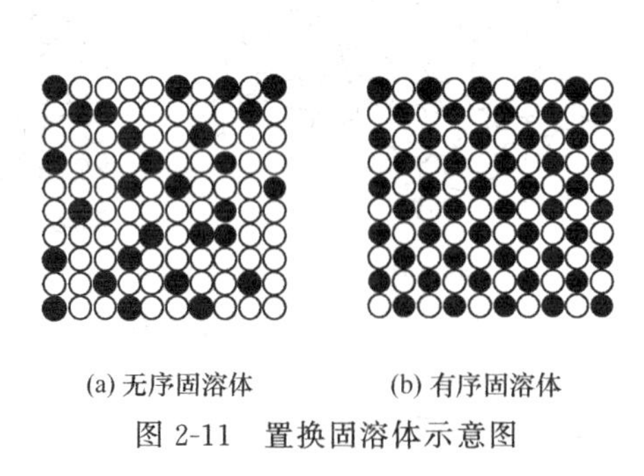

(a) 无序固溶体　(b) 有序固溶体

图 2-11　置换固溶体示意图

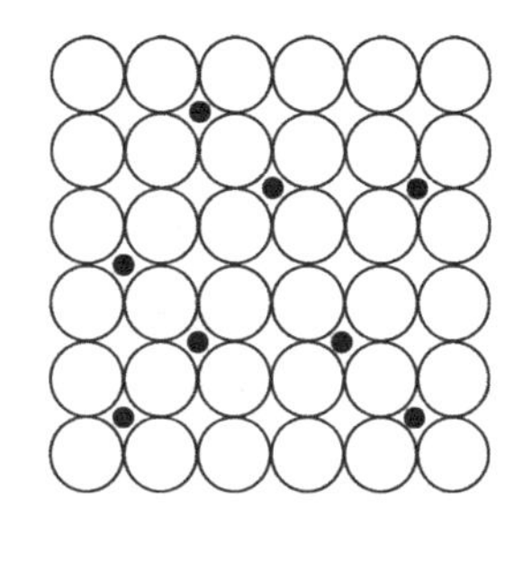


图 2-12　间隙固溶体示意图

由于溶质原子的溶入，会引起固溶体晶格发生畸变，使合金的强度、硬度提高。这种通过溶入原子，使合金强度和硬度提高的方法叫固溶强化。固溶强化是提高材料力学性能的重要强化方法之一。

② 金属化合物　金属化合物是合金元素间发生相互作用而生成的具有金属性质的一种

新相，其晶格类型和性能不同于合金中的任一组成元素，一般可用分子式来表示。金属化合物一般具有复杂的晶体结构，熔点高，硬而脆。当合金中出现金属化合物时，通常能提高合金的强度、硬度和耐磨性，但会降低塑性和韧性。以金属化合物作为强化相强化金属材料的方法，称为第二相强化。金属化合物是各种合金钢、硬质合金及许多非铁金属的重要组成相。金属化合物也可以溶入其他元素的原子，形成以金属化合物为基的固溶体。$Fe_3C$是铁与碳相互作用形成的一种金属化合物，称为渗碳体。图2-13是渗碳体的晶体结构，含碳量$w_C=6.69\%$。

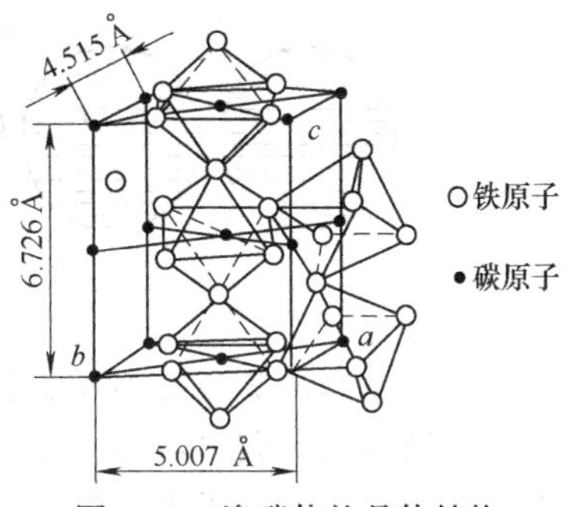

图 2-13　渗碳体的晶体结构

合金组织可以是单相的固溶体组织，但是，由于其强度不高，应用受到了一定的限制。因此，多数合金是由固溶体和少量金属化合物组成的混合物。人们可以通过调整固溶体的溶解度和分布于其中的化合物的形状、数量、大小和分布来调整合金的性能，以满足不同的需要。

## 2.3 材料的凝固

凝固的产物可以是晶体，也可以是非晶体，当材料从液体转变为固态晶体时称为结晶。

晶体物质都有一个平衡结晶温度（熔点），液体低于这一温度时才能结晶，固体高于这一温度时便发生熔化。在平衡结晶温度，液体与晶体同时共存，处于平衡状态。纯金属的实际结晶过程可用冷却曲线来描述。冷却曲线是温度随时间而变化的曲线。从图2-14冷却曲线看出，液态金属随时间冷却到某一温度时，在曲线上出现一个平台，这个平台所对应的温度就是纯金属的实际结晶温度。因为结晶时放出结晶潜热，补偿了此时向环境散发的热量，使温度保持恒定，结晶完成后，温度继续下降。实验表明，纯金属的实际结晶温度$T_1$总是低于平衡结晶温度$T_0$，这种现象叫做过冷现象。实际结晶温度$T_1$与平衡结晶温度$T_0$的差值$\Delta T$称为过冷度。过冷是金属结晶的必要条件，液体冷却速度越大，$\Delta T$越大。从理论上说，当冷却速度无限小时，$\Delta T$趋于0，即实际结晶温度与平衡结晶温度趋于一致。

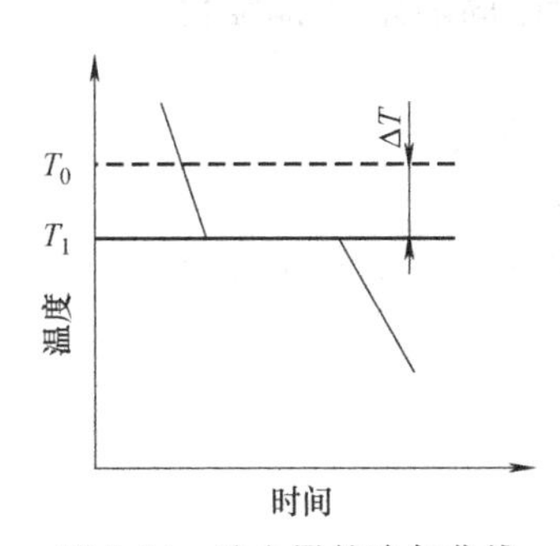

图 2-14　纯金属的冷却曲线

（1）结晶的一般过程

实验证明，结晶是晶体在液体中从无到有（晶核形成），由小变大（晶核长大）的过程。

在从高温冷却到结晶温度的过程中，液体内部在一些微小体积中原子由不规则排列向晶体结构的规则排列逐渐过渡，即随时都在不断产生许多类似晶体中原子排列的小集团，其特点是尺寸较小、极不稳定、时聚时散；温度越低，尺寸越大，存在的时间越长。这种不稳定的原子排列小集团，是结晶中产生晶核的基础。当液体被过冷到结晶温度以下时，某些尺寸较大的原子小集团变得稳定，能够自发地成长，即成为结晶的晶核。这种只依靠液体本身在一定过冷度条件下形成晶核的过程叫做自发形核。在实际生产中，金属液体内常存在各种固态的杂质微粒。金属结晶时，依附于这些杂质的表面形成晶核比较容易。这种依附于杂质表面形成晶核的过程称为非自发形核。非自发形核在生产中所起的作用更为重要。

对于每一个单独的晶粒而言，其结晶过程在时间上划分必是先形核后长大两个阶段，但对整体而言，形核与长大在整个结晶期间是同时进行的，直至每个晶核长大到互相接触形成晶粒为止。图2-15示意反映了金属结晶的整个过程。

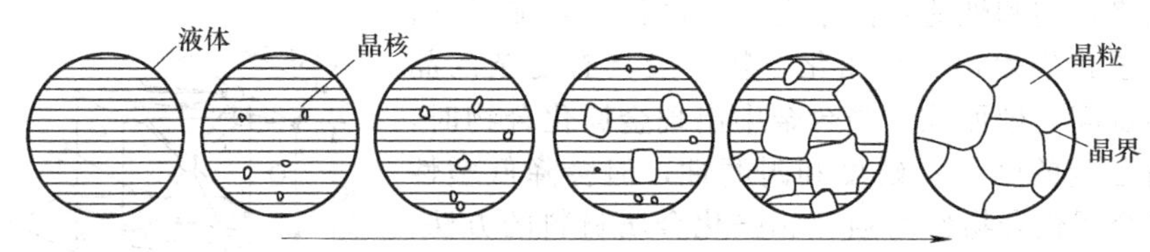

图 2-15 金属的结晶过程

(2) 结晶后的晶粒大小及其控制

金属结晶后，获得由许多晶粒组成的多晶体组织。晶粒的大小对金属的力学性能、物理性能和化学性能均有很大影响。细晶粒组织的金属不仅强度高。而且塑性和韧性也好。这是因为晶粒越细，一定体积中的晶粒数目越多，在同样的变形条件下，变形量被分散到更多的晶粒内进行，各晶粒的变形比较均匀而不致产生过分的应力集中现象；此外，晶粒越细，晶界就越多，越曲折，越不利于裂纹的传播，从而使其在断裂前能承受较大的塑性变形，表现出较高的塑性和韧性。所以，在生产实践中，通常采用适当方法（如增大过冷度等）获得细小晶粒来提高金属材料的强度，这种强化金属材料的方法称为细晶强化。

## 思考题与习题

1. 名词解释

晶体 晶胞 单晶体 多晶体 晶界 晶粒 结晶 合金 组元 相 组织 固溶体 细晶强化

2. 简答题

(1) 为什么单晶体具有各向异性，而多晶体一般不显示各向异性?

(2) 晶体缺陷有哪些? 其对金属材料的力学性能有什么影响?

(3) 合金的结构与纯金属的结构有什么不同? 合金的力学性能为什么优于纯金属?

(4) 金属在结晶时，影响晶粒大小的因素都有哪些?

# 第 3 章 铁碳合金相图

**学习目的**

本章主要介绍铁碳合金相图，包括相图中各个点、线、面，以及根据相图对典型合金的分析。要求能根据铁碳合金相图能进行选材、热处理规范的确定、热加工工艺的确定。

**重点和难点**

重点是铁碳合金相图的分析，难点是根据相图对典型合金的分析。

**学习指导**

学习本章时要对铁碳合金相图的生成过程认真理解，这样有助于学生对本章内容的学习，否则学生在学习时感觉会很吃力。

## 3.1 二元合金相图的建立

### 3.1.1 相图概述

合金相图是用图解的方法表示合金系中合金状态、温度和成分之间的关系，是了解合金中各种组织的形成与变化规律的有效工具。进而可以研究合金的组织与性能的关系。而合金的两组元按不同比例可配制成一系列成分的合金，这些合金的集合称为合金系，如铜镍合金系、铁碳合金系等。我们即将要研究的相图就是表明合金系中各种合金相的平衡条件和相与相之间关系的一种简明示意图，也称为平衡图或状态图。所谓平衡是指在一定条件下合金系中参与相变过程的各相的成分和相对质量不再变化所达到的一种状态。此时合金系的状态稳定，不随时间而改变。

合金在极其缓慢冷却条件下的结晶过程，一般可认为是平衡结晶过程。在常压下，二元合金的相状态决定于温度和成分。因此二元合金相图可用温度-成分坐标系的平面图来表示。

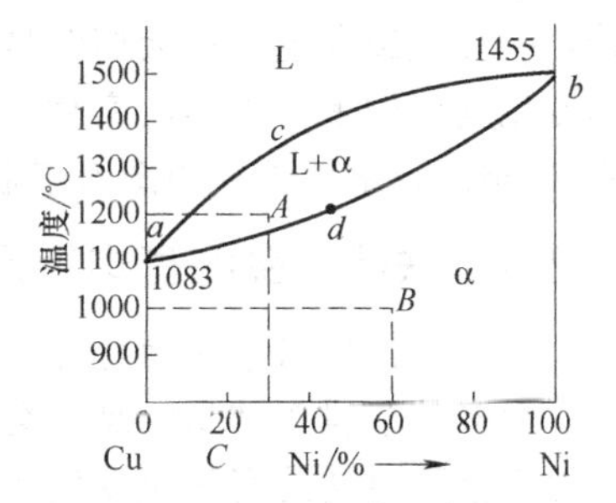


图 3-1 Cu-Ni 合金相图

我们先来认识一下相图。图 3-1 为铜镍二元合金相图，它是一种最简单的基本相图。横坐标表示合金成分（一般为溶质的质量百分数），左右端点分别表示纯组元（纯金属）Cu 和 Ni，其余的为合金系的每一种合金成分，如 *C* 点的合金成分为含 Ni 20%，含 Cu 80%。坐标平面上的任一点（称为表象点）表示一定成分的合金在一定温度时的稳定相状态。例如，*A* 点表示，含 30%Ni 的铜镍合金在 1200℃时处于液相（L）+α 固相的两相状态；*B* 点表示，含 60% Ni 的铜镍合金在 1000℃时处于单一 α 固相状态。

### 3.1.2 相图的建立过程

合金发生相变时，必然伴随有物理、化学性能的变化，因此测定合金系中各种成分合金的相变的温度，可以确定不同相存在的温度和成分界限，从而建立相图。

常用的方法有热分析法、膨胀法、射线分析法等。下面以铜镍合金系为例，简单介绍用热分析法建立相图的过程。

① 配制系列成分的铜镍合金。

例如：合金Ⅰ：100% Cu；合金Ⅱ：75% Cu+25% Ni；合金Ⅲ：50% Cu+50% Ni；合金Ⅳ：25% Cu + 75% Ni；合金Ⅴ：100% Ni。

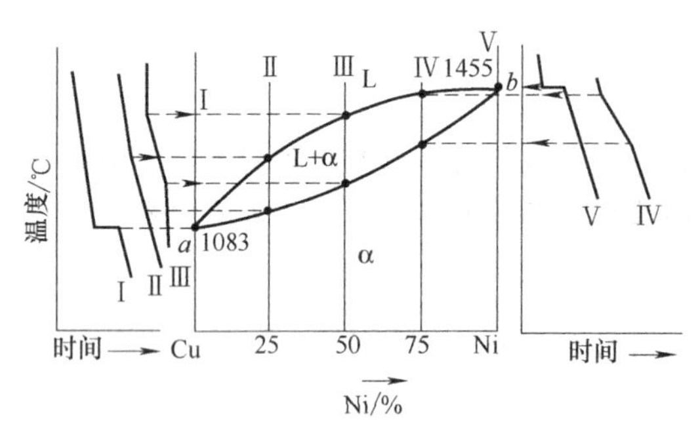


图 3-2 Cu-Ni 合金冷却曲线及相图建立

② 合金熔化后缓慢冷却，测出每种合金的冷却曲线，找出各冷却曲线上的临界点（转折点或平台）的温度。如图 3-2 所示。

③ 画出温度-成分坐标系，在各合金成分垂线上标出临界点温度。

④ 将具有相同意义的点连接成线，标明各区域内所存在的相，即得到 Cu-Ni 合金相图（见图 3-2）。

## 3.2 铁碳合金相图

在目前使用的工程材料中，合金占有十分重要的位置。合金的结晶过程与内部组织远比纯金属复杂。同是一个合金系，合金的组织随化学成分的不同而变化；同一成分的合金，其组织则随温度不同而变化。为了全面了解合金的组织随成分、温度变化的规律，对合金系中不同成分的合金进行实验，测定冷却曲线，观察分析其在缓慢加热、冷却过程中内部组织的变化，然后组合绘制成图。这种表示在平衡条件下合金的成分、温度与其相和组织状态之间关系的图形，称为合金相图（又称为合金状态图或合金平衡图）。

钢铁材料是工业生产和日常生活中应用最广泛的金属材料，钢铁材料的主要组元是铁和碳，故称铁碳合金。铁碳相图是研究在平衡状态下铁碳合金成分、组织和性能之间的关系及其变化规律的重要工具，实用的铁碳相图，实际上是 Fe 和 $Fe_3C$ 两个基本组元组成的 Fe-$Fe_3C$ 相图，掌握铁碳相图对于制订钢铁材料的加工工艺具有重要的指导意义。

### 3.2.1 铁碳合金的基本组元与基本相

（1）纯铁的同素异构转变

大多数金属在结晶后晶格类型不再发生变化，但少数金属，如铁、钛、钴等在结晶后晶格类型会随温度的变化而发生变化，这种同一种元素在不同条件下具有不同的晶体结构，当温度等外界条件变化时，晶格类型发生转变的现象称为同素异构转变。同素异构转变是一种固态转变。图 3-3 是纯铁在常压下的冷却曲线。由图可见，纯铁的熔点为 1538℃，在 1394℃和 912℃出现平台。经分析，纯铁结晶后具有体心立方结构，称为 δ-Fe。当温度下降到 1394℃时，体心立方的 δ-Fe 转变为面心立方结构，称为 γ-Fe。在 912℃时，γ-Fe 又转变为体心立方结构，称为 α-Fe。再继续冷却时，晶格类型不再发生变化。由于纯铁具有这种同素异构转变，因而才有可能对钢和铸铁进行各种热处理，以改变其组织和性能。

（2）铁碳合金的基本相及其性能

在液态下，铁和碳可以互溶成均匀的液体。在固态下，碳可有限地溶于铁的各种同素异构体中，形成间隙固溶体。当含碳量超过在相应温度固相的溶解度时，则会析出具有复杂晶体结构的间隙化合物——渗碳体。现将它们的相结构及性能介绍如下：

① 液相　铁碳合金在熔化温度以上形成的均匀液体称为液相，常以符号L表示。

② 铁素体　碳溶于α-Fe中形成的间隙固溶体称为铁素体，通常以符号F（或α）表示。碳在α-Fe中的溶解度很低，在727℃时溶解度最大，为0.0218%，在室温时几乎为零（0.0008%）。铁素体的力学性能几乎与纯铁相同，其强度和硬度很低，但具有良好的塑性和韧性。其力学性能大约为：$\sigma_b = 180 \sim 280$MPa；$\delta = 30\% \sim 50\%$；$a_K = 160 \sim 200$J/cm$^2$；50～80HBS。工业纯铁（$w_C < 0.02\%$）在室温时的组织即由铁素体晶粒组成，见图3-4。

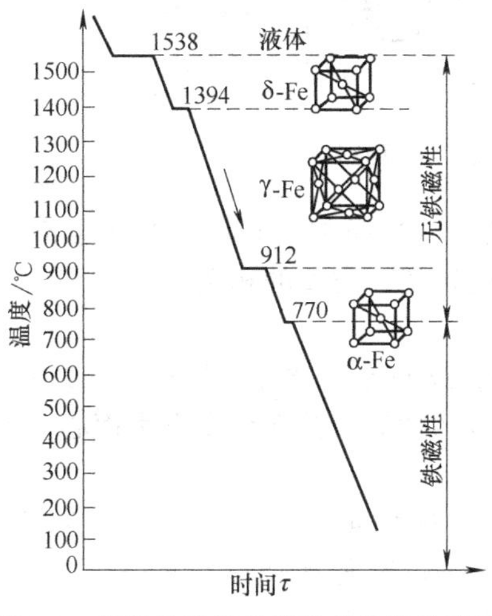


图3-3　纯铁的冷却曲线及晶体结构变化

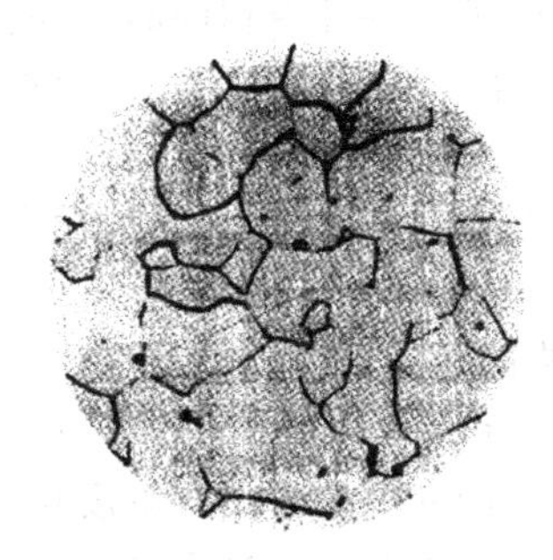

图3-4　铁素体显微组织

③ 奥氏体　碳溶于γ-Fe中形成的间隙固溶体称为奥氏体，通常以符号A（γ）或表示。碳在γ-Fe中的溶解度也很有限，但比在α-Fe中的溶解度大得多，在1148℃时，碳在γ-Fe中的溶解度最大，可达2.11%。随着温度的降低，溶解度也逐渐下降，在727℃时，奥氏体的含碳量为0.77%。奥氏体的硬度不高，易于塑性变形。

④ 渗碳体　渗碳体是一种具有复杂晶体结构的间隙化合物。它的分子式为$Fe_3C$，渗碳体的含碳量为6.69%。在$Fe\text{-}Fe_3C$相图中，渗碳体既是组元，又是基本相。渗碳体的硬度很高，约800HBW，而塑性和韧性几乎等于零，是一个硬而脆的相。渗碳体是铁碳合金中主要的强化相，它的形状、大小与分布对钢的性能有很大影响。

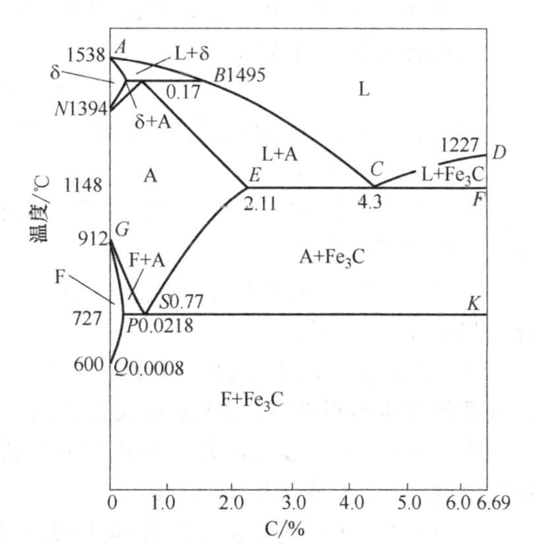


图3-5　$Fe\text{-}Fe_3C$相图

### 3.2.2　$Fe\text{-}Fe_3C$相图分析

$Fe\text{-}Fe_3C$相图如图3-5所示。图中左上角部分实际应用较少，为了便于研究和分析，将此部分作以简化。简化的$Fe\text{-}Fe_3C$相图如图3-6所示。简化的$Fe\text{-}Fe_3C$相图可视为由两个简单相图组合而成。图中的右上半部分为共晶转变

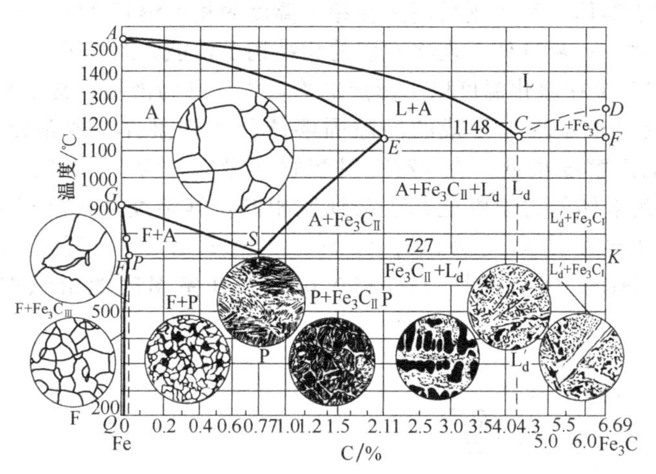


图 3-6　简化后的 $Fe\text{-}Fe_3C$ 相图

（在一定条件下，一种液相同时结晶出两种固相的转变）类型的相图，左下半部分为共析转变（在一定条件下，一种固相同时析出两种固相的转变）类型的相图。

（1）主要特性点

① *A* 点和 *D* 点　*A* 点是铁的熔点（1538℃）；*D* 点是渗碳体的熔点（1227℃）。

② *G* 点　*G* 点是铁的同素异构转变点，温度为 912℃。铁在该点发生面心立方晶格与体心立方晶格的相互转变。

③ *E* 点和 *P* 点　*E* 点是碳在 γ-Fe 中的最大溶解度点，$w_C=2.11\%$，温度为 1148℃；*P* 点是碳在 α-Fe 中的最大溶解度点，$w_C=0.0218\%$，温度为 727℃。

④ *Q* 点　*Q* 点是室温下碳在 α-Fe 中的溶解度，$w_C=0.0008\%$。

⑤ *C* 点　*C* 点为共晶点，液相在 1148℃同时结晶出奥氏体和渗碳体。此转变称为共晶转变。共晶转变的表达式如下：

$$L \rightleftharpoons A + Fe_3C$$

共晶转变的产物称莱氏体，它是奥氏体和渗碳体组成的机械混合物，用符号 $L_d$ 表示。

⑥ *S* 点　*S* 点为共析点，奥氏体在 727℃同时析出铁素体和渗碳体。此转变称为共析转变。共析转变的表达式如下：

$$A \rightleftharpoons F + Fe_3C$$

共析转变的产物称珠光体，它是铁素体和渗碳体组成的机械混合物，用符号 P 表示。

（2）主要特性线

① *ACD* 线和 *AECF* 线　*ACD* 线是液相线，该线以上为完全液相；*AECF* 线是固相线，该线以下是完全固相。

② *ECF* 线　*ECF* 线是共晶线（1148℃），相图中，凡是 $w_C=2.11\%\sim6.69\%$ 的铁碳合金都要发生共晶转变。

③ *PSK* 线　*PSK* 线是共析线（727℃），相图中，凡是 $w_C=0.0218\%\sim6.69\%$ 的铁碳合金都要发生共析转变。*PSK* 线又称为 $A_1$ 线。

④ *GS* 线　*GS* 线是冷却时奥氏体开始析出铁素体，或加热时铁素体全部溶入奥氏体的转变温度线。*GS* 线又称为 $A_3$ 线。

⑤ *ES* 线　*ES* 线是碳在奥氏体中的溶解度曲线。随温度的降低，碳在奥氏体中的溶解度沿 *ES* 线从 2.11%变化至 0.77%。由于奥氏体中含碳量的减少，将从奥氏体中沿晶界析

出渗碳体，称为二次渗碳体（$Fe_3C_{II}$）。*ES* 线又称为 $A_{cm}$ 线。

⑥ *PQ* 线　*PQ* 线是碳在铁素体中的溶解度曲线。随温度的降低，碳在铁素体中的溶解度沿 *PQ* 线从 0.0218%变化至 0.0008%。由于铁素体中含碳量的减少，将从铁素体中沿晶界析出渗碳体，称为三次渗碳体（$Fe_3C_{III}$）。因其析出量极少，在含碳量较高的钢中可以忽略不计。

由于生成条件的不同，渗碳体可以分为 $Fe_3C_I$、$Fe_3C_{II}$、$Fe_3C_{III}$、共晶 $Fe_3C$ 和共析 $Fe_3C$ 五种。其中 $Fe_3C_I$ 是含碳量大于 4.3%的液相，缓冷到液相线（*CD* 线）对应温度时所直接结晶出的渗碳体。尽管它们是同一相，但由于形态与分布不同，对铁碳合金的性能有着不同的影响。

（3）相区

① 单相区　简化的 $Fe$-$Fe_3C$ 相图中有 F、A、L 和 $Fe_3C$ 四个单相区。

② 两相区　简化的 $Fe$-$Fe_3C$ 相图中有五个两相区，即 L+A 两相区、L+$Fe_3C$ 两相区、A+$Fe_3C$ 两相区、A+F 两相区和 F+$Fe_3C$ 两相区。

### 3.2.3　典型合金的结晶过程及组织

铁碳合金由于成分的不同，室温下将得到不同的组织。根据铁碳合金的含碳量及组织的不同，可将铁碳合金分为工业纯铁、钢及白口铸铁三类。

① 工业纯铁（$w_C<0.0218\%$）。

② 钢（$0.0218\%<w_C<2.11\%$）。根据室温组织的不同，钢又可分为以下三种：亚共析钢（$0.0218\%<w_C<0.77\%$）；共析钢（$w_C=0.77\%$）；过共析钢（$0.77\%<w_C<2.11\%$）。

③ 白口铸铁（$2.11\%<w_C<6.69\%$）。根据室温组织不同，白口铸铁也分为三种：亚共晶白口铸铁（$2.11\%<w_C<4.3\%$）；共晶白口铸铁（$w_C=4.3\%$）；过共晶白口铸铁（$4.3\%<w_C<6.69\%$）。

为了深入了解铁碳合金组织形成的规律，下面以六种典型铁碳合金为例，分析它们的结晶过程和室温下的平衡组织。六种合金在相图中的位置如图 3-7 所示。

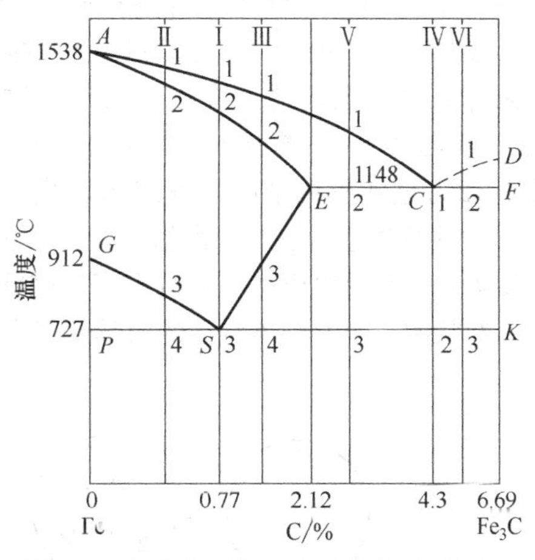


图 3-7　几种典型的合金在相图中的位置

（1）共析钢的结晶过程分析

共析钢的冷却过程如图 3-7 中Ⅰ线所示。当合金由液态缓冷到液相线 1 点温度时，从液相中开始结晶出奥氏体。随温度的降低，不断结晶出奥氏体。冷却到 2 点温度时，液相全部结晶为奥氏体。从 2 点至 3 点温度范围内为单相奥氏体的冷却。冷至 3 点温度（727℃）时，奥氏体发生共析转变，生成珠光体。图 3-8 是冷却过程中共析钢组织转变过程示意图。图 3-9 为共析钢的显微组织。

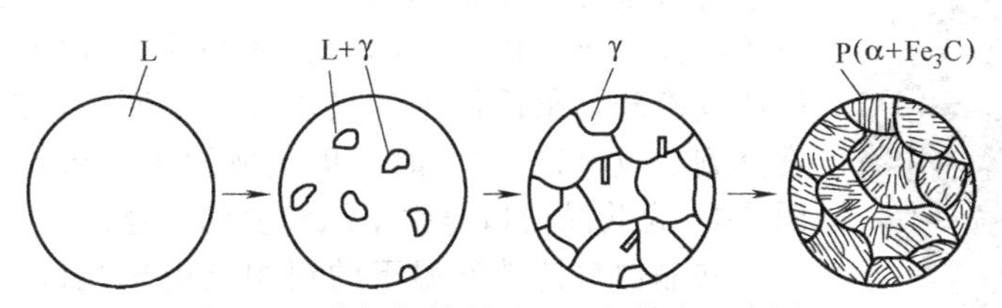


图 3-8　共析钢结晶过程组织转变示意图

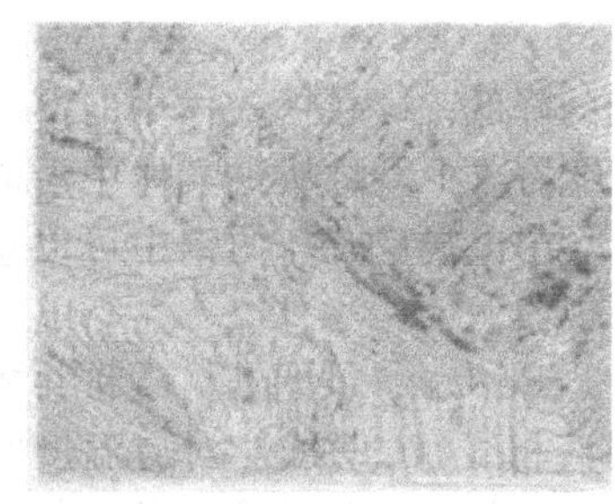

图 3-9　共析钢的显微组织

(2) 亚共析钢的结晶过程分析

亚共析钢的冷却过程如图 3-7 中Ⅱ线所示。液态合金结晶过程与共析钢相同，结晶结束得到奥氏体。当合金冷至 *GS* 线上的 3 点温度时，开始从奥氏体中析出铁素体，称为先析出铁素体。冷至 4 点温度（727℃）时，剩余的奥氏体发生共析转变，生成珠光体。图 3-10 为亚共析钢结晶过程组织转变示意图。图 3-11 为亚共析钢的显微组织。

所有亚共析钢的结晶过程均相似，其室温下的平衡组织都是由铁素体和珠光体组成的。它们的差别是组织中的珠光体量随钢的含碳量的增加而逐渐增加。

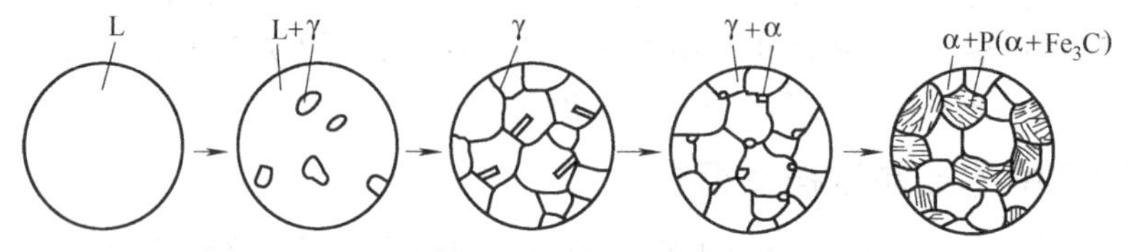


图 3-10　$w_C \leqslant 0.5\%$的亚共析钢结晶过程组织转变示意图

(3) 过共析钢的结晶过程分析

过共析钢的冷却过程如图 3-7 中Ⅲ线所示。在 3 点温度以上的结晶过程也与共析钢相同。当合金冷至 *ES* 线上 3 点温度时，奥氏体中的含碳量达到饱和而开始析出二次渗碳体。随着温度的下降，二次渗碳体不断析出。当冷却到 4 点温度时，奥氏体发生共析转变，生成珠光体。图 3-12为过共析钢结晶过程组织转变示意图。

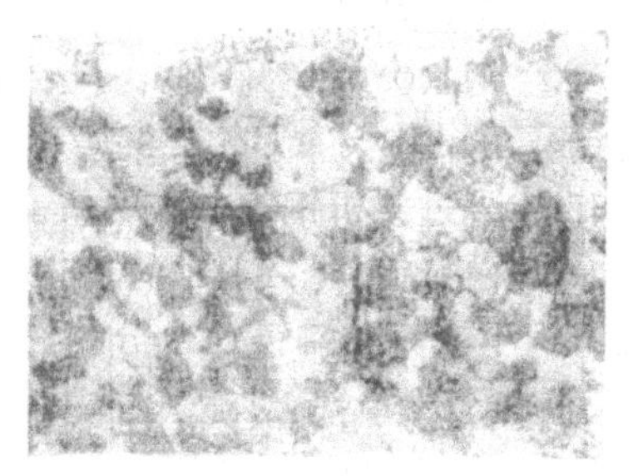

图 3-11　亚共析钢的显微组织

过共析钢室温下的平衡组织为二次渗碳体和珠光体，二次渗碳体一般沿奥氏体晶界析出而呈网状分布，如图 3-13 所示。网状的二次渗碳体对钢的力学性能会产生不良的影响。

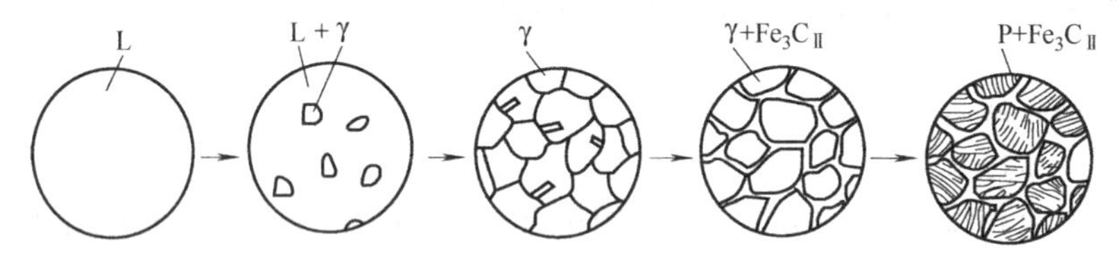


图 3-12　过共析钢结晶过程组织转变示意图

(4) 白口铸铁的结晶过程分析

以共晶白口铸铁为例，其冷却过程如图 3-7 中Ⅳ线所示。当液态合金冷至 1 点温度（1148℃）时，将发生共晶转变，生成莱氏体。莱氏体由共晶奥氏体和共晶渗碳体组成。由 1 点温度继续冷却，莱氏体中的奥氏体将不断析出二次渗碳体。当温度降到 2 点（727℃）时，奥氏体发生共析转变而生成珠光体。图 3-14 为共晶白口铸铁组织转变的示意图。

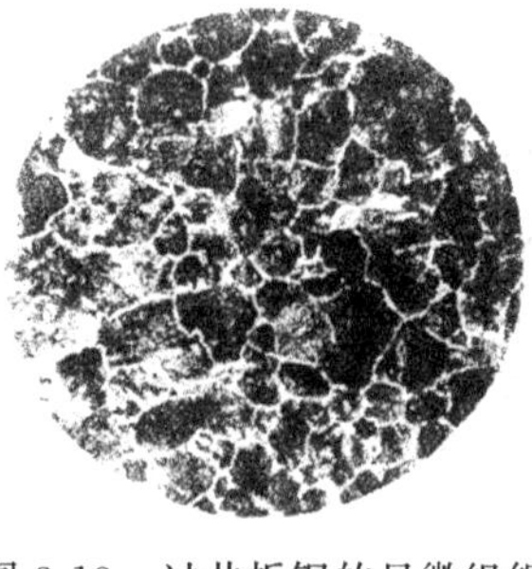

图 3-13　过共析钢的显微组织

共晶白口铸铁室温下的组织是由珠光体、二次渗碳体和共晶渗碳体组成的，但这两种渗碳体难以分辨。图 3-15 为共晶白口铸铁的显微组织。这种组织称为低温莱氏体，以符号 $L'_d$ 表

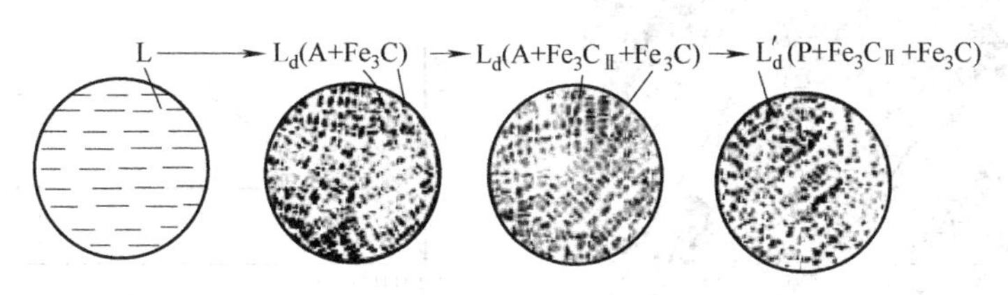


图 3-14 共晶白口铸铁结晶过程组织转变示意图

示。低温莱氏体仍保留了共晶转变后的形态特征。

亚共晶白口铸铁的结晶过程如图 3-7 中Ⅴ线所示。室温下亚共晶白口铸铁的组织由珠光体、二次渗碳体和低温莱氏体构成，如图 3-16 所示。图中呈树枝状分布的黑色块是由初生奥氏体转变成的珠光体，珠光体周围白色网状物为二次渗碳体，其余部分为低温莱氏体。图 3-17为亚共晶白口铸铁结晶过程组织转变示意图。

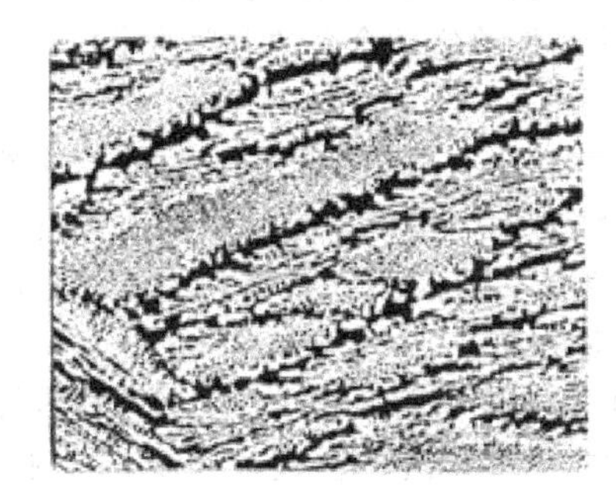

图 3-15 共晶白口铸铁的显微组织

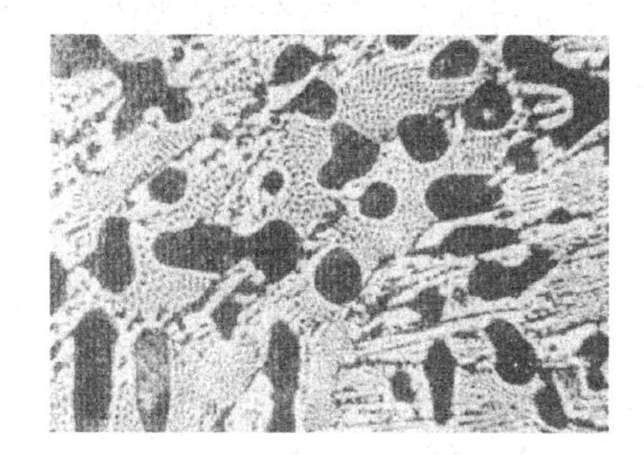

图 3-16 亚共晶白口铸铁的显微组织

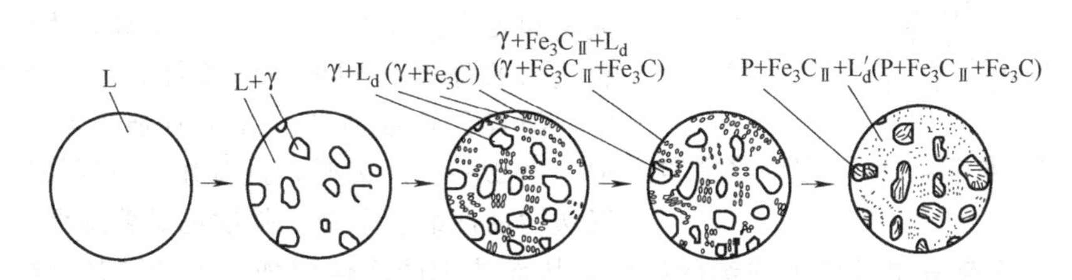


图 3-17 亚共晶白口铸铁结晶过程组织转变示意图

过共晶白口铸铁的冷却过程如图 3-7 Ⅵ线所示。过共晶白口铸铁的室温平衡组织为一次渗碳体和低温莱氏体，如图 3-18 所示。图中白色条片状为一次渗碳体，其余部分为低温莱氏体。

### 3.2.4 含碳量与铁碳合金组织及性能的关系

铁碳合金室温组织虽然都是由铁素体和渗碳体两相组成，但是含碳量不同时，组织中两个相的相对数量、分布及形态不同，因而不同成分的铁碳合金具有不同的性能。

(1) 铁碳合金含碳量与组织的关系

根据对铁碳合金结晶过程中组织转变的分析，我们已经了解了在不同含碳量情况下铁碳合金的组织构成。图 3-19 表示了室温下铁碳合金中含碳量与平衡组织组成物及相组成物间的定量关系。

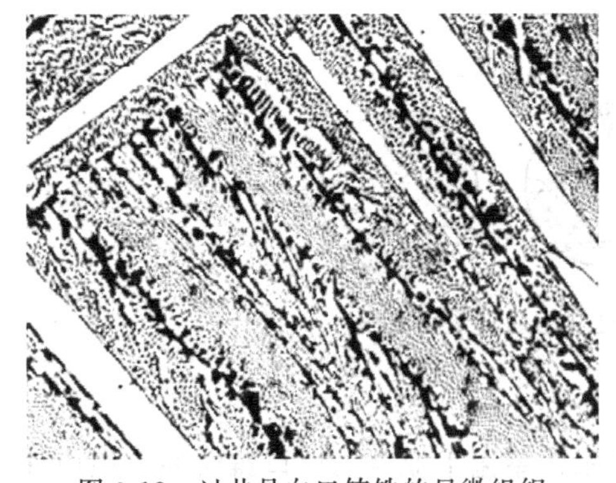

图 3-18　过共晶白口铸铁的显微组织

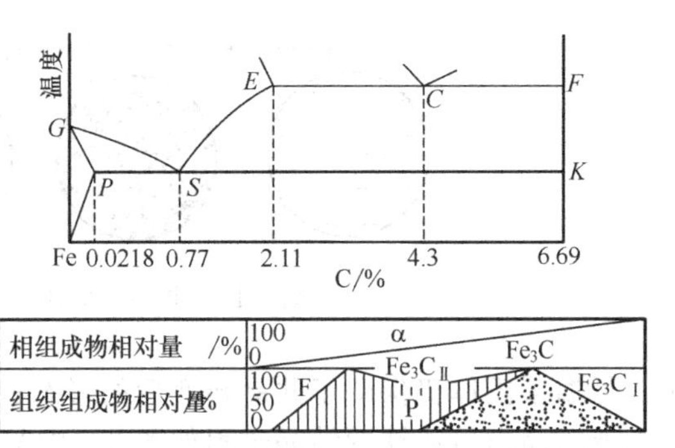


图 3-19　室温下铁碳合金的含碳量与相和组织的关系

从图 3-19 中可以清楚地看出铁碳合金组织变化的基本规律：随含碳量的增加，铁素体相逐渐减少，渗碳体相逐渐增多；组织构成也在发生变化，如亚共析钢中的铁素体量减少，而珠光体量在增多，到共析钢就变为完全的珠光体了。这些必将极大地影响铁碳合金的力学性能。

（2）铁碳合金含碳量与力学性能的关系

在铁碳合金中，碳的含量和存在形式对合金的力学性能有直接的影响。铁碳合金组织中的铁素体是软韧相，渗碳体是硬脆相。因此，铁碳合金的力学性能，决定于铁素体与渗碳体的相对量及它们的相对分布。

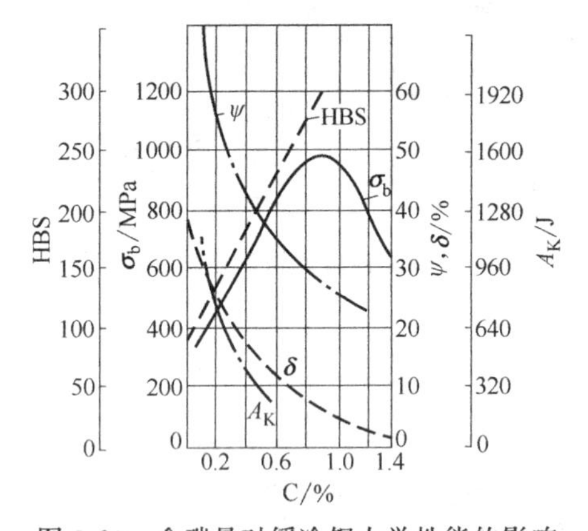


图 3-20　含碳量对缓冷钢力学性能的影响

图 3-20 表示含碳量对缓冷状态钢力学性能的影响。从图中可以看出，含碳量很低的工业钝铁，是由单相铁素体构成的，故塑性很好而强度、硬度很低。亚共析钢组织中的铁素体随含碳的增多而减少，而珠光体量相应增加。因此塑性、韧性降低，强度和硬度直线上升。共析钢为珠光体组织，其具有较高的强度和硬度，但塑性较低。在过共析钢中，随着含碳量增加，开始时强度和硬度继续增加，当 $w_C=0.9\%$时，抗拉强度出现峰值。随后不仅塑性韧性继续下降，强度也显著降低。这是由于二次渗碳体量逐渐增加形成了连续的网状，从而使钢的脆性增加。硬度则是始终直线上升的。如果能设法控制二次渗碳体的形态，不使其形成网状，则强度不会明显下降。由此可知，强度是一个对组织形态很敏感的性能。

白口铸铁中都存在莱氏体组织，具有很高的硬度和脆性，既难以切削加工，也不能进行锻造。因此，白口铸铁的应用受到限制。但是由于白口铸铁具有很高的抗磨损能力，对于表面要求高硬度和耐磨的零件，如犁铧、冷轧辊等，常用白口铸铁制造。

必须指出，以上所述是铁碳合金平衡组织的性能。随冷却条件和其他处理条件的不同，铁碳合金的组织、性能会大不相同。这将在后续章节中讨论。

### 3.2.5　铁碳合金相图的应用

铁碳合金相图对生产实践具有重要意义。除了作为材料选用的参考外，还可作为制订铸造、锻造、焊接及热处理等热加工工艺的重要依据。

（1）在选材方面的应用

铁碳相图总结了铁碳合金组织和性能随成分的变化规律。这样，就可以根据零件的服役条件和性能要求，来选择合适的材料。例如，若需要塑性好、韧性高的材料，可选用低碳钢；若需要强度、硬度、塑性等都好的材料，可选用中碳钢；若需要硬度高、耐磨性好的材料可选用高碳钢；若需要耐磨性高，不受冲击的工件用材料，可选用白口铸铁。

(2) *在铸造方面的应用*

由相图可见，共晶成分的铁碳合金熔点最低，结晶温度范围最小，具有良好的铸造性能。在铸造生产中，经常选用接近共晶成分的铸铁。根据相图中液相线的位置，可确定各种铸钢和铸铁的浇注温度（如图 3-21 所示），为制订铸造工艺提供依据。与铸铁相比，钢的熔化温度和浇注温度要高得多，其铸造性能较差，易产生收缩，因而钢的铸造工艺比较复杂。

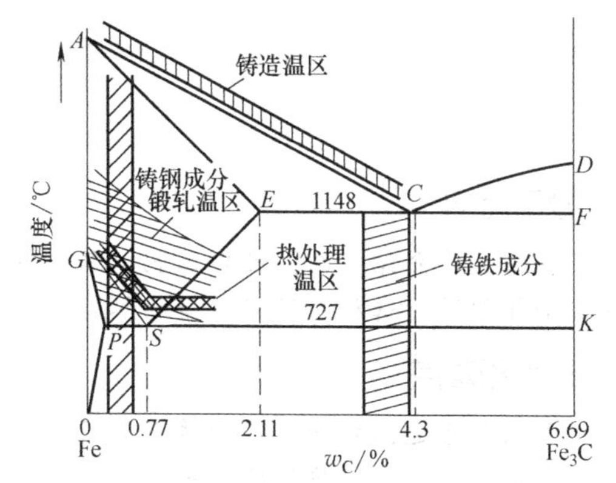


图 3-21 根据铁碳相图选择铸锻的温度及成分

(3) *在压力加工方面的应用*

奥氏体的强度较低，塑性较好，便于塑性变形。因此，钢材的锻造、轧制均选择在单相奥氏体区适当温度范围进行（见图 3-21）。

(4) *在焊接方面的应用*

焊接时由焊缝到母材各区域的温度是不同的，由 $Fe\text{-}Fe_3C$ 相图可知，受不同加热温度的各区域在随后的冷却中可能会出现不同的组织与性能。这就需要在焊接后采用热处理方法加以改善。

$Fe\text{-}Fe_3C$ 相图对制订热处理工艺有着特别重要的意义。这将在后续章节中详细介绍。

## 思考题与习题

1. 从原子结合的观点看，金属、陶瓷和高分子材料有何主要区别？在性能上有何表现？
2. 为什么单晶体具有各向异性，而多晶体一般不显示各向异性？
3. 晶体缺陷有哪些？其对金属材料的力学性能有什么影响？
4. 合金的结构与纯金属的结构有什么不同？合金的力学性能为什么优于纯金属？
5. 简述高聚物分子链的结构和形态，它们对有机高分子材料的性能有何影响？
6. 细晶粒组织为什么具有较好的综合力学性能？细化晶粒的基本途径有哪几条？
7. 强化金属材料的基本途径有哪几条？强化方法与金属的晶体结构、显微组织有什么联系？
8. 说明铁素体、奥氏体、渗碳体、珠光体和莱氏体等基本组织的显微特征及其性能，分析一次渗碳体、二次渗碳体、三次渗碳体、共晶渗碳体、共析渗碳体的异同之处。
9. 默画简化的 $Fe\text{-}Fe_3C$ 相图，说明图中主要点、线的意义，填出各相区的相和组织组成物。
10. 对应简化的 $Fe\text{-}Fe_3C$ 相图绘出碳的质量分数分别为 0.45%、0.77%、1.2%三种钢的冷却曲线、组织示意图，并指出组织与性能的关系。
11. 根据 $Fe\text{-}Fe_3C$ 相图，解释下列现象：

(1) 在室温下 $w_C$=0.8%的碳钢比 $w_C$=0.4%的碳钢硬度高，比 $w_C$=1.2%的碳钢强度高；

(2) 钢铆钉一般用低碳钢制造；

(3) 绑扎物件一般用铁丝（镀锌低碳钢丝），而起重机吊重物时都用钢丝绳（用 60 钢、65 钢等制成）；

(4) 在 1100℃时，$w_C$=0.4%的钢能进行锻造，而 $w_C$=4.0%的铸铁不能进行锻造；

(5) 钳工锯割 T8、T10、T12 等退火钢料（$w_C$ 分别为 0.8%、1.0%、1.2%）比锯割 10 钢、20 钢（$w_C$ 分别为 0.1%、0.2%）费力且锯条易磨钝；

(6) 钢适宜压力加工成形，而铸铁适宜铸造成形。

# 第 4 章 钢的热处理工艺

**→ 学习目的**

本章主要介绍钢的热处理工艺，其中包括普通热处理与化学热处理工艺。要求能根据铁碳合金相图进行选材与进行适当的热处理工艺制订。

**→ 重点和难点**

重点是普通热处理工艺的适当分析和应用，难点是如何根据零件的性能要求制订出准确的预先热处理和最终热处理工艺。

**→ 学习指导**

学习本章时要对热处理工艺进行综合分析，这样有助于学生能活学活用，能够与实际生产紧密联系。

机器零件的制造不仅要经过各种冷、热加工的工序，而且在各个工序中往往还要穿插多次的热处理。热处理不仅可改进钢的加工工艺性能，而且通过热处理还可以充分发挥钢材的潜力，提高工件的使用性能，节约材料、降低成本，还能延长工件的使用寿命。热处理是一种强化钢材的重要工艺，它在机械制造工业中占有重要地位。

钢的热处理就是将钢在固态范围内施以不同的加热、保温和冷却手段，改变钢的组织，从而获得所需性能的一种工艺。

目前对金属材料进行的热处理工艺的种类很多，通常从以下两方面进行分类；其一是根据加热、冷却方式的不同；其二就是根据钢的组织和性能变化的特点分为以为以下两大类：

① 普通热处理，包括退火、正火、淬火与回火；

② 表面热处理，包括表面淬火和化学热处理。

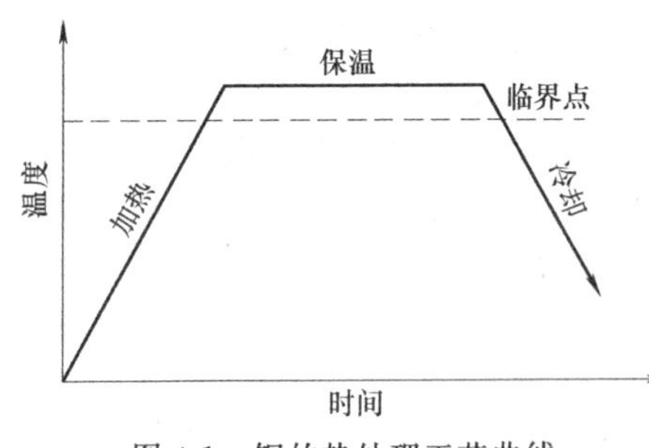


图 4-1　钢的热处理工艺曲线

尽管热处理种类繁多，但其基本过程都是由加热、保温和冷却三个阶段组成。图 4-1 即为最基本的热处理工艺曲线。

其中加热温度、保温时间、冷却速度，都可改变钢的组织，从而改变钢的性能。

## 4.1　钢在加热时的转变

在机械零件的热处理生产过程中，热处理的第一道工序就是加热，加热的目的就是使钢获得均匀的奥氏体组织（即钢的奥氏体化）。掌握钢的奥氏体化变化规律，对正确进行热处理生产是十分重要的。

任一含碳量的钢加热后的组织转变温度，可以根据铁-碳相图中的 *PSK* 线、*ES* 线、*GP* 线来确定。但由于铁碳相图只能片面代表理想加热或冷却时的变化（即平衡条件下），而实际生产的情形中，无论是加热或冷却并不是极其缓慢的，都以一定速度进行，转变温度都将偏离理论临界点，出现相变滞后现象。图 4-2 中，$A_1$、$A_3$、$A_{cm}$是平衡条件下钢的临界点，$A_{c1}$、$A_{c3}$、$A_{ccm}$三条线为加热时钢的临界点，$A_{r1}$、$A_{r3}$、$A_{rcm}$三条线为冷却时钢的临界点。实际生产中，加热时，会使临界点升高，即有一过热度；冷却时，会使临界点降低，即有一过冷度。升高和降低的幅度随加热和冷却速度的增加而增大。

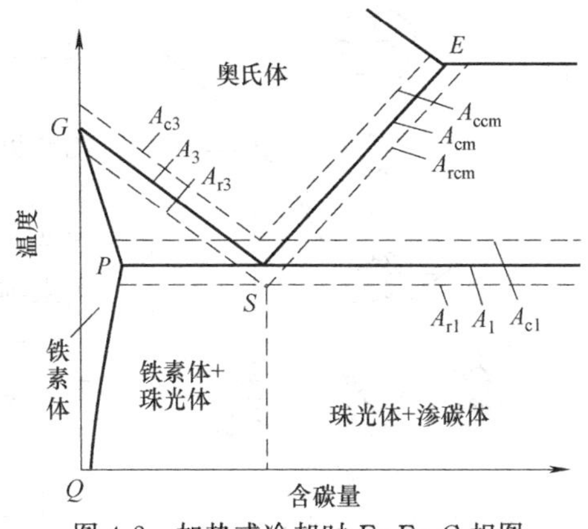


图 4-2 加热或冷却时 Fe-$Fe_3C$ 相图上钢的各临界点变化位置

下面以共析钢为例，介绍钢的奥氏体组织的具体形成过程。

## 4.1.1 共析钢的奥氏体化过程

下面以共析钢为例，分析钢的奥氏体化过程。在室温条件下，共析钢的组织为单一的珠光体。由铁碳相图可知，钢加热至稍高于 727℃时就要将发生 P→A 的转变。

珠光体是铁素体和渗碳体的两相混合物，其中的铁素体具有体心立方晶格，含碳量极其少，在 $A_1$ 点时（727℃）仅为 0.0218%；渗碳体具有复杂立方晶格，含碳量很高，可达 6.69%。而奥氏体具有面心立方晶格，在 $A_1$ 点时，其含碳量为 0.77%。显然，珠光体向奥氏体体转变，是由成分相差悬殊、晶格截然不同的两相，转变为另一种晶格的单相固溶体的过程。因此，转变过程中必然会有铁、碳原子的扩散和晶格的改组。这一转变过程也遵循一般结晶规律即形核及长大的规律。上述转变过程可描述为四个步骤，如图 4-3 所示。

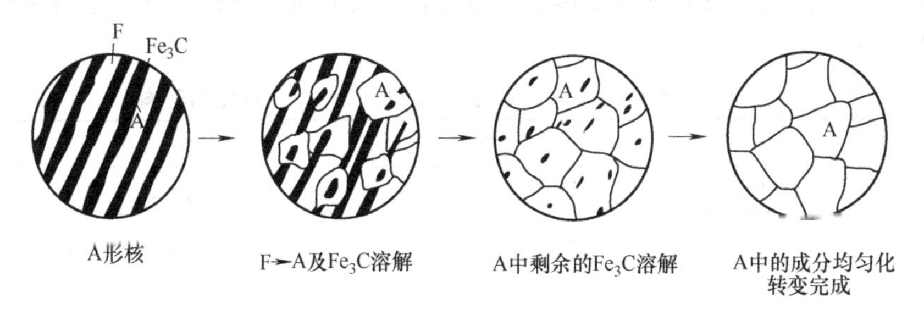


图 4-3 共析钢的奥氏体形成过程示意图

① 生核　奥氏体晶核首先在铁素体与渗碳体交界处形成，这是由于在交界处原子排列比较紊乱，有利于晶核的形成。

② 核长大　奥氏体晶粒形成后，便开始长大，它的长大是依靠与奥氏体相接触的渗碳体不断地溶解到已经形成的奥氏体中去；与奥氏体相接触的铁素体通过晶格改组来转变为奥氏体。

③ 剩余渗碳体的溶解　在奥氏体转变产物形成过程中，铁素体相（F）先全部发生转变，转变成为奥氏体组织（A）。而另一相渗碳体还会剩余一部分残留，这部分剩余的渗碳体会随着时间的延长不断向奥氏体中溶解，直至全部消失。

④ 奥氏体均匀化　在渗碳体全部溶解之后，奥氏体内各处的含碳量仍然是不均匀的。

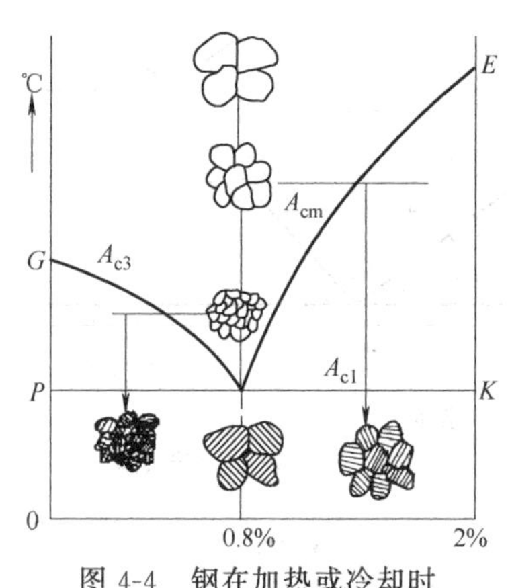


图 4-4 钢在加热或冷却时的晶粒转变示意图

原来渗碳体的地方碳浓度高，为此还必须保温一段时间，使之扩散才能得到均匀的奥氏体。

在珠光体全部转变为奥氏体并在刚转变完了的时候，此时奥氏体的晶粒是很细小的，它和转变前的珠光体晶粒大小无关。如果此时将奥氏体再冷却下来，所得到的转变产物的晶粒也必然是细小的，因此，我们利用此特点来细化晶粒，如图 4-4 所示。如果温度继续升高，奥氏体晶粒就逐渐长大，粗大的奥氏体晶粒在以后冷却下来，也会得到粗大晶粒的转变产物，从而使钢的性能变坏，特别是冲击韧性显著下降。

### 4.1.2 亚共析钢和过共析钢的奥氏体化过程

亚共析钢和过共析钢这两类钢的奥氏体化过程基本与共析钢相同，只是在珠光体向奥氏体转变后，还需进一步提高加热温度，亚共析钢将多一个过剩相铁素体的转变，而过共析钢将多一个 $Fe_3C$ 的溶解过程，它们的加热转变过程分别表示为

$$P+F \xrightleftharpoons{A_{c1}} A+F \xrightleftharpoons{A_{c3}} A$$

$$P+Fe_3C_{II} \xrightleftharpoons{A_{c1}} A+Fe_3C_{II} \xrightleftharpoons{A_{ccm}} A$$

## 4.2 钢在冷却时的转变

热处理的第二步也是最重要的一步，是将加热时获得细小而均匀的奥氏体晶粒根据目的不同，自高温缓慢地或迅速地冷至 $A_1$ 线以下的温度，使之发生转变，表 4-1 列出 45 钢在同样奥氏体化的条件下，不同的冷却速度对其性能的影响，从中可以看出，以不同速度冷却后，性能显著不同。这是因为，随着冷却条件的不同，所得的组织有很大的差异，从而导致了性能上的差别。因此，研究钢在加热后的冷却过程及其转变产物，对于控制热处理质量具有决定性的意义。

**表 4-1 不同冷却条件对 45 钢（加热到 850℃）性能的影响**

| 冷却方法 | 力学性能 | | | | 硬度(HRC) |
|---|---|---|---|---|---|
| | $\sigma_b$/MPa | $\sigma_s$/MPa | $\delta$/% | $\psi$/% | |
| 随炉冷却 | 519 | 272 | 32.5 | 49 | 15～18 |
| 空气冷却 | 657～708 | 333 | 15～18 | 45～50 | 18～24 |
| 油冷却 | 882 | 608 | 18～20 | 48 | 40～50 |
| 水冷却 | 1078 | 708 | 7～8 | 12～14 | 52～60 |

钢在奥氏体化以后冷却方式一般有两种：一是等温冷却，二是连续冷却，如图 4-5 所示。

为了了解冷却方式和冷却速度对奥氏体在冷却时的转变的影响，先介绍等温冷却时的转变。

### 4.2.1 奥氏体的等温转变

#### 4.2.1.1 等温转变曲线的建立

从铁碳相图中可以看出，在临界温度以上存在的奥氏体是一稳定相，它不随时间的延长

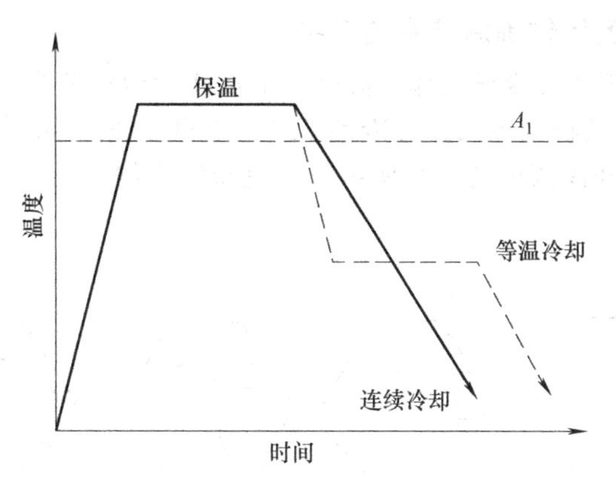


图 4-5　钢的两种冷却方式示意图

而变化，可以长期存在而不转变。当奥氏体冷至临界温度以下，它就处于不稳定状态。一般将存在于 $A_1$ 温度以下而未转变的奥氏体称为过冷奥氏体，它总是要自发地转变为稳定的新相。过冷奥氏体等温转变曲线反映了过冷奥氏体在等温冷却时组织转变的规律。

钢的等温转变曲线是通过实验方法（膨胀法、磁性法、硬度法、金相分析等）测定的。下面以金相-硬度法为例，简单介绍共析钢的过冷奥氏体等温转变曲线的建立过程。

下面先做一个实验来研究一下奥氏体在 $A_1$ 线以下的不同温度处的转变情况及转变产物。选用 0.77%C 的共析钢制成若干小的薄片试样，将其加热到 $A_1$ 以上的其一温度，使之得到均匀的奥氏体。然后将样品分成几组，每一组包括若干个试样，将每一组试样分别投入到保持在不同温度（如 700℃、650℃、600℃、550℃、450℃、400℃、200℃等）的恒温盐浴炉中，每隔一定的时间取出一块样品，立即淬入水中，冷却后测定其硬度并观察其显微组织。这样便可找出在不同的过冷温度（$A_1$ 的温度）下进行恒温保持时，开始转变所需时间及完成转变所需的时间。在以温度-时间为坐标的图上将所有的转变开始点和终了点分别标注，并将所有的开始转变点和终止转变点分别用光滑的曲线连接起来，便可获得该共析钢从奥氏体状态下的恒温转变曲线。由于其形状类似“C”形，故亦称作“C 曲线”。图 4-6 是共析钢转变曲线测定方法示意图。图 4-7 是实测的共析钢 C 曲线。

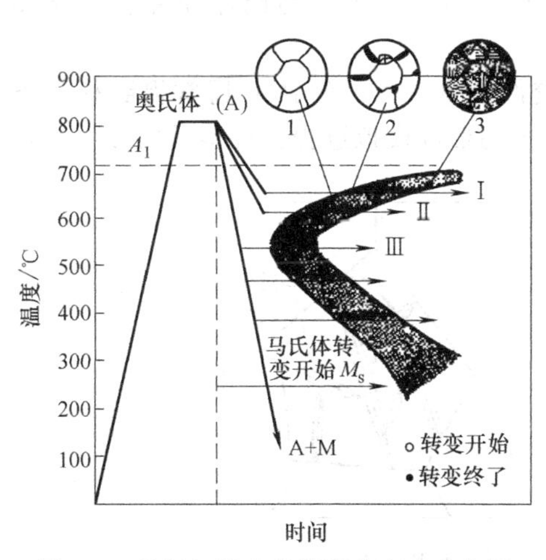


图 4-6　共析钢转变曲线测定方法示意图

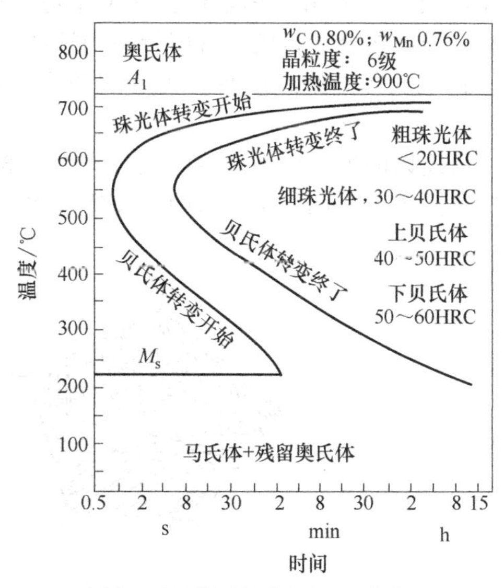


图 4-7　实测的共析钢 C 曲线

#### 4.2.1.2 共析钢过冷奥氏体等温转变的产物

如图 4-7 所示，共析钢过冷奥氏体等温转变的产物大致可分为三个类型

① 高温转变产物　共析钢奥氏体过冷到 727～550℃之间等温转变的产物定义为珠光体型组织，都是由铁素体和渗碳体的层片所组成的机械混合物。图 4-8 为由奥氏体 A 转变为珠光体 P 的过程示意图。

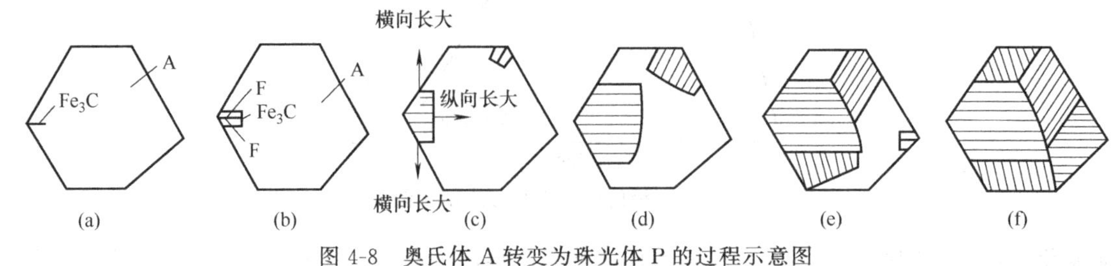


图 4-8　奥氏体 A 转变为珠光体 P 的过程示意图

过冷到 727～650℃之间转变而得到的组织为珠光体（P）；过冷到 650～600℃之间转变而得到的为索氏体（S），又叫做细珠光体；过冷到 650～550℃之间转变而得到的为屈氏体，又叫做极细珠光体（T）。过冷度越大，层片越细，硬度也越高。

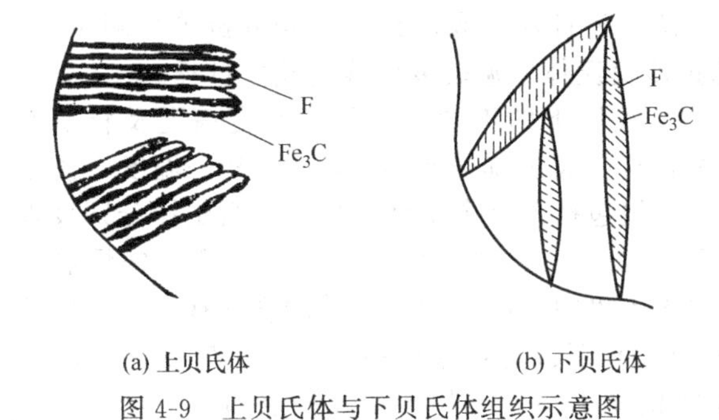


图 4-9　上贝氏体与下贝氏体组织示意图

② 中间转变产物　共析钢奥氏体过冷到 550～230℃之间等温转变的产物属于贝氏体型组织。

过冷到 550～350℃之间转变而得到的组织为上贝氏体［图 4-9(a)］。过冷到 350～230℃之间转变而得到的为下贝氏体［图 4-9(b)］。下贝氏体较上贝氏体有较高的强度和硬度，塑性和韧性也较好。

③ 低温转变产物　共析钢奥氏体过冷到 230℃以下陆续转变成为马氏体。它实质上是 C 在 α-Fe 中的过饱和的固溶体。马氏体是一种不稳定的组织，它具有很高的硬度，如果不进行进一步的热处理，较高含碳量的钢塑性、韧性会很低。

a. 马氏体的组织形态　主要有两大类，如图 4-10 所示为板条马氏体和片状马氏体两大类。

马氏体的组织形态与钢的成分有关，含碳量较低的钢（<0.2%C）通常得到板条条状马氏体。图 4-10(a) 所表示的马氏体是在一个晶粒中的形成模拟过程：许多马氏体板条近乎

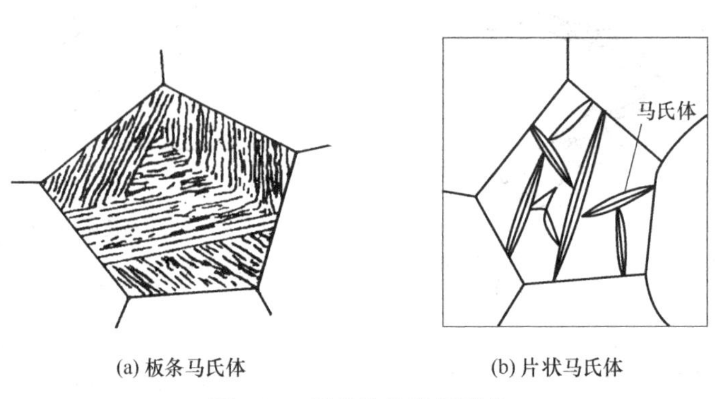


图 4-10　马氏体的组织形态

平行排列，构成板条束（称为马氏体领域），在一个奥氏体晶粒中可以形成几个（3～5个）板条束。板条内存在着高密度缺陷——位错，位错密度约（0.3～0.9）× $10^7 cm^{-2}$。在很多资料中又定义为位错马氏体。

在含碳量较高的钢（>1.0%C）中，通常得到片状马氏体。每个晶粒中的高碳钢中的马氏体在金相显微镜下下呈针片状或竹叶状，图4-10(b)以一个晶粒为例，示意高碳钢中片状马氏体的形成过程。在奥氏体晶粒中，先形成的马氏体片横贯整个晶粒，但不穿越晶界，后形成的马氏体片逐渐减小，片与片之间成一定的角度相交。马氏体片尺寸主要取决于奥氏体晶粒的大小，若马氏体片十分细小，以致在金相显微镜下分辨不清，通常称为"隐晶马氏体"。在每个马氏体片中，存在大量的孪晶，故又称为孪晶马氏体。

研究表明，含碳量小于0.2%的钢，几乎可以全部得到板条状马氏体；含碳量大于1.0%的钢，几乎只形成片状马氏体，含碳量在0.2%～1.0%之间的钢，为两种马氏体的混合组织。

b. 马氏体的性能　马氏体的强度和硬度主要取决于马氏体的含碳量和相应的热处理。如图4-11所示。

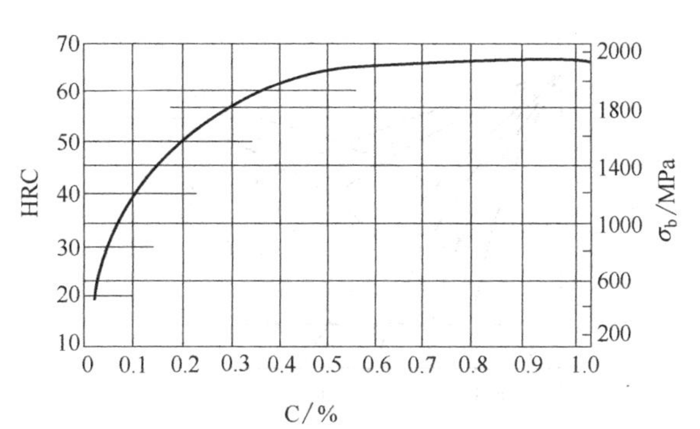


图4-11　马氏体中的含碳量与强度和硬度之间的关系

随着马氏体中含碳量的增高，其强度、硬度随之增大，但当含碳量大于0.6%以后，强度、硬度趋于平缓。造成马氏体强化的主要原因是：马氏体中存在大量微观缺陷（如位错、孪晶等），阻碍了位错的运动（相变强化），过饱和的碳原子造成晶格畸变，在碳原子周围形成应力场，阻碍位错运动（固溶强化），马氏体形成后碳原子向位错附近偏聚，使位错难以开动（时效强化）。含碳量对马氏体硬度的影响，主要是以上强化效应交互作用的结果。马氏体的塑性和韧性主要取决于它的亚结构：片状马氏体中的亚结构主要是孪晶，受外力作用时只有平行于孪晶面的滑移系才能滑移，大量孪晶的存在增大了滑移的困难，同时片状马氏体中存在较多的显微裂纹，因而片状马氏体脆性大，塑性韧性差；板条状马氏体中的亚结构主要是位错，显微裂纹也少，因而具有较好的塑性和韧性。为此不能片面地认为马氏体的塑性和韧性都很差。

### 4.2.2　奥氏体的连续转变（CCT）

金属材料在实际生产中，大都是在连续冷却情形下完成的生产过程。因此过冷奥氏体的转变大多是在连续冷却的过程中进行的。过冷奥氏体在连续冷却时的转变规律与等温转变的规律基本相同，其连续冷却转变曲线又叫热动力学曲线，简称CCT曲线。

测定CCT曲线时，首先把各种试样奥氏体化，然后将系列试样选用若干种不同的冷却速度进行冷却，再测定各冷却速度下奥氏体转变的开始点（温度和时间）和转变终了点，并将其绘在"温度-时间"坐标图中，最后把相同意义的点连接起来便可得到钢种的CCT曲线。如图4-12为共析钢的CCT曲线。

图中 $P_s$ 曲线为珠光体转变开始线；$P_f$ 曲线为珠光体转变终了线；$K$ 线表示连续冷却时奥氏体转变为珠光体的停止线，剩余奥氏体在随后冷却至 $M_s$ 点以下时转变为马氏体。由图4-12看出，冷却速度小于 $v_c'$ 时（下临界冷却速度）时，转变完成后全部得到珠光体型组织，冷却速度大于 $v_c$（上临界冷却速度）时，转变完成后全部得到马氏体（含有残留奥氏体）组织，冷却速度介于 $v_c'$ 与 $v_c$ 之间时，得到珠光体和马氏体的混合组织。共析钢连续冷却时通常得不到贝氏体组织，这是由于从 $K$ 至 $M_s$ 温度范围内冷却速度比较快，未达到贝氏体转变所需的孕育效果便冷却至 $M_s$ 以下，因而贝氏体转变被抑制了。

### 4.2.3 等温转变C曲线在连续冷却转变中的应用

CCT曲线虽然能准确地反映钢在不同冷却速度下所得到的组织，从而可以方便地指导连续冷却时的热处理工艺。但由于CCT曲线的测定比较困难，至今尚有许多钢种未测定，因此生产中常以过冷奥氏体的等温转变曲线作依据，定性地、近似地来分析过冷奥氏体的连续冷却转变。

例如，要知道某种钢在某种冷却速度下所得到的组织，则可将其冷却速度线画在该钢的C曲线上，根据它与C曲线线所交的位置，即可大致估计出所能获得的组织。

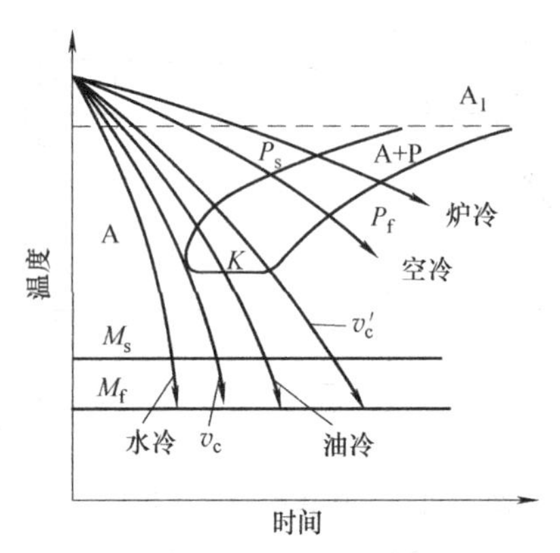


图4-12 共析钢的连续冷却转变曲线

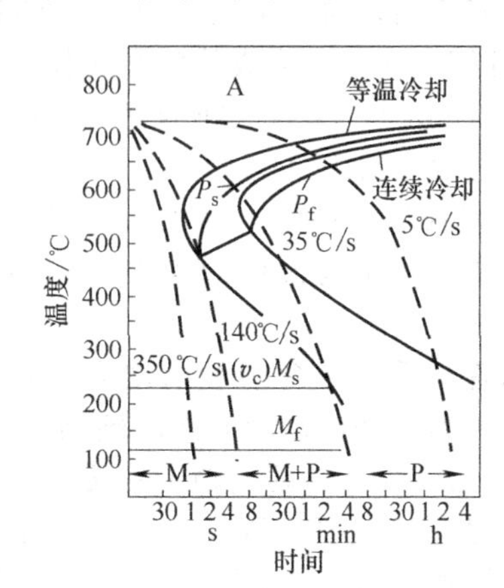


图4-13 共析钢C曲线在连续冷却时的应用

在图4-13中，5℃/s冷却速度线相当于随炉冷却却速度，根据它与C曲线相交的位置，可以估计出过冷奥氏体将转变为珠光体（170～220HBS）；35℃/s冷却速度线相当于在空气中冷却的速度，可以估计出它将获得索氏体（25～35HRC）；140℃/s冷却速度线相当于在油中冷却的速度，油冷过程中，先有一部分过冷奥氏体转变成屈氏体，而剩余的过冷奥氏体，在冷却到 $M_s$ 点以下转变为马氏体，结果得到屈氏体和马氏体的混合组织（45～55HRC）。350℃/s冷却速度相当于在水中的冷却速度，它不与C曲线相交，故可估计过冷奥氏体中途没有发生转变，一直过冷到 $M_s$ 点以下才转变为马氏体。冷却速度线 $v_C$ 与C曲线"鼻尖"相切，为该钢获得马氏体的最小冷却速度，称为临界冷却速度。显然，只有以大于或等于 $v_C$ 的速度冷却，才能获得马氏体组织，而不出现屈氏体。

C曲线在生产上有重要的用途。它既是制订等温热处理工艺及分析等温热处理后所得组织的依据，又可作为连续冷却热处理工艺及分析其所得组织的参考。利用C曲线还可判定钢的淬透性（机械零件淬火成马氏体组织量的衡量标准）的大小，以便合理选材。此外，C曲线还可以直接指导形变热处理工艺等。目前生产的各钢种，其C曲线已全部测出，可供查阅使用。

## 4.3 钢的热处理工艺

各种机器零件的形状和尺寸、性能要求、所用钢材是各式各样的，因此钢的热处理工艺方法也是多种多样的。这里主要介绍各种常用的热处理工艺。

### 4.3.1 退火

退火是将钢件加热到高于或低于钢的临界点（$A_1$、$A_3$、$A_{cm}$），保温一定时间随后在炉中或埋入导热性较差的介质中缓慢冷却以获得接近平衡状态组织的一种热处理工艺。

(1) 退火的目的

① 降低硬度，以利于切削加工；

② 细化晶粒，改善组织，提高力学性能；

③ 消除内应力，并为下一道淬火工序做好准备；

④ 提高钢的塑性和韧性，便于进行冷冲压或冷拉拔加工。

(2) 退火工艺

由于退火目的不同，退火工艺大致有下列几种。

① 完全退火　将钢件加热到 $A_{c3}$ 以上 30～50℃，保温一定时间后随炉缓慢冷却，或埋入石灰中冷却。所谓“完全”，是指退火时钢件被加热到获得完全的奥氏体组织也就是钢的组织全部进行了重结晶。

完全退火的目的是通过完全重结晶使铸造、锻造或焊接所造成的粗大晶粒细化并可使产生的组织不均匀得到改善。通过退火可使中碳以上的钢件获得接近平衡状态的组织，以降低硬度，便于切削加工。由于退火时冷却的速度非常缓慢，这样也顺便消除了钢中的内应力(如只为了消除内应力，则应采用低温去应力退火)。

完全退火主要用于具有亚共析组织的碳钢和合金钢的铸件、锻件、热轧型材和焊接结构件的最初热处理，也可作为一些不重要工件的最终热处理。

② 球化退火　将钢件加热至 $A_{c1}$ 以上 20～30℃，保温一定时间，再冷至 $A_1$ 点以下 20℃左右等温一定时间，然后炉冷至 600℃左右出炉空冷。

球化退火主要用于过共析钢，其目的是把过共析钢的片状珠光体和网状渗碳体组织转变为球状珠光体，从而改善钢的切削加工性并减少最终热处理时工件变形和开裂的倾向。图 4-14表示用刀具切削片状珠光体时，随时会碰到硬而脆的渗碳体层，刀具容易磨损；而粒状珠光体的硬度较低，便于切削加工。

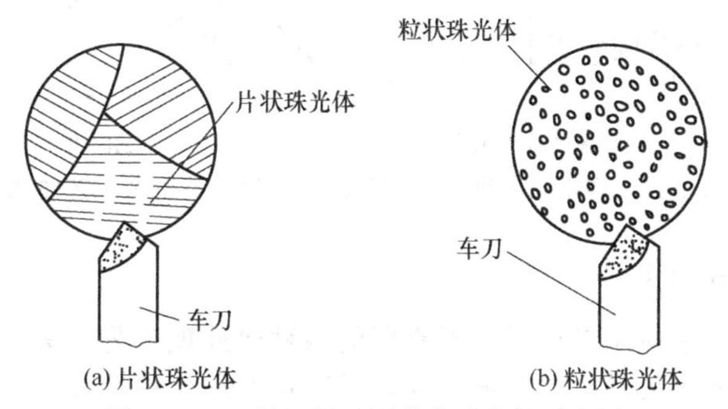


图 4-14　刀具切削不同形状珠光体示意图

③ 等温退火　将钢件加热到 $A_{c3}$ 以上（对亚共析钢）或 $A_{c1}$ 以上（对共析钢和过共析钢），保温后即较快地冷却到稍低于 $A_{r1}$ 的温度，再进行等温处理，使奥氏体转变成珠光体，转变结束后，取出在空气中冷却。

等温退火主要用于那些奥氏体比较稳定的合金工具钢和高合金钢等；这样可以在等温转变过程的前后稍快地进行冷却，与完全退火相比，可以大大缩短整个退火时间。

④ 去应力退火　它又称为低温退火。将钢件加热至低于 $A_{r1}$ 下的 500～600℃温度，经保温后缓慢冷却。

低温退火主要用来消除铸件、锻件、焊接件等的残余内应力，在低温退火过程中无组织变化。

⑤ 再结晶退火　它也是一种低温退火，用于处理冷轧、冷拉、冷压等发生加工硬化的

钢材。当把这类钢加热到再结晶温度以上150～250℃即650～750℃保温后空冷。通过再结晶使钢材的塑性恢复到冷变形以前的状况。

⑥ 扩散退火 主要用于质量要求较高的合金钢铸锭、铸件和锻坯，以减少化学成分偏析和组织不均匀性。它通常将钢加热至$A_{c3}$+150～250℃，长时间保温，使钢中元素充分扩散，然后缓慢冷却。扩散退火，由于所需加热温度很高，因此耗能很大，烧损严重，成本较高，且使晶粒粗大。为细化晶粒，扩散退火后应进行一次完全退火或正火。

## 4.3.2 正火

正火是将钢件加热到$A_{c3}$（对于亚共析钢）或$A_{ccm}$（对于过共析钢）以上30～50℃保温后从炉内取出，在空气中冷却的热处理工艺。

正火与完全退火的作用相似，两者的主要差别是冷却速度。钢经过退火处理时，冷却速度较慢，获得的组织接近平衡组织。正火冷却速度较快，得到的是非平衡的钢的组织。因此，同样钢件在正火后强度和硬度较退火后的为高，而且钢的含碳量愈高，用这两种方法处理后的强度和硬度的差别愈大。

低碳钢经过正火处理后的强度和硬度，虽与退火处理后的差不多，但正火是在炉外空冷，其优点是不占用设备，生产率也高。所以低碳钢多采用正火来代替退火。至于中、高碳钢经正火后的硬度可能过高，不利于切削加工，为了降低硬度便于加工则应采用退火处理。

图4-15是几种退火和正火的加热温度范围示意图。

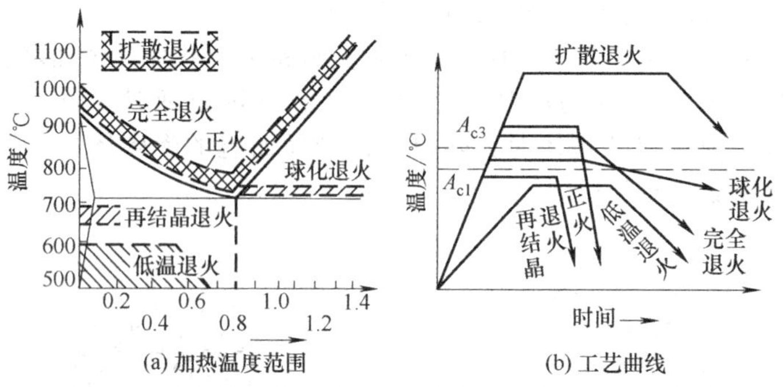


图4-15 碳钢的各种退火和正火加热温度范围及工艺曲线

## 4.3.3 钢的淬火与回火

淬火与回火是工厂里应用最广泛、最重要的两种热处理工艺方法。淬火与不同温度的回火相配合，使钢获得相应的马氏体分解产物，具有良好的使用性能。淬火与回火常常是机械零件的最后热处理。因而它对保证零件质量和成品率非常重要。

### 4.3.3.1 钢的淬火

淬火是将钢件加热到$A_{c1}$或$A_{c3}$ 30～50℃，经适当保温后，然后以大于钢的临界冷却速度冷却而获得马氏体或贝氏体组织的热处理工艺。它是钢的重要强化手段，是随后回火时调整和改善性能的前提。

(1) 淬火温度的选择

为使淬火后能得到均匀细小的马氏体，首先要在淬火加热时得到细小而均匀的奥氏体组织，否则，淬火组织的脆性增大，在淬火冷却时会引起变形和开裂。

生产中淬火加热温度根据钢的含碳量而定，对亚共析钢为$A_{c3}$以上30～50℃，对过共析钢为$A_{c1}$以上30～50℃。各种碳钢的淬火加热温度范围如图4-16所示。

对于亚共析钢，按照上述适宜的淬火温度，淬火后可获得均匀细小的板条状马氏体组织。如淬火温度低，在淬火组织中会出现铁素体，造成淬火钢硬度不足、强度不高。过共析钢淬火温度为 $A_{c1}$ 以上 30～50℃，淬火后获得均匀的马氏体和近似球状的渗碳体的组织。因为渗碳体比马氏体硬度高，所以可提高钢的硬度和耐磨性。如果淬火温度在 $A_{ccm}$ 以上，由于渗碳体的溶解，反而会降低钢的硬度和耐磨性，同时由于温度过高，不但获得的是粗大的马氏体，而且还会引起严重的变形，甚至开裂等缺陷。淬火时所用的冷却剂，根据钢的种类不同而有所不同。淬火时常用的冷却剂有油、水、盐水等。水最便宜而且冷却能力较强，一般碳钢多用它作冷却剂。

对于合金钢，因大多数合金元素阻碍奥氏体晶粒长大（Mn、P 除外），所以淬火温度允许比碳钢稍高一些，晶粒仍能保持较细小，但同时使合金元素充分溶解和均匀化，这样就会取得较好淬火效果。合金钢可以在较慢的冷却介质下得到马氏体等硬度较高的组织，油的冷却能力低，一般用油做冷却剂来进行合金钢的淬火。

(2) 理想的淬火冷却介质与实际的淬火冷却介质

淬火冷却既要保证工件获得马氏体组织，又要减少变形和避免开裂。理想的淬火冷却速度如图 4-17 所示，它在过冷奥氏体最不稳定的鼻尖温度区应该快冷，以防止过冷奥氏体分解，在其他温度区，特别是在马氏体转变的温度区，应该慢冷，以减少热应力和相变应力，从而减少变形和开裂。

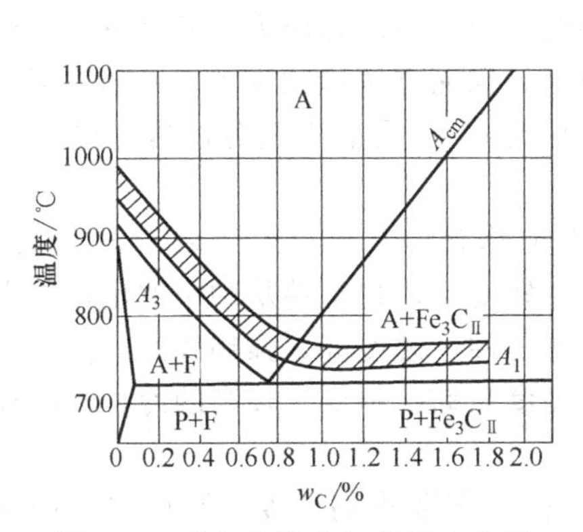


图 4-16 碳钢的淬火加热温度范围

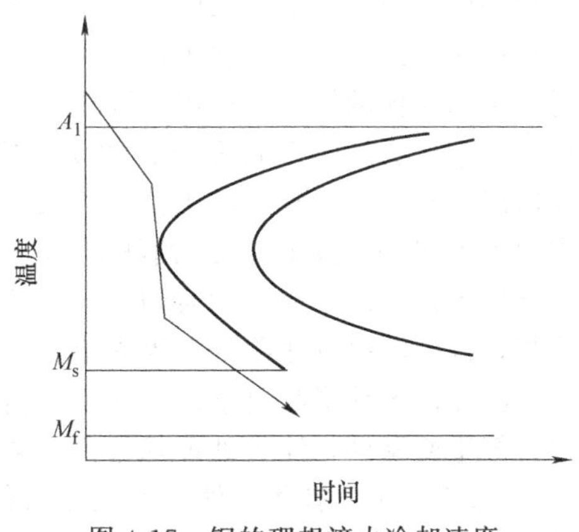


图 4-17 钢的理想淬火冷却速度

到目前为止，人们还没有找到一种理想的淬火冷却介质，为使得淬火效果比较理想，可从两个方面入手：一是选择较合适的淬火介质；二是改进淬火的方法。

生产中常用的冷却介质有水、油及盐或碱的水溶液。

水是目前应用最广泛的淬火冷却介质。因为它不但经济，而且冷却能力又较强。它的特点是，冷却能力在 650～560℃范围内不够大，而在 300～200℃范围内又偏大，冷却特性很不理想。所以，主要用于形状简单、截面尺寸较大的碳钢工件。使用温度一般控制在 30℃以下，淬火时加强冷却水的循环与搅拌，或在水加入 10%左右的 NaCl、NaOH 或 $Na_2CO_3$ 成为盐和碱的水溶液，以改善水的冷却能力。

油也是应用很广泛的一种淬火冷却介质。目前淬火用油主要是各种矿物油，如锭子油、变压器油、机油、柴油等。油的冷却能力比水小得多，碳钢不能淬硬，但在 300～200℃范围内的冷却速度较低，有利于减少工件的变形和开裂，故主要用于形状复杂的中、小型合金钢工件的淬火。适当提高油温（一般控制在 80℃以下），强力搅拌循环及加入活性剂等，可以改善油的冷却能力。

生产中还开发出其他淬火介质，如冷却能力介于水、油之间的硝盐水溶液和水玻璃水溶液，常用于感应加热淬火的乳化液和聚乙烯醇水溶液，以及用于等温淬火和分级淬火介质——熔融状态的硝盐和烧碱等。

(3) 生产中常用的淬火方法

为了达到理想的淬火冷却和保证工件的淬火质量，除了选用合适的淬火介质外，还要选择适当的淬火方法。常用的淬火方法有以下几种。

① 单液淬火法（如图 4-18 曲线 $a$ 所示） 将加热至淬火温度的工件，投入在单一的介质中连续冷却以获得马氏体组织的淬火方法。常见的有碳钢在水中淬火，合金钢在油中淬火等，都属于单液淬火。这种方法操作简单，易实现机械化，但也易产生淬火缺陷。

② 双液淬火法（如图 4-18 曲线 $b$ 所示） 双液淬火的生产过程是：将工件先投入一种冷却能力较强（例如盐水）的介质中，使工件在高温区的冷却速度大于临界冷却速度，以保证奥氏体不分解，当冷却到低温区将工件马上转入另一种冷却能力较弱（如油）的介质中，使其冷却变慢，减少工件内外的温差，使内应力减小，可有效地防止变形和开裂。如先水后油、先水后空气等就是这种双液淬火法（又称双介质淬火法）。正确控制工件在水中的冷却时间是此法成功的关键步骤。它主要适用于高碳钢零件和较大的合金钢零件，这种淬火方法克服了单液淬火的缺点。但其操作复杂，需要一定的生产实践经验。

③ 分级淬火法（如图 4-18 曲线 $c$ 所示） 其特点是将加热好的工件先浸入温度在 $M_s$ 点附近的盐浴或碱浴中停留一段时间，待其表面与心部温度基本一致后，取出空冷，这种方法称分级淬火法。这种淬火方法不仅减少了由工件内外温度差造成的热应力，而且整个截面几乎同时发生马氏体的转变，所以也降低了淬火组织应力，因而有效地减少了工件的变形和裂纹的产生。它广泛用于形状复杂、对变形要求严格的工件。但受盐浴或碱浴冷却能力的限制，仅适用于对尺寸比较小的工件的淬火。

④ 等温淬火法（如图 4-18 曲线 $d$ 所示） 将工件加热后，直接投入稍高于 $M_s$ 温度的盐浴或碱浴中，保温足够长的时间，当其发生下贝氏体转变后，将工件从炉中取出，再在空气中冷却，这种淬火方法称等温淬火法。等温淬火后的工件，硬度高，强韧性好，同时淬火变形小。因此，各种形状复杂、尺寸要求精确，并且硬度与韧性都要求较高的冷、热冲模与成形刀具等重要零件，淬火处理都选择等温淬火。

⑤ 局部淬火法 有些工件按其工作条件，如果只是局部要求高硬度，则可进行局部加热然后淬火的方法，这样就可以避免工件其他部分产生变形和开裂。如图 4-19 所示为卡规进行局部淬火法的热处理生产。

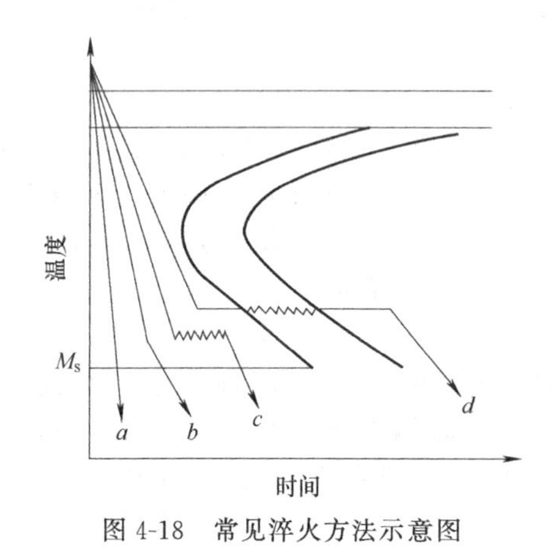

图 4-18 常见淬火方法示意图

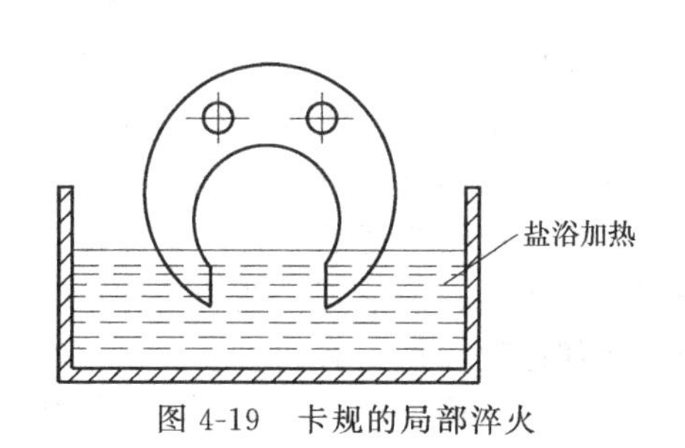

图 4-19 卡规的局部淬火

⑥ 冷处理 高碳钢及一些合金钢，由于 $M_f$ 点位置在室温温度以下，淬火后组织中有

大量残留奥氏体。若将钢继续冷却到室温温度以下，会使残余奥氏体转变为马氏体。这种操作称为冷处理。

生产中进行冷处理一般接着淬火操作之后进行，如果时间相隔过久，冷处理的效果就会下降。冷处理的温度应由 $M_f$ 决定，一般是在干冰（固态 $CO_2$）和酒精的混合物或冷冻机中冷却，温度为－80～－70℃。这种方法主要用来提高钢的硬度和耐磨性及制造高精度量具时，主要目的是用来稳定量具的尺寸，消除不稳定的残余奥氏体组织。

#### 4.3.3.2 钢的回火

淬火后的马氏体和残余奥氏体是不稳定的组织，并使钢存在较大的内应力和脆性。为了消除内应力和降低脆性，获得所需要的力学性能，钢淬火后必须进行回火。

回火是将淬火钢重新加热到 $A_{c1}$ 以下的某一温度，保温后，再冷却到室温的工艺过程。回火的目的是降低淬火钢的脆性，消除内应力，使之具有一定的韧性；使淬火钢的组织稳定，保证零件在使用过程中不发生形状和尺寸的变化，获得所需要的力学性能。所以回火总是在淬火后进行，根据加热温度不同，可将回火分为低温回火、中温回火和高温回火。

(1) 低温回火

低温回火工艺的加热温度为 150～250℃。主要是为了降低淬火应力和脆性，保持淬火后所得到的高硬度和耐磨性。低温回火后的组织是回火马氏体，它是碳在马氏体中的过饱和度较小的固溶体，适用于各种工具、量具、模具和轴承等。

(2) 中温回火

中温回火加热温度为 360～500℃。这种回火可显著减小钢件的淬火应力，提高了弹性，但硬度有所降低，用于各类弹簧、锻模等。中温回火后钢的组织是回火托氏体，即极细的球状渗碳体和铁素体的机械混合物。

(3) 高温回火

高温回火是在 500～600℃进行的回火处理工艺。是由粒状渗碳体和已再结晶的呈多边形的铁素体组成的，其中渗碳体颗粒要比回火屈氏体中的大，弥散度较小。

通常生产中将淬火＋高温回火称为调质处理。调质处理的目的是获得强度、硬度、塑性和韧性都较好（综合力学性能较好）的零部件。广泛用于处理各种重要的中碳钢零件，尤其是承受动负荷的零件，如各种轴、齿轮、连杆、高强度螺栓等，处理后的零件硬度一般为 200～360HBS。对某些已具有马氏体组织的合金钢，可作为预先热处理，将其进行更高温度的软化回火，得到回火珠光体组织。

## 4.4 表面热处理

以上几节中所介绍的退火、正火、淬火及回火，都是使工件的整体性能发生变化，属于整体热处理。但生产中有些零件要求表面与中心具有不同的性能。各种在动力负荷及摩擦条件下工作的齿轮、凸轮轴、曲轴、主轴以及床身导轨等，都要求表面具有高硬度和耐磨性，而心部具有足够的塑性和韧性。例如，汽车变速箱的高速齿轮为减少长期运转后的磨损，要求轮齿表面有局部高硬度和耐磨性，而在启动、紧急刹车时有较大的冲击载荷作用，又要求轮齿心部具有良好的韧性。要满足上述要求，仅从选材方面去解决是很困难的，如选用高碳钢，淬火后硬度虽然高了，但心部韧性不足。如选用低碳钢，虽然心部韧性好，但淬火后硬度达不到要求。在这种情况下，生产上广泛采用表面热处理方法。

常用的表面热处理方法有表面淬火和化学热处理两种。

### 4.4.1 表面淬火

钢的表面淬火是一种不改变钢表层的化学成分，但改变其组织的局部热处理方法。它是利用火焰或感应电流等快速加热零件，使零件表面层很快地达到淬火温度，而使热量来不及传到中心部位，立即迅速冷却的方法来实现的。当表面淬火后，工件表面层获得硬而耐磨的马氏体组织，而心部仍保持着原来的退火、正火或调质状态，保持足够的塑性和韧性。

加热表面的方法可采用火焰加热或感应电流加热（根据电流频率又有高频、中频和工频三种）。进行表面淬火的零件材料是中碳钢或中碳合金钢。工件经表面淬火及低温回火使表面具有高硬度，而心部仍保持原来的韧性。机床中的齿轮内燃机中的曲轴轴颈等常采用表面淬火。

#### 4.4.1.1 感应加热表面淬火法

(1) 感应加热表面淬火法原理

如图 4-20 所示，把零件放在紫铜管做成的感应器内（铜管内通水冷却），使感应器通过一定频率的交流电以产生交变磁场。结果零件内部产生频率相同、方向相反的感应电流，称为“涡流”。涡流在零件截面上分布是不均匀的，表面密度大，中心密度小。电流的频率越高，涡流更加集中，导致零件被加热的表面层越薄，这种现象称为“集肤效应”。

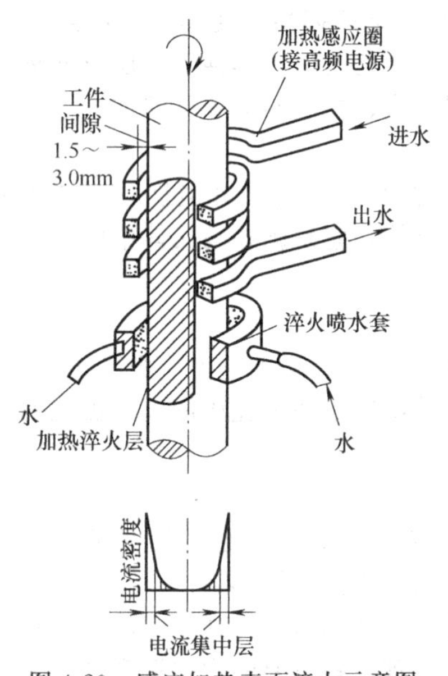


图 4-20 感应加热表面淬火示意图

由于钢本身具有电阻，因而集中于零件表面的涡流由于电阻热使表面层被迅速加热到淬火温度，而心部几乎没被加热，因此温度不变。所以在随即喷水（合金钢零件随即喷油淬火）冷却后，零件表面层被淬硬。

零件表面电流（涡流）透入深度 $\delta$ 是影响淬硬层深度的重要参数，它与所通电的电流频率有以下关系：

$$\delta=\frac{500}{\sqrt{f}}$$

电流频率越高，$\delta$ 愈小，即淬硬层深度愈薄。

(2) 感应加热淬火法频率选用

① 高频感应加热　高频感应加热常用频率 200～300kHz，电源设备为电子管式高频加热设备。淬硬层深度一般为 0.5～2mm。主要用于中、小零件（如小模数齿轮、中小轴零件等）的表面淬火。

② 中频感应加热　常用频率为 2500Hz 和 8000Hz，淬硬层深度为 2～10mm。电源设备为机械式或可控硅中频发生器。主要应用于淬硬层要求较深的零件，如直径较大的轴类零件和中等模数的齿轮、大模数齿轮单齿加热淬火等。

③ 工频感应加热　电源频率为 50Hz，电源设备为机械式工频加热装置。淬硬层深度可达 10～15mm，主要用大型工件的表面淬火，如轧辊、火车车轮等，也可用于较大直径零件的穿透加热。

④ 超音频感应加热　电源频率一般为 20～40kHz，它的频率比音频高，所以称超音频，为 20 世纪 60 年代发展起来的先进表面淬火设备。它既有高、中频加热的优点、淬硬层深度略高于高频，而且沿零件轮廓均匀分布。所以，它对用高、中频感应加热难以实现的沿轮廓表面淬火的零件有着重要的作用。适用于小模数齿轮、花锭铀、链轮等，也常用于机床导轨的表面淬火。

(3) 感应加热表面淬火的特点

由于感应加热是依靠工件内部的感应电流直接加热，所以加热效率很高，加热速度极快，一般只要几秒到几十秒的时间就能把零件加热到淬火温度。这样，在相变过程中，碳和铁原子来不及扩散，因此珠光体转变为奥氏体的相变温度升高，相变温度范围扩大，通常比普通加热淬火温度高几十摄氏度。感应加热时间短，钢的奥氏体晶粒细小均匀，淬火后获得的马氏体组织也为极细小的隐晶马氏体，零件硬度比普通淬火的高2～3HRC，且脆性较低。

感应淬火后的零件表面层存在残余压应力，可提高疲劳极限，且变形小，不易氧化和脱碳。生产率高，工艺操作易于实现机械化和自动化，适宜于大批生产。

#### 4.4.1.2 火焰加热表面淬火法

用乙炔-氧或煤气-氧的混合气体燃烧的火焰，喷射在零件表面上，快速加热，当达到淬火温度后马上喷水或用乳化液进行冷却的方法，如图4-21所示。

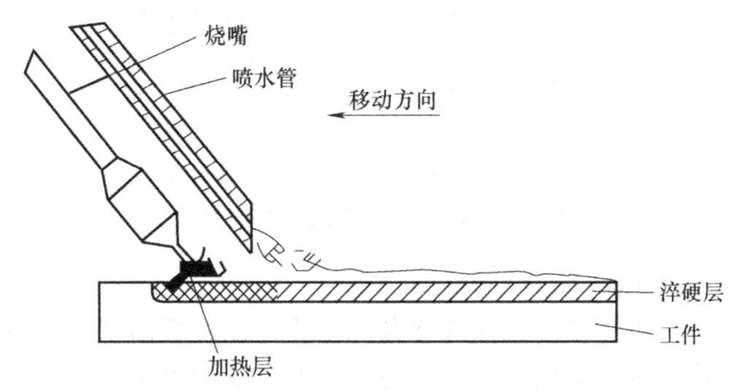


图4-21 火焰加热表面淬火示意图

火焰表面淬火零件选材时，常用中碳钢35钢、45钢，及中碳低合金结构钢（合金元素$w_{Me}<3\%$）如40Cr、65Mn等。如果碳含量太低，淬火后硬度低；而碳和合金元素含量过高，则淬火时易开裂。火焰表面淬火法在生产中常用于对铸铁件如灰铸铁、合金铸铁进行表面淬火。

### 4.4.2 化学热处理

化学热处理是将钢放在含有某种化学元素的介质中加热和保温，使该元素的活性原子渗入到钢表面的热处理方法。

根据渗入元素的不同化学热处理有渗碳和氰化等方式。进行渗碳的零件材料一般为低硬钢或低碳合金钢。钢经渗碳后，表面层变为高碳组织，为了进一步提高其硬度和耐磨性，尚需进行淬火及低温回火而心部仍为低碳组织，保持原来的高韧性。汽车变速箱高速齿轮、机床离合器等常采用渗碳处理。

#### 4.4.2.1 渗碳

将低碳钢零件置于富碳介质中，加热至900～930℃，保温一定时间直到当该介质分解出活性炭并渗入到零件表面层，这种化学热处理工艺称为渗碳。渗碳的目的是提高工件表层的含碳量。经过渗碳及随后进行的淬火和低温回火，就能提高工件表面硬度、耐磨性和疲劳强度，而心部仍保持良好的塑性和韧性。渗碳钢的含碳量，一般为0.1%～0.26%，以保证心部具有足够的韧性和强度，主要牌号的钢种有25、20、20Cr、20CrMnTi等。

*(1) 渗碳后的组织*

零件经过渗碳后，渗碳层含碳量是沿着零件的深度变化的。表面含碳量达到高碳的成分，从表面向零件的心部含碳量逐渐降低，至心部即为原来低碳钢本身的含碳量。因此，渗碳后缓冷至室温的组织，最外层是过共析钢的组织，往里是共析钢组织，再靠近零件的中心部位是亚共析钢组织，最后面是心部的原始组织，为低碳钢渗碳后缓冷到室温的组织。

(2) 渗碳后的热处理

渗碳层的组织在缓冷后是珠光体和网状渗碳体，硬度并不高，没有达到表面高硬度高耐磨性，而心部高韧性低硬度的要求。此外，在高温下长时间保温，往往引起奥氏体晶粒长大。因此零件渗碳后必须进行热处理，其方法有三种，如图 4-22 所示：

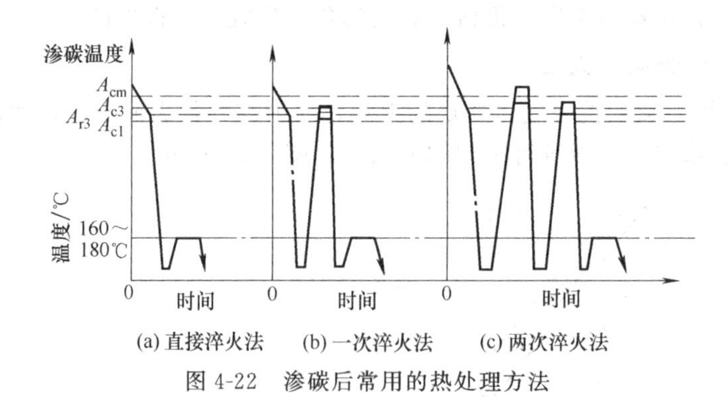


图 4-22 渗碳后常用的热处理方法

① 直接淬火法 工艺曲线如图 4-22(a) 所示。

这种方法的优点是，不用反复加热和冷却，操作简化，提高了生产率。同时还可减少工件淬火变形及表面氧化、脱碳倾向。但由于零件直接自渗碳炉内（930℃左右的高温）取出淬火，故热处理后晶粒粗大，力学性能下降。因此，直按淬火法适用于本质细晶粒钢或性能要求不高的零件。

② 一次淬火法 工艺曲线如图 4-22(b) 所示冷却后，再加热到合适的淬火温度范围内进行淬火和回火。此法也是适用于本质细晶钢。对于不重要的碳钢渗碳件，淬火温度的选择，应兼顾表层和心部的要求，一般在 $A_{c1}$ 和 $A_{c3}$ 之间；对于要求心部有较高性能的工件，淬火温度选在略高于心部的低碳组织的 $A_{c3}$ 点，而对于只要求表面耐磨，而对心部无甚要求的工件，淬火温度略高于 $A_{c1}$ 即可。

③ 两次淬火法 工艺处理曲线如图 4-22(c) 所示。若零件同时要求心部具有高冲击韧度和强度，表面具有高的硬度和耐磨性时，可采用两次淬火法。即渗碳后，第一次加热到 $A_{c3}$ 以上 30～50℃淬火（或正火），目的是细化心部组织，消除渗碳层表面的网状渗碳体；第二次加热到 $A_{c1}$ 以上 30～50℃淬火，目的是为了改变表面钢的组织和性能，但此法工艺复杂，周期长，零件变形大，氧化、脱碳倾向大，生产上很少使用，只有在重载荷下工作的零件才采用。

直接淬火法和一次淬火法所获得的表层组织为高碳回火马氏体和少量残余奥氏体。两次淬火法的表层组织为高碳回火马氏体、粒状渗碳体和少量残余奥氏体，它们的表层硬度可达 58～62HRC。心部组织随钢的淬透性而定，未淬透的零件，心部组织为铁素体和珠光体，硬度约 10～15HRC，塑性、韧性好；淬透时，心部为低碳回火马氏体，硬度达 40～48HRC，并具有较高的强度和韧性。

④ 渗碳零件的工艺路线 渗碳零件的一般工艺路线为：锻造→正火→机械粗加工→渗碳→淬火→低温回火→精加工（磨削等）。

#### 4.4.2.2 渗氮

将氮原子渗入工件表层的过程称为渗氮（即氮化）。进行氮化的零件材料要采用专门的氮化用钢（钢中含有 Cr、Mo、Al 等合金元素）。零件经氮化后，表面形成一层氮化物，不需淬火便具有高的硬度、耐磨性、耐蚀性和抗疲劳性能等。此外由于氮化温度低，氮化后零件变形小。

虽然渗氮工艺有很多优点，但其操作工艺非常复杂，生产周期较长，氮化层薄且脆，氮化成本高，不易承受集中的重载荷，并需要专用的氮化用钢。所以只用于要求高耐磨性和高精度的零件，如高速传动的精密齿轮、镗床镗杆，磨床主轴等常采用氮化处理。

氰化是碳氮共渗，其中高温氰化以渗碳以为主，低温氰化以氮化为主。

## 思考题与习题

1. 说明下列符号的含义及加热速度和冷却速度对它们的影响：$A_{c1}$、$A_{ccm}$、$A_{c3}$、$A_{r1}$、$A_{rcm}$、$A_{r3}$。

2. 试述珠光体转变为奥氏体时，奥氏体晶粒的形成过程。

3. 试述珠光体转变的过冷条件及转变过程，分析层片状珠光体中的片间距对珠光体组织与性能的影响。

4. 钢获得马氏体组织的条件是什么？转变产物中，珠光体转变产物、贝氏体转变产物和马氏体转变产物三者各具有什么特点？

5. 影响C曲线的因素有哪些？

6. 什么是残余奥氏体？它对钢的性能有何影响？如何减少或消除残余奥氏体？

7. 淬火的工艺特点是什么？组织发生什么变化？能达到什么目的？

8. 什么是淬火临界冷却速度和理想淬火冷却速度？

9. 退火的主要目的是什么？生产中常用的退火操作有哪几种？指出各类退火工艺的使用范围。

10. 正火与退火的主要区别是什么？生产中应如何选择正火与退火工艺？

11. 试确定下列钢种的淬火时的加热温度：45、20、T8、T12、65。

12. 淬火内应力产生的原因是什么？它与哪些因素有关？怎样消除淬火内应力？

13. 说明淬火温度和冷却速度对工件淬火质量的影响。淬火时为什么不同的钢种要应用相应的冷却剂？低碳钢能否淬硬？

14. 为什么淬火钢必须要进行回火处理？试举例说明不同回火温度的应用及各自达到的目的。

15. 表面热处理能达到什么目的？指出常用的表面热处理方法。

16. 现有锉刀一批，原定由T12钢制成，要求硬度为60～64HRC。但生产时，钢料中混入了45钢，而热处理仍按T12钢进行淬火处理，处理后能否达到要求？为什么？按45钢进行淬火处理则热处理后能否达到要求？为什么？

17. 试比较下列材料经不同热处理后硬度值的高低，并说明其原因。

(1) 45钢加热到700℃后，投入水中急速冷却；

(2) 45钢加热到750℃后，投入水中急速冷却；

(3) 45钢加热到840℃后，投入水中急速冷却；

(4) T12钢加热到700℃后，投入水中急速冷却；

(5) T12钢加热到750℃后，投入水中急速冷却；

(6) T 12钢加热到900℃后，投入水中急速冷却。

18. 欲加工自行车车轴和沙发弹簧：(1) 应该选用什么材料？(2) 采用何种热处理工艺？为什么？

第 5 章
# 金属材料

## 学习目的

了解合金元素在钢中的作用；掌握常用碳钢、合金钢种类、牌号、性能与应用；了解铸铁和非铁合金的种类、牌号、性能与应用；在此基础上可以为典型的零件进行选材。

## 重点和难点

重点是常用碳钢、合金钢种类、牌号、性能；难点是对常用碳钢的应用即零件的选材。

## 学习指导

本章和实际联系紧密，可以在学习本章内容的基础上指导学生加以运用，比如分析案例齿轮的选材、机床主轴的选材、锉刀的选材等。

材料是人类生产和社会发展的重要物质基础。其中，金属材料曾经而且仍在发挥非常重要的作用，尤其是对机械类行业更是如此。

## 5.1 合金元素在钢中的作用

各类元素，尤其是合金元素的加入在金属材料中都会对材料的组织、性能产生各种各样的影响，为一定目的加入到钢中，能起到改善钢的组织和获得所需性能的元素，才称为合金元素。常用的有 Cr、Mn、Si、Ni、Mo、W、V、Co、Ti、Al、Cu、B、N、稀土等。合金元素在钢中的作用，主要表现为合金元素与铁、碳之间的相互作用以及对铁碳相图和热处理相变过程的影响。

实际使用的非合金钢并不是单纯的铁碳合金，由于冶炼时所用原料以及冶炼工艺方法等影响，钢中总不免有少量其他元素存在，如 Si、Mn、S、P 等，这些元素一般作为杂质看待。它们的存在对钢性能也有较大影响。

① Mn 和 Si 在碳钢中有利于提高钢的强度和硬度，Mn 还可与硫形成 MnS，以消除硫的有害作用，一般属有益元素。

② S 和 P 是钢中的有害元素。S 在钢中以化合物 FeS 形式存在，其与 Fe 形成低熔点共晶体分布在晶界上。钢加热到 1000～1200℃进行锻压或轧制时，易晶界熔化，使钢在晶界开裂，这种现象称为热脆。P 在低温时会使材料塑性和韧性显著降低，这种现象称为冷脆。

(1) 合金元素对钢基本相的影响

钢的基本相主要是固溶体（如铁素体）和化合物（如碳化物）。

大多数合金元素（如 Mn、Cr、Ni 等）都能溶于铁素体，引起铁素体晶格畸变，产生固溶强化，使铁素体的强度、硬度升高，塑性、韧性下降。如图 5-1 所示。

有些合金元素可与碳作用形成碳化物，这类元素称为碳化物形成元素，有 Fe、Mn、Cr、Mo、W、V、Nb、Zr、Ti 等（按与碳亲和力由弱到强排列）。与碳的亲和力越强，形

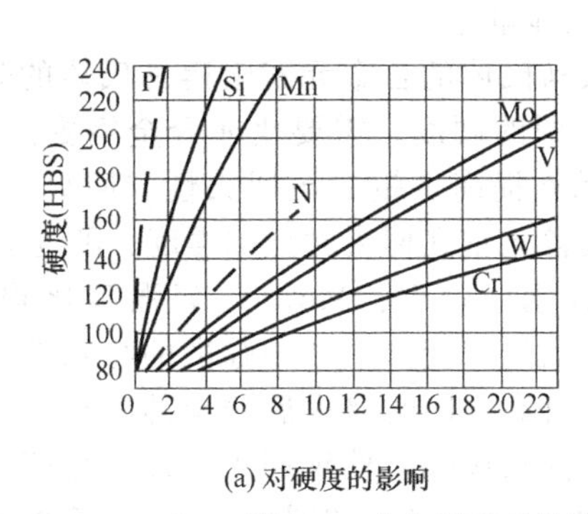


(a) 对硬度的影响

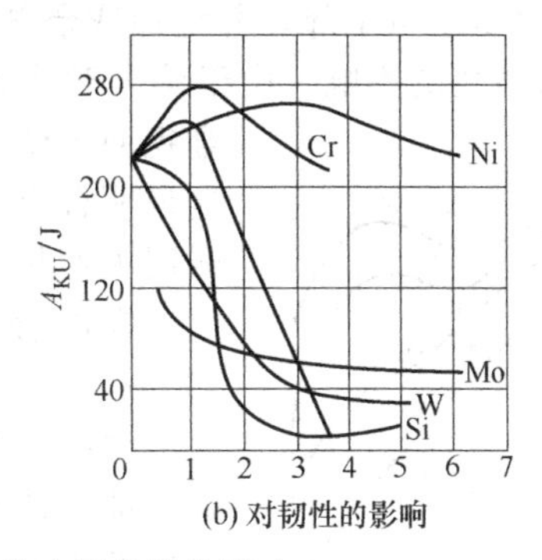


(b) 对韧性的影响

图 5-1 合金元素对铁素体力学性能的影响

成的碳化物就越稳定，硬度就越高。由于与碳的亲和力强弱不同及含量不同，合金元素可以形成不同类型的碳化物：①溶入渗碳体中，可形成合金渗碳体，如 $(Fe, Mn)_3C$、$(Fe, Cr)_3C$等；②形成合金碳化物，如 $Cr_7C_3$、$Fe_3W_3C$ 等；③形成特殊碳化物，如 WC、MoC、VC、TiC 等。从合金渗碳体到特殊碳化物，稳定性及硬度依次升高。碳化物的稳定性越高，高温下就越难溶于奥氏体，也越不易聚集长大。随着碳化物数量的增加，钢的硬度、强度提高，塑韧性下降。

非碳化物形成元素 Ni、Si、Al、Co、Cu 等与碳亲和力很弱，不形成碳化物，形成固溶体。

(2) 合金元素对 $Fe$-$Fe_3C$ 相图的影响

$Fe$-$Fe_3C$ 相图是以铁和碳两种元素为基本组元的相图。如果在这两种元素的基础上加入一定量的合金元素，必将使 $Fe$-$Fe_3C$ 相图的相区和转变点等发生变化。

① 合金元素对奥氏体相区的影响　Ni、Mn 等合金元素使单相奥氏体区扩大，即使 $A_1$ 线、$A_3$ 线下降。若其含量足够高，可使单相奥氏体区扩大至常温，即可在常温下保持稳定的单相奥氏体组织。利用合金元素扩大奥氏体相区的作用可生产出奥氏体钢。

Cr、Mo、Ti、Si、Al 等合金元素使单相奥氏体区缩小，即使 $A_1$ 线、$A_3$ 线升高，当其含量足够高时，可使钢在高温与常温均保持铁素体组织，这类钢称为铁素体钢。

② 合金元素对 $S$、$E$ 点的影响　合金元素都使 $Fe$-$Fe_3C$ 相图的 $S$ 点和 $E$ 点向左移，即使钢的共析含碳量和奥氏体对碳的最大固溶度降低。若合金元素含量足够高，可以在 $w_C=0.4\%$的钢中产生过共析组织，在 $w_C=1.0\%$的钢中产生莱氏体。例如，在高速钢（$w_C=0.7\%\sim0.8\%$）的铸态组织中就有莱氏体，故可称之为莱氏体钢。

(3) 合金元素对钢热处理的影响

我们原来了解的热处理原理和工艺主要是针对铁碳合金的，如果加入了合金元素，则热处理的加热、冷却和回火转变都会在原来的基础上发生一定的变化。

① 对加热时奥氏体化及奥氏体晶粒长大的影响　合金钢的奥氏体形成过程基本上与非合金钢相同，但合金钢的奥氏体化比非合金钢需要的温度更高，保温时间更长。由于高熔点的合金碳化物、特殊碳化物（特别是 W、Mo、V、Ti 等的碳化物）的细小颗粒分散在奥氏体组织中，能机械地阻碍晶粒长大，所以热处理时合金钢一般不易过热。

② 对冷却时过冷奥氏体转变的影响　除 Co 外，大多数合金元素（如 Cr、Ni、Mn、Si、Mo、B 等）溶于奥氏体后都使钢的过冷奥氏体的稳定性提高，从而使钢的淬透性提高。因此，一方面有利于大截面零件的淬透；另一方面可采用较缓和的冷却介质淬火，有利于降低淬火应力，减少变形、开裂。有的钢中提高淬透性元素的含量大，则其过冷奥氏体非常稳定，甚至在空气中冷却也能形成马氏体组织，故可称其为马氏体钢。除 Co、Al 以外，大多

数合金元素都使 $M_s$ 点下降，并增加残余奥氏体量。

③ 对回火转变的影响　由于淬火时溶入马氏体的合金元素阻碍马氏体的分解，所以合金钢回火到相同的硬度，需要比非合金钢更高的加热温度，这说明合金元素提高了钢的耐回火性（回火稳定性）。所谓耐回火性是指淬火钢在回火时抵抗强度、硬度下降的能力。

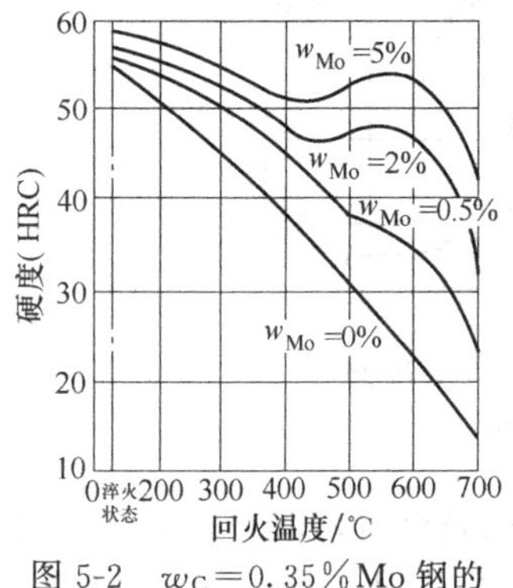


图 5-2　$w_C=0.35\%$Mo 钢的回火温度与硬度关系曲线

在高合金钢中，W、Mo、V 等强碳化物形成元素在 500～600℃回火时，会形成细小弥散的特殊碳化物，使钢回火后硬度有所升高；同时淬火后残余的奥氏体在回火冷却过程中部分转变为马氏体，使钢回火后硬度显著提高；这两种现象都称为"二次硬化"，如图 5-2 所示。高的耐回火性和二次硬化使合金钢在较高温度（500～600℃）仍保持高硬度（≥60HRC），这种性能称为热硬性。热硬性对高速切削刀具及热变形模具等非常重要。合金元素对淬火钢回火后力学性能的不利方面主要是回火脆性。这种脆性主要在含 Cr、Ni、Mn、Si 的调质钢中出现，而 Mo 和 W 可降低这种回火脆性。

## 5.2 非合金钢

### 5.2.1 碳素结构钢

（1）碳素结构钢概述

普通质量非合金钢是指不规定生产过程中需要特别控制质量要求，但化学成分和力学性能必须保证在规定范围内，杂质（主要 P、S 等）必须在规定范围内。普通质量非合金钢合金元素只含碳，不含其他合金元素，也叫普通碳素钢。由于不含其他合金元素，生产工艺简单，应用也较广，主要用于生产板、带、型钢等普通构件，大多不经热处理直接使用。

碳素结构钢是建筑及工程用非合金结构钢，价格低廉，工艺性能（焊接性、冷变形成形性）优良，用于制造一般工程结构及普通机械零件。通常热轧成扁平成品或各种型材（圆钢、方钢、工字钢、钢筋等），一般不经过热处理，在热轧态直接使用。碳素结构钢的牌号由代表屈服点的汉语拼音首位字母 Q、屈服点数值、质量等级符号、脱氧方法符号等部分按顺序组成。其中，质量等级用 A、B、C、D、E 表示 SP 含量不同，脱氧方法用 F（沸腾钢）、b（半镇静钢）、Z（镇静钢）、TZ（特殊镇静钢）表示，钢号中"Z"和"TZ"可以省略。例如 Q235AF 代表屈服点 $\sigma_s=235$MPa、质量为 A 级的沸腾碳素结构钢。

（2）常用钢号、化学成分、性能特定及用途

GB/T 700 中规定 A、B 级碳素结构钢的钢号为 Q195、Q215、Q235、Q255、Q275。其化学成分、性能特点及用途见表 5-1。

**表 5-1　常用钢号、化学成分、性能特点及用途**

| 钢号 | 化学成分、性能特定及用途 |
| --- | --- |
| Q195 | 主要控制化学成分，碳、锰含量低，强度不高，塑性好，韧性高，具有良好的工艺性能和焊接性能。生产品种为薄板、线材、钢丝等。广泛用于轻工机械、运输车辆、建筑等一般结构件。自行车、农机配件、五金制品，运输水、煤气等用管，烟筒、屋面板、拉杆、支架及机械用一般结构零件。可用于代替 08 优质碳素结构钢制造冲压件、焊接结构件 |
| Q215 | 碳、锰含量较低，主要控制化学成分，塑性好，具有良好的韧性、焊接性能和工艺性能。用于厂房、桥梁等大型结构构件，建筑桁架、铁塔、井架及车船制造结构件，轻工、农业、机械零件，五金工具，金属制品等 |

续表

| 钢号 | 化学成分、性能特定及用途 |
| --- | --- |
| Q235 | 碳含量适中，是最通用的工程结构钢之一，具有一定的强度，塑性和焊接性能良好。适用于受力不大，而韧性要求很高的工程结构。生产品种为棒材、型钢、钢板、钢带、焊管、钢丝等。用于建造厂房、高压输电铁塔、桥梁、车辆等。上述牌号可用于受力不大，不需热处理的一般机械结构和零件 |
| Q255 | 具有较好的强度、塑性和韧性，较好的焊接性能和冷热压力加工性能。主要用于强度要求不高的零件，例如铆接、拴接工程结构 |
| Q275 | 碳和硅、锰含量高，具有较高强度，较好的塑性，较高的硬度和耐磨性，一定的焊接性能和较好的切削加工性能，韧性较低。对于一般承受中等应力的机械结构，可用于代替牌号30、35优质碳素结构钢，以降低成本。主要产品为棒材、型材、钢板、钢带。可用于制造芯轴、齿轮、销轴、链轮、螺栓、垫圈、刹车杆等 |

## 5.2.2 优质碳素结构钢

(1) 优质碳素结构钢概述

优质碳素结构钢是碳素钢中硫、磷含量比较低，钢质洁净度比较高的钢类。钢号系列为08～85，包括碳含量为0.05%～0.9%的低碳钢、中碳钢和高碳钢。优质碳素结构钢属优质钢，不仅要保证化学成分也要保证力学性能。

优质碳素结构钢是用于制造重要机械结构零件的非合金结构钢，在机械制造中应用极为广泛，一般是经过热处理以后使用，以充分发挥其性能潜力。优质碳素结构钢的牌号用两位数字表示，表示钢中平均碳的质量分数为万分之几。若钢中Mn的含量较高时，在数字后面附化学元素符号Mn。为适应某些专业的特殊用途，对优质碳素结构钢的成分和工艺作一些调整，并对性能作出补充规定，可派生出锅炉与压力容器、船舶、桥梁、汽车、农机、纺织机械、焊条、铆螺等一系列专业用钢，并已制定了相应的国家标准。

(2) 优质碳素结构钢牌号、化学成分和力学性能及用途

优质碳素结构钢的牌号、化学成分和力学性能及用途见表5-2。

**表5-2 优质碳素结构钢的牌号、化学成分和力学性能及用途**

| 牌号 | 化学成分和力学性能及用途 |
| --- | --- |
| 08F、10F | 冷变形塑性好，深冲性能高，焊接性能好，强度、硬度很低，冷作件常经水韧处理及消除应力处理，以达到消除时效敏感性的目的。用于生产薄板、带钢、冷拉钢丝，适于制作深冲击、深拉伸等零件，例如汽车车身、发动机罩、盖壳件、各种储存器具，还可以做渗碳、碳氮共渗等零件 |
| 08 | 强度和硬度均很低，韧性和塑性优良，焊接性能良好，深冲压等变形冷加工性能良好，淬硬性和淬透性都很差，是塑性很好的冷冲压钢。用于生产薄钢板及冷轧钢带，广泛用于制造深冲压、拉延的盖罩件及焊接件，也可制作心部强度不高而表面硬化的渗碳零件，例如离合器盘、齿轮等 |
| 10 | 塑性和韧性高，焊接性能好，在冷作状态下易于挤压成形和压模成形，强度低，淬透性和淬硬性差，在热处理或冷拉处理后切削性能提高。可以采用弯曲、冷冲、热压、焊接等多种方法，制作各种负荷小、韧性高的零件(例如钢管垫片、摩擦片、汽车车身、容器、防护罩、轴承安全架、冷镦螺栓螺母)，以及较小负荷的焊接件、渗碳件(例如齿轮、链滚、套筒、链轮)等 |
| 15 | 塑性和韧性高，焊接性和冷冲压性良好，切削性差，但水韧处理或正火后，切削性能提高，强度、淬硬性和淬透性较低，用于制作受载较小且韧性高的零件、渗碳件、紧固件、不需热处理的低负荷零件，焊接性较好的中小结构件，例如螺栓、法兰、小轴、销子、摩擦片、套筒、起重钩和农用机的链轮、链条、轴套等 |
| 15F | 性能和15钢相似，一般热轧和冷轧为薄钢板。适于制作各种钣金件及冲压件，也用于制作心部强度不高的渗碳零件，例如挡块、支架、短轴、套筒、离合器盘、齿轮、垫片、垫圈、摇杆、吊钩、衬套、螺栓及农机中的低负荷零件 |

续表

| 牌号 | 化学成分和力学性能及用途 |
| --- | --- |
| 20 | 焊接性能高，经热处理可得到良好的切削加工性，无回火脆性，其强度稍高于15钢。适于制作韧性较高、负荷不大的各种零件，例如杠杆、轴套、螺钉、拉杆、吊钩等；也可制作要求表面硬度较高而心部强度较低的渗碳件，例如滚子、轴和不重要的齿轮、链滚等；还用于制作在压力小于600MPa及温度低于450℃的非腐蚀性介质中工作的管路零件 |
| 15Mn、20Mn | 15Mn高锰低碳渗碳钢，性能和15钢相似，淬透性、强度和塑性均高于15钢，切削性能良好，低温冲击性能及焊接性均好，一般在渗碳、正火或热轧状态下使用。20Mn的强度和淬透性比15Mn稍高。主要用于制造心部力学性能较高的渗碳零件，例如凸轮轴、曲柄轴、活塞销、齿轮、滚动轴承套圈、圆柱或圆锥轴承的滚动体；在正火或热轧状态下用于制作韧性高而应力小的零件，例如螺钉、螺母、支架、铰链及焊接构件；还可制作低温条件下工作的油罐等容器 |
| 25 | 具有较好的塑性、韧性、冷冲压性、焊接性及切削性，无回火脆性，淬透性及淬硬性不高，具有一定的强度。一般在热轧及正火后使用，用于制作焊接结构件，负荷较小的零件，例如轴、辊子、垫圈、螺栓、螺母、连接器；还用于制作压力小于600MPa及温度低于450℃的锅炉零件，例如应力不大的螺栓、螺母、螺钉、汽车和拖拉机中的冲压版、横梁、车架、脚踏板等 |
| 25Mn | 性能和20Mn和25钢相似，但强度稍优。适用于制作渗碳件及焊接件，例如连杆、销、凸轮轴、齿轮、联轴器、铰链等 |
| 30 | 具有一定的强度和硬度，塑性和焊接性良好，一般在正火状态下使用，尺寸不大的钢材调质后，可得到良好的综合力学性能和较好的切削性能。适用于制作受载不大、温度低于150℃、截面尺寸小的零件，例如化工机械中的螺栓、拉杆、套筒、轴、丝杠；还可以制作表面耐磨、心部强度较高的渗碳零件、焊接构件及冷镦锻零件等 |
| 30Mn | 强度和淬透性均比30钢高，切削性能良好，冷变形时塑性尚好，焊接性能中等，有回火脆性倾向，锻后应回火，一般在正火或调质状态下使用。通常用于制作低负荷零件，例如杠杆、拉杆、小轴、刹车踏板、螺栓、螺钉、螺母等，采用冷拉钢可制作高应力的细小零件，例如链环、刀片、横向刹车齿轮等 |
| 35 | 具有良好的塑性和切削加工性能，中等强度，焊接性能不佳，一般不用于制作焊接件，适用于冷拉、冷镦、冷冲压等冷作加工。广泛用于制作各种锻件、热压件、冷拉及冷镦钢材、无缝钢管，以及负荷较大但截面尺寸较小的各种零件，例如曲轴、销轴、横梁、连杆、星轮、轮圈、垫圈、螺栓等 |
| 35Mn | 强度和淬透性均优于30Mn钢，切削性能好，冷变形塑性中等，焊接性能较差，常作为调质钢使用。一般用于制造负荷中等的零件，例如传动轴、啮合杆、螺栓。采用淬火回火处理后可制作耐磨性好的零件，例如齿轮、芯轴等 |
| 40 | 具有较高的强度，切削性能良好，焊接性能差，一般在正火、调质或高频表面淬火后使用。适于制作机器中的运动零件、心部强度不高、表面耐磨的淬火零件，负荷较大的调质小尺寸零件，应力不大的大型正火零件，例如传动轴、芯轴、曲轴、曲柄销、拉杆、辊子、活塞杆、齿轮、链轮等 |
| 40Mn | 经热处理后，综合力学性能优于40钢，淬透性高于40钢，切削性能良好，冷变形时塑性中等，存在回火脆性，过热敏感性，水淬时易于产生裂纹，焊接性能差，在正火或淬火回火状态下使用，调质后可代替40Cr。适于制作疲劳负荷下的零件，例如曲轴、连杆、辊子、轴、高应力螺栓等 |
| 45 | 具有较高的强度，一定的塑性和韧性，切削性能良好，调质后能得到优良的综合力学性能，淬透性差，焊接性不好，冷变形塑性低，是一种广泛应用的较高强度的中碳钢，一般淬火及回火后使用。适于制作较高强度的运动零件，例如空压机、泵活塞、蒸汽透平机的叶轮、重型机械的轴、连杆、蜗杆、齿条、销子等。可代替渗碳钢用于制造表面耐磨零件（经高频或表面淬火），例如曲轴、齿轮、机床主轴、活塞销、传动轴等 |
| 45Mn | 强度、韧性及淬透性均优于45钢，是中碳调质钢，调质后可得到较好的综合力学性能，切削加工性能良好，焊接性能差，冷变形时塑性低，存在回火脆性倾向，一般在调质状态下使用，也可以在淬火加回火或正火状态下使用。适用于制作承受较大载荷及磨损条件下工作的零件，例如曲轴、花键轴、轴、连杆、万向节轴、汽车半轴、啮合杆、齿轮、离合器盘、螺栓、螺母等 |

续表

| 牌号 | 化学成分和力学性能及用途 |
| --- | --- |
| 50 | 具有高强度的中碳钢，切削性能中等，焊接性差，冷变形时塑性低，淬透性较差，一般在淬火后使用。适用于制作耐磨性高、动负荷及冲击作用不大的零件，例如锻造齿轮、拉杆、轧辊、摩擦盘、不重要的弹簧、发动机曲轴、机床主轴等。50Mn 性能与 50 钢相似，但淬透性较高，经热处理后的强度、硬度及弹性均比 50 钢好，有过热敏感性及回火脆性倾向，焊接性差，一般在淬火、回火后使用。常用于制作高耐磨性、高应力的零件，例如芯轴、齿轮轴、齿轮、摩擦盘、板弹簧等；高频淬火后可用于制造火车轴、蜗杆、连杆及汽车曲轴等 |
| 55 | 高强度中碳钢，弹性性能较高，塑性及韧性低，热处理后可得到高强度、高硬度、中等切削性能，焊接性能差，冷变形性能差，一般在正火或淬火后使用。适于制作高强度耐磨零件、弹性零件及铸钢件，例如齿轮、连杆、轮圈、轮缘、扁弹簧、轧辊等 |
| 60 | 具有较高的强度和弹性，冷变形塑性低，切削性能不好，淬透性低，焊接性能差，淬火时有产生淬火裂纹的倾向，因此，小工件才采用淬火，大工件多采用正火。适用于制作耐磨、高强度、受力较大及要求良好弹性的弹性零件，例如轧辊、轴、弹簧圈、弹簧、垫圈、离合器、凸轮等 |
| 60Mn | 强度较高，淬透性良好，脱碳倾向小，有过热敏感性及回火脆性倾向，水淬易产生裂纹，通常在淬火回火后使用。适用于制造尺寸较大的螺旋弹簧、各种扁弹簧、圆弹簧、板簧、弹簧片、弹簧环、发条及冷拉钢丝等 |
| 65 | 应用广泛的碳素弹簧钢，经热处理后的疲劳强度与合金弹簧钢相似，并可得到良好的弹性及较高的强度，切削性及淬透性都差，小尺寸零件多采用淬火，大尺寸零件多采用正火或水淬油冷，一般在淬火中温回火状态下使用，也可以在正火状态下使用。适用于制作弹簧垫圈、弹簧环、气门弹簧、小负荷扁弹簧、螺旋弹簧等；在正火状态下，可用于制造凸轮、轴、轧辊、钢绳等耐磨零件 |
| 65Mn | 具有高强度和高硬度，淬透性好，且弹性良好，是一种高锰弹簧钢，适用于油淬，水淬易产生裂纹，退火后切削性能良好，冷作变形塑性差，焊接性差，一般不宜制造焊接件，通常在淬火和中温回火状态下应用。经淬火及低温回火或调质，表面淬火处理，用于制造受摩擦高弹性、高强度零件，例如收割机铲、犁、切碎机切刀、翻土板、机床主轴、丝杠、弹簧卡头、钢轨、螺旋滚子、轴承套圈；经淬火、中温回火处理后，用于制作中负荷的板弹簧(厚度 5～15mm)、螺旋弹簧、弹簧垫圈、弹簧卡环、弹簧发条、轻型汽车离合器弹簧、制动弹簧、气门弹簧等 |
| 70 | 性能和 65 钢相近，但强度和弹性优于 65 钢，由于淬透性低，直径大于 12～15mm 的工件不能淬透。适于制作强度不高，尺寸较小的扁形、方形、圆形弹簧，及钢带、钢丝、车轮圈、电车车轮及犁铧等 |
| 70Mn | 淬透性优于 70 钢，热处理后可得到的力学性能高于 70 钢，冷变形塑性差，焊接性能差，热处理时易产生过热敏感性及回火脆性，易于脱碳，水淬易产生裂纹，一般在淬火回火状态下使用。适于制造耐磨及承受较大负荷的零件，例如止推环、离合器盘、弹簧垫圈、锁紧圈和盘簧等 |
| 75、80 | 性能和 65 钢相近，强度稍高、弹性稍差，一般在淬火回火状态下使用。适于制作强度不高、截面尺寸较小的螺旋弹簧、板弹簧以及受摩擦负荷的零件 |
| 85 | 耐磨性优良的高碳钢，强度和硬度优于 65 钢和 70 钢，但弹性稍低，淬透性也差。主要适于制造截面尺寸不大，弹性不高的震动弹簧，例如普通机械中的变形弹簧、圆形螺旋弹簧、铁道车辆和汽车、拖拉机中的板弹簧和螺旋弹簧，以及清棉机锯片、摩擦盘、钢丝、带钢等 |

### 5.2.3 碳素工具钢

(1) 碳素工具钢概述

碳素工具钢（非合金工具钢）生产成本较低，加工性能良好，可用于制作低速、手动刀具及常温下使用的工具、模具、量具等。各种牌号的碳素工具钢淬火后的硬度相差不大，但随含碳量增加，未溶的二次渗碳体增多，钢的耐磨性提高，韧性降低。因此，不同牌号的工具钢适用于不同用途的工具。碳素工具钢的牌号是在 T（碳的汉语拼音字首）的后面加数字表示，数字表示钢的平均碳的质量分数为千分之几。例如 T9 表示平均 $w_C=0.9\%$的碳素工具钢。碳素工具钢都是优质钢，若钢号末尾标 A，表示该钢是高级优质钢。常用碳素工具钢的牌号、成分及硬度及用途如表 5-3 所示。本标准中的全部钢号均属于特殊质量非合金钢。

（2）碳素工具钢的牌号、化学成分、力学性能和用途

碳素工具钢的牌号、化学成分、力学性能和用途见表 5-3。

**表 5-3 碳素工具钢的牌号、化学成分、力学性能和用途**

| 牌号 | 化学成分、力学性能和用途 |
| --- | --- |
| T7、T7A | 具有较好的塑性和强度，能承受震动和冲击负荷，硬度适中时具有较大韧性。用作承受冲击负荷不大而且需要具有较高硬度和耐磨性的各种工具，例如锻模、凿子、锤、简单的铣头、金属剪切刀、扩孔钻、钢印、木工工具、风动工具、锯软金属及木料锯片（条）、切削钢用工具、制造铆钉用工具、钻凿工具、打印皮革用印模等 |
| T8、T8A | 淬火加热时容易过热、变形也大，塑性及强度也比较低，不宜制造承受较大冲击的工具，但热处理后有较高的硬度及耐磨性，多用于制造切削刃口在工作时不变热的工具，例如各种木工工具、风动工具、钳工装配工具、简单模具、冲头、钻、凿、斧、锯、改锥、机床顶针、剪铁皮用剪子、较钝的外科医疗用具、车工用工具、矿山凿岩钎子等 |
| T8Mn、T8MnA | 有较高的淬透性，能获得较深的淬硬层，可用于制造断面较大的木工工具，手锯条、煤矿用凿、石工用凿等 |
| T9、T9A | 用来制造有一定韧性且具有较高硬度的各种工具，例如冲模、冲头、木工工具、农机上的切割零件等，还可以做凿岩用工具，T9 还可做铸模的分流钉 |
| T10、T10A | 钢在淬火加热（800℃）时，不易过热，仍保持细晶粒组织，韧性较小，有较高的耐磨性。用于制造不承受冲击负荷而具有锋利刃口与少许韧性的工具，例如车刀、刨刀、拉丝模、丝锥、扩孔刃具、搓丝板、铣刀、货币压模，以及制造切削刃口在工作时不变热的工具，例如木工工具、手锯条、钻、切纸和切烟叶用的刀具、硬岩石用钻子、锉刀、钳工用刮刀、刻纹用凿子、小型冲模等 |
| T11、T11A | 具有良好的综合力学性能（例如硬度、耐磨性及韧性等），用于制造在工作时切削刃口不变热的工具，例如丝锥、锉刀、扩孔钻、板牙、刮刀、量规、切烟叶刀、断面尺寸小的冷切边模、冲孔模以及木工工具等 |
| T12、T12A | 这种钢碳含量高，淬火后有较多的过剩碳化物，因而耐磨性和硬度高，而韧性低。用于制造不受冲击负荷，切削速度不高，切削刃口不变热的工具，例如车刀、铣刀、刮刀、钻头、铰刀、扩孔钻、丝锥、板牙、切烟叶刀、锉刀以及断面尺寸小的冷切边模、冲孔模等 |
| T13、T13A | 是碳素工具钢中碳含量最高的钢种，硬度极高。由于碳化物数量增加和分布不均匀，故力学性能较低，不能承受冲击。用于制作硬金属切削工具、剃刀、刮刀、拉丝工具、锉刀、坚硬岩石加工用具、雕刻用工具等 |

### 5.2.4 易切削结构钢

易切削钢是钢中加入一种或几种元素，利用其本身或与其他元素形成一种对切削加工有利的夹杂物，来改善钢材的切削加工性。目前常用元素是 S、P、Pb、Ca 等。易切削结构钢的牌号是在同类结构钢牌号前冠以“Y”，以区别其他结构用钢。例如 Y15Pb 中 $w_P=0.05\%\sim0.10\%$，$w_S=0.23\%\sim0.33\%$，$w_{Pb}=0.15\%\sim0.35\%$。采用高效专用自动机床加工的零件，大多用低碳易切削钢。Y12、Y15 是 S、P 复合低碳易切钢，用来制造螺栓、螺母、管接头等不重要的标准件；Y45Ca 钢适合于高速切削加工，比 45 钢提高生产效率一倍以上，用来制造重要的零件如机床的齿轮轴、花键轴等热处理零件。

### 5.2.5 工程用铸造碳钢

在机械制造业中，许多形状复杂，用锻造方法难以生产，力学性能要求比铸铁高的零件，可用碳钢铸造生产。铸造碳钢广泛用于制造重型机械、矿山机械、冶金机械、机车车辆的某些零件、构件。铸造碳钢的铸造性能比铸铁差。工程用铸造碳钢的牌号前面是 ZG（“铸钢”二字汉语拼音字首），后面第一组数字表示屈服点，第二组数字表示抗拉强度。工程用铸造碳钢的牌号、成分和力学性能如表 5-4 所示。

**表 5-4 一般工程用铸造碳钢的牌号、成分和力学性能**

| 牌号 | 主要化学成分 $w_{Me}$/% | | | | | 室温力学性能≥ | | | | |
|---|---|---|---|---|---|---|---|---|---|---|
| | C | Si | Mn | P | S | $\sigma_s$ 或 $\sigma_{0.2}$ /MPa | $\sigma_b$ /MPa | $\delta$/% | $\psi$/% | $A_{KV}$/J |
| ZG200-400 | 0.20 | 0.50 | 0.80 | 0.04 | | 200 | 400 | 25 | 40 | 47 |
| ZG230-450 | 0.30 | 0.50 | 0.90 | 0.04 | | 230 | 450 | 22 | 32 | 35 |
| ZG270-500 | 0.40 | 0.50 | 0.90 | 0.04 | | 270 | 500 | 18 | 25 | 27 |
| ZG310-570 | 0.50 | 0.60 | 0.90 | 0.04 | | 310 | 570 | 15 | 21 | 24 |
| ZG340-640 | 0.60 | 0.60 | 0.90 | 0.04 | | 340 | 640 | 10 | 18 | 16 |

铸造碳钢的特性及用途举例如下。

① ZG200-400　有良好的塑性、韧性和焊接性能。用于制作承受载荷不大，要求韧性的各种机械零件，如机座、变速箱壳等。

② ZG230-450　有一定的强度和较好的塑性、韧性，焊接性能良好，切削加工性尚可。用于制作承受载荷不大，要求韧性的各种机械零件，如砧座、外壳、轴承盖、底板、阀体、犁柱等。

③ ZG270-500　有较高的强度和较好的塑性，铸造性能良好，焊接性能尚好，切削加工性佳，用途广泛，用于制作轧钢机机架、轴承座、连杆、箱体、缸体等。

④ ZG310-570　强度和切削加工性良好，塑性和韧性较低，用于制作承受载荷较高的各种机械零件，如大齿轮、缸体、制动轮、辊子等。

⑤ ZG340-640　有高的强度、硬度和耐磨性，切削加工性中等，焊接性能较差，流动性好，裂纹敏感性较大，可用制作齿轮、棘轮等。

## 5.3 合金钢

合金钢的编号是按照合金钢中的含碳量及所含合金元素的种类（元素符号）和含量来编制的。一般，钢号的首部是表示碳的平均质量分数的数字，表示方法与优质碳素钢的编号是一致的。对于结构钢，以万分数计，对于工具钢以千分数计。当钢中某合金元素的平均质量分数 $w_{Me}<1.5\%$ 时，钢号中只标出元素符号，不标明含量；当 $w_{Me}=1.5\%\sim2.5\%$、$2.5\%\sim3.5\%$、…时，在该元素后面相应地用整数 2、3、…注出其近似含量。

① 合金结构钢。例如 60Si2Mn，表示平均 $w_C=0.6\%$、$w_{Si}>1.5\%$、$w_{Mn}<1.5\%$ 的合金结构钢；09Mn2 表示平均 $w_C=0.09\%$、$w_{Mn}>1.5\%$ 的合金结构钢。钢中 V、Ti、Al、B、稀土（以 RE 表示）等合金元素，虽然含量很低，仍应在钢号中标出，例如 40MnVB、25MnTiBRE。滚动轴承钢有自己独特的牌号。牌号前面以“G”（滚）为标志，其后为 Cr 元素符号 Cr，质量分数以千分之几表示，其余与合金结构钢牌号规定相同，例如

GCr15SiMn 钢。

② 合金工具钢。当平均 $w_C$<1.0%时，如前所述，牌号前以千分之几（一位数）表示；当 $w_C$≥1%时，为了避免与结构钢相混淆，牌号前不标数字。例如 9Mn2V 表示平均 $w_C$=0.9%、$w_{Mn}$=2%、含少量 V 的合金工具钢；CrWMn 钢号前面没有数字，表示钢中平均 $w_C$>1.0%。高速工具钢牌号中则不标出含碳量。

③ 特殊性能钢的牌号表示法与合金工具钢基本相同，只是当 $w_C$≤0.08%及 $w_C$≤0.03%时，在牌号前面分别冠以“0”及“00”，例如 0Cr19Ni9、0Cr13Al 等。

### 5.3.1 低合金钢

低合金钢是在非合金钢的基础上，加入少量合金元素，提高钢材的强度或改善其某方面的使用性能，而发展起来的工程结构用钢。

低合金钢是一类可焊接的低碳低合金工程结构用钢，主要用于房屋、桥梁、船舶、车辆、铁道、高压容器及大型军事工程等工程结构件。这些构件的特点是尺寸大，需冷弯及焊接成形，形状复杂，大多在热轧或正火条件下使用，且可能长期处于低温或暴露于一定环境介质中。

(1) 低合金高强度钢的性能要求

人们使用各种材料，实际上主要是使用材料的各种有益的性能。作为工程结构用途的低合金高强度钢，人们最主要是使用其力学性能以满足结构件在承受各种载荷时能保持稳定的形状而不致由于产生明显的变形或断裂而导致失效。

各种受力构件，为了能承受较大的载荷并减轻设备的重量，要求所使用的结构材料必须具有较高的强度（包括屈服强度和抗拉强度）。强度是人们使用的结构材料最重要的性能。低合金高强度钢一般比相应的非合金结构钢的强度高 30%～50%，因而能够承受较大的载荷，而结构材料自身的重量往往也是结构件需要承受的载荷的组成部分，因而结构材料强度的提高同时还可明显降低构件的自重而使其承受其他载荷的能力进一步提高。例如，汽车、火车、船舶，若采用的钢材的强度提高 10%，则其承载能力一般均将提高 15%以上。

此外，钢铁结构件在生产制作过程中钢材往往需经加工变形而得到最终形状，例如弯曲、拉拔、卷边、冲压等，因而还要求钢铁结构材料具有良好的塑性。同时，从安全性能方面考虑，结构件在承受冲击载荷或偶然过载时不能发生快速的脆性断裂，因而要求所使用的钢铁材料必须具有足够的韧性。

大部分低合金高强度钢在制作成工程构件时需要进行焊接加工，因而需要钢材具有良好的焊接性能。

低合金钢制作的构件总是在特定的环境中工作，可能与大气、海水、盐碱等介质发生化学的、电化学的、物理的并兼有应力的作用而导致发生腐蚀破坏，当钢材的强度提高后，若不能使其抗蚀性能相应的提高，则腐蚀有可能取代断裂而成为最主要的失效形式，这时钢材所具有的高强度也就无从发挥作用。显然，对大多数低合金高强度钢而言，适当提高抗大气腐蚀性能是必要的；对船舶、采油平台用钢而言，要求具有良好的抗海水腐蚀性能；而对管线用钢而言，具备良好的抗 $H_2S$ 腐蚀性能是必需的。矿用、农用、钢轨、输运管道等使用的低合金高强度钢构件在使用过程中会发生严重的磨损，因而除了需要足够的强度、硬度和韧性外，还必须具有良好的耐磨性能。

总之，对低合金高强度钢的性能的普遍要求是：足够高的强度配合以良好的塑性；适当的常温冲击韧性；大部分钢都必须具有良好的焊接性以及一定的抗大气腐蚀性能。此外，对特殊用途的低合金高强度钢，还需要具备以下的一种或多种性能：良好的冷加工性能；良好的低温性能；良好的抗海水腐蚀性能或抗特定介质腐蚀的性能；良好的耐磨性。

(2) 低合金高强度钢的合金化

① 碳 碳是钢中最有效的强化元素，在低合金高强度钢中的主要强化机制是形成珠光体组织。

但珠光体提高钢的强度的作用很小，却明显升高冷脆转折温度且损害钢材的塑性和冷成形性能，较高的碳含量还显著损害钢的焊接性能。因此，近年来在低合金高强度钢的化学成分中碳含量有逐步降低的趋势。

② 氮 氮在低合金钢中的主要作用是形成稳定的微合金氮化物或含氮量较高的微合金碳氮化物，以阻止基体奥氏体晶粒的长大，从而得到细化晶粒的效果。

③ 锰 锰在钢中主要以固溶态存在，固溶的锰将产生一定的固溶强化作用；另外，锰是奥氏体区扩大元素，其在这方面的作用在低碳钢中特别明显，由此可使 $\gamma\rightarrow\alpha$ 相变后的铁素体晶粒尺寸比不含锰的钢明显细化。由于上述两方面的作用，锰成为低合金高强度钢中重要的合金元素。

④ 硅 硅是钢中的常存元素，在钢中主要以固溶态存在，固溶的硅将产生明显的固溶强化作用，但硅固溶强化后的脆性较大，此外，硅还明显降低钢的均匀塑性，对钢的焊接性也不利。因此，低合金高强度钢种已经很少采用硅的固溶强化，且一般均控制其含量不超过 0.55%。

⑤ 铝 铝与氧有很强的化学亲和力，因而最早是作为脱氧剂加入钢中的，后来发现其可形成弥散细小的 AlN 而阻止奥氏体晶粒的长大。而且在 $\gamma\rightarrow\alpha$ 相变过程中，AlN 可促进铁素体的形核，通过增大铁素体的形核率而细化铁素体晶粒。

但钢中铝含量较高时将明显增大铁水的黏稠度，对连铸工艺不利，需要引起充分的注意。

⑥ 铌 铌是目前公认的最重要最典型的微合金元素，微合金因素在钢中所有重要作用都具备。比如，可以阻止均热时奥氏体晶粒的粗化；阻止形变奥氏体的再结晶，并在随后的 $\gamma\rightarrow\alpha$ 相变后得到非常细小的铁素体晶粒。

⑦ 钛、钒 TiN 可有效阻止高温加热时奥氏体晶粒的粗化，这不仅在热轧过程中广泛采用，同时在需要使用大能量焊接的钢中可明显改善热影响区的性能。TiC 可阻止形变奥氏体的再结晶，并阻止再结晶奥氏体晶粒的粗化。钒最重要的作用是在铁素体中大量沉淀析出而产生强烈的沉淀强化效果。

(3) 常用低合金高强度钢

① 低合金高强度结构钢 低合金高强度结构钢的主要合金元素有 Mn、V、Ti、Nb、Al、Cr、Ni 等。Mn 有固溶强化铁素体、增加并细化珠光体的作用；V、Ti、Nb 等主要作用是细化晶粒；Cr、Ni 可提高钢的冲击韧度，改善钢的热处理性能，提高钢的强度，并且 Al、Cr、Ni 均可提高对大气的抗蚀能力。为改善钢的性能，高性能级别钢可加入 Mo、稀土等元素。钢的牌号用途以及新、旧标准对比等见表 5 5。表 5-6 为低合金结构钢的牌号、特性和应用

**表 5-5 新旧低合金高强度钢标准牌号对照**

| 新标准 GB/T 1591—1994 | 旧标准 GB 1591—88 |
|---|---|
| Q295 | 09MnV、09MnNb、09Mn2、12Mn |
| Q345 | 18Nb、09MnCuPTi、10MnSiCu、12MnV、14MnNb、16Mn、16MnRE |
| Q390 | 10MnPNbRE、15MnV、15MnTi、16MnNb |
| Q420 | 14MnVTiRE、15MnVN |
| Q460 | |

注：旧标准中尾数 b 为半镇静钢。

表 5-6　低合金结构钢的牌号、特性和应用

| 新标准(GB/T 1591—1994) | 旧标准 | 主要特性 | 应用举例 |
| --- | --- | --- | --- |
| Q295 | 09MnV　09MnNb | 具有良好的塑性和较好的韧性、冷弯性、焊接性及一定的耐蚀性 | 冲压用钢,用于制造冲压件或结构件;也可制造拖拉机轮圈、螺旋焊管、各类容器 |
| | 09Mn2 | 塑性、韧性、可焊性均好,薄板材料冲压性能和低温性能均好 | 低压锅炉锅筒、钢管、铁道车辆、输油管道、中低压化工容器、各种薄板冲压件 |
| | 12Mn | 与09Mn2性能相近。低温和中温力学性能也好 | 低压锅炉板、船、车辆的结构件。低温机械零件 |
| Q345 | 18Nb | 含Nb镇静钢,性能与14MnNb钢相近 | 起重机、鼓风机、化工机械等 |
| | 09MnCuPTi | 耐大气腐蚀用钢,低温冲击韧性好,可焊性、冷热加工性能都好 | 潮湿多雨地区和腐蚀气氛环境的各种机械 |
| | 12MnV | 工作温度为−70℃低温用钢 | 冷冻机械,低温下工作的结构件 |
| | 14MnNb | 性能与18Nb钢相近 | 工作温度为−20～450℃的容器及其他结构件 |
| | 16Mn | 综合力学性能好,低温性能、冷冲压性能、焊接性能和可切削性能都好 | 矿山、运输、化工等各种机械 |
| | 16MnRE | 性能与16Mn钢相似,冲击韧性和冷弯性能比16Mn好 | 同16Mn钢 |
| Q390 | 10MnPNbRE | 耐海水及大气腐蚀性好 | 抗大气和海水腐蚀的各种机械 |
| | 15MnV | 性能优于16Mn | 高压锅炉锅筒、石油、化工容器、高应力起重机械、运输机械构件 |
| | 15MnTi | 性能与15MnV基本相同 | 与15MnV钢相同 |
| | 16MnNb | 综合力学性能比16Mn钢高,焊接性、热加工性和低温冲击韧性都好 | 大型焊接结构,如容器、管道及重型机械设备 |
| Q420 | 14MnVTiRE | 综合力学性能、焊接性能良好。低温冲击韧性特别好 | 与16MnNb钢相同 |
| | 15MnVN | 力学性能优于15MnV钢。综合力学性能不佳,强度虽高,但韧性、塑性较低。焊接时,脆化倾向大。冷热加工性尚好,但缺口敏感性较大 | 大型船舶、桥梁、电站设备、起重机械、机车车辆、中压或高压锅炉及容器及其大型焊接构件等 |

② 低合金专业用钢　为了适应某些专业的特殊需要，对低合金高强度结构钢的成分、工艺及性能作相应的调整和补充规定，从而发展了门类众多的低合金专业用钢。例如锅炉、各种压力容器、船舶、桥梁、汽车、农机、自行车、矿山、建筑钢筋等，许多已纳入国家标准。包括焊接高强度钢、低合金冲压钢、低合金耐候钢、低合金耐磨钢、低合金钢筋、低合金钢轨钢、微合金钢等。

## 5.3.2 机械结构用合金钢

机械结构用合金钢主要用于制造各种机械零件，其质量等级都属于特殊质量等级，大多须经热处理后才能使用，按其用途、热处理特点可分为渗碳钢、调质钢、弹簧钢、滚动轴承钢、超高强度钢等。

(1) 合金渗碳钢

① 用途与性能特点　合金渗碳钢通常是指经渗碳淬火、低温回火后使用的合金钢。合金渗碳钢主要用于制造承受强烈冲击载荷和摩擦磨损的机械零件。如汽车、拖拉机中的变速齿轮，内燃机上的凸轮轴、活塞销等。工作表面具有高硬度、高耐磨性，心部具有良好的塑性和韧性。

② 常用钢种及热处理特点　20CrMnTi是应用最广泛的合金渗碳钢，用于制造汽车、拖拉机的变速齿轮、轴等零件。合金渗碳钢的热处理一般是渗碳后淬火加上低温回火。热处理使表层获得高碳回火马氏体加碳化物，硬度一般为58～64HRC；而心部组织则视钢的淬透性高低及零件尺寸的大小而定，可得到低碳回火马氏体或珠光体加铁素体组织。表5-7列出了常用合金渗碳钢的牌号、热处理、力学性能与用途。

(2) 合金调质钢

① 用途与性能特点　合金调质钢是指经调质后使用的钢。合金调质钢主要用于制造在重载荷下同时又受冲击载荷作用的一些重要零件，如汽车、拖拉机、机床等上的齿轮、轴类件、连杆、高强度螺栓等。它是机械结构用钢的主体，要求零件具有高强度、高韧性相结合的良好综合力学性能。

② 常用钢种及热处理特点　最典型的钢种是40Cr，用于制造一般尺寸的重要零件。调质钢的最终热处理为淬火后高温回火（即调质处理），回火温度一般为500～650℃。热处理后的组织为回火索氏体。要求表面有良好耐磨性的，则可在调质后进行表面淬火或氮化处理。表5-8列出了常用合金调质钢的牌号、热处理、力学性能与用途。

(3) 合金弹簧钢

① 用途与性能特点　合金弹簧钢是专用结构钢，主要用于制造弹簧等弹性元件。弹簧类零件应有高的弹性极限和屈强比（$\sigma_s/\sigma_b$），还应具有足够的疲劳强度和韧性。

② 常用钢种及热处理特点　60Si2Mn钢是典型的合金弹簧钢。弹簧钢热处理一般是淬火后中温回火，获得回火托氏体组织。表5-9列出了常用合金弹簧钢的牌号、热处理、力学性能及用途。

(4) 滚动轴承钢

① 用途与性能特点　滚动轴承钢主要用于制造滚动轴承的内、外套圈以及滚动体，此外还可用于制造某些工具，例如模具、量具等。滚动轴承在工作时承受很大的交变载荷和极大的接触应力，受到严重的摩擦磨损，并受到冲击载荷的作用、大气和润滑介质的腐蚀作用。这就要求轴承钢必须具有高而均匀的硬度和耐磨性、高的接触疲劳强度、足够的韧性和对大气等的耐蚀能力。

② 常用钢种及热处理特点　我国目前以Cr轴承钢应用最广，最有代表性的是GCr15。滚动轴承的最终热处理是淬火并低温回火，组织为极细的回火马氏体、均匀分布的细粒状碳化物及微量的残余奥氏体，硬度为61～65HRC。表5-10列出了常用滚动轴承钢的牌号、化学成分、热处理及用途。

## 5.3.3 合金工具钢和高速工具钢

合金工具钢与碳素工具钢相比，主要是合金元素提高了钢的淬透性、热硬性和强韧性。合金工具钢通常按用途分类，有量具刃具钢、耐冲击工具钢、冷作模具钢、热作模具钢、无磁工具钢和塑料模具钢。高速工具钢（简称高速钢）用于制造高速切削刃具，有锋钢之称。

表 5-7 常用合金渗碳钢的牌号、热处理、力学性能与用途（GB 3077—1999）

| 类别 | 牌号 | 化学成分(质量分数)/% | | | | | | | 试样尺寸/mm | 热处理工艺 | | | 力学性能 | | | | 用途举例 |
|---|---|---|---|---|---|---|---|---|---|---|---|---|---|---|---|---|---|
| | | C | Si | Mn | Cr | Ni | V | 其他 | | 第一次淬火温度/℃ | 第二次淬火温度/℃ | 回火温度/℃ | $\sigma_b$/MPa | $\sigma_s$/MPa | $\delta_5$/% | $A_K$/J | |
| | | | | | | | | | | | | | 不小于 | | | | |
| 低淬透性 | 15Cr | 0.12～0.18 | 0.17～0.37 | 0.40～0.70 | 0.70～1.00 | — | — | — | 15 | 880 水，油 | 780～820 水，油 | 200 水，空 | 735 | 490 | 11 | 55 | 截面不大、心部要求较高强度和韧性、表面承受磨损的零件，如齿轮、凸轮、活塞、活塞环、联轴器、轴等 |
| 低淬透性 | 20Cr | 0.18～0.24 | 0.17～0.37 | 0.50～0.80 | 0.70～1.00 | — | — | — | 15 | 880 水，油 | 780～820 水，油 | 200 水，空 | 835 | 540 | 10 | 47 | 截面在 30mm 以下，形状复杂，心部要求较高强度，工作表面承受磨损的零件，如机床变速箱齿轮、凸轮、蜗杆、活塞、爪形离合器等 |
| 低淬透性 | 20CrV | 0.17～0.23 | 0.17～0.37 | 0.50～0.80 | 0.80～1.10 | — | 0.10～0.20 | — | 15 | 880 水，油 | 800 水，油 | 200 水，空 | 835 | 590 | 12 | 55 | 截面尺寸不大、心部具有较高强度、表面要求高硬度的耐磨零件，如齿轮、活塞销、小轴、传动齿轮、顶杆等 |
| 低淬透性 | 20MnV | 0.17～0.24 | 0.17～0.37 | 1.30～1.60 | — | — | 0.07～0.12 | — | 15 | 880 水，油 | — | 200 水，空 | 785 | 590 | 10 | 55 | 锅炉、高压容器、大型高压管道等较高载荷的焊接结构件，使用温度上限 450～475℃，亦可用作冷拉、冷冲压零件，如活塞销、齿轮等 |
| 中淬透性 | 20Mn2 | 0.17～0.24 | 0.17～0.37 | 1.40～1.80 | — | — | — | — | 15 | 850 水，油 | — | 200 水，空 | 785 | 590 | 10 | 47 | 代替 20Cr 钢制作渗碳的小齿轮、小轴。低要求的活塞销、气门顶杆、变速箱操纵杆等 |
| 中淬透性 | 20CrNi3 | 0.17～0.24 | 0.17～0.37 | 0.30～0.60 | 0.60～0.90 | 2.75～3.15 | — | — | 25 | 830 水，油 | — | 480 水，空 | 930 | 735 | 11 | 78 | 在高载荷条件下工作的齿轮、蜗杆、轴、螺杆、双头螺柱、销钉等 |
| 中淬透性 | 20CrNiTi | 0.17～0.23 | 0.17～0.37 | 0.80～1.10 | 1.00～1.30 | — | — | | 15 | 880 油 | 870 油 | 200 水，空 | 1080 | 835 | 10 | 55 | 在汽车、拖拉机工业中用于截面在 30mm 以下，承受高速、中或重载荷及受冲击、摩擦的重要渗碳件，如齿轮、轴、齿轮轴、爪形离合器、蜗杆等 |
| 中淬透性 | 20Mn2B | 0.17～0.24 | 0.17～0.37 | 1.50～1.80 | — | — | — | | 15 | 880 油 | — | 200 水，空 | 980 | 785 | 10 | 55 | 尺寸较大、形状较简单、受力不复杂的渗碳件，如机床上的轴套、齿轮、离合器，汽车上的转向轴、调整螺栓等 |
| 中淬透性 | 20MnVB | 0.17～0.23 | 0.17～0.37 | 1.20～1.60 | — | — | 0.07～0.12 | Ti 0.04～0.10 | 25 | 860 油 | — | 200 水，空 | 1080 | 885 | 10 | 55 | 模数较大、载荷较重的中小渗碳件，如重型机床上的齿轮、轴，汽车后桥主动、从动齿轮等淬透性件 |
| 高淬透性 | 20Cr2Ni4 | 0.17～0.23 | 0.17～0.37 | 0.30～0.60 | 1.25～1.65 | 3.25～3.65 | — | | 15 | 880 油 | 7980 油 | 200 水，空 | 1175 | 1080 | 10 | 63 | 大截面渗碳件如大型齿轮、轴等 |
| 高淬透性 | 18Cr2Ni4WA | 0.13～0.19 | 0.17～0.37 | 0.30～0.60 | 1.35～1.65 | 4.00～4.50 | — | | 15 | 950 空 | 850 空 | 200 水，空 | 1175 | 835 | 10 | 78 | 大截面、高强度、良好的韧性以及缺口敏感性低的重要渗碳件。如大截面的齿轮、传动轴、曲轴、花键轴、活塞销、精密机床上控制进刀的蜗轮等 |

**表 5-8 常用合金调质钢的牌号、热处理、力学性能与用途（GB 3077—1999）**

| 类别 | 牌号 | 化学成分(质量分数)/% | | | | 热处理 | 力学性能 | | | | | | | 用途举例 |
|---|---|---|---|---|---|---|---|---|---|---|---|---|---|---|
| | | C | Si | Mn | Cr | 其他 | 淬火温度/℃ | 回火温度/℃ | $\sigma_b$/MPa | $\sigma_s$/MPa | $\delta_5$/% | $\psi$/% | $A_K$/J | |
| | | | | | | | | | 不小于 | | | | | |
| 低淬透性 | 40Cr | 0.37～0.44 | 0.17～0.37 | 0.50～0.80 | 0.80～1.10 | | 850 油 | 520 水、油 | 980 | 785 | 9 | 45 | 47 | 重要的齿轮、轴、曲轴、套筒、连杆 |
| 低淬透性 | 40Mn2 | 0.37～0.44 | 0.17～0.37 | 1.40～1.80 | | | 840 油 | 540 水、油 | 885 | 735 | 12 | 45 | 55 | 轴、半轴、蜗杆、连杆等 |
| 低淬透性 | 40MnB | 0.37～0.44 | 0.17～0.37 | 1.10～1.40 | | B:0.0005～0.0035 | 850 油 | 500 水、油 | 980 | 785 | 10 | 45 | 47 | 可代替40Cr作小截面重要零件，如汽车转向节、半轴、蜗杆、花键轴 |
| 低淬透性 | 40MnVB | 0.37～0.44 | 0.17～0.37 | 1.10～1.40 | | B:0.0005～0.0035<br>V:0.05～0.10 | 850 油 | 520 水、油 | 980 | 785 | 10 | 45 | 47 | 可代替40Cr作柴油机缸头螺栓、机床齿轮、花键轴等 |
| 中淬透性 | 35CrMo | 0.32～0.40 | 0.17～0.37 | 0.40～0.70 | 0.80～1.10 | Mo:0.15～0.25 | 850 油 | 550 水、油 | 980 | 835 | 12 | 45 | 63 | 用作截面不大而要求力学性能高的重要零件，如主轴、曲轴、锤杆等 |
| 中淬透性 | 30CrMnSi | 0.27～0.34 | 0.90～1.20 | 0.80～1.10 | 0.80～1.10 | | 880 油 | 520 水、油 | 1080 | 885 | 10 | 45 | 39 | 用作截面不大而要求力学性能高的重要零件，如齿轮、轴、轴套等 |
| 中淬透性 | 40CrNi | 0.37～0.44 | 0.17～0.37 | 0.50～0.80 | 0.45～0.75 | Ni:1.00～1.40 | 820 油 | 500 水、油 | 980 | 785 | 10 | 45 | 55 | 用作截面较大、要求力学性能较高的零件，如轴、连杆、齿轮轴等 |
| 中淬透性 | 38CrMoAl | 0.35～0.42 | 0.20～0.45 | 0.30～0.60 | 1.35～1.65 | Mo:0.15～0.25<br>Al:0.70～1.10 | 940 水、油 | 640 水、油 | 980 | 835 | 14 | 50 | 71 | 氮化零件专用钢，用作磨床、自动车床主轴、精密丝杠、精密齿轮等 |
| 高淬透性 | 40CrMnMo | 0.37～0.45 | 0.17～0.37 | 0.90～1.20 | 0.90～1.20 | Mo:0.20～0.30 | 850 油 | 6000 水、油 | 980 | 785 | 10 | 45 | 63 | 截面较大，要求强度高、韧性好的重要零件，如汽轮机轴、曲轴等 |
| 高淬透性 | 40CrNiMo | 0.37～0.44 | 0.17～0.37 | 0.50～0.80 | 0.60～0.90 | Mo:0.15～0.25<br>Ni:1.25～1.65 | 850 油 | 600 水、油 | 980 | 835 | 12 | 45 | 78 | 截面较大，要求强度高、韧性好的重要零件，如汽轮机轴、叶片曲轴等 |
| 高淬透性 | 25Cr2Ni4WA | 0.21～0.28 | 0.17～0.37 | 0.30～0.60 | 1.35～1.65 | W:0.80～1.20<br>Ni:4.00～4.50 | 850 油 | 550 水、油 | 1080 | 930 | 11 | 45 | 71 | 200mm以下，要求淬透的大截面重要零件 |

注：试样尺寸 $\phi$25mm，38CrMoAl钢试样尺寸为 $\phi$30mm。

表 5-9 常用合金弹簧钢的牌号、热处理、力学性能及用途（GB 1222—84）

| 牌号 | 主要化学成分(质量分数)/% | | | | | | 热处理 | | 力学性能 | | | 应用 |
|---|---|---|---|---|---|---|---|---|---|---|---|---|
| | C | Si | Mn | Cr | V | W | 淬火温度/℃ | 回火温度/℃ | $\sigma_b$/MPa | $\sigma_s$/MPa | $\delta$/% | |
| | | | | | | | | | 不小于 | | | |
| 60Si2Mn | 0.56～0.64 | 1.50～2.00 | 0.60～0.90 | ≤0.35 | | | 870 油 | 480 | 1177 | 1275 | 5 | 汽车、拖拉机、机车上的减振板簧和螺旋弹簧，气缸安全阀簧，电力机车用升弓钩弹簧、止回阀簧，还可用作 250℃以下使用的耐热弹簧 |
| 50CrVA | 0.46～0.54 | 0.17～0.37 | 0.50～0.80 | 0.80～1.10 | 0.10～0.20 | | 850 油 | 500 | 1128 | 1275 | 10 | 用作较大截面的高载荷重要弹簧及工作温度<350℃的阀门弹簧、活塞弹簧、安全阀弹簧等 |
| 30W4Cr2VA | 0.26～0.34 | 0.17～0.37 | ≤0.40 | 2.00～2.50 | 0.50～0.80 | 4.00～4.50 | 1050～1100 油 | 600 | 1324 | 1471 | 7 | 用作工作温度≤500℃的耐热弹簧，如锅炉主安全阀弹簧、汽轮机汽封弹簧等 |

注：表列性能适用于截面单边尺寸≤80mm 的钢材。

表 5-10 常用滚动轴承钢的牌号、化学成分、热处理及用途

| 牌号 | 化学成分(质量分数)/% | | | | 热处理 | | 回火后硬度(HRC) | 用途举例 |
|---|---|---|---|---|---|---|---|---|
| | C | Cr | Si | Mn | 淬火温度/℃ | 回火温度/℃ | | |
| GCr9 | 1.00～1.10 | 0.90～1.20 | 0.15～0.35 | 0.25～0.45 | 810～830 水、油 | 150～170 | 62～64 | 直径<20mm 的滚珠、滚柱及滚针 |
| GCr9SiMn | 1.00～1.10 | 0.90～1.20 | 0.45～0.75 | 0.95～1.25 | 810～830 水、油 | 150～160 | 62～64 | 壁厚<12mm、外径<250mm 的套圈。直径为 25～50mm 的钢球。直径<22mm 的滚子 |
| GCr15 | 0.95～1.05 | 1.40～1.65 | 0.15～0.35 | 0.25～0.45 | 820～840 水、油 | 150～160 | 62～64 | 与 GCr9SiMn 同 |
| GCr15SiMn | 0.95～1.05 | 1.40～1.60 | 0.45～0.75 | 0.95～1.25 | 820～840 水、油 | 150～170 | 62～64 | 壁厚≥12mm、外径>250mm 的套圈。直径>50mm 的钢球。直径>22mm 的滚子 |

表 5-11 常用合金工具钢（刃具钢）牌号、化学成分、热处理及用途（GB 1299—85）

| 牌号 | 化学成分(质量分数)/% | | | | | 试样淬火 | | 退火状态 HBS 不小于 | 用途举例 |
|---|---|---|---|---|---|---|---|---|---|
| | C | Mn | Si | Cr | 其他 | 淬火温度/℃ | HRC 不小于 | | |
| Cr06 | 1.30～1.45 | ≤0.40 | ≤0.40 | 0.50～0.70 | — | 780～810 水 | 64 | 241～187 | 锉刀、刮刀、刻刀、刀片、剃刀 |
| Cr2 | 0.95～1.10 | ≤0.40 | ≤0.40 | 1.30～1.65 | — | 830～860 油 | 62 | 229～179 | 车刀、插刀、铰刀、冷轧辊等 |
| 9SiCr | 0.85～0.95 | 0.30～0.60 | 1.20～1.60 | 0.95～1.25 | — | 830～860 油 | 62 | 241～179 | 丝锥、板牙、钻头、铰刀、冷冲模等 |
| 9Cr2 | 0.85～0.95 | ≤0.40 | ≤0.40 | 1.30～1.70 | — | 820～850 油 | 62 | 217～179 | 尺寸较大的铰刀、车刀等刃具 |

#### 5.3.3.1 合金工具钢

(1) 量具刃具钢

① 用途与性能特点　主要用于制造形状较复杂、截面尺寸较大的低速切削刃具，如车刀、铣刀、钻头等金属切削刀具。也用于制造如卡尺、千分尺、块规、样板等在机械制造过程中控制加工精度的测量工具。刃具切削时受切削力作用且切削发热，还要承受一定的冲击与振动，因此刃具钢要具有高强度、高硬度、高耐磨性、高的热硬性和足够的塑性与韧性。而量具在使用过程中主要受磨损，因此量具应该有较高的硬度和耐磨性，高的尺寸稳定性以及一定的韧性。

② 常用钢种及热处理特点　常用量具刃具钢的牌号、成分、热处理和用途列于表5-11。对简单量具如卡尺、样板、直尺、量规等也多用T10A等碳素工具钢制造，一些模具钢和滚动轴承钢也可用来制造量具。刃具的最终热处理为淬火并低温回火。对量具在淬火后还应立即进行−80～−70℃的冷处理，使残余奥氏体尽可能地转变为马氏体，以保证量具尺寸的稳定性。

(2) 模具钢

制造模具的材料很多，非合金工具钢、高速钢、轴承钢、耐热钢等都可制作各类模具，用得最多的是合金工具钢。根据用途模具用钢可分为冷作模具钢、热作模具钢和塑料模具钢。

① 用途与性能特点　冷作模具钢用于制作使金属冷塑性变形的模具，如冷冲模、冷镦模、冷挤压模等，工作温度不超过200～300℃。热作模具钢用于制作使金属在高温下塑变成形的模具，如热锻模、热挤压模、压铸模等，工作时型腔表面温度可达600℃以上。塑料模具钢主要用作塑料成形的模具。冷作模具在工作时承受较大的弯曲应力、压力、冲击及摩擦。因此冷作模具钢应具有高硬度、高耐磨性和足够的强度、韧性。这与对刃具钢的性能要求较为相似。热作模具的工作条件与冷作模具有很大不同，其在工作时承受很大的压力和冲击，并反复受热和冷却，因此要求热作模具钢在高温下具有足够的强度、硬度、耐磨性和韧性，以及良好的耐热疲劳性，即在反复的受热、冷却循环中，表面不易热疲劳（龟裂），还应具有良好的导热性及高的淬透性。

② 常用钢种及热处理特点　尺寸较小的冷作模具可选用9Mn2V、CrWMn等；承受重负荷、形状复杂、要求淬火变形小、耐磨性高的大型模具，则必须选用淬透性大的高Cr、高碳的Cr12型冷作模具钢或高速钢。常用的热作模具钢有5CrNiMo等。冷作模具钢的最终热处理一般是淬火后低温回火，硬度可达到62～64HRC。热作模具钢的最终热处理为淬火后高温（或中温）回火，组织为回火托氏体或回火索氏体，硬度在40HRC左右。常用的模具钢牌号、化学成分、热处理及用途列于表5-12中。

#### 5.3.3.2 高速工具钢

① 用途与性能要求　高速工具钢要求具有高强度、高硬度、高耐磨性以及足够的塑性和韧性。由于在高速切削时，其温度可高达600℃，因此要求此时其硬度仍无明显下降，要具有良好的热硬性。

② 常用钢种及热处理特点　高速钢成分配置特点是含碳量高（$w_C=0.7\%\sim1.2\%$），以形成足够的碳化物。钢中加入大量的W、Mo、V及较多的Cr，其中W、Mo、V主要是提高热硬性及耐磨性，Cr主要提高淬透性。在此基础上改变基本成分或添加Co、Al、RE等，派生出许多新钢种。近年又研制超硬型高速钢、粉末冶金高速钢或及其他新的钢号，使用效果良好。表5-13为常用高速工具钢的牌号、化学成分、热处理及硬度。高速钢的热处理特点主要是淬火加热温度高（1200℃以上），以及回火时温度高（560℃左右）、次数多（三次），硬度可达63～64HRC。

**表 5-12 常用模具钢的牌号、化学成分、热处理及用途**

| 类别 | 钢号 | 化学成分(质量分数)/% | | | | | | | 热处理 | | | | | 应用举例 |
|---|---|---|---|---|---|---|---|---|---|---|---|---|---|---|
| | | | | | | | | | 淬火 | | | 回火 | | |
| | | C | Mn | Si | Cr | W | V | Mo | 淬火加热温度/℃ | 冷却介质 | 硬度(HRC) | 回火温度/℃ | 硬度(HRC) | |
| 冷作模具钢 | Cr12 | 2.00～2.30 | ≤0.35 | ≤0.40 | 11.5～13.0 | — | — | — | 980 | 油 | 62～65 | 180～220 | 60～62 | 冷冲模冲头、冷切剪刀(硬薄的金属)、钻套、量规、螺纹滚模、冶金粉模、落料模、拉丝模、木工切削工具 |
| | | | | | | | | | 1080 | 油 | 45～50 | 500～520(三次) | 59～60 | |
| | Cr12MoV | 1.45～1.70 | ≤0.35 | ≤0.40 | 11.0～12.5 | — | 0.15～0.30 | 0.40～0.60 | 1030 | 油 | 62～63 | 160～180 | 61～62 | 冷切剪刀、圆锯、切边模、滚边模、缝口模、标准工具与量规、拉丝模、螺纹滚模等 |
| | | | | | | | | | 1120 | 油 | 41～50 | 510(三次) | 60～61 | |
| 热作模具钢 | 5CrNiMo | 0.50～0.60 | 0.50～0.80 | ≤0.35 | 0.50～0.80 | Ni1.40～1.80 | — | 0.15～0.30 | 830～860 | 油 | ≥47 | 530～550 | 364～402HB | 料压模、大型锻模等 |
| | 5CrMnMo | 0.50～0.60 | 1.20～1.60 | 0.25～0.60 | 0.60～0.90 | — | — | 0.15～0.30 | 820～850 | 油 | ≥50 | 560～580 | 324～364HB | 中型锻模等 |
| | 6SiMnV | 0.55～0.65 | 0.90～1.20 | 0.80～1.10 | — | — | 0.15～0.30 | — | 820～860 | 油 | ≥56 | 490～510 | 374～444HB | 中、小型锻模等 |
| | 3Cr2W8V | 0.30～0.40 | 0.20～0.40 | ≤0.35 | 2.20～2.70 | 7.50～9.00 | 0.20～0.50 | — | 1050～1100 | 油 | ≥50 | 560～580(三次) | 44～48 | 高应力压模、螺钉或铆钉热压模、热剪切刀、压铸模等 |

**表 5-13 常用高速工具钢的牌号、化学成分、热处理及硬度**（GB 9943—1988）

| 种类 | 牌号 | 化学成分(质量分数)/% | | | | | | 热处理 | | | 硬度 | | 红硬性(HRC) |
|---|---|---|---|---|---|---|---|---|---|---|---|---|---|
| | | C | Mn | W | Mo | V | 其他 | 预热温度/℃ | 淬火温度/℃ | 回火温度/℃ | 退火HBS | 淬火+回火HRC不小于 | |
| 钨系 | W18Cr4V(18-4-1) | 0.70～0.80 | 3.80～4.40 | 17.50～19.00 | ≤0.30 | 1.00～1.40 | — | 820～870 | 1270～1850 | 550～570 | ≤255 | 63 | 61.5～62 |
| 钨钼系 | CW6Mo5CrV2 | 0.95～1.05 | 3.80～4.40 | 5.50～6.75 | 4.50～5.50 | 1.75～2.20 | — | 730～840 | 1190～1210 | 540～560 | ≤255 | 65 | — |
| | W6Mo5CrV2(6-5-4-2) | 0.80～0.90 | 3.80～4.40 | 5.50～6.75 | 4.50～5.50 | 1.75～2.20 | — | 730～840 | 1210～1230 | 540～560 | ≤255 | 64 | 60～61 |
| | W6Mo5CrV3(6-5-4-3) | 1.10～1.20 | 3.80～4.40 | 6.00～7.00 | 4.50～5.50 | 2.80～3.30 | — | 840～850 | 1200～1240 | 540～560 | ≤255 | 64 | 64 |
| 超硬系 | W13Cr4V2Co8 | 0.75～0.85 | 3.80～4.40 | 17.50～9.00 | 0.50～1.25 | 1.80～2.40 | Co 7.00～9.50 | 820～870 | 1270～1290 | 540～560 | ≤285 | 64 | 64 |
| | W6Mo5Cr4V2Al | 1.05～1.20 | 3.80～4.40 | 5.50～6.75 | 4.50～5.50 | 1.75～2.20 | Al 0.80～1.20 | 850～870 | 1220～1250 | 540～560 | ≤269 | 65 | 65 |

### 5.3.4 特殊性能钢

特殊性能钢指具有某些特殊的物理、化学、力学性能，因而能在特殊的环境、工作条件下使用的钢。工程中常用的特殊性能钢有不锈钢、耐热钢、耐磨钢等。

#### 5.3.4.1 不锈钢

(1) 用途与性能特点

不锈钢通常是不锈钢和耐酸钢的统称。能够抵抗空气、蒸汽和水等弱腐蚀性介质腐蚀的钢为不锈钢；在酸、碱、盐等强腐蚀性介质中能够抵抗腐蚀的钢为耐酸钢。不锈钢主要用来制造在各种腐蚀介质中工作的零件或构件，例如化工装置中的各种管道、阀门和泵，医疗手术器械，防锈刃具和量具等。对不锈钢性能的要求，最重要的是耐蚀性能，还要有合适的力学性能，良好的冷、热加工和焊接工艺性能。不锈钢的耐蚀性要求愈高，碳含量应愈低。加入 Cr、Ni 等合金元素提高钢的耐蚀性。

(2) 常用钢种及热处理特点

Cr 不锈钢包括马氏体不锈钢和铁素体不锈钢两种类型。其中 Cr13 型不锈钢属马氏体不锈钢，可淬火获得马氏体组织，热处理是淬火和回火。当含 Cr 量较高时，Cr 不锈钢的组织为单相铁素体，如 1Cr17 钢，其耐蚀性优于马氏体不锈钢，通常在退火状态下使用。CrNi 不锈钢经 1100℃水淬固溶处理，在常温下呈单相奥氏体组织，故又称奥氏体不锈钢。奥氏体不锈钢无磁性，耐蚀性优良，塑性、韧性、焊接性优于别的不锈钢，是应用最为广泛的一类不锈钢。由于奥氏体不锈钢固态下无相变，所以不能热处理强化。冷变形强化是有效的强化方法。常用不锈钢的牌号、成分、性能及主要用途见表 5-14。

#### 5.3.4.2 耐热钢

耐热钢是指在高温下具有热化学稳定性和热强性的特殊钢。热化学稳定性为钢在高温下对各类介质化学腐蚀的抗力；热强性为钢在高温下的强度性能。

(1) 用途

耐热钢主要用于石油化工的高温反应设备和加热炉、火力发电设备的汽轮机和锅炉、汽车和船舶的内燃机、飞机的喷气发动机以及热交换器等设备。

(2) 性能要求

对这类钢的主要要求是优良的高温抗氧化性能和高温强度。此外，还应有适当的物理性能，如热膨胀系数小和良好的导热性，以及较好的加工工艺性能等。

(3) 成分特点

① 为了提高钢的抗氧化性，加入合金元素 Cr、Si 和 Al，在钢的表面形成完整稳定的氧化物保护膜。但 Si 和 Al 含量较多时钢材变脆，所以一般都以加 Cr 为主。

② 加入 Ti、Nb、V、W、Mo、Ni 等合金元素来提高热强性。

(4) 常用钢种及其热处理特点

① 热化学稳定钢　常用钢种有 3Cr18Ni25Si2 等，它们的抗氧化性能很好，最高工作温度可达 1000℃，多用于制造加热炉的受热构件、锅炉中的吊钩等。它们常以铸件的形式使用，主要热处理是固溶处理，以获得均匀的奥氏体组织。

② 热强钢

a. 马氏体耐热钢　常用钢种为 Cr12 型（1Cr11MoV、1Cr12WMoV）钢和 Cr13 型（1Cr13、2Cr13）钢。多用于制造 600℃以下受力较大的零件，如汽轮机叶片等。它们大多在调质状态下使用。

**表 5-14　常用不锈钢的牌号、化学成分、性能及主要用途**

<table>
<tr><th rowspan="2">类别</th><th rowspan="2">钢　号</th><th colspan="5">化学成分(质量分数)/%</th><th rowspan="2">热处理</th><th colspan="5">力　学　性　能</th><th rowspan="2">特性及用途</th></tr>
<tr><th>C</th><th>Cr</th><th>Ni</th><th>Ti</th><th>其他</th><th>$\sigma_b$ /MPa</th><th>$\sigma_s$ /MPa</th><th>$\delta_5$ /%</th><th>$\psi$ /%</th><th>HRC</th></tr>
<tr><td rowspan="5">马氏体型</td><td>1Cr13</td><td>0.08～0.15</td><td>12～14</td><td></td><td></td><td></td><td>1000～1050℃油或水淬<br>700～790℃回火</td><td>≥600</td><td>≥420</td><td>≥20</td><td>≥60</td><td></td><td rowspan="2">制作能抗弱腐蚀性介质、能受冲击载荷的零件，如汽轮机叶片、水压机阀、结构架、螺栓、螺母等</td></tr>
<tr><td>2Cr13</td><td>0.16～0.24</td><td>12～14</td><td></td><td></td><td></td><td>1000～1050℃油或水淬<br>700～790℃回火</td><td>≥660</td><td>≥450</td><td>≥16</td><td>≥55</td><td></td></tr>
<tr><td>3Cr13</td><td>0.25～0.34</td><td>12～14</td><td></td><td></td><td></td><td>1000～1050℃油淬<br>200～300℃回火</td><td></td><td></td><td></td><td></td><td>48</td><td rowspan="2">制作较高硬度和耐磨性的医疗工具、量具、滚珠轴承等</td></tr>
<tr><td>4Cr13</td><td>0.35～0.45</td><td>12～14</td><td></td><td></td><td></td><td>1000～1050℃油淬<br>200～300℃回火</td><td></td><td></td><td></td><td></td><td>50</td></tr>
<tr><td>9Cr18</td><td>0.90～1.00</td><td>17～19</td><td></td><td></td><td></td><td>950～1050℃油淬<br>200～300℃回火</td><td></td><td></td><td></td><td></td><td>55</td><td>不锈切片机械刃具、剪切刃具、手术刀、高耐磨、耐蚀件</td></tr>
<tr><td>铁素体型</td><td>1Cr17</td><td>≤0.12</td><td>16～18</td><td></td><td></td><td></td><td>750～800℃空冷</td><td>≥400</td><td>≥250</td><td>≥20</td><td>≥50</td><td></td><td>制作硝酸工厂设备，如吸收塔，热交换器、酸槽、输送管道以及食器工厂设备等</td></tr>
<tr><td rowspan="3">奥氏体型</td><td>0Cr18Ni9</td><td>≤0.08</td><td>17～19</td><td>8～12</td><td></td><td></td><td>1050～1100℃水淬<br>(固溶处理)</td><td>≥500</td><td>≥180</td><td>≥40</td><td>≥60</td><td></td><td>具有良好的耐蚀及耐晶间腐蚀性能，为化学工业用的良好耐蚀材料</td></tr>
<tr><td>1Cr18Ni9</td><td>≤0.14</td><td>17～19</td><td>8～12</td><td></td><td></td><td>1100～1150℃水淬<br>(固溶处理)</td><td>≥560</td><td>≥200</td><td>≥45</td><td>≥60</td><td></td><td>制作耐硝酸、冷磷酸、有机酸及盐、碱溶液腐蚀的设备零件</td></tr>
<tr><td>0Cr18Ni9Ti、<br>1Cr18Ni9Ti</td><td>≤0.08<br>≤0.12</td><td>17～19<br>17～19</td><td>8～11<br>8～11</td><td>5×($w_C$−0.02)～0.85×($w_C$−0.02)～0.8</td><td></td><td>1100～1150℃水淬<br>(固溶处理)</td><td>≥560</td><td>≥200</td><td>≥40</td><td>≥55</td><td></td><td>耐酸容器及设备衬里，输送管道等设备和零件，抗磁仪表，医疗器械，具有较好的耐晶间腐蚀性</td></tr>
<tr><td rowspan="2">奥氏体-铁素体型</td><td>1Cr21Ni5Ti</td><td>0.09～0.14</td><td>20～22</td><td>4.8～5.8</td><td>5×($w_C$−0.02)～0.8</td><td></td><td>950～1100℃<br>水或空淬</td><td>≥600</td><td>≥350</td><td>≥20</td><td>≥40</td><td></td><td>硝酸及硝铵工业设备及管道，尿素液蒸发部分设备及管道</td></tr>
<tr><td>1Cr18Mn10Ni5Mo3N</td><td>≤0.10</td><td>17～19</td><td>4～6</td><td></td><td>Mo<br>2.8～3.5<br>N<br>0.2～0.3</td><td>1100～1150℃水淬</td><td>≥700</td><td>≥350</td><td>≥45</td><td>≥65</td><td></td><td>尿素及尼龙生产的设备及零件，其他化工、化肥等部门的设备及零件</td></tr>
</table>

b. 奥氏体耐热钢　最常用钢种是1Cr18Ni9Ti。它和Cr13一样，既是不锈钢，又可作耐热钢使用，工作温度可达750～800℃。常用于制作一些比较重要的零件，如燃气轮轮盘和叶片等。

c. 铁素体型耐热钢　常用钢号有1Cr17等，经退火制作900℃以下工作的耐氧化部件、散热器等。

#### 5.3.4.3　耐磨钢

(1) 用途与性能特点

耐磨钢主要用于在运转过程中承受严重磨损和强烈冲击的零件，如铁路道岔、坦克履带、挖掘机铲齿等构件。这类零件用钢应具有表面硬度高、耐磨，心部韧性好、强度高的特点。

(2) 常用钢种及热处理特点

高Mn钢ZGMn13是目前最重要的耐磨钢，其成分特点是高Mn、高碳，经固溶化处理可获得单相奥氏体组织。当工作中受到强烈的挤压、撞击、摩擦时，钢件表面迅速产生剧烈的加工硬化，获得耐磨层，而心部仍保持原来的组织和高韧性状态。

## 5.4　铸铁

### 5.4.1　铸铁的石墨化

铸铁中的碳除极少量固溶于铁素体以外，大部分碳以两种形式存在；一是碳化物状态，如渗碳体（$Fe_3C$）及合金铸铁中的其他碳化物；二是游离状态，即石墨（以G表示）。石墨的晶格类型为简单六方晶格，如图5-3所示，其基面中的原子结合力较强；而两基面之间的结合力弱，故石墨的基面很容易滑动，其强度、硬度、塑性和韧性极低，常呈片状形态存在。

铸铁组织中石墨的形成过程称之为石墨化过程。铸铁的石墨化可以有两种方式：一种是石墨直接从液态合金和奥氏体中析出；另一种是渗碳体在一定条件下分解出石墨。铸铁的组织取决于石墨化过程进行得程度，而影响石墨化的主要因素是铸铁的化学成分和冷却速度。

碳与硅是强烈促进石墨化的元素。铸铁的碳、硅含量越高，石墨化进行得越充分。硫是强烈阻碍石墨化的元素，并降低铁水的流动性，使铸铁的铸造性能恶化，其含量应尽可能降低。锰也是阻碍石墨化的元素。但它和硫有很大的亲和力，在铸铁中能与硫形成MnS，减弱硫对石墨化的有害作用。

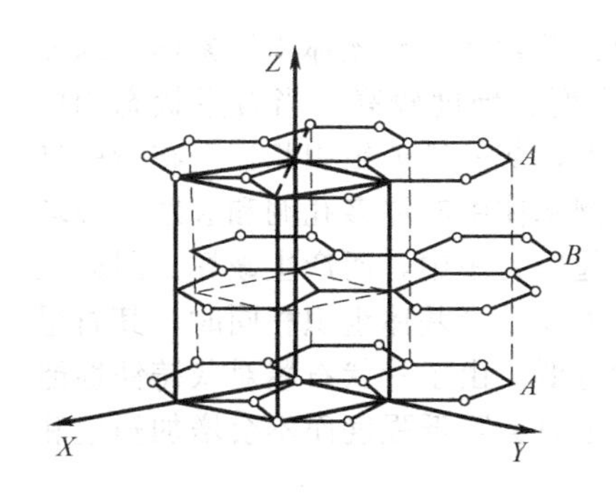


图5-3　石墨的晶体结构

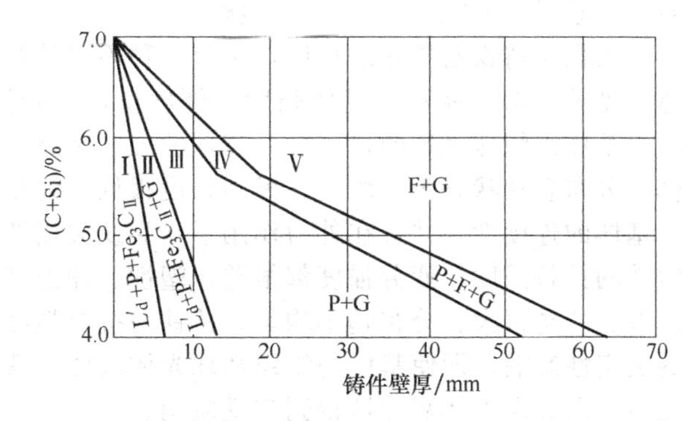


图5-4　铸铁的成分和冷却速度对铸铁组织的影响

冷却速度对铸铁石墨化的影响也很大。冷却越慢，越有利于石墨化的进行。冷却速度受造型材料、铸造方法及铸件壁厚等因素的影响。例如，金属型铸造使铸铁冷却快，砂型铸造冷却较慢；壁薄的铸件冷却快，壁厚的冷却慢。图 5-4 表示化学成分（C＋Si）和冷却速度（铸件壁厚）对铸铁组织的综合影响。从图中可以看出，对于薄壁铸件，容易形成白口铸铁组织。要得到灰铸铁组织，应增加铸铁的碳、硅含量。相反，厚大的铸件，为避免得到过多的石墨，应适当减少铸铁的碳、硅含量。

## 5.4.2 常用铸铁

常用铸铁有灰铸铁、球墨铸铁、可锻铸铁和蠕墨铸铁，它们的组织形态都是由某种基体组织加上不同形态的石墨构成的。铸铁中不同形态的石墨组织如图 5-5 所示。

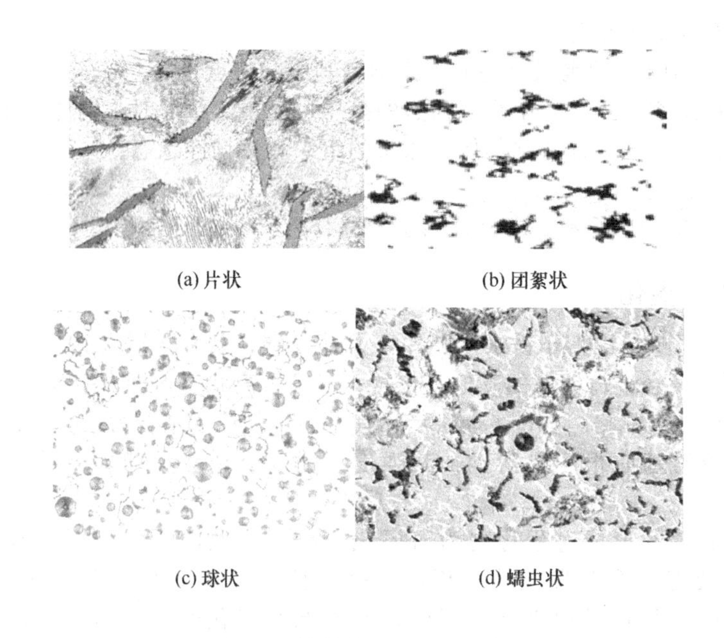

(a) 片状　(b) 团絮状

(c) 球状　(d) 蠕虫状

图 5-5　铸铁中石墨形态示意图

### 5.4.2.1 灰铸铁

(1) 灰铸铁的化学成分、组织和性能

目前生产中，灰铸铁的化学成分范围一般为：$w_C=2.5\%\sim3.6\%$，$w_{Si}=1.0\%\sim2.5\%$，$w_P\leqslant0.3\%$，$w_{Mn}=0.5\%\sim1.3\%$，$w_S\leqslant0.15\%$。灰铸铁的性能取决于基体组织和石墨的数量、形状、大小及分布状态。

根据灰铸铁石墨化的程度，可有三种不同的基体组织：铁素体、珠光体＋铁素体、珠光体（见图 5-6）。铁素体基体强度、硬度低，珠光体基体强度、硬度较高。当石墨状态相同时，基体组织珠光体的量越多，铸铁的强度越高。由此可见，灰铸铁的组织相当于在钢的基体上分布着片状石墨。由于石墨的强度很低，就相当于在钢基体中有许多孔洞和裂纹，破坏了基体的连续性，并且在外力作用下，裂纹尖端处容易引起应力集中，而产生破坏。因此灰铸铁的抗拉强度、疲劳强度都很差，塑性、冲击韧度几乎为零。当基体组织相同时，其石墨越多、片越粗大、分布越不均匀，铸铁的抗拉强度和塑性越低。由于片状石墨对灰铸铁性能的决定性影响，即使基体的组织从珠光体改变为铁素体，也只会降低强度而不会增加塑性和韧性。因此珠光体灰铸铁得到广泛应用。

石墨虽然降低了铸铁的力学性能，但却使铸铁获得了许多钢所不及的优良性能。例如，

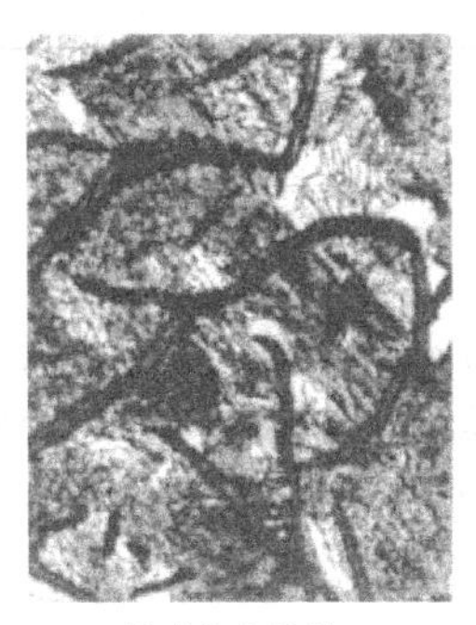

(a) 铁素体灰铸铁

(b) 珠光体灰铸铁

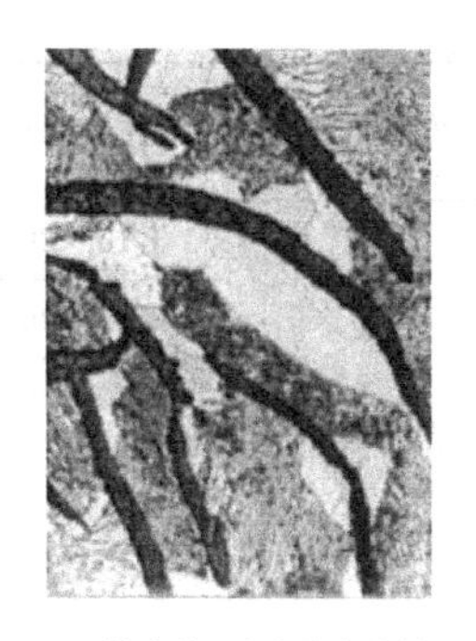
(c) 铁素体+珠光体灰铸铁

图 5-6 灰铸铁的显微组织

由于石墨本身的润滑作用，以及它从铸铁表面脱落后留下的孔洞具有储存润滑油的能力，故铸铁又有良好的耐磨性；由于石墨组织松软，能够吸收震动，因而铸铁也有良好的减震性。另外石墨相当于零件上的许多小缺口，使工件加工形成的切口作用相对减弱，故铸铁的缺口敏感性低。铸铁在切削加工时，石墨的润滑和断屑作用使灰铸铁有良好的切削加工性；灰铸铁的熔点比钢低，流动性好，凝固过程中析出了比体积较大的石墨，减小了收缩率，故具有良好的铸造工艺性，能够铸造形状复杂的零件。

(2) *灰铸铁的牌号及用途*

灰铸铁的牌号以“HT”和其后的一组数字表示。其中“HT”表示灰铁二字的汉语拼音字首，其后一组数字表示最小抗拉强度值。灰铸铁的牌号、力学性能及用途如表 5-15 所示。

**表 5-15 灰铸铁的牌号、力学性能及用途** (GB 9439—1988)

| 牌号 | 铸件类别 | 铸件壁厚/mm | 铸件最小抗拉强度 $\sigma_b$/MPa | 适用范围及举例 |
|---|---|---|---|---|
| HT100 | 铁素体灰铸铁 | 2.5～10 | 130 | 低载荷和不重要零件，如盖、外罩、手轮、支架、重锤等 |
| | | 10～20 | 100 | |
| | | 20～30 | 90 | |
| | | 30～50 | 80 | |
| HT150 | 珠光体+铁素体灰铸铁 | 2.5～10 | 175 | 承受中等应力(抗弯应力小于 100MPa)的零件，如支柱、底座、齿轮箱、工作台、刀架、端盖、阀体、管路附件及一般无工作条件要求的零件 |
| | | 10～20 | 145 | |
| | | 20～30 | 130 | |
| | | 30～50 | 120 | |
| HT200 | 珠光体灰铸铁 | 2.5～10 | 220 | 承受较大应力(抗弯应力小于 300MPa)和较重要零件，如汽缸体、齿轮、机座、飞轮、床身、缸套、活塞、刹车轮、联轴器、齿轮箱、轴承座、液压缸等 |
| | | 10～20 | 195 | |
| | | 20～30 | 170 | |
| | | 30～50 | 160 | |
| HT250 | | 4.0～10 | 270 | |
| | | 10～20 | 240 | |
| | | 20～30 | 220 | |
| | | 30～50 | 200 | |

续表

| 牌号 | 铸件类别 | 铸件壁厚/mm | 铸件最小抗拉强度 $\sigma_b$/MPa | 适用范围及举例 |
| --- | --- | --- | --- | --- |
| HT300 | 孕育铸铁 | 10～20 | 290 | 承受弯曲应力(小于 500MPa)及抗拉应力的重要零件,如齿轮、凸轮、车床卡盘、剪床和压力机的机身、床身、高压油压缸、滑阀壳体等 |
| | | 20～30 | 250 | |
| | | 30～50 | 230 | |
| HT350 | | 10～20 | 340 | |
| | | 20～30 | 290 | |
| | | 30～50 | 260 | |

(3) 灰铸铁的孕育处理

为了改善灰铸铁的组织和力学性能，生产中常采用孕育处理，即在浇注前向铁水中加入少量孕育剂（如硅铁、硅钙合金等），改变铁水的结晶条件，从而得到细小均匀分布的片状石墨和细小的珠光体组织。经孕育处理后的灰铸铁称为孕育铸铁。孕育铸铁的强度有较大的提高，塑性和韧性也有改善，一般用于制造力学性能要求较高、截面尺寸变化较大的大型铸件。

(4) 灰铸铁的热处理

由于热处理只能改变灰铸铁的基体组织，不能改变石墨的形状、大小和分布，故灰铸铁的热处理一般只用于消除铸件内应力和白口组织、稳定尺寸、提高工件表面的硬度和耐磨性等。消除白口组织的退火是将铸件加热到 850～950℃，保温 2～5h，然后随炉冷却到 400～500℃，出炉空冷，使渗碳体在高温和缓慢冷却中分解，用以消除白口，降低硬度，改善切削加工性。为了提高某些铸件的表面耐磨性，常采用表面淬火等方法，使工作面（如机床导轨）获得细马氏体基体＋石墨组织。

### 5.4.2.2 球墨铸铁

球墨铸铁是将铁水经过球化处理而得到的。球墨铸铁的基体组织上分布着球状石墨，由于球状石墨对基体组织的割裂作用和应力集中作用很小，所以球墨铸铁力学性能远高于灰铸铁，而且石墨球越圆整、细小、均匀，则力学性能越高，在某些性能方面甚至可与碳钢相媲美。球墨铸铁同时还具有灰铸铁的减震性、耐磨性和低的缺口敏感性等一系列优点。

在生产中经退火、正火、调质处理、等温淬火等不同的热处理，球墨铸铁可获得不同的基体组织：铁素体、珠光体＋铁素体、珠光体等（见图 5-7）。

(a) 铁素体球墨铸铁

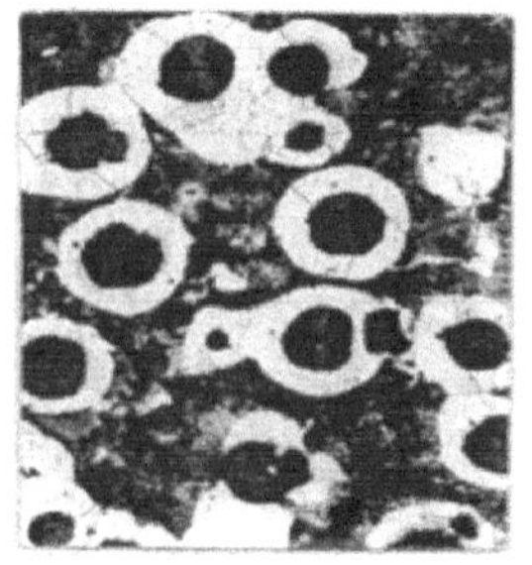

(b) 珠光体球墨铸铁

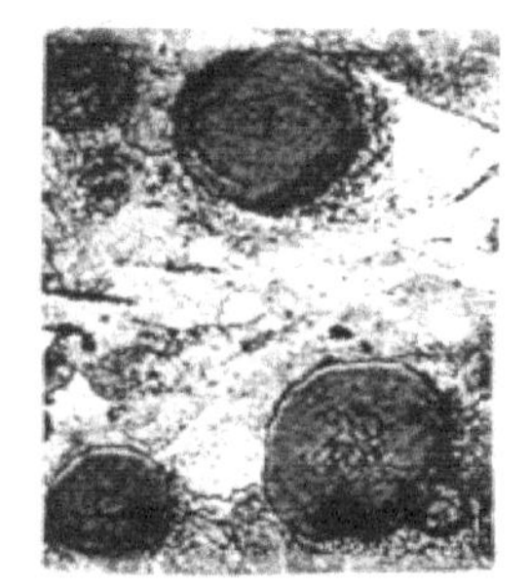

(c) 铁素体+珠光体球墨铸铁

图 5-7　球墨铸铁的显微组织

球墨铸铁的牌号用“QT”及其后的两组数字表示。其中“QT”表示球铁二字的汉语拼音字首，后面的两组数字分别表示最低抗拉强度和最低断后伸长率。各种球墨铸铁的牌号、力学性能如表 5-16 所示。

**表 5-16 球墨铸铁的牌号、力学性能**（GB 1348—1988）

| 牌 号 | 主要基体组织 | $\sigma_b$/MPa | $\sigma_{0.2}$/MPa | $\delta$/% | HBS |
|---|---|---|---|---|---|
| | | 不小于 | | | |
| QT400-18 | 铁素体 | 400 | 250 | 18 | 130～180 |
| QT400-15 | 铁素体 | 400 | 250 | 15 | 130～180 |
| QT450-10 | 铁素体 | 450 | 310 | 10 | 160～210 |
| QT500-7 | 铁素体＋珠光体 | 500 | 320 | 7 | 170～230 |
| QT600-3 | 珠光体＋铁素体 | 600 | 370 | 3 | 190～270 |
| QT700-2 | 珠光体 | 700 | 420 | 2 | 220～305 |
| QT800-2 | 珠光体或回火组织 | 800 | 480 | 2 | 245～335 |
| QT900-15 | 贝氏体或回火马氏体 | 900 | 600 | 2 | 280～360 |

### 5.4.2.3 可锻铸铁

可锻铸铁是由一定化学成分的白口铸铁通过可锻化退火而获得的具有团絮状石墨的铸铁。可锻铸铁的生产过程分为两步：第一步先铸成白口铸铁件；第二步再经高温长时间的可锻化退火，使渗碳体分解出团絮状石墨。可锻铸铁可分为黑心（铁素体）可锻铸铁和珠光体可锻铸铁两种类型（见图 5-8）。可锻铸铁生产过程较为复杂，退火时间长，生产率低、能耗大、成本较高。近年来，不少可锻铸铁件已被球墨铸铁件代替。但可锻铸铁韧性和耐蚀性好，适宜制造形状复杂、承受冲击的薄壁铸件及在潮湿环境中工作的零件，与球墨铸铁相比具有质量稳定、铁水处理简易、易于组织流水线生产等优点。

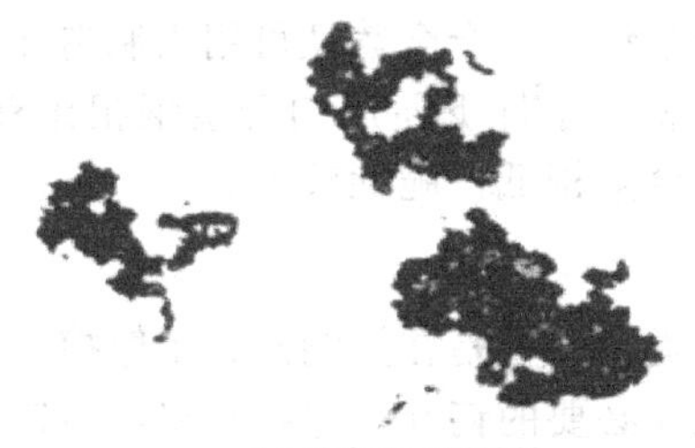
(a) 铁素体可锻铸铁

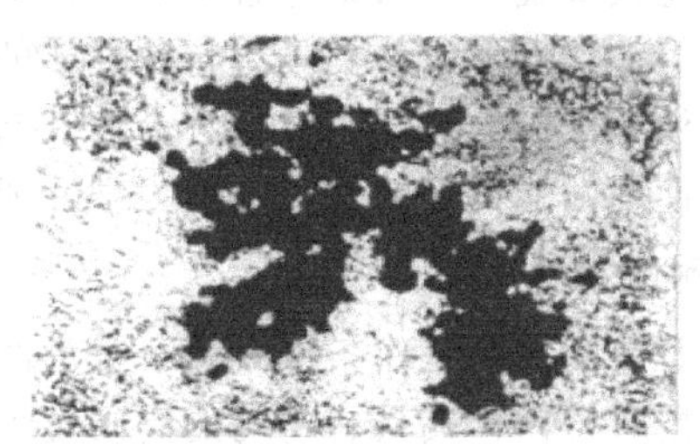
(b) 珠光体可锻铸铁

图 5-8 可锻铸铁的显微组织

可锻铸铁的牌号用“KTH”、“KTZ”和后面的两组数字表示。其中“KT”是“可铁”两字的汉语拼音字首，两组数字分别表示最低抗拉强度和最低断后伸长率。常用可锻铸铁的牌号、力学性能如表 5-17 所示。

**表 5-17 黑心可锻铸铁和珠光体可锻铸铁的牌号及力学性能**（GB 9440—1988）

| 牌号及分级 | | 试样直径 $d$/mm | $\sigma_b$/MPa | $\sigma_{0.2}$/MPa | $\delta(l_0=3d)$/% | HBS |
|---|---|---|---|---|---|---|
| A | B | | 不小于 | | | |
| KTH300-06 | | 12 或 15 | 300 | — | 6 | ≤150 |
| | KTH330-08 | | 330 | — | 8 | |
| KTH350-10 | | | 350 | 200 | 10 | |
| | KTH370-12 | | 370 | — | 12 | |

续表

| 牌号及分级 | | 试样直径 $d$/mm | $\sigma_b$/MPa | $\sigma_{0.2}$/MPa | $\delta(l_0=3d)$/% | HBS |
|---|---|---|---|---|---|---|
| A | B | | 不小于 | | | |
| KTZ450-06 | | 12 或 15 | 450 | 270 | 6 | 150～200 |
| KTZ550-04 | | | 550 | 340 | 4 | 180～230 |
| KTZ650-02 | | | 650 | 430 | 2 | 210～260 |
| KTZ700-02 | | | 700 | 530 | 2 | 240～290 |

注：1. 试样直径 12mm 只适用于主要壁厚小于 10mm 的铸件。
2. 牌号 KTH300-06 适用于气密性零件。
3. 牌号 B 系列为过渡牌号。

#### 5.4.2.4 蠕墨铸铁

蠕墨铸铁是近十几年来发展起来的新型铸铁。它是在一定成分的铁水中加入适量的蠕化剂，获得石墨形态介于片状与球状之间，形似蠕虫状石墨的铸铁（见图 5-9）。蠕墨铸铁的牌号用“RuT”加抗拉强度数值，例如 RuT340。各牌号蠕墨铸铁的主要区别在于基体组织。

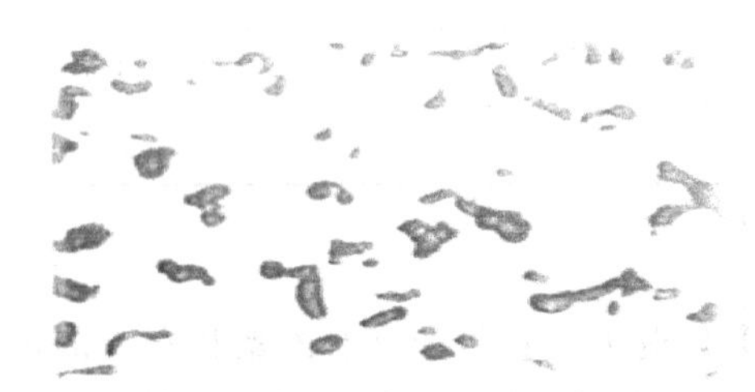
图 5-9 铁素体蠕墨铸铁的显微组织

蠕墨铸铁的力学性能介于相同基体组织的灰铸铁和球墨铸铁之间，其铸造性能和热传导性、耐疲劳性及减震性与灰铸铁相近。蠕墨铸铁已在工业中广泛应用，主要用来制造大马力柴油机汽缸盖、汽缸套、电动机外壳、机座、机床床身、阀体、玻璃模具、起重机卷筒、纺织机零件、钢锭模等铸件。

### 5.4.3 特殊性能铸铁

在普通铸铁基础上加入某些合金元素，就可使铸铁具有某种特殊性能，如耐磨性、耐热性或腐蚀性等，从而形成一类具有特殊性能的合金铸铁。合金铸铁可用来制造在高温、高摩擦或耐蚀条件下工作的机器零件。合金铸铁与在相似条件下使用的合金钢相比有熔炼简便、成本较低、使用性能良好的优点，但力学性能比合金钢低，脆性较大。

#### 5.4.3.1 耐磨铸铁

一般耐磨铸铁按其工作条件大致可分为两大类：一类是在无润滑、干摩擦或磨料磨损条件下工作的抗磨铸铁，其具有均匀的高硬度组织和必要的韧性，包括高铬白口铸铁、低合金白口铸铁、中锰球墨铸铁和冷硬铸铁等，可作犁铧、轧辊、破碎机和球磨机零件等；另一类是在润滑条件下工作的减摩铸铁，其具有较低的摩擦因数和能够很好地保持连续油膜的能力，最适宜的组织形式应是在软的基体上分布着坚硬的骨架，以便使基体磨损后，形成保持润滑剂的“沟槽”，坚硬突出的骨架承受压力。常用的减摩铸铁有高磷铸铁和钒钛铸铁，常用于机床导轨、汽缸套和活塞环等。

#### 5.4.3.2 耐热铸铁

耐热铸铁具有抗高温氧化等性能，能够在高温下承受一定载荷。在铸铁中加入 Al、Si、Cr 等合金元素，可以在铸铁表面形成致密的保护性氧化膜，使铸铁在高温下具有抗氧化的能力，同时能够使铸铁的基体变为单相铁素体。加入 Ni、Mo 能增加在高温下的强度和韧性，从而提高铸铁的耐热性。常用的耐热铸铁有中硅铸铁、高铬铸铁、镍铬硅铸铁、镍铬球墨铸铁、中硅球墨铸铁等，主要用于制造加热炉附件，如炉底板、加热炉传送链构件、换热器、渗碳坩埚等。

#### 5.4.3.3 耐蚀铸铁

耐蚀铸铁主要有高硅、高铝、高铬、高镍等系列。铸铁中加入一定量的Si、Al、Cr、Ni、Cu等元素，可使铸件表面生成致密的氧化膜，从而提高耐蚀性。高硅铸铁是最常用的耐蚀铸铁，为了提高对盐酸腐蚀的抵抗力可加入Cr和Mo等合金元素。高硅铸铁广泛用于化工、石油、化纤、冶金等工业所用设备，如泵、管道、阀门、储罐的出口等。

## 5.5 非铁金属材料

### 5.5.1 铝及其合金

#### 5.5.1.1 纯铝

纯铝为面心立方晶体结构，塑性好，强度、硬度低，一般不宜作结构材料使用。但由于其密度低，基本无磁性，导电导热性优良，抗大气腐蚀能力强，可主要用于制作电线、电缆、电气元件及换热器件。纯铝的导电导热性随其纯度降低而变差，所以纯度是纯铝材料的重要指标。其牌号中数字表示纯度高低。例如工业纯铝，旧牌号有L1、L2、L3、…。符号L表示铝，后面的数字越大纯度越低。对应新牌号为1070、1060、1050、…。

#### 5.5.1.2 铝合金的分类

铝中加入Si、Cu、Mg、Zn、Mn等元素制成合金，强度提高，还可以通过变形、热处理等方法进一步强化。所以铝合金可以制造某些结构零件。依据其成分和工艺性能，铝合金可划分为变形铝合金和铸造铝合金两大类，前者塑性优良，适于压力加工；后者塑性低，更适宜于铸造成形。铝合金一般都具有图5-10所示类型的相图。凡位于$D'$左边的铝合金，在加热时都能形成单向固溶体组织，这类合金塑性较高，属变形铝合金。位于$D'$右边的铝合金都具有低熔点共晶组织，流动性好，属铸造铝合金。变形铝合金还可进一步划分成可热处理强化变形铝合金和不可热处理强化变形铝合金。

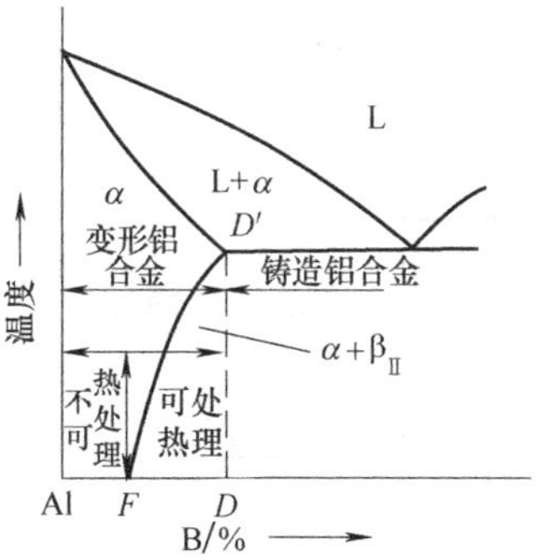

图5-10 铝合金相图的一般类型

铸造铝合金牌号由Z和基体金属元素的化学符号、主要合金元素化学符号以及表明合金化元素百分含量的数字组成，优质合金在牌号后面标注A。在合金牌号前面冠以字母“YZ”表示为压铸合金。

变形铝及铝合金采用国际四位数字（或字符）体系牌号命名方法。牌号第一位数字表示铝及铝合金的组别，1×××、2×××、3×××、…、9×××，分别按顺序代表纯铝，以铜为主要合金元素的铝合金，以锰、硅、镁，镁和硅，以锌、以其他合金元素为主要合金元素的铝合金及备用合金组；牌号第二位数字或字母表示改型情况，最后两位数字用以标识同一组中不同的铝合金。

#### 5.5.1.3 铝合金的强化途径

不可热处理的变形铝合金在固态范围内加热、冷却无相变，因而不能热处理强化，其常用的强化方法是冷变形，如冷轧、压延等工艺。

可热处理强化变形铝合金不但可变形强化，还能够通过热处理进一步强化，其工艺是先固溶处理（俗称淬火），然后时效处理。铝合金的所谓“淬火”在机理上和效果上与钢的淬火都是不同的，其强度、硬度并无显著提高，若将其在常温下放置一段时间（约2h）以后，强度、硬度上升，塑性、韧性下降的效果才逐步产生，这种合金的性能随时间而变化的现象称为时效。合金工件经固溶处理后，在室温进行的时效处理称为自然时效处理。若要缩短时效时间，可以在加热条件下时效，即人工时效处理。

铸造铝合金组织中有一定比例的共晶体，熔点低，故流动性好，可制造形状复杂的零件，但共晶体往往比较粗大且韧性差，这是铸造铝合金强度低，塑性、韧性差的主要原因。若采用变质处理就能使共晶体细化，并在一定程度上使铸造铝合金强化、韧化。

#### 5.5.1.4 变形铝合金

变形铝合金可分为防锈铝合金（LF）；硬铝合金（LY）；超硬铝合金（LC）；锻铝合金（LD）四类。常用变形铝合金的牌号、力学性能及用途列于表 5-18 中。

防锈铝合金属于不能热处理强化的铝合金，常采用冷变形方法强化。这类铝合金具有适中的强度，优良的塑性和良好的焊接性，并有很好的抗蚀性，常用于制造油罐、各式容器、防锈蒙皮等。其他三类变形铝合金都属于能热处理强化的铝合金。其中硬铝合金属于 Al-Cu-Mg 系，超硬铝合金属于 Al-Cu-Mg-Zn 系，锻铝合金属于 Al-Mg-Si-Cu 系。铝中加入 Cu、Mg、Zn 是为了得到热处理强化所必需的溶质组元和第二相。经固溶、时效后这些合金的强度较高，其中超硬铝合金的强化效果最突出。

**表 5-18 常用变形铝合金的牌号、力学性能及用途**

| 类别 | 原代号 | 新牌号 | 半成品种类 | 状态 | 力学性能 | | 用途 |
|---|---|---|---|---|---|---|---|
| | | | | | $\sigma_b$/MPa | $\delta$/% | |
| 防锈铝合金 | LF2 | 5A02 | 冷轧板材<br>热轧板材<br>挤压板材 | 0<br>H112<br>0 | 167～226<br>117～157<br>≤226 | 16～18<br>7～6<br>10 | 在液体下工作的中等强度的焊接件、冷冲压件和容器，骨架零件等 |
| | LF21 | 3A21 | 冷轧板材<br>热轧板材<br>挤制厚壁管材 | 0<br>H112<br>H112 | 98～147<br>108～118<br>≤167 | 18～20<br>15～12<br>— | 要求高的可塑性和良好的焊接性，在液体或气体介质中工作的低载荷零件，如油箱、油管、液体容器、饮料罐 |
| 硬铝合金 | LY11 | 2A11 | 冷轧板材(包铝)<br>挤压棒材<br>拉挤制管材 | 0<br>T4<br>0 | 226～235<br>353～373<br>≤245 | 12<br>10～12<br>10 | 用作各种要求中等强度的零件和构件，冲压的连接部件，空气螺旋桨叶片，局部镦粗的零件(如螺栓、螺钉) |
| | LY12 | 2A12 | 冷轧板材(包铝)<br>挤压棒材<br>拉挤制管材 | T4<br>T4<br>0 | 407～427<br>255～275<br>≤245 | 10～13<br>8～12<br>10 | 用量最大，用作各种要求高载荷的零件和构件(但不包括冲压件和锻件)，如飞机上的骨架零件、蒙皮、翼梁等 150℃以下工作的零件 |
| | LY8 | 2B11 | 铆钉线材 | T4 | J225 | — | 用作铆钉材料 |
| 超硬铝 | LC3 | 7A03 | 铆钉线材 | T6 | J284 | — | 受力结构的铆钉 |
| | LC4<br>LC9 | 7A04<br>7A09 | 挤压棒材<br>冷轧板材<br>热轧板材 | T6<br>0<br>T6 | 490～510<br>≤245<br>490 | 5～7<br>10<br>3～6 | 用作承受力的构件和高载荷的零件，如飞机上的大梁、桁条、加强框、蒙皮、翼肋起落架等，多用于取代 2A12 |

续表

| 类别 | 原代号 | 新牌号 | 半成品种类 | 状态 | 力学性能 | | 用途 |
|---|---|---|---|---|---|---|---|
| | | | | | $\sigma_b$/MPa | $\delta$/% | |
| 锻铝合金 | LD5<br>LD7<br>LD8 | 2A50<br>2A70<br>2A80 | 挤压棒材<br>挤压棒材<br>挤压棒材 | T6<br>T6<br>T6 | 353<br>353<br>441～432 | 12<br>8<br>8～10 | 形状复杂和中等强度的锻件和冲压件，内燃机活塞、压气机叶片、叶轮、圆盘以及其他在高温下工作的复杂锻件。其中2A70耐热性好 |
| | LD10 | 2A14 | 热轧板材 | T6 | 432 | 5 | 高负荷和形状简单的锻件和模锻件 |

状态符号采用GB/T 16475—1996规定代号：0为退火，T4为固溶＋自然时效，T6为固溶＋人工时效，H112为热加工。

#### 5.5.1.5 铸造铝合金

铸造铝合金可分为Al-Si系、Al-Cu系、Al-Mg系和Al-Zn系四类，其典型合金牌号、代号、主要性能特点及用途列于表5-19中。表中代号ZL表示铸造铝合金。

**表5-19 典型铸造铝合金的牌号（代号）、主要性能特点及用途**

| 类别 | 牌号(代号) | 主要特点 | 典型应用 |
|---|---|---|---|
| 铝硅合金 | ZAlSi12(ZL102)<br>YZAlSi12(YL102) | 铸造性能好，有集中缩孔，吸气性大，需变质处理，耐蚀性、焊接性好，可切削性差，不能热处理强化，强度不高，耐热性较差 | 适用于铸造形状复杂，耐蚀性和气密性好，承受较低载荷，≤200℃的薄壁零件，如仪表壳罩、船舶零件等 |
| | ZAlSi5Cu1Mg<br>(ZL105) | 铸造性能和气密性良好，无热裂倾向，熔炼工艺简单，不需变质处理，可热处理强化，强度高，塑性、韧性低，焊接性能和切削性能良好，耐热性、耐蚀性一般 | 在航空工业中应用广泛，铸造形状复杂、承受较高载荷、<225℃的零件，如汽缸体、盖，发动机曲轴箱等 |
| | ZAlSi12Cu2Mg1<br>(ZL108)<br>YZAlSi12Cu2Mg<br>(YL108) | 密度小，热膨胀系数小，热导率高，耐热性好，铸造性能优良，气密性好，线收缩小，可得到尺寸精确铸件，无热裂倾向，强度高，耐磨性好，需变质处理 | 常用的活塞铝合金，用于铸造汽车、拖拉机的活塞和其他工作温度低于250℃的零件 |
| 铝铜合金 | ZAlCu5Mn(ZL201) | 铸造性能不好，热裂、缩孔倾向大，气密性差，可热处理强化，室温强度高，韧性好，耐热性能好，焊接快、切削性能好，耐蚀性差 | 工作温度低于300℃，承受中等载荷，中等复杂程度的飞机受力铸件，也可用于低温承力件，用途广泛 |
| | ZAlCu4(ZL203) | 典型的Al-Cu二元合金，铸造性能差，热裂倾向大，不需变质处理，可热处理强化，有较高的强度和塑性，切削性能好，耐蚀性一般，人工时效状态耐蚀性差 | 形状简单，中等静载荷或冲击载荷，工作温度低于200℃的小零件，如支架、曲轴等 |
| | ZAlRE5Cu3Si2(ZL207) | 含有4.4%～5.0%混合稀土，实质上是Al-RE-Cu系合金，耐热性好，可在300～400℃下长期工作，为目前耐热性最好的铸造铝合金。结晶范围小，充填能力好，热裂倾向小，气密性好，不能热处理强化，室温力学性能较差，焊接性能好，耐蚀能力低于Al-Mg、Al-Si系，而优于Al-Cu系 | 铸造形状复杂，在300～400℃长期工作，承受气压和液压的零件 |

续表

| 类别 | 牌号(代号) | 主要特点 | 典型应用 |
|---|---|---|---|
| 铝镁合金 | ZAlMg10(ZL301) | 典型的Al-Mg二元合金，铸造性能差，气密性差，熔炼工艺复杂，可热处理强化，耐热性不好，有应力腐蚀倾向，焊接性差，切削性能良好，其最大优点是耐大气和海水腐蚀 | 承受高静载荷或冲击载荷，工作温度低于200℃、长期在大气或海水中工作的零件，如水上飞机、船舶零件 |
| | ZAlMg5Si1(ZL303) | 铸造性能比ZL301好，耐蚀性能良好，切削性能为铸造铝合金中最佳，焊接性能好，热处理不能明显强化，室温力学性能较差，耐热性一般 | 低于200℃、承受中等载荷的耐蚀零件，如海轮配件、航空或内燃机零件 |
| 铝锌合金 | ZAlZn11Si7(ZL401) | 铸造性能优良，需进行变质处理，在铸态下具有自然时效能力，不经热处理可达到高的强度，耐热性、焊接性和切削性能优良，耐蚀性差，可采用阳极化处理以提高耐蚀性 | 适于大型、形状复杂、承受高静载荷、工作温度不超过200℃的铸件，如汽车零件、仪表零件、医疗器械、日用品等 |
| | ZAlZn6Mg(ZL402) | 铸造性能良好，铸造后有自然时效能力，较好的力学性能，耐蚀性良好，耐热性能差，焊接性一般，加工性能良好 | 高静载荷或冲击载荷、不能进行热处理的铸件，如空压机活塞、精密仪表零件等 |

## 5.5.2 铜及其合金

铜是人类历史上应用最早的金属，至今也是应用最广的非铁金属材料之一，主要用作具有导电、导热、耐磨、抗磁、防爆等性能并兼有耐蚀性的器件。

### 5.5.2.1 纯铜（紫铜）

纯铜的晶体结构是面心立方晶格，导电、导热性能优良，塑性好、易于进行冷、热加工，但强度、硬度低。工业纯铜按杂质含量可分为T1、T2、T3、T4四个牌号，序号越大纯度越低。铜一般不作结构材料使用，主要用于制造电线、电缆、电子元件及导热器件。

### 5.5.2.2 黄铜

黄铜对海水和大气有优良的耐蚀性，力学性能与含锌量有关。当$w_{Zn}<39\%$时，锌能完全溶解在铜内，形成面心立方晶格的α固溶体，塑性好，随含锌量增加其强度和塑性都上升。当$w_{Zn}>39\%$以后，黄铜的组织由α固溶体和β′相组成，β′相在470℃以下塑性极差，但少量的β′相对强度没有影响，因此强度仍较高。但$w_{Zn}>45\%$以后铜合金组织全部是β′相和别的脆性相，致使强度和塑性均急剧下降，如图5-11所示。

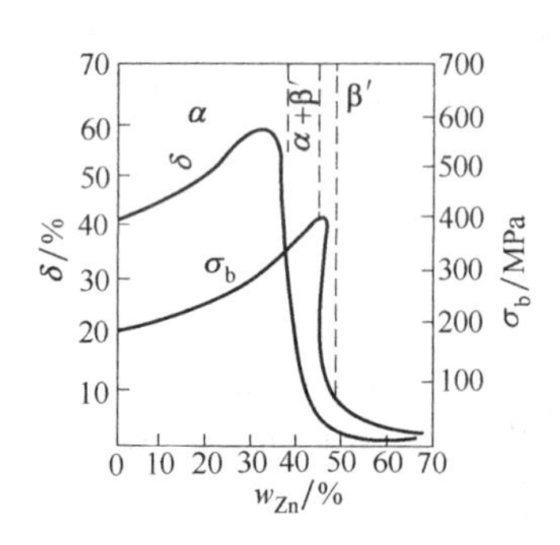


图5-11　锌对普通黄铜力学性能的影响

为改善黄铜的性能加入少量Al、Mn、Sn、Si、Pb、Ni等元素就得到特殊黄铜，如铅黄铜、锡黄铜、铝黄铜、锰黄铜、铁黄铜、硅黄铜等。普通黄铜的牌号用黄字的汉语拼音字首“H”加数字表示，数字表示平均Cu的质量分数。特殊黄铜代号由H、合金元素符号、铜含量、合金元素含量组成。常用的α单相黄铜有H80、H70等，常用的α+β′双相黄铜有H62、H59等。表5-20列出部分常用典型黄铜的牌号（代号）、力学性能及用途。

**表 5-20　常用典型黄铜的牌号、力学性能及用途**

| 类别 | 代号或牌号 | 制品种类 | 力学性能 | | 主要特征 | 用途举例 |
|---|---|---|---|---|---|---|
| | | | $\sigma_b$/MPa | $\delta$/% | | |
| 普通加工黄铜 | H80 | 板、带、管、棒 | 640 | 5 | 在大气、淡水及海水中有较高的耐蚀性，加工性能优良 | 造纸网、薄壁管、波纹管、建筑装饰用品等 |
| 普通加工黄铜 | H68 | 板、带、棒、线、箔、管 | 660 | 3 | 有较高强度，塑性为黄铜中最佳者，为黄铜中应用最广泛的，有应力腐蚀开裂倾向 | 复杂冷冲件和深冲件如子弹壳、散热器外壳、导管、雷管等 |
| 普通加工黄铜 | H62 | 板、带、棒、线、箔、管 | 600 | 3 | 有较高的强度，热加工性能好，可加工性能好，易焊接。有应力腐蚀开裂倾向，价格较便宜，应用较广泛 | 一般机器零件、铆钉、垫圈、螺钉，螺母、导管、散热器、筛网等 |
| 铅黄铜 | HPb59-1 | 板、管、棒、线 | 550 | 5 | 可加工性能好，可冷、热加工，易焊接，耐蚀性一般。有应力腐蚀开裂倾向，应用广泛 | 热冲压和切削加工制作的零件如螺钉、垫片、衬套、喷嘴 |
| 锰黄铜 | HMn58-2 | 砂型<br>金属型 | 700 | 10 | 在海水、过热蒸汽、氯化物中有高的耐蚀性。但有应力腐蚀开裂倾向，导热导电性能低 | 应用较广的黄铜品种，主要用于船舶制造和精密电器制造工业 |
| 铸造黄铜 | ZCuZn38 | 砂型<br>金属型 | 295<br>295 | 30<br>30 | 良好的铸造性能和可加工性能，力学性能较高，可焊接，有应力腐蚀开裂倾向 | 一般结构件如螺杆、螺母、法兰、阀座、日用五金等 |
| 铸铝黄铜 | ZCuZn31Al2<br>YZCuZn30Al3 | 砂型<br>金属型 | 195<br>390 | 12<br>15 | 铸造性能良好，在空气、淡水、海水中耐蚀性较好，易切削，可以焊接 | 适于压力铸造如电机、仪表压铸件及造船和机械制造业的耐蚀件 |
| 铸锰黄铜 | ZCuZn40Mn2 | 砂型<br>金属型 | 345<br>390 | 20<br>25 | 有较高的强度和耐蚀性，铸造性能好，受热时组织稳定 | 在水、蒸汽、液体燃料中的耐蚀件，需镀锡或浇注巴氏合金的零件 |
| 铸硅黄铜 | ZCuZn16Si4 | 砂型<br>金属型 | 345<br>390 | 15<br>20 | 具有较高的强度和良好的耐蚀性，铸造性能好、流动性高，铸件组织致密，气密性好 | 接触海水的管配件、水泵、叶轮，在空气、淡水、油、燃料及压力 4.5MPa 和<250℃蒸汽中工作的铸件 |

### 5.5.2.3　青铜

青铜种类较多，有锡青铜、铅青铜、硅青铜、铍青铜、钛青铜等。锡青铜是以锡为主要元素的铜合金，其力学性能取决于锡的含量。锡青铜耐磨性、耐蚀性和弹性等较好，可用于制作弹性元件等。常用青铜的代号、牌号、主要性能及用途见表 5-21。

**表 5-21　常用青铜的代号、牌号、主要性能及用途**

| 类别 | 代号或牌号 | 制品种类 | 力学性能 | | 主要特征 | 用途举例 |
|---|---|---|---|---|---|---|
| | | | $\sigma_b$/MPa | $\delta$/% | | |
| 压力加工锡青铜 | (QSn4-3) | 板、带、线、棒 | 350 | 40 | 有高的耐磨性和弹性，抗磁性良好，能很好地承受冷、热压力加工；在硬态下，切削性好，易焊接，在大气、淡水和海水中耐蚀性好 | 制作建筑及其他弹性元件，化工设备上的耐蚀零件以及耐磨零件、抗磁零件、造纸工业用的刮刀 |

续表

| 类别 | 代号或牌号 | 制品种类 | 力学性能 | | 主要特征 | 用途举例 |
|---|---|---|---|---|---|---|
| | | | $\sigma_b$/MPa | $\delta$/% | | |
| 压力加工锡青铜 | (QSn6.5-0.4) | 板、带、线、棒 | 750 | 9 | 锡磷青铜，性能用途和QSn6.5-0.1相似。因含磷量较高，其抗疲劳强度较高，弹性和耐磨性较好，但在热加工时有热脆性 | 除用作建筑和耐磨零件外，主要用于造纸工业制作耐磨的铜网和载荷＜980MPa、圆周速度＜3m/s的零件 |
| | (QSn4.4-2.5) | 板、带 | 650 | 3 | 含锌、铅，高的减摩性和良好的可切削性，易于焊接，在大气、淡水中具有良好的耐蚀性 | 轴承、卷边轴套、衬套、圆盘以及衬套的内垫等 |
| 铸造锡青铜 | ZCuSn10Zn2 | 砂型 | 240 | 12 | 耐蚀性、耐磨性和切削加工性能好，铸造性能好，铸件致密性较高，气密性较好 | 在中等及较高载荷和小滑动速度下工作的重要管配件及阀，旋塞、泵体、齿轮、叶轮和蜗轮等 |
| | | 金属型 | 245 | 6 | | |
| | ZCuSn10Pb1 | 砂型 | 200 | 3 | 硬度高、耐磨性较好，不易产生咬死现象，有较好的铸造性能和切削加工性能，在大气和淡水中有良好的耐蚀性 | 可用于高载荷和高滑动速度下工作的耐磨零件，如连杆衬套、轴瓦、齿轮、蜗轮等 |
| | | 金属型 | 310 | 2 | | |
| | | 离心 | 330 | 4 | | |
| 特殊青铜(无锡青铜) | (QBe2) | 板、带、线、棒 | 500 | 3 | 含有少量镍，是力学、物理、化学综合性能良好的一种合金。经淬火时效后，具有高的强度、硬度、弹性、耐磨性，同时还具有高的导电性、导热性和耐寒性，无磁性，碰击时无火花，易于焊接，在大气、淡水和海水中抗蚀性极好 | 各种精密仪表、仪器中的弹簧和弹性元件，各种耐磨零件以及在高速、高压下工作的轴承、衬套，矿山和炼油厂用的冲击不生火花的工具以及各种深冲零件 |
| | ZCuPb30 | 金属型 | — | — | 有良好的自润滑性，易切削，铸造性能差，易产生比重偏析 | 要求高滑动速度的双金属轴瓦、减摩零件等 |
| | ZCuAl10Fe3 | 砂型 | 490 | 13 | 高的强度，耐磨性和耐蚀性能好，可以焊接，但不易钎焊，大型铸件自700℃空冷可防止变脆 | 强度高、耐磨、耐蚀的重型铸件，如轴套、螺母、蜗轮及250℃以下管配件 |
| | | 金属型 | 540 | 15 | | |

## 5.5.3 滑动轴承合金

制造滑动轴承的轴瓦及其内衬的合金叫轴承合金。轴瓦是包围在轴颈外面的套圈，它直接与轴颈接触。当轴旋转时，轴瓦除了承受轴颈传递给它的静载荷以外，还要承受交变载荷和冲击，并与轴颈发生强烈的摩擦。轴承合金组织通常是由软基体上均匀分布一定数量和大小的硬质点组成。当轴运转时，轴瓦的软基体易磨损而凹陷，能容纳润滑油，硬质点则相对凸起支撑着轴颈，如图5-12所示。这就减小了轴颈和轴瓦之间的接触面积，降低了摩擦因数。此外软基体可承受冲击和振动，并使轴颈和轴瓦之间能很好地磨合，并且偶然进入的外来硬质点能嵌入基体中。

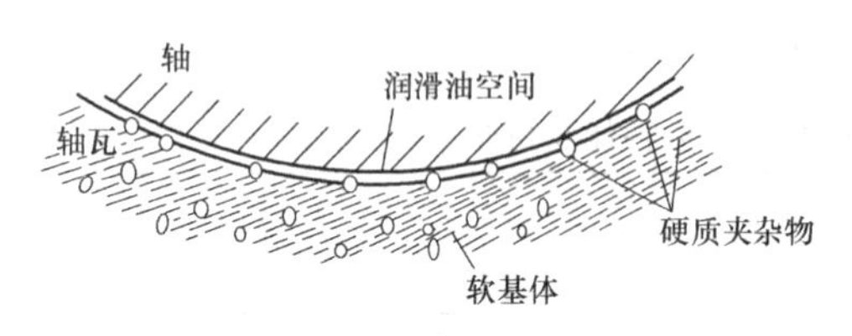


图5-12 轴承合金组织示意图

锡基轴承合金是以锡为基础，加入锑、铜等元素组成的合金，此外还有铅基轴承合金、铜基轴承合金和铝基轴承合金等。常用轴承合金的代号、性能特点及用途如表5-22所示。

表 5-22 部分锡基、铅基轴承合金的代号、性能特点及用途

| 类别 | 牌号 | 化学成分/% | | | | 力学性能 | | | 用途举例 |
|---|---|---|---|---|---|---|---|---|---|
| | | Sb | Cu | Pb | Sn | $\sigma_b$/MPa | $\delta$/% | HBS | |
| | | | | | | 不小于 | | | |
| 锡基轴承合金 | ZSnSb12Pb10Cu4 | 11.0~13.0 | 2.5~5.0 | 9.0~11.0 | 余量 | | | 29 | 一般机械的主要轴承，但不适于高温工作 |
| | ZSnSb11Cu6 | 10.0~12.0 | 5.5~6.5 | 0.35 | 余量 | 90 | 6.0 | 27 | 1500kW 以上的高速蒸汽机，400kW 的涡轮压缩机用轴承 |
| | ZSnSb8Cu4 | 7.0~8.0 | 3.0~4.0 | 0.35 | 余量 | 80 | 10.6 | 24 | 一般大机器轴承及轴衬，重载、高速汽车发动机薄壁双金属轴承 |
| | ZSnSb4Cu4 | 4.0~5.0 | 4.0~5.0 | 0.35 | 余量 | 80 | 7.0 | 20 | 涡轮内燃机高速轴承及轴衬 |
| 铅基轴承合金 | ZPbSb15Sn5Cu3Cd2 | 14.0~16.0 | 2.5~3.0 | | 5.0~6.0 | 68 | 0.2 | 32 | 船舶机械，小于 250kW 的电动机轴承 |
| | ZPbSb10Sn6 | 9.0~11.0 | 0.7 | | 5.0~7.0 | 80 | 5.5 | 18 | 重载、耐蚀、耐磨用轴承 |

### 5.5.4 粉末冶金材料

将金属粉末与金属或非金属粉末（或纤维）混合，经过成形、烧结等过程制成零件或材料的工艺方法称为“粉末冶金”。用粉末冶金法可以制造如各种衬套和轴套齿轮、凸轮、含油轴承、摩擦片等机械零件。与一般零件生产方法相比，粉末冶金法具有少切屑或无切屑、材料利用率高、生产率高、成本低等优点。用粉末冶金法还可以制造一些具有特殊成分或具有特殊性能的制品。如硬质合金、难熔金属及其合金、金属陶瓷等。

硬质合金是将一些难熔的金属化合物粉末和黏结剂粉末混合加压成形，再经烧结而成的一种粉末冶金产品。由于切削速度的不断提高以及大量高硬度或高韧性材料的切削加工，不少刀具的刃部工作温度已超过 700℃，一般高速工具钢很难胜任，而需要材料热硬性更高的硬质合金。硬质合金种类很多，目前常用的有金属陶瓷硬质合金和钢结硬质合金。

① 金属陶瓷硬质合金　金属陶瓷硬质合金是将一些难熔的金属碳化物粉末（如 WC、TiC 等）和黏结剂（如 Co、Ni 等）混合，加压成形烧结而成，因其制造工艺与陶瓷相似而得名。碳化物是硬质合金的骨架，起坚硬而耐磨的作用；Co 和 Ni 仅起黏结作用，使合金具有一定的韧性。硬质合金在室温下的硬度很高，可达 69~81HRC，热硬性可高达 1000℃左右，耐磨性优良。由于其硬度太高，性脆，不能进行切削加工，因而经常是先制成一定规格的刀片，再将其镶焊在刀体上使用。金属陶瓷硬质合金分为三类：钨钴类硬质合金、钛钨钴类硬质合金和万能硬质合金。

② 钢结硬质合金　其性能介于硬质合金与合金工具钢之间。这种硬质合金是以 TiC、WC、VC 粉末等为硬质相，以铁粉加少量的合金元素为黏结剂，用一般的粉末冶金法制造。它具有钢材的加工性，经退火后可进行切削加工，也可进行锻造和焊接，经淬火与回火后，具有相当于硬质合金的高硬度和高的耐磨性，适用于制造各种形状复杂的刀具，如麻花钻、铣刀等，也可以用作在较高温度下工作的模具和耐磨零件。

## 思考题与习题

1. 碳素结构钢、优质碳素结构钢、碳素工具钢各自有何性能特点？非合金钢共同的性能不足是什么？

2. 指出下列元素哪些是强碳化物形成元素，哪些是弱碳化物形成元素，哪些是非碳化物形成元素？它们对奥氏体的形成及晶粒长大起何作用？对钢的热处理有何影响？

Ni　Si　Al　Co　Mn　Cr　Mo　W　V　Ti

3. 合金元素提高钢的耐回火性，使钢在使用性能方面有何益处？

4. 说明下列钢中锰的作用：

Q215　Q345　20CrMnTi　CrWMn　ZGMn13

5. 说明下列钢中铬的作用：

20Cr　GCr15　1Cr13　4Cr9Si2

6. 为什么合金渗碳钢一般采用低碳，合金调质钢采用中碳，而合金工具钢采用高碳成分？

7. 指出下列每个牌号钢的类别、含碳量、热处理工艺和主要用途：

T8　Q345　20Cr　40Cr　20CrMnTi　2Cr13　GCr15　60Si2Mn　9SiCr　Cr12　CrWMn　0Cr19Ni9Ti　4Cr9Si2　W18Cr4V　ZGMn13

8. 为什么汽车变速齿轮常采用20CrMnTi钢制造，而机床上同样是变速齿轮却采用45钢或40Cr钢制造？

9. 试为下列机械零件或用品选择适用的钢种及牌号：

地脚螺栓　仪表箱壳　小柴油机曲轴　木工锯条　油气储罐　汽车齿轮　机床主轴　汽车发动机连杆　汽车发动机螺栓　汽车板簧　拖拉机轴承　板牙　高精度塞规　麻花钻头　大型冷冲模　胎模锻模　镜面塑料模具　硝酸槽　手术刀　内燃机气阀　大型粉碎机颚板

10. 化学成分和冷却速度对铸铁石墨化有何影响？阻碍石墨化的元素主要有哪些？

11. 为什么一般机器的支架、机床床身常用灰铸铁制造？

12. 白口铸铁、灰铸铁和钢这三者的成分、组织和性能有何主要区别？

13. 灰铸铁、球墨铸铁、蠕墨铸铁、可锻铸铁在组织上的根本区别是什么？试述石墨对铸铁性能特点的影响。

14. 球墨铸铁和可锻铸铁，哪种适宜制造薄壁铸件？为什么？

15. 灰铸铁为什么不能进行改变基体的热处理，而球墨铸铁可以进行这种热处理？

16. 下列铸件宜选用何种铸铁制造？其中灰铸铁、球墨铸铁、可锻铸铁试选择适用的牌号。

低压暖气片　机床齿轮箱　刹车轮　大型内燃机缸体　水管三通　汽车减速器壳　柴油机曲轴　钢锭模　精密机床床身　轧辊　矿车轮　高温加热炉底版　硝酸盛储槽

17. 铝合金分为几类？各类铝合金各自有何强化方法？铝合金淬火与钢的淬火有何异同？

18. 铝硅合金为什么进行变质处理，其主要用途有哪些？

19. 铜合金分为几类？举例说明各类铜合金的牌号、性能特点和用途。

20. 黄铜分为几类？合金元素在铜中的作用是什么？为什么工业黄铜的含锌量不超45%？

21. 轴承合金必须具备哪些特性？其组织有何特点？常用滑动轴承合金有哪些？

22. 硬质合金在组成、性能和制造工艺方面有何特点？

23. 指出下列代号、牌号合金的类别、主要合金元素及主要性能特征

LF11　LC4　ZL102　ZL203　H68　HPb59-1　ZCuZn16Si4　YZCuZn30Al3　QSn4-3　QBe2　ZCuSn10Pb1　ZSnSb11Cu6

# 第 6 章 新型金属材料功能及应用

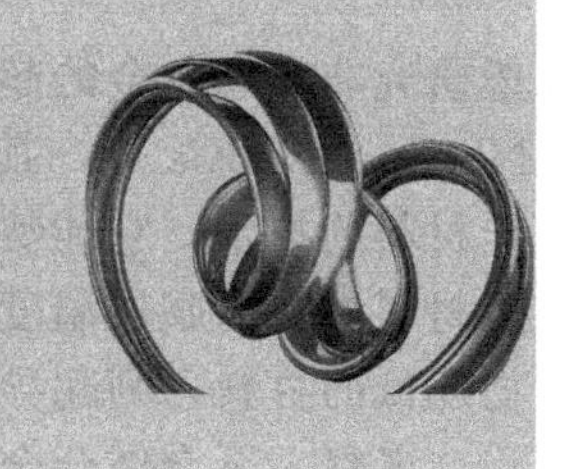

## 学习目的

本章主要介绍金属材料行业中几种新型的功能材料性能和应用，特别是工业行业中开发的尖端材料。

## 重点和难点

重点是对重要的功能材料进行适当分析并进行应用，掌握新型功能材料在实际中的应用。难点是如何根据材料的性能降低成本，在各行各业方面进行大量应用，找到功能材料在行业应用中的准确定位。

## 学习指导

学习本章时要对材料的发展前景进行分析，这样能增加学生的学习兴趣和灵感，激发学生在将来的工作中能开发更多的功能材料，使得多数的功能材料在各行各业中取得更好的经济效益和应用。

人类根据长期的体验创造了冶金术，用天然矿石冶炼出金属。人类开始使用武器和生活用具的历史是很早的。公元前 6000 年在西亚已经出现铜制品，公元前 3000 年就有添加锡的青铜合金。由于青铜熔点低，铸造性能好，它作为制造武器、生活用具以及生产工具等物品的材料，曾大显身手，形成所谓青铜时代，在文明史上起了重要作用。用铁代替青铜是在相当晚的时候才开始的。公元前 1500 年人类发明了借助风箱，用木炭在高温下还原优质铁矿石，并在半熔状态下进行锻造的方法。这样制取的铁，即使长期放置在大气中也基本上不生锈，它具有和青铜不同的金属光泽，机械强度高，而且延展性和加工性能适宜。由于铁具有比青铜更好的性能，所以它除用于制造武器外，还可用作结构材料和制造器具等。手里掌握铁的民族征服了其他民族，在冶金术、文字、宗教、艺术等方面也都有很显著的成就。

人们常说，推进 21 世纪文明必不可少的支柱是新能源、电子学和工业材料。这就是说，人们希望随着金属合金、半导体、电介体和超导体等功能金属材料物性研究的进展，能随之创造出具有各种各样功能的材料，并不断发展其工业应用。

作为 20 世纪文明基础的能源大部分靠地下资源，但由于这些资源在地球上分布不匀、储量有限等原因，供应的不稳定日趋严重，又有公害的问题。支撑 21 世纪文明的能源，必然要被无上述不稳定性和无公害的能源所代替。在这一点上，人们寄希望于核聚变、氢燃料和太阳能。

为了实现核聚变，要有封闭等离子体所必需的大型超导磁体。这就有赖于发展具有高临界磁场强度和具有高临界电流密度以及高临界温度的超导磁体线材。为了产生强磁场，就需要有高临界磁场强度的材料。作为超导磁体线材，已在实际当中开发并得到了相应的使用。对于合金则要求缩短电子的平均自由程，另外，即使遭受中子辐照也不会发生转变。为此希望研究非晶态合金的超导材料。以过渡金属为主体的金属间化合物，开发的金属化合物有Nb3Sn、Nb3Ca等，其中有的磁场强度可达到5.6×10⁷A/m²。为了研制这样的一种生产超导材料的技术，它能够消除材料内部产生的磁通线（滑丝）移动等而引起的不稳定性。必须使材料具有高临界温度。Nb3Sn金属化合物具有较低的临界温度值。如能发现比这种化合物还低的材料，则超导材料的应用将有飞跃的扩展。

考察一下金属合金或金属化合物所显示的物理性能，可知它除可以作上述半导体、超导体和磁体之外，还有许多用其他方法难于取代的特殊功能，是对工业发展能够做出贡献的材料。属于这种材料的有，在常温附近热膨胀系数非常小的Fe-Ni合金（Fe-36%Ni）、弹性系数几乎不随温度而变化的Fe-12%Ni合金。这些合金的机械强度也相当大，且有适宜的可成形性。这些特异性能，对于提高精密机械的精度是不可缺少的。

目前开发研制的金属功能材料在能量与信息的显示、转换、传输、存储等方面，往往具有独特的功能。这些特殊功能是以材料所具有的优良的电学、磁学、光学、热学、声学等物理性能、特殊的力学性能、优异的化学以及生物学性能为基础的。

功能材料的发展历史很悠久，它对技术的进步、社会的发展起到了非常巨大的作用。较早期的硅钢片和铜、铝导线材料，对电力工业的发展起到关键作用。20世纪50年代，与微电子技术密切相关的半导体材料迅速发展。60年代，激光技术中以光导纤维为代表的光学材料得到广泛研究与开发应用。80年代，能源技术又促进了储能材料的发展。近年来，新型功能材料更是不断涌现多种功能材料迅速发展，大批具有多方面特殊性能的功能材料得到广泛研究与开发。今天，许多功能材料已经在工程实际中得到应用。功能材料极大地促进了现代信息社会的技术进步，同时也带来了很高的经济效益。

从材料的原子结合键、化学成分特征出发，可将功能材料分成金属功能材料、无机非金属功能材料、有机功能材料和复合功能材料。不同类别的功能材料，其突出性能不同，因而应用于不同的工程领域。可能存在着某个领域以某一类功能材料为主的现象，但从整体上讲，以上4类功能材料缺一不可。金属功能材料具有多方面突出的物理性能，在功能材料中占有重要地位，在工程实际中应用很广泛。它们的突出性能，主要表现在导电性、磁性、导热性、热膨胀特性、弹性、抗腐蚀性等方面。有些金属功能材料还具有非常特殊的性能，如马氏体相变引发的形状记忆特性，基于这种特性，人们开发出具有“人工智能”的材料；某些合金对氢具有超常吸收能力，适当控制外界条件，可实现材料对氢的吸收和释放，基于这种现象，人们得到了二次能源材料——储氢材料，并制成氢电池。

本章按照材料的性能分类，选择介绍磁性材料（包括软磁和硬磁材料）、纳米材料、形状记忆合金以及高温合金等。

金属功能材料中的大部分材料，习惯上被称作精密合金。现行的“精密合金牌号”国家标准以原冶金工业部标准YT658-69为基础，将精密合金分成软磁合金、硬磁合金、形状记忆弹性合金、高温膨胀合金、热双金属合金以及纳米合金等。

近年来，金属类功能材料的研究与开发工作做了很多，新材料不断涌现，如能源材料、生物医学材料，智能材料等。下面就部分金属类功能材料做一简单介绍。

## 6.1 磁性材料

### 6.1.1 物质磁性的基础知识

磁性是物质的基本属性之一。在外磁场作用下，各种物质都会呈现出不同的磁性。物质按照在外磁场中表现出来的磁性，可分为抗磁性物质、顺磁性物质、铁磁性物质。铁磁性物质为强磁性物质，是工程中实用的磁性材料；其他的则为弱磁性物质或非磁性物质。

物质由不表现磁性到具有一定的磁性称为磁化。达到磁饱和前的磁化过程称为技术磁化过程。

## 6.1.2 磁性材料的分类及特点

目前在建筑与机械工程中使用的磁性材料都属于强磁性物质。

磁性材料按其特性和应用通常分为软磁材料和永磁材料（又称为硬磁材料）两大类。

### 6.1.2.1 软磁材料

软磁材料磁性能的主要特点是磁导率高，矫顽力低。这类材料在较低的外磁场下，磁感应强度很快达到饱和。当外磁场去掉后，磁性又基本消失。

属于软磁材料的品种很多，如电工用纯铁、硅钢片、铁镍合金、铁铝合金、软磁铁氧体、铁钴合金等。软磁材料的品种不同，其特性和用途也不相同。它主要用作传递、转换能量和信息的磁性元器件。

一般地，当磁场强度 $H_c<800\mathrm{A/m}$ 的磁性材料称为软磁材料。其用途很广，综合起来主要为能量转换和信息处理两大方面。例如，在电力工业中，从电能产生、传输到应用，涉及发电机、变压器和电动机，软磁材料起着能量转换的作用；在电子工业中，通信（滤波器、电感器）、自动控制（继电器、磁放大器）、录放磁头、电子计算机的磁芯存储器和磁鼓、各种铁氧体微波器件等，软磁材料起着信息的变换、传递及存储作用。

其性能基本要求如下：

① 具有高的磁感应强度。可缩小铁芯体积，减轻产品重量，或者可节约导线，降低导体电阻引起的损耗。

② 具有高的磁导率和低的矫顽力。磁导率高，当线圈匝数一定时，通以不大的励磁电流就能产生较高的磁感应强度，从而获得高的输出电压；矫顽力低，磁滞回线的面积小，从而有助于缩小产品尺寸，提高灵敏度。高灵敏度对用于信息传输方面的元件尤其重要。

③ 具有低的铁损。铁损低，可降低产品的总损耗，提高产品效率。此外，在高频下使用的软磁材料应具有高的电阻率，以降低涡流损耗。

④ 稳定性好。软磁材料要求其磁性不随外界条件的变化而改变，如温度、时间、应力及辐照等。其变化率越小，磁性越稳定。

⑤ 其他特殊要求。如饱和磁致伸缩系数等，以满足某些特殊性能要求。所谓磁致伸缩是指当铁磁体磁化状态改变时引起磁体的尺寸及形状的变化。在磁化过程中，沿磁化方向单位长度上所发生的变化称为磁致伸缩系数。

由于软磁材料品种繁多，分类方法很不一致。按合金系列可分为工业纯铁、铁-硅合金（硅钢片）、铁-镍合金（坡莫合金）及其他软磁材料等。

### 6.1.2.2 硬磁材料

硬磁材料磁性能的主要特点是矫顽力高。经饱和磁化后再去掉外磁场时，将储存一定的磁能量，可在较长时间内保持强而稳定的磁性。硬磁材料主要用于能够产生恒定磁通的磁路中，在一定空间内作为磁场源提供恒定的磁场。

硬磁合金中，高矫顽力主要来源于合金中磁性相的各向异性，包括形状各向异性、磁晶各向异性（如稀土永磁，磁性相属于非立方点阵类型，晶体对称性低）。另外，利用晶界、相界等对晶粒的强烈钉扎也可获得高矫顽力。硬磁材料常为多相合金，存在大量的相界面。

矫顽力具有组织敏感性，强烈依赖于材料的组织结构，因而受到合金成分、制备工艺及热处理等因素的影响。矫顽力是硬磁合金从选材到制订生产工艺的核心问题，其数值很高也是硬磁材料与软磁材料的根本区别所在。

无论软磁还是永磁材料，由于生产工艺的差别，同种磁性材料通常又有各向同性和各向异性之分。常见各向异性材料中又有两种类型：一种是晶粒取向或定向结晶的各向异性材料；另一种是经磁场热处理后具有磁畴（自发磁化到磁饱和的小区域）取向的感应各向异性材料。在各向异性材料中，磁性最好的方向称为易磁化方向，在该方向上，其磁性比同一品种的各向同性材料有明显提高。因此在使用各向异性材料时，要特别注意其磁性的方向性。

在应用磁性材料历史中，人类很早以前就已开始使用天然磁石（$Fe_3O_4$）。硬磁合金材料的发展，始于 19 世纪 80 年代，以含钨、铬的高碳合金钢硬磁的制成为标志。这类磁钢经淬火处理，得到马氏体（铁磁性）与奥氏体（非磁性）的双相组织，依靠过饱和固溶原子、相变内应力及弥散碳化物，阻碍磁畴移动，获得较高的矫顽力。以后又研制出了钴钢、铝钢等。今天，这类淬火马氏体型磁钢已极少用做硬磁材料，仅作为半硬磁材料使用。

20 世纪 30 年代，人们研制成功了 AlNiCo 硬磁合金。该合金在经历了磁场热处理、定向凝固等制造技术上的重大进步后，是一类重要的实用硬磁合金，主要用于对磁性的热稳定性要求高的场合。

20 年代 60 年代，人们发现了以 SmCo5 为代表的稀土-钴硬质合金。一般称为 1∶5 型稀土永磁，或第一代稀土永磁。进入 70 年代，人们又开发出稀土与钴的 2∶17 型金属间化合物 R2Co17 作为永磁合金，被称为第二代稀土永磁。1983 年，稀土永磁的研究又取得新的突破。以 Nd-Fe-B 合金为代表的第三代稀土永磁问世，其磁感应强度高达 $400kJ/m^3$，成为当今世界上性能最高的硬磁材料。

进入 20 世纪 90 年代，发现了一种新型的纳米级晶粒尺寸的硬磁材料。它由自身为软磁性和硬磁性两种截然不同的磁性相组成，依靠跨越相界的交换作用，整体上表现出硬磁性特征。

## 6.2 纳米材料

霍尔-佩奇（Hall-Petch）公式中指出了多晶体材料的强度与尺寸之间的关系，晶粒越小越细，则强度越高。但通常的材料制备方法至多只能获得细小到微米级的晶粒，霍尔-佩奇公式中验证也只是到此范围。如果晶粒更为微小时，材料的性能将如何变化？由于当时尚不能制得这种超细晶材料，因此这是一个留待解决的问题。自 20 世纪 80 年代以来，随着材料制备新技术的发展，人们开始研制出晶粒尺寸为纳米（nm）级的材料，并发现这类材料不仅强度更高（但不符合霍尔-佩奇公式），其结构和各种性能都具有特殊性，这引起了人们极大的兴趣和关注。纳米材料（或称纳米结构材料）已成为国际上发展新材料领域中的一个重要内容，并在材料科学和凝聚态物理学科中引出了新的研究方向——纳米材料学。

### 6.2.1 纳米材料的结构

纳米材料（纳米结构材料）的概念最早是由 H·格莱特（Gleiter）提出的。这类固体是由（至少在一个方向上）尺寸为几个纳米的结构单元（主要是晶体）构成的。图 6-1 所示为纳米材料的二维硬球模型，不同取向的纳米尺度小晶粒由晶界联结在一起，由于晶粒极微小，晶界所占的比例就相应地增大。若晶粒尺寸为 5～10nm，按三维空间计算，晶界将占到 50%体积，即有约 50%原子位于排列不规则的晶界处，其原子密度及配位数远远偏离了完整晶体结构。因此纳米材料是一种非平衡态的结构，其中存在大量的晶体缺陷。此外，如果材料中存在杂质原子或溶质原子，则这些原子的偏聚作用使晶界区域的化学成分也不同于晶内成分。由于结构上和化学上偏离正常多晶结构，所表现的各种性能也明显不同于通常的多晶体材料。

人们曾对双晶体的晶界应用高分辨电子显微分析、广角 X 射线或中子衍射分析，以及计算机结构模拟等多种方法，测得双晶体晶界的相对密度是晶体密度的75%～90%，而纳米材料的晶界结构不同于双晶体晶界，当晶粒尺寸为几个纳米时，其晶界的边长会短于晶界层“厚度”，故晶界处原子排列显著地改变。这表示晶界中自由体积增加。一些研究表明，纳米材料不仅由其化学成分和晶粒尺寸来表征，还与材料的化学键类型、杂质情况、制备方法等因素有关，即使是同一成分、同样尺寸晶粒的材料，其晶界区域的原子排列还会因上述因素而明显地变化，其性能也相应地改变，图 6-1 所示只是一个被简单化了的结构模型。

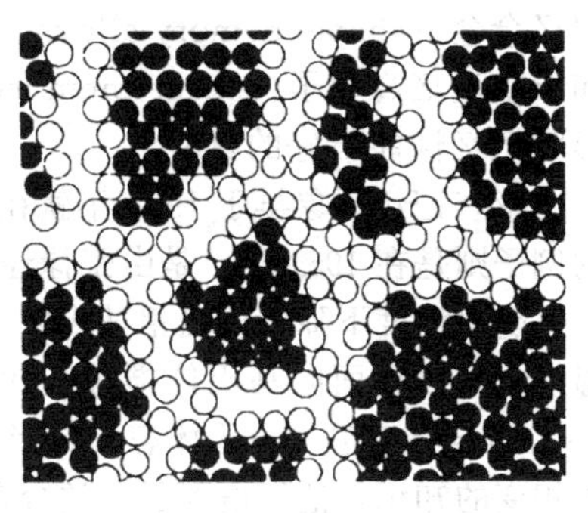

图 6-1　纳米材料的二维硬球模型

纳米材料也可由非晶态物质组成，例如，半晶态高分子聚合物时由厚度为纳米级的晶态层和非晶态层相间组成的。

### 6.2.2　纳米材料的特性

纳米材料因其超细的晶体尺寸和高体积分数的晶界，而呈现出特殊的物理、化学和力学性能。如力学性能远高于其通常的多晶状态。纳米微粒之间能产生量子输运的隧道效应、电荷转移和界面原子耦合等作用，故纳米材料的物理性能也不同于普通材料。纳米导电金属的电阻高于多晶材料，因为晶界对电子有散射作用，当晶粒尺寸小于电子平均自由程时，晶界散射作用加强，电阻及电阻温度系数增加。但纳米半导体材料却具有高的电导率，如纳米硅薄膜的室温电导率高子多晶硅 3 个数量级，高于非晶硅达 5 个数量级。纳米材料的磁性也不同于普通多晶材料，纳米铁磁材料具有低的饱和磁化强度、高的磁化率和低的矫顽力。纳米材料的其他性能，如超导临界温度和临界电流的提高、特殊的光学性质、催化作用等也是引人注目的。

### 6.2.3　纳米材料的形成

纳米材料可由多种途径形成，主要归纳于以下 4 个方面：

① 以非晶态（金属玻璃或溶胶）为起始相，使之在晶化过程中形成大量的晶核而生长成为纳米材料。

② 对起始为通常粗晶的材料，通过强烈的塑性形变（如高能球磨、高速应变、爆炸成形等手段）或造成局域原子迁移（如高能粒子辐照、火花刻蚀等）使之产生高密度缺陷而致自由能升高，转变形成亚稳态纳米晶。

③ 通过蒸发、溅射等沉积途径，如物理气相沉积（PVD）、化学气相沉积（CVD）、电化学方法等生成纳米微粒然后固化，或在基底材料上形成纳米薄膜材料。

④ 沉淀反应方法，如溶胶-凝胶、热处理时效沉淀法等，析出纳米微粒。

## 6.3　形状记忆合金

### 6.3.1　形状合金的发现

所谓形状记忆效应，是指材料会记忆它在高温相状态下的形状，即它在低温相状态下不管如何变形，只要稍一加热，就会立刻恢复到原来在高温相状态下的形状。

具有形状记忆效应（shape memory effcct，简称 SME）的形状记忆材料（shape memory materials，简称 SMM）是 20 世纪 70 年代才发展起来的新兴功能材料。它是指具有一定起始形状，经形变并固定成另一种形状后，通过热、光、电等物理刺激或者化学刺激处理又可以恢复初始形状的材料。这类材料包括晶体和高分子，前者与马氏体相变有关，后者借玻璃态转变或其他物理条件的激发呈现形状记忆效应（SME）。形状记忆材料包括形状记忆合金（shape memory alloys，SMA）、形状记忆陶瓷（shape memory ceramics，SMC）和形状记忆高分子（shape memory ploymers，SMP）。形状记忆合金是目前形状记忆材料中形状记忆性能最好的材料。

形状记忆现象早于1938年就在Cu-Zn和Cu-Sn合金中发现。而最早观察到形状记忆效应的例子则是在1951年，是由张禄经和Read用光学显微镜观察到的。他们发现，在AuCd合金中，随着温度下降，低温相马氏体和高温（剩余）相（母相）之间的界面向母相推移；而随着温度上升该界面向马氏体推移。1963年，美国海军军械研究室Iuehler等偶然间发现等原子Ti-Ni合金在室温（马氏体态）经形变，再经加热后，自动回复母相态形状；由于累积了马氏体相变的知识，他们悟到了这类合金（具有热弹性马氏体相变的合金）在马氏体态变形，经逆相变，能自动回复母相形状，于是命名为形状记忆。之后，日本、德国等国家相继开展了研究。20世纪70年代以来已开发出Ti-Ni基形状记忆合金、CuAlNi基、CuZnAl基、FeNiCoTi基和FeMnSi基形状记忆合金。迄今为止，已有多个系列50多个品种，已生产的形状记忆合金广泛应用于航空、航天、汽车、能源、电子、机械、医疗和建筑等行业。

## 6.3.2 形状记忆效应与伪弹性

### 6.3.2.1 单程形状记忆效应

在晶体材料中，形状记忆效应表现为：当一定形状的母相样品由 $A_f$ 以上冷却至 $M_f$ 以下形成马氏体后，将马氏体在 $M_f$ 以下变形，经加热至 $A_f$ 以上，伴随逆相变，材料会自动回复其在母相时的形状，如图6-2所示，Ti-Ni合金的典型可回复应变在7%。当马氏体变形后经逆相变，能回复母相形状的称为单程形状记忆效应。

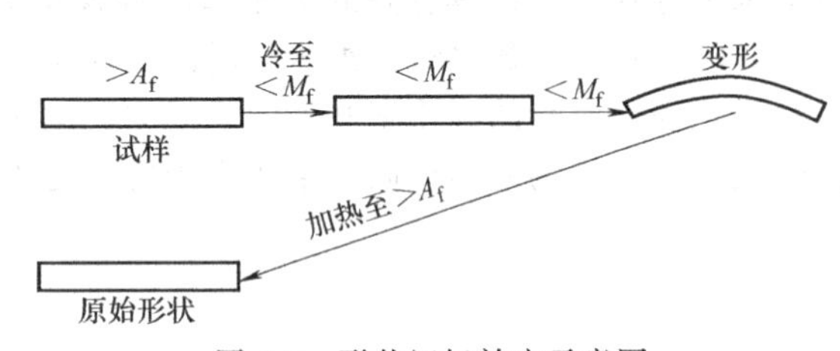

图6-2　形状记忆效应示意图

### 6.3.2.2 双程形状记忆效应

(1) 定义

如果合金经过一定处理和特殊训练后，在随后的加热和冷却循环中，既能记忆高温状态母相的形状，又对低温状态马氏体变形后的形状具有记忆，则称为双程形状记忆效应。

(2) 产生双程形状记忆效应的方法

① 使合金强烈地加工变形，若晶体中有应力场存在，进行冷却时，晶体具有从24种马氏体变体中选择出那些能缓和应力场的变体的性能。因为试样强烈加工变形时，存在高密度位错，使马氏体变体稳定化。当加热到 $A_f$ 点以上时，马氏体中的变体被消除，但合金中仍有位错存在。再次冷却时，可形成马氏体以减缓这些位错的应力场，从而优先形成原有的马氏体变体，并产生与低温时原有位向相近的变形。

② 合金在约束变形下适当地加热。

③ 母相产生沉淀析出再加以形变。

④ 反复进行单程形状记忆效应和相变伪弹性操作。

(3) 双程形状记忆效应的机制

合金呈现双程形状记忆效应时，内部存在着微观应力源，它们把弹性能储存在显微组织之中。当加热和冷却时，合金即通过马氏体可逆相变、循环地进行着性能的储存和释放，从而发生相变应变，引起可逆的形状变化。

必须指出，双程形状记忆效应的回复率较低，随热循环次数的增加，回复率呈下降趋向，但至一定周次后可保持稳定。目前已发现具有明显的双程形状记忆效应的合金系有Ti-Ni、CuZnAl、CuZnCd合金系等。

#### 6.3.2.3 全方位形状记忆效应

形状记忆效应还有另外一种形式，它是在富镍的 TiNi 合金系中发现的。研究表明，富镍的 TiNi 合金经特殊处理后呈现一种全程形状记忆效应，如图 6-3 所示。它也是属于双程形状记忆效应的一种。

某些合金在实现双程形状记忆效应的同时，继续冷却到更低温度，可以出现与高温时完全相反的形状，称为全方位形状记忆效应。

例如把平直状态的条状 Ti 50.5%～52%Ni（原子）合金试样在 1273K（1000℃）进行固溶处理，然后将它弯成圆弧状，在约束状态下于 673～773K（400～500℃）进行时效处理，这种合金在循环加热与冷却过程中，将产生全方位的形状记忆效应。从现象上看，它与双程形状记忆效应非常相似，但全方位形状记忆效应的膨胀变化较大。一般认为，在 400～500℃的时效析出，以及 R 相变和马氏体相变之间的相互作用，是产生全方位形状记忆效应的主要原因，但其机制有待进一步研究。

三种形状记忆效应的示意图如图 6-3 所示。

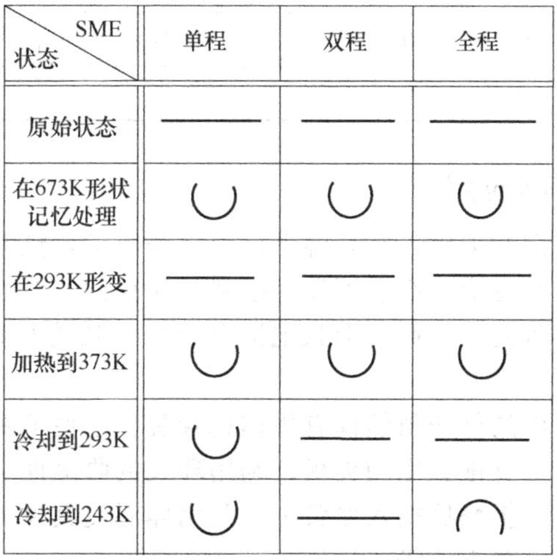

| SME<br>状态 | 单程 | 双程 | 全程 |
|---|---|---|---|
| 原始状态 | | | |
| 在673K形状记忆处理 | | | |
| 在293K形变 | | | |
| 加热到373K | | | |
| 冷却到293K | | | |
| 冷却到243K | | | |

图 6-3　合金的单程、双程、全程形状记忆效应示意图

### 6.3.3 记忆合金的种类

发现材料记忆性现象是在 20 世纪 60 年代。当时认为，只有特殊成分的 TiNi 合金材料经特定的加工后才出现这种特异的现象。但是，随着后来研究工作的进展，证实了在改变热处理条件时，即使相同的镍钛合金材料也能改变其发生特异现象的温度。

另外，不只限于 TiNi 合金，在 CuZnAl、CuAiNi、AuCd、$Fe_3Pt$、InTi 等很多合金中也出现与 TiNi 合金相同的现象。因此，这就打破了只有 TiNi 合金才有这种特殊性能的神话。

在表 6-1 中总结了呈现形状记忆效应和超弹性的非铁形状记忆合金。

**表 6-1　常见的非铁超弹性形状记忆合金**

| 合金 | 成分(原子分数) | 温度滞后/℃ | 有序化 |
|---|---|---|---|
| Ti-Ni | 49%～51%Ni | 约 30 | 有序 |
| Cu-Ai-Ni | 28%～29%Ai<br>3.0%～4.5Ni | 约 35 | 有序 |

续表

| 合金 | 成分(原子分数) | 温度滞后/℃ | 有序化 |
|---|---|---|---|
| Ti-Ni-Cu | 8%～20%Cu | 4～12 | 有序 |
| In-Cd | 4%～5%Cd | 约 3 | 无序 |
| Mn-Cd | 5%～35% | 约 3 | 无序 |
| Cu-Au-Zn | 23%～28%Au<br>45%～48%Zn | 约 6 | 有序 |
| Ni-Al | 36%～38%Al | 约 10 | 有序 |
| Cu-Zn | 38.5%～41.5%Zn | 约 10 | 有序 |
| Cu-Sn | ≈15%Sn | 不定 | 有序 |
| Ag-Cd | 44%～49%Cd | 约 15 | 有序 |
| Au-Cd | 49%～50%Cd | 约 2 | 有序 |
| Ti-Pd-Ni | 1%～40%Ni | 30～50 | 有序 |
| In-Ti | 18%～23%Ti | 约 4 | 无序 |

### 6.3.4 功能材料的实际应用

由于记忆合金具有能记忆形状，在高温下尺寸显著收缩，恢复原来形状时的能力大，因不是滑移变形所以即使反复变形组织也不发生改变，能得到非线性弹性等特性，而这些特性是过去的金属材料所不具备的，因此，形状记忆合金作为功能材料而在实际中应用的问题，便引起了各方面的关注。

记忆合金在实际中使用的例子虽然仅有用作记录装置上使笔尖动作的弹簧丝，但作为实际应用的跟踪报道有：矫正脊椎骨用的夹板；利用环径的收缩面结合管接缝的连接环：将用细丝纵横焊接好的过滤器，折叠后插入血管中，利用体温使其恢复平面形状，因而不需要施行：手术的血管内过滤器放置方法等。

克服以上所列举例的各种困难，特别是从可靠性方面能提供使机械技术人员能接受的物理、力学性能数据时，则记忆合金在各种各样的实际应用方面将会收到很好的效果。

但到目前为止还没有听说有大量应用记忆合金实际应用例子。其中问题之一，到目前为止，还不能进行大批量生产；问题之二就是由于记忆合金性能的特点，在加工成任意形状成品方面遇到困难。另外，当反复对记忆合金进行加热、冷却或者变形时，其马氏体中的孪晶变形是怎样进行变化等问题还没有完全弄清楚。所以用记忆合金作机械零件时，其设计规格不明确，而这点对于设计的可靠性是非常需要的。

记忆合金虽然种类很多，但在工业上的应用目前只有 NiTi 与 CuZnAl 合金两种。

这两种合金应用领域很广，从工作原理分类有：①利用单一形状恢复功能；②利用形状反复恢复功能；③利用可逆形状记忆形状记忆功能；④利用全方位形状记忆功能；⑤利用伪弹性。其中④利用全方位形状记忆功能可能与利用双金属类似，但刚刚开发出来，尚无应用实例。

关于形状记忆合金的应用，最先报道的是利用它来制月面天线。图 6-4 表示这种应用法的程序。将处于马氏体状态的 NiTi 合金丝剪断，焊接成半球状天线，压成小团，用阿波罗火箭送上月球，放在月面上，小团被太阳光晒热后又恢复到原来的半球状，即可用于通信。这种应用法不仅适用于宇航材料，而且也适用于体积大而运输有困难的物件。

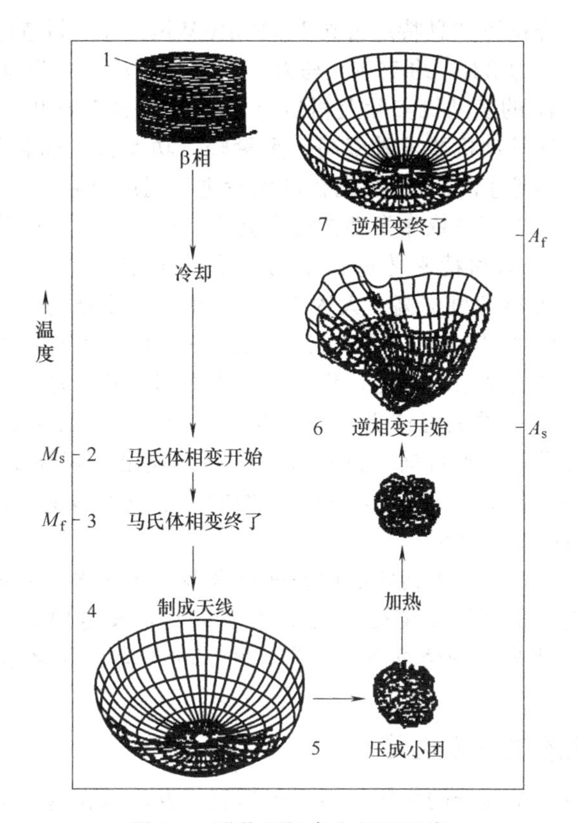


图 6-4 形状记忆合金月面天线

同时利用其形状恢复功能及恢复应力特性的实例有，以这种合金作铆钉、管件等的自动连接用材料。

图 6-5 为铆钉的应用例子。这种合金也可以用于真空装置等手不能直接接触的场合。由于其铆接力也很大，所以不仅可用于建筑领域，而且也有希望用于原子能工业中依靠远距离操作进行的组装工作等。以同样方式来用它做钳子的工作也在考虑。例如美国的 Baychem 公司现正在开发的记忆合金制的钳子及夹子等。

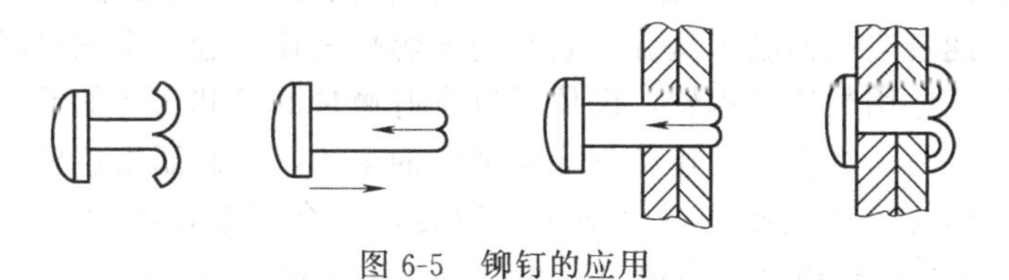

图 6-5 铆钉的应用

## 6.4 高温合金

### 6.4.1 高温合金的应用

1970 年 1 月 21 日是泛美航空公司的大型喷气式客机波音 747 纽约—伦敦开航的日子。从此世界民用航空进入了使用特大型飞机进行大量运输的时代。与过去的喷气式客机相比，波音 747 的机身长了一倍多，达到 6.5m，旅客定员猛增加至 360 名，载满旅客和货物总重量达到 360t 的巨体，用 4 台强大的发动机使飞机毫不费力地离开地面，以急倾角度升上天空。

这种发动机是美国普拉持“息特尼公司”（Pratt-Whitney）制造的JT9D型高涵道比型涡轮风扇喷气发动机，推力22t，约19000马力，共四台。活塞式发动机每台的最大功率为3500马力，所以波音747的发动机实际上相当于22台活塞式发动机。

这种涡轮风扇式喷气发动机要求效率高，重量轻，功率大，而且随着空气压缩比增大，涡轮进口温度提高。特别是JT9D-7A发动机的涡轮进口温度已越过了1240℃。

实现涡轮进口温度的提高是依靠发动机的燃烧室、静叶片、动叶片等的设计，制造技术的进步。特别是气冷却技术和精密铸造技术的进步起了重要作用。冷动叶片的使用始于1960前后，使涡轮进口温度急剧提高了大约100℃。由于采用强制气冷空心喷嘴和叶片，金属的温度均能保持在比燃气温度低300℃以上。但另一方面，燃气温度继续以每年20℃的幅度上升，这都是材料进步的结果。因此，除上述采用冷却叶片之外，制这种喷嘴及叶片的合金本身也必须在1000℃左右的高温或更高的温度下十分可靠，且能长时间运转。因此，高温合金对飞机来说是必需的。到目前，技术人员已经开发出了耐高温1350～1400℃的高温合金材料。英语称超高温合金为Super alloy，正确的名字应为超耐热合金（Super heatresisting alloy ），总之是耐高温的合金。

除了喷气发动机之外，高温下运转的设备种类繁多。石油化学工业的乙烯裂化炉温度为1000～1100℃，石油进行水蒸气重整处理为800～950℃，发电用燃气涡轮机超过1000℃，接近1100℃，但同样用于发电的蒸汽涡轮机为539～560℃，利用轻水反应堆的原子能发电为300℃以下。

### 6.4.2 超高温合金的成分及性能

构成这些机械设备高温部分的金属材料，包括喷气发动机在内，都是以铁、镍、钴三种金属为主的。在以铁为主要成分的高温合金中，铁含量在50%以上的通常称为耐热钢。为了改善高温特性，大量加入铬、镜、钴等合金元素，铁含量约在50%以下的，以及以镍和钴为主要成分的，一般称为高温合金；它是在大约650℃以上的高温下仍具有下面谈到的高的抗蠕变性能的合金总称。

高温合金必须在其使用的高温下不易氧化和被腐蚀，也就是说要求其抗腐蚀性能良好以及高温强度高。

高温合金的使用环境很少是真空或惰性气体那样的气氛，大多数是在氧气、氮气、水蒸气或燃气中长期使用。一般而言，温度提高则金属氧化反应的速度显著加快。在近海的地方，设备运行时，随着空气而吸入盐分，它与高温燃烧气体一起与金属材料接触，显著地促进金属的氧化。像发电用的燃气涡轮，即使是以含有微量的硫和钒等的重油做燃料，同样也易于引起高温腐蚀。另一方面，即使像钢那样强硬的金属，在高温下也要逐渐软化，特别是当加热到某一温度以上，即使施加一个很小的应力，也会缓慢地产生变形，出现所谓蠕变（creep）现象。喷气发动机和燃气涡轮的叶片，由于在高温下高速旋转，不断地承受很大的离心力。不用说，制造叶片用的高温合金要求对于这样高温下，由离心力产生的变形的抵抗能力，即蠕变强度要大，同时要具有不易出现因蠕变造成破坏的性能，即持久断裂强度也要大。另外，还要能耐由于外力一会儿大一会儿小的变化而引起的高温机械疲劳和由加热冷却反复交变而产生的热疲劳。因此，要求材料具有十分高的高温强度和高温耐蚀性，具有1万小时或10万小时的使用寿命。可以说，高温合金的研究与研制，是以改善高温强度及耐腐蚀性这两个性能为中心而推进的。

高温合金的历史是比较短的，从研制出高温合金而使燃气涡轮和喷气发动机在1940年前后问世到2000年，仅仅才60年。但是第二次世界大战以后对飞机的高速化大型化的要求，成为高温合金发展的动力，相继研制出使用温度更高的合金，在过去30年当中，这些合金的使用温度，以平均每年增加10℃的速度提高，估计在全世界研制出的以及实际应用的合金数目已远远超过了四百种。

从20世纪50年代前半期，钴基铸造合金占优势，但其后研制出许多高温强度高的镍基铸造合金，现在的喷气发动机和燃气涡轮的叶片主要使用这个系列的合金。但是，因为镍基合金抗高温腐蚀和热疲劳性能好，我国是富镍合金大国，所以在很多行业都用富镍的高温合金，例如在飞机、汽车等都用到的是这类合金，特别是温度最高的喷嘴中使用。在中等温度的涡轮盘等方面，铁基合金的应用还是占有很大的比例的。

## 6.5 防振合金

在进行对防振合金的开发和应用方面的研究，虽然目前还没有达到充分普及的程度，但从防振合金性能的重要意义方面来考虑在不久的将来，这是一种能在一般部门广为使用的可能性很大的金属材料。

### 6.5.1 刺耳噪声产生的原因

公害和劳动灾害已成为重大的问题。积极地采取必要的对策是燃眉之急。随着公害防治工作的开展，出现了一种防止振动、噪声的新型材料——防振合金。

金属材料之所以能作为结构材料在日常生活中广泛使用，这是由于它具有很好的强度。这一点是金属材料与高分子等材料不同之处。但是，与此相反的是，金属材料一股来讲其消振能力小，与高分子材料相比，噪声和振动方面是其致命的弱点。也就是说，由于金属音响和剪切金属时经常会发出很大的声音，使工作及周围的人们随时感受到了刺耳的噪声。因此，如果能做到使金属材料除了具有高强度的同时兼有很强的消振能力那就太好了。关于金属材料在这方面的可能性，以下作一简单介绍。

所谓消振能力是指将机械振动能转换为热能的能力。消振能力也可称为阻尼能力，在金属学领域，经常采用内耗 $Q$ 和减缩量来表示消损能力。在内耗 $Q_{-1}$ 和减缩量 $\delta$ 之间存在 $Q_{-1}=\delta/\pi=\Delta W/2\pi W_{\mathrm{r}}$ 的关系式。式中，$\Delta W$ 为每周期的能量损失；$W_{\mathrm{r}}$ 则表示弹性能。

上面公式一般是 $Q_{-1}$ 值非常小时才成立，但当具有的防振合金那样大的 $Q_{-1}$ 值时，则得不到非常近似的值。因此，能量损失率应按下面公式定义。这在工程学上称为消振能，是人们所知一般常识。

$$\frac{\Delta W}{W}=\frac{A_n^2-A_{n+1}^2}{A_n}\times 100\%$$

$\Delta W/W$ 的比值为固有消振能。式中，$A_n$ 和 $A_{n+1}$ 分别表示 $n$ 和 $n+1$ 次振幅的大小。

材料的消振能一般受温度和应力振幅的很大影响，即使相同材料消振能的数值由于以上条件的不同其变化也很大。而且材料的屈服强度，根据材料的不同，其数值也各不相同。因此，像铅那样软的材料（低屈服应力）和碳素钢那样硬的材料（高屈服应力），当采用相同的一定振幅来测定消振能时，几乎没有任何意义。考虑了设计者的方便，技术人员等提出了下面的术语与防振系数。也就是将相当于材料0.2%永久变形的抗拉应力作为 $\sigma_{\mathrm{r}}$，把产生 $\sigma_{\mathrm{r}}/10$ 的表面最大剪切变形的扭转振动方法所测定的固有消振能的数值称为防振系数。按照这种表现方法，对于屈服强度不同的各种金属材料，在实际可能使用的应力振幅内，就能够对所产生消振能的大小进行比较和评价。

总结相应实验方法得出的结论就是：

① 强度越好的金属材料，一般来讲其消振能力小，对防止振动和噪声的能力弱；

② 内耗越大，其消振效果越显著，这就是敲打也不出声响的理由；

③ 内耗越大，共振曲线就越扁平，共振振幅就越小，这也是敲打也不出响声的另一个理由。

### 6.5.2 防振合金的类型

现在所知道的防振合金的分类，大致分为复合型、铁磁性型、位错型、孪晶型四个类型。根据不同的合金，也有两个或两个以上机制和原因产生减振能的情况，对此必须引起注意。以下分别对这四个类型加以说明。

#### 6.5.2.1 复合型

大多数见到的复合型材料都为伴有共晶、共析等所谓两相混合组织的材料。由灰口铸铁的片状石墨以及含有40%以上锌的Al-Zn合金中的共析相析出等所产生的消振效果就是其实例。关于该型的消振原因和机理，目前还有很多不明之处。其理由大部分是因为不能用单晶体试料进行详细实验的缘故。但是这种类型的合金在实际应用方面非常有特色，今后有可能研究开发出很多新型的合金。

#### 6.5.2.2 铁磁性型

铁磁性合金的减振机制是磁畴壁的非可逆运动，也就是由磁-机械的静态滞后而产生的。这类减振合金的衰减受频率的影响较小，使用极限温度较高，长期时效后恶化不严重，特性能保持长期稳定，因此，使用较为普遍。但受应变振幅的影响很大，并且对残余变形敏感，因此给使用带来一定困难。另外，热处理温度要求达到1000℃左右这样高的温度有时也会引起其他问题。

关于成本方面，由于铁基合金的压力加工性能和切削加工性能是比较好的，并也有用铸造或粉末冶金法制造的可能，因此总的说来成本不高。另外Fe-Cr系减振合金的耐腐蚀性好，而且为了提高耐腐蚀性和耐磨损性，可以进行各种表面处理等，在这方面具备许多优点。最近开发的减振合金多数是属于这种类型。

#### 6.5.2.3 位错型

这种类型有纯镁、Mg-0.6%Zr合金、$Mg-Mg_2Ni$亚共晶合金等。产生消振的原因主要是六方晶系金属，合金中底面滑移所产生的静态滞后损耗，消振合金在很大程度上取决于应力振幅的大小。

#### 6.5.2.4 孪晶型

在Mn-Cu合金、CuAlNi合金、TiNi合金、CuZnAl合金等所谓热弹性型马氏体中，因基体和马氏体相的界面，或马氏体相的亚晶界或孪晶界的运动所产生的损耗是这种材料产生消振的原因。在防振合金中，孪晶型是最新型的材料。此外在很多情况下它还显示出形状记忆效果等特殊性能。这种材料强度高，所以很有用处，其不足之处是在一般情况下，由于马氏体转变温度低，最多也不过使用到200℃左右。另外，这种材料在大多数情况下加工性能不好，在实际应用方面还存在很多技术问题，所以是有待今后进一步发展的材料。

过去知道汽轮机叶片材料的消振能力与材料的疲劳破坏有关，在这方面也有利用铁磁性型防振合金的使用实例。最近，对噪声控制的应用进行了各种试验，其中也有几种材料在实际中使用。

## 6.6 功能材料在未来的应用

智能材料是21世纪国防高科技研究的重要领域，它的新原理、新概念对未来武器系统和航空航天系统的发展会产生重要影响，为武器装备的智能化提供重要的物质基础。未来重要的应用预测如下。

### 6.6.1 威胁预警

在航空航天器蒙皮中植入能探测射频、激光、核辐等多种传感器的智能蒙皮，可用于对敌方威胁的监视和预警。美国BMDO正在为其未来的弹道导弹监视和预警卫星研究在复合材料蒙皮中植入核爆光纤传感器、X射线光纤探测器、激光传感器、射频天线、辐射场效应管等多种传感器的智能蒙皮，其可安装在天基防御系统空间平台的表面，对威胁进行实时监视和预警。

### 6.6.2 健康评估和寿命预测

自诊断智能材料和结构系统可以在武器的全寿命期中实时测量结构内的应变、温度、裂纹、形变等参数，探测疲劳损伤和攻击损伤。用植入光纤传感器阵列或PVDF传感器可对机翼、机架以及可重复使用航天运载器进行全寿命期的实时监测、损伤评估和寿命预测。未来的天基平台（如自主监视和跟踪卫星）将应用自诊断智能结构对环境威胁（或陨石、空间老化）和攻击损伤（如激光武器）进行自诊断和损伤评估。

光纤智能结构还可用于空间站或大型空间轨道观测系统。植入的传感器将用来实时探测由于空间老化、交会对接的碰撞、陨石撞击或其他因素引起的损伤，并对损伤进行评估，以解决在轨空间系统长期实时监测和维护问题。此外对于固体导弹发动机、运载火箭助推器复合材料壳体同样可以进行实时健康监测。

### 6.6.3 主动振动控制

目前美国正在对采用智能材料和结构（压电陶瓷、电流变体和形状记忆合金作致动器）来降低直升机旋翼振动振幅并产生可控的扭曲变形进行研究。

预计空间系统的主动振动控制智能结构主要采用压电陶瓷或电致伸缩材料作为致动器，考虑的主要因素是低功耗、耐久和疲劳特性、稳定性和温度及环境效应等问题。例如，美国BMDO的“自适应结构”计划拟用压电陶瓷智能结构制造可进行主动振动控制的太阳电池帆板支撑构架，以消除卫星机动和旋转时太阳电池帆板的动态响应导致的对光学系统极有害的振动环境。

### 6.6.4 可变形和可精确调节尺寸的智能材料和结构

利用可自适应改变形状的智能结构与空气动力学控制相结合，能够制造可根据飞行条件和要求自适应改变机（弹）翼形状（见图6-6）的控制面。国外最近已对采用机翼形状控制的主动升力控制面进行了试验验证。利用这一原理将可制造无机翼和铰接、自适应改变机（弹）翼形状的智能飞机。能够进行精确尺寸调节的智能结构将可用于航天精确结构（如高分辨率大型天线镜面、空间干涉仪）的静态形状精确控制和振动控制。

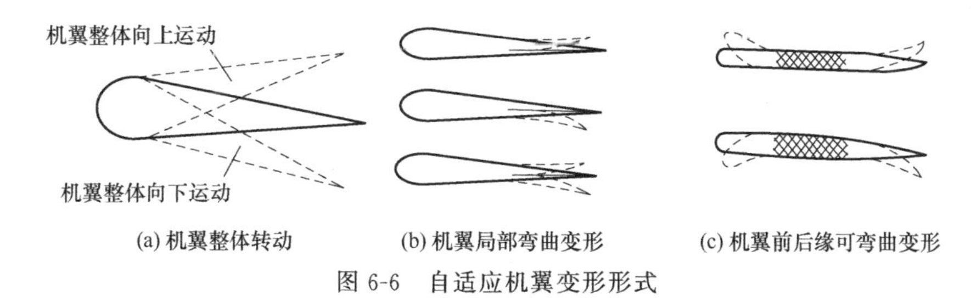


图6-6 自适应机翼变形形式

### 6.6.5 主动结构声控（ASAC）

采用智能结构可以进行主动结构声控，美国已进行这方面的研究，如采用主动声控涂层进行声信号抑制；此外还用智能材料制造抑制发动机噪声信号向外传播的发动机罩，从而提高潜艇及军舰的声隐身性；主动振动控制和声控还能提高军用车辆的性能和乘员的舒适性。

## 思考题与习题

1. 纳米的概念？其制造方法有哪些？
2. 纳米材料目前有哪些应用实例？
3. 常用的形状记忆合金的种类有哪些？形状记忆合金的机理是什么？
4. 高温合金开发的优越性有哪些？目前有哪些应用实例？
5. 我国目前已开发出了哪些功能材料？你认为有哪些材料值得大量开发与应用。

# 第 7 章 金属的铸造成型

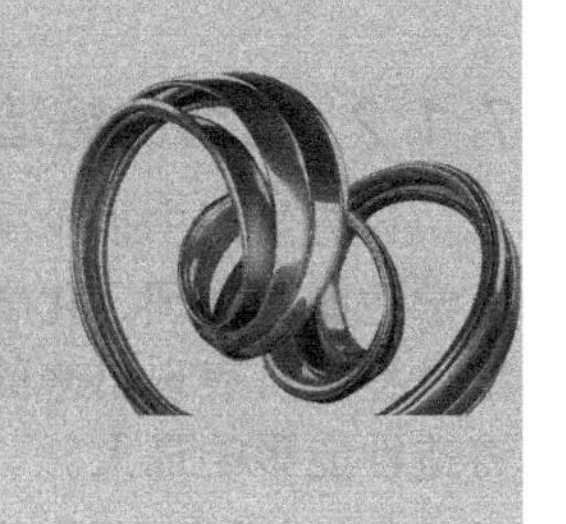

## 学习目的

掌握金属液态成型的基本原理；熟悉常用金属材料的铸造性能特点；掌握砂型铸造的基本原理及铸造工艺设计方法；熟悉常见的特种铸造方法及其工艺特点；掌握铸件结构的设计方法和步骤；熟悉典型浇注系统的结构和设计方法及步骤。

## 重点和难点

砂型铸造工艺方案的设计方法；铸件结构的设计方法和步骤。

## 学习指导

以典型铸件的设计步骤为载体，熟练掌握铸造工艺的设计方法和铸件结构的设计方法。

## 7.1 铸造工艺基础

### 7.1.1 概述

铸造是将熔融的金属浇入铸型型腔内，待其冷却、凝固后获得所需形状和性能的毛坯或零件的工艺方法。铸造的实质是利用熔融金属的流动性来实现材料的成型。用铸造方法制成的毛坯或零件称为铸件。

铸造工艺的历史悠久。早在5000多年前，我们的祖先就能铸造红铜和青铜制品。铸造是应用最广泛的金属液态成型工艺。铸造是机械制造业毛坯和零件的主要供应者，在国民经济中占有极其重要的作用。据不完全统计，铸件在机床、内燃机、矿山机械、重型机械中占总质量的70%～90%；在汽车、拖拉机中占50%～70%；在农业机械中占40%～70%。铸造工艺能得到如此广泛的应用，是因为它具有如下的优点。

① 可制造出内腔、外形很复杂的毛坯。如各种箱体、机床床身、汽缸体、缸盖等。

② 工艺灵活性大，适应性广。铸件的大小几乎不受限制，其质量可由几克到几百吨，壁厚可由0.5mm到1m左右。工业上凡能熔化成液态的金属材料几乎均可用于铸造成型。对于塑性很差的铸铁，铸造是生产其毛坯或零件的唯一的方法。

③ 铸件成本较低。铸造成型可直接利用废旧金属材料和再生资源，设备费用较低。同时，铸件的加工余量较小，可以节约金属和加工工时。

然而，铸造生产目前还存在着许多问题。例如，与同种材料的锻件相比，铸件内部组织疏松，晶粒粗大，易产生缩孔、缩松、气孔等缺陷；而外部易产生粘砂、夹砂、砂眼等缺陷。另外铸件的力学性能低，特别是冲击韧性较低。铸造成形工艺较为复杂，且难以精确控制，使得铸件品质不够稳定。此外，铸造生产的劳动强度大，生产条件较差。

近年来，随着铸造新技术、新工艺、新设备、新材料的不断采用，使铸件的质量、尺寸精度、力学性能有了很大提高，劳动条件得到改善，使铸件的应用范围更加广阔。

### 7.1.2 合金的铸造性能

铸造生产中很少采用纯金属，而是使用各种合金。铸造用合金除了应当具有合乎标准的力学性能和物理、化学性能之外，还必须具有一定的铸造性能。一般来讲，把合金在铸造成型过程中所表现出来的工艺性能称为合金的铸造性能，其中合金的流动性和收缩性对合金的铸造性能影响最大。

#### 7.1.2.1 合金的流动性

合金的流动性是指液态合金本身的流动能力，是影响液态金属充型能力的主要因素之一，对铸件的质量有很大的影响。良好的流动性，能使铸件在凝固期间所产生的收缩缺陷（如缩孔、缩松等）得到足够的液态金属补缩，同时还能使铸件在凝固末期收缩受阻所产生的热裂纹得到液态金属的充填而弥合。同时，良好的流动性也是液态金属充满型腔，获得形状完整、尺寸合格、轮廓清晰铸件的基本条件，是合金重要的铸造性能指标之一。

合金流动性的大小是通过浇注“流动性试样”的方法衡量的，如图 7-1 所示。在测试时，须固定铸型条件和浇注条件，在相同条件下浇注合金液螺旋形试样，以试样的长短来评价该合金流动性。

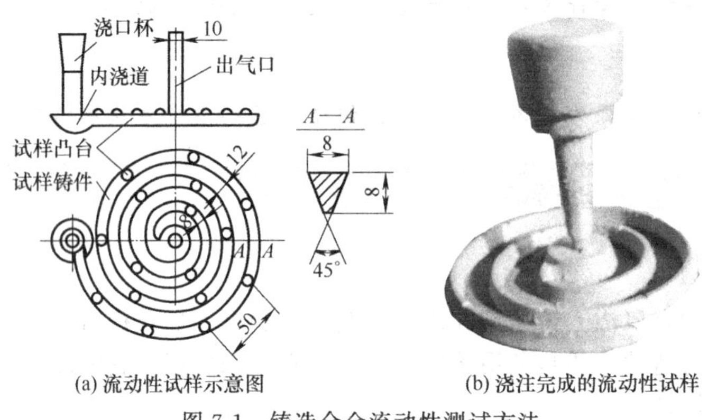


(a) 流动性试样示意图　　(b) 浇注完成的流动性试样

图 7-1 铸造合金流动性测试方法

从图 7-1 可以看出，型腔上每隔 50mm 有一个凸点，用来计算长度。合金的流动性越好，浇注出的试样越长。表 7-1 给出了一些常见铸造合金的流动性数据。

**表 7-1 常见铸造合金的流动性数据**

| 合金种类 | 合金成分 | 造型材料 | 浇注温度/℃ | 螺旋试样长度/mm |
|---|---|---|---|---|
| 灰铸铁 | $w_{C+Si}=5.2\%$ | 砂型 | 1300 | 1000 |
| | $w_{C+Si}=4.2\%$ | 砂型 | 1300 | 600 |
| 铸钢 | $w_C=0.4\%$ | 砂型 | 1600 | 100 |
| | | | 1640 | 200 |
| 锡青铜 | $w_{Sn}=9\%\sim11\%$<br>$w_{Zn}=2\%\sim4\%$ | 砂型 | 1040 | 420 |
| 铝合金 | $w_{C+Si}=4.2\%$ | 砂型 | 680～720 | 700～800 |

为便于采取适当的措施提高合金的流动性，从而改善其充型能力，必须了解影响合金流动性的诸多因素。合金流动性的影响因素主要有合金成分、浇注条件、铸型性质以及铸件结构。

(1) 合金成分

不同的合金，其流动性有很大差异。常用铸造合金中，以灰铸铁的流动性最好，铸钢的流动性最差（见表7-1）。就同种合金而言，化学成分不同，其流动性也不同，这取决于它在凝固结晶时的特点。

纯金属和共晶成分的合金是在恒温下进行结晶的，属层状凝固方式。结晶时由铸件断面的表层开始往中心逐层推进，在断面上只存在固相区和液相区，固-液界面比较平滑，对中心未凝固的液态金属的流动阻碍力小，因而流动性好。其他成分的合金一般在一定温度区间内结晶，其显著特点就是存在一个固-液共存区域。在这个区域内，初生的树枝状晶不仅阻碍了液态金属的流动，而且由于其热导率较大，使得液态金属的冷却速度加快，故而较共晶合金而言，其流动性较差。合金的结晶温度区间越宽，其流动性越差，如图7-2所示。

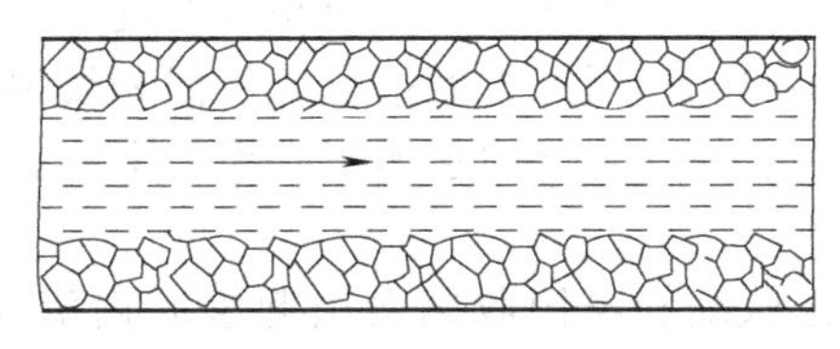

(a) 在恒温下凝固

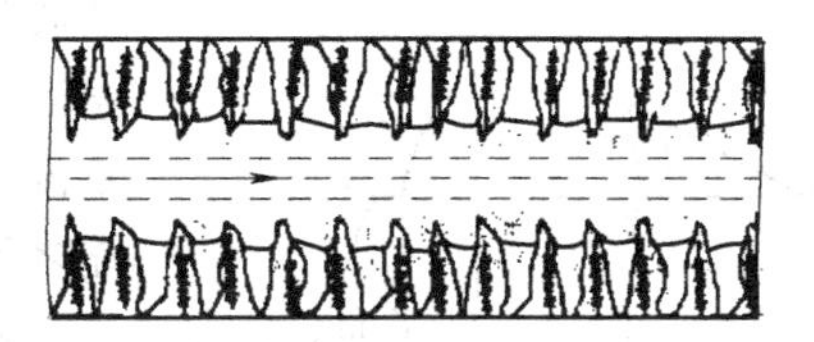

(b) 在一定温度下凝固

图7-2　不同结晶特性合金的流动机理

以亚共晶铸铁为例，随着含碳量的增加，其结晶温度区间减小，凝固区域缩短，流动性有所提高，越接近共晶成分，流动性越好，越容易通过铸造成型。此外，铸铁中的其他元素（如硅、锰、硫、磷等）对流动性也有一定的影响。硅和磷可提高流动性，而硫会使铁液的流动性降低。

(2) 浇注条件

浇注温度愈高，液态合金的黏度愈低，保持液态的时间愈长，故液态合金的流动性提高。提高浇注温度是生产中减少薄壁铸件浇不足、冷隔等缺陷的重要措施，但浇注温度过高，铸件易产生缩孔、缩松、粘砂、气孔、粗晶等缺陷。在保证铸件薄壁部分能充满的前提下，浇注温度不宜过高。各种合金的浇注温度范围是：铸铁为1230～1450℃；铸钢为1520～1620℃；铝合金为680～780℃。薄壁复杂件取上限，厚大件取下限。

除了提高浇注温度以外，还可以通过提高充型压力的方法改善合金的流动性，在实际生产中一般采用加大直浇道高度、人工加压（压力铸造或低压铸造）等方法提高充型压力。

此外，浇注系统的结构越复杂，液态金属的流动阻力越大，流动性会降低。因此，在实际生产中应合理布置浇道与铸件的相对位置，选择适当的浇注系统结构以及浇注系统各截面的截面积。

(3) 铸型条件

铸型材料的导热速度越大，液态合金的冷却速度越快，从而使流动性变差。如液态合金在金属型中的流动性比在砂型中差。

型砂含水分多或铸型透气性差，会使浇注时产生大量气体且又不能及时排出，造成型腔内气体压力增大，使液态合金流动的阻力增加，从而降低合金的流动性。因此尽量减少型砂的水分和有机物（如淀粉、煤粉等）的含量，多设出气口等，可以提高铸型的透气性，有利于提高合金的流动性。

(4) 铸件的结构

铸件壁厚过小，形状复杂，会增加液态合金的流动阻力，故会降低合金的流动性。因此设计铸件时，铸件的壁厚必须大于规定的最小允许壁厚值，并力求形状简单。

上述几点为影响液态金属流动性的主要因素，在实际生产中这些因素又是错综复杂、相互影响的，必须根据具体情况具体分析，才能有效提高液态金属的充型能力，从而获得合格铸件。

#### 7.1.2.2 合金的收缩性

合金从浇注、凝固直至冷却到室温的过程中，其体积或尺寸缩减的现象，称为收缩。收缩是合金的物理本性，是铸件中缩孔、缩松、裂纹、变形、残余应力等缺陷产生的主要原因。

液态金属从浇注温度冷却到常温，其收缩过程划分为液态收缩、凝固收缩和固态收缩三个阶段，如图 7-3 所示。

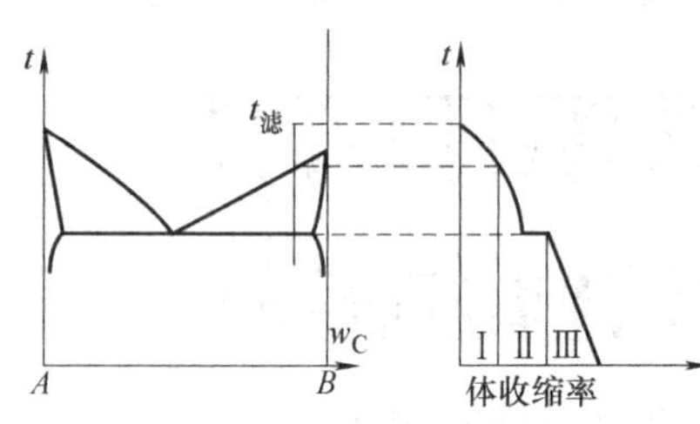


图 7-3 铸造合金的收缩过程

Ⅰ—液态收缩；Ⅱ—凝固收缩；Ⅲ—固态收缩

液态收缩指合金从浇注温度冷却到液相线温度时的收缩。凝固收缩指合金从液相线温度冷却到固相线温度时的收缩。固态收缩指合金从固相线温度冷却到室温时的收缩。合金的总体积收缩为上述三个阶段收缩之和。

液态收缩和凝固收缩会引起型腔内液面的下降，表现为合金体积的收缩，常用体收缩率表示。它们是铸件产生缩孔、缩松的基本原因。固态收缩一般直观地表现为铸件外形尺寸的减少，常用线收缩率表示。它是铸件产生内应力、变形和裂纹的基本原因。

影响金属收缩的因素较为复杂，一般与合金的化学成分、浇注温度、铸件结构和铸型条件有关。

① 化学成分。碳钢随含碳量增加，凝固温度范围扩大，收缩量随之增大。灰口铸铁中碳、硅为促进石墨化元素，当其含量增加或碳以石墨形态存在的可能性愈大，则收缩量减小。因石墨密度小，比体积大，抵消了灰口铸铁的部分收缩，使其总的收缩量减小；而阻碍石墨化元素（如硫）会使收缩量增加。几种铸造合金的铸造收缩率见表 7-2。

**表 7-2 几种铸造合金的铸造收缩率**

| 合金种类 | | 灰铸铁 | | | 白口铸铁 | 球墨铸铁 | 碳钢合金钢 | 锡青铜 | 硅黄铜 | 铝硅合金 | 铝铜合金 | 铝镁合金 |
|---|---|---|---|---|---|---|---|---|---|---|---|---|
| | | 中小件 | 中大件 | 特大件 | | | | | | | | |
| 收缩率/% | 自由收缩 | 1.0 | 0.9 | 0.8 | 1.75 | 1.0 | 1.6～2.0 | 1.4 | 1.7～1.8 | 1.0～1.2 | 1.6 | 1.3 |
| 收缩率/% | 受阻收缩 | 0.9 | 0.8 | 0.7 | 1.5 | 0.8 | 1.3～1.7 | 1.2 | 1.6～1.7 | 0.8～1.0 | 1.4 | 1.0 |

② 浇注温度。浇注温度越大，过热度越大，其液态收缩量增加，合金总的收缩率增大。

③ 铸型条件和铸件结构。铸件在铸型中是受阻收缩而不是自由收缩，其阻力来自铸型和型芯。铸件壁厚不同，壁在型内所处的位置不同，其冷却速度也不同。冷凝时，由于铸件各部分冷却速度不一致，先后凝固的部位相互制约也会产生阻力，这些都会影响合金的实际收缩率。

### 7.1.3 缩孔和缩松

液态金属在冷凝过程中，由于液态收缩和凝固收缩的结果，会在铸件最后凝固的部位形成孔洞。容积大而集中的孔洞称为缩孔；细小分散的孔洞称为缩松。

（1）缩孔的形成

缩孔常产生在铸件的厚大部位或最后凝固部位，常呈倒锥状，内表面粗糙。缩孔的形成过程如图 7-4 所示。液态合金充满铸型型腔后［图 7-4(a)］，由于铸型的吸热，液态合金温度下降，靠近型腔表面的金属凝固成一层外壳，此时内浇道已经先行凝固，壳中金属液的收缩因被外壳阻碍，不能得到有效补缩，故其液面开始下降［图 7-4(b)］。随着铸件的温度继续下降外壳逐渐加厚，内部剩余的液态金属由于液态收缩体积缩减，液面继续下降［图 7-4(c)］。此过程一直延续到凝固完成，在铸件上部形成缩孔［图 7-4(d)］。温度继续下降至室温，由于铸件的固态收缩使铸件的外轮廓尺寸略有减小，见图 7-4 (e)。

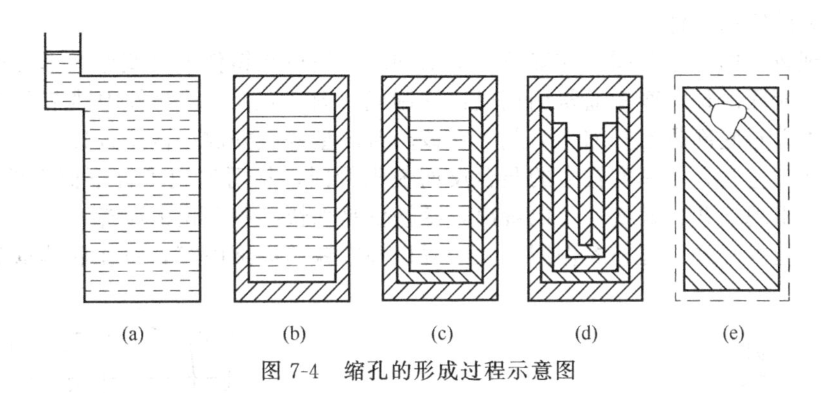


图 7-4　缩孔的形成过程示意图

纯金属和共晶成分的合金，易形成集中的缩孔。

（2）缩松的形成

结晶温度范围宽的合金易形成缩松，其形成的基本原理与缩孔相同，也是由于铸件最后凝固区域得不到补充而形成的。

缩松的形成过程如图 7-5 所示。当液态合金充满型腔后，由于温度下降，紧靠型壁处首先结壳，且在内部存在较宽的液-固两相共存区，见图 7-5(a)。温度继续下降，结壳加厚，两相共存区逐步推向中心，发达的树枝晶将中心部分的合金液分隔成许多独立的小液体区(液体孤岛)，见图 7-5(b)。这些液体孤岛最后趋于同时凝固，因得不到液态金属的补充而形成缩松［图 7-5(c)］。

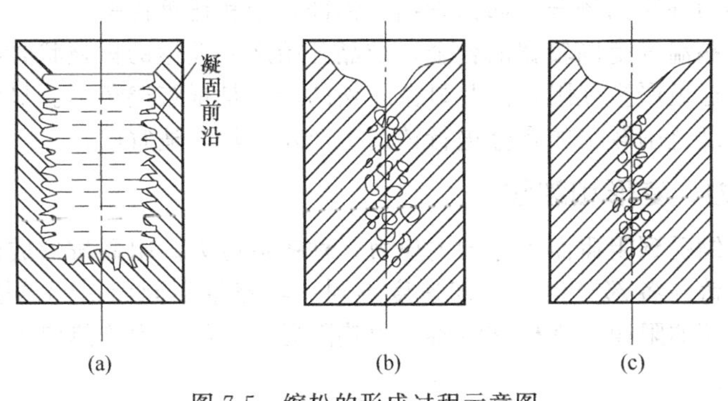


图 7-5　缩松的形成过程示意图

缩松分为宏观缩松和显微缩松两种。宏观缩松是用肉眼或放大镜可以看到的分散细小缩孔。显微缩松是分布在晶粒之间的微小缩孔，要用显微镜才能观察到，这种缩松分布面积更为广泛，甚至遍布铸件整个截面。

(3) 缩孔和缩松的防治措施

缩孔和缩松会降低铸件的力学性能，缩松还会导致铸件因渗漏而报废。因此，缩孔和缩松都属铸件的重要缺陷。实践证明，只要能使铸件实现“顺序凝固”，尽管合金的收缩较大，也可获得没有缩孔的致密铸件。

所谓顺序凝固，就是在铸件上可能出现缩孔的厚大部位通过安放冒口等工艺措施，使铸件上远离冒口的部位（图 7-6 第Ⅰ部分）先凝固，然后是靠近冒口部位凝固（图 7-6 中第Ⅱ、第Ⅲ部分），最后才是冒口本身的凝固。按照这样的凝固顺序，先凝固部位的收缩，由后凝固部位的金属液来补充；后凝固部位的收缩，由冒口中的金属液来补充，从而实现了铸件各个部位都有充足的液态金属来补充，将缩孔转移到冒口之中。铸件清理时将冒口去除，可以获得较为致密的铸件。

为了实现铸件的顺序凝固，在安放冒口的同时，还可在铸件上某些厚大部位增设冷铁以加快该区域的凝固冷却，冷铁通常用钢或铸铁制成。图 7-7 所示的铸件中热节不止一个，仅靠顶部冒口难以对底部凸台补缩。为此，在该凸台的型壁上安放了两个外冷铁。由于冷铁加快了该处的冷却速度，使厚度较大的凸台反而最先凝固，从而实现了自下而上的顺序凝固，防止了凸台处出现缩孔、缩松。可以看出，冷铁仅是加快某些部位的冷却速度，以控制铸件的凝固顺序，但本身并不起补缩作用。关于冒口和冷铁的详细内容，将在后续章节中介绍。

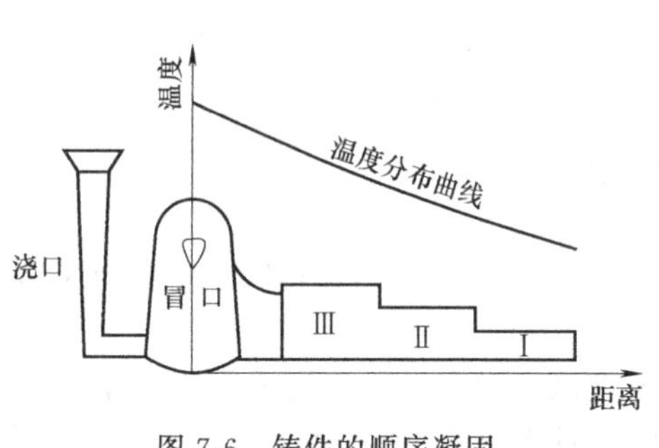


图 7-6　铸件的顺序凝固

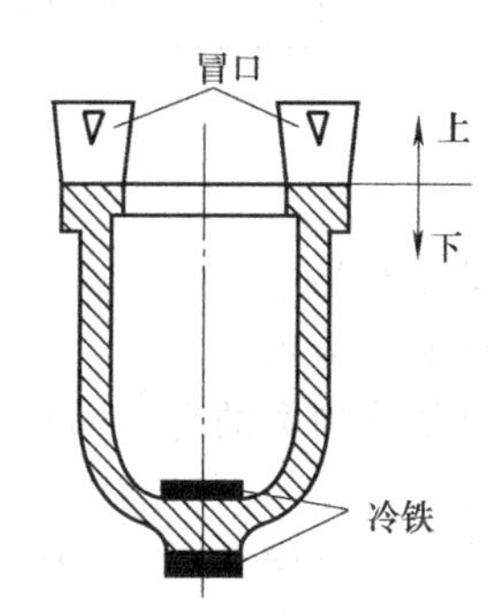


图 7-7　冷铁的应用

安放冒口和冷铁，虽可防止缩孔和宏观缩松，但却耗费许多金属和工时，加大了铸造生产成本。同时，顺序凝固增大了铸件各部位的温度差，人为加剧了铸件的变形和开裂倾向。因此，主要用于必须补缩的场合，如铝青铜、铝硅合金和铸钢件等。

此外，对于结晶温度范围较宽的合金，结晶开始之后发达的树枝状骨架便布满了整个截面，使冒口的补缩通道严重受阻，因此显微缩松的产生是很难避免的。显然，选择共晶、近共晶成分或结晶温度范围较窄的合金进行铸造生产才是较为适宜的。

### 7.1.4　铸造应力、变形和裂纹

铸件的固态收缩受到阻碍而引起的内应力，称铸造应力。阻碍按形成的原因不同分为热阻碍和机械阻碍。铸件各部分由于冷却速度不同、收缩量不同而引起的阻碍称热阻碍；铸型、型芯对铸件收缩的阻碍，称机械阻碍。由热阻碍引起的应力称热应力，由机械阻碍引起的应力称机械应力。

由于铸件的壁厚不均匀、各部分的冷却速度不一致，在同一时期的收缩程度不同，彼此相互制约将形成热应力。固态金属在再结晶温度以上的较高温度时（钢和铸铁为 620～650℃以上）处于塑性状态。此时，在较小的应力下就会发生塑性变形，不会在铸件中产生应力残余。在再结晶温度以下时固态金属呈弹性状态，此时铸件在应力作用下将发生弹性变形，而变形之后应力继续存在。

预防热应力的基本途径是尽量减少铸件各部位间的温度差，使其均匀的冷却。为此，可将浇口开在薄壁处，使薄壁处铸型在浇注过程中的升温较厚壁处高，因而可适当降低薄壁处的冷却速度。与此同时，为增快厚壁处的冷速，还可在厚壁处安放冷铁，如图 7-8 所示，这就是所谓的“同时凝固原则”。

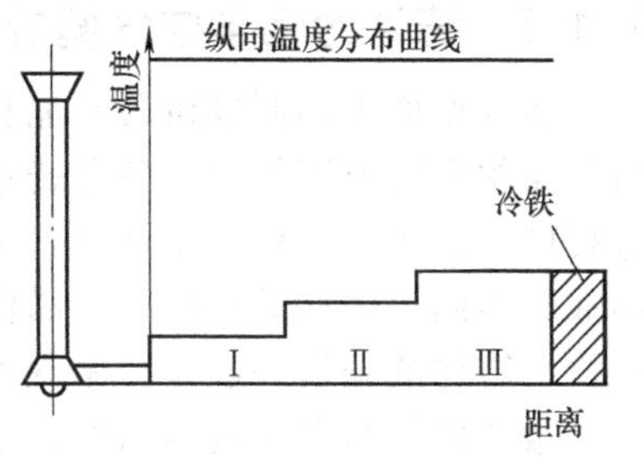

图 7-8 铸件的同时凝固原则

遵循同时凝固原则可减少铸造内应力、防止铸件的变形和裂纹缺陷，又可以省去冒口而降低生产成本。其缺点是铸件心部容易出现缩孔或缩松，主要用于缩孔倾向较小的普通灰口铸铁等材料。

由于合金的线收缩受到铸型或型芯的机械阻碍而形成的内应力称为机械应力。机械应力使铸件产生拉伸或剪切应力，并且是暂时的，在铸件落砂之后，这种内应力便可自行消除。但机械应力在铸型中与热应力共同起作用会增大某些部位的拉伸应力，增加了铸件的开裂倾向。因此，在设计铸型或型芯时，必须充分考虑其退让性对铸件收缩的影响。

当铸件中铸造应力较大时会导致铸件不同程度的变形。为防止铸件产生变形，在铸件设计时尽可能使铸件的壁厚均匀、形状对称，在铸造工艺上应采用同时凝固原则，以便冷却均匀。此外，对于不允许发生变形的重要工件必须进行热处理，从而降低或消除铸造内应力。

当铸造应力超过合金在该温度下的强度极限时将会产生裂纹缺陷。裂纹往往出现在铸件受拉应力的部位，特别是应力集中之处，如尖角处以及缩孔、气孔和渣眼附近。根据裂纹产生的机理不同，分为热裂纹和冷裂纹。一般通过提高合金的力学性能，合理设计铸件结构，提高砂型（芯）的退让性，严格控制铸钢和铸铁中的含硫量，在易产生开裂处设置防裂筋等措施来防治裂纹缺陷。

### 7.1.5 合金的吸气性及气孔缺陷

液态金属在熔炼和浇注时能够吸收周围气体的能力称为吸气性。吸收的气体以氢气为主，也有氮气和氧气，这些气体便成为铸件产生气孔缺陷的根源。气孔是铸件中最常见的缺陷。根据气体来源，气孔可分为析出性气孔、侵入性气孔和反应性气孔三类。

① 析出性气孔　溶入金属液的气体在铸件冷凝过程中，随温度下降，合金液对气体的溶解度下降，气体析出并留在铸件内形成的气孔称为析出性气孔。析出性气孔多为裸眼可见的小圆孔（在铝合金中称为针孔）；分布面大，在冒口等热节处较密集；常常一炉次铸件中几乎都有，尤其在铝合金铸件中常见，其次是铸钢件。

为防止此类气孔，应尽量减少进入合金液的气体，如烘干炉料、浇注用具，清理炉料上的油污，真空熔炼和浇注等。此外，应对合金液进行除气处理，如有色合金熔液的精炼除气等；阻止熔液中气体析出，如提高冷却速度使熔液中的气体来不及析出。

② 侵入性气孔　造型材料中的气体侵入金属液内所形成的气孔称为侵入性气孔。这类气孔一般体积较大，呈圆形或椭圆形，分布在靠近砂型或砂芯的铸件表面。

为防止侵入性气孔，首先应减少砂型和砂芯的排气量，如严格控制型砂和芯砂中的水含量，适当减少有机黏结剂的用量等。还应该提高铸型的排气能力，如适当降低紧实度，合理设置排气孔等。

③ 反应性气孔　反应性气孔主要是指金属液与铸型之间发生化学反应所产生的气孔。这类气孔多发生在浇注温度较高的黑色金属铸件中，通常分布在铸件表面皮下 1～3mm，铸件经过机械加工或清理后才暴露出来，故又被称为皮下气孔。为防止反应性气孔应尽量减少砂型中的水分，烘干炉料、用具。同时还可以在型腔表面喷涂料，形成还原性气氛，防止铁水氧化等。

### 7.1.6 铸件的化学成分偏析

铸件截面上不同部位乃至晶粒内部，产生的化学成分不均匀现象，称之为偏析。产生偏析现象的主要原因是由于各种铸造合金在结晶过程中发生了溶质再分配的结果。在晶体长大过程中，由于是在铸造条件下，结晶速度大于溶质的扩散速度，从而使先析出的固相与液相的成分不同，先结晶与后结晶晶体的化学成分也不相同，甚至同一晶粒内各部分的成分也不一样。铸件的偏析一般分为微观偏析和宏观偏析。

微观偏析指微小范围内的化学成分不均匀（一般在一个晶粒尺寸范围内）。常见有两种形式：一种为晶内偏析，也叫枝晶偏析；另一种为晶界偏析。

① 晶内偏析　对于有结晶温度范围，并且能够形成固溶体的合金，在铸造条件下结晶时，晶粒内先结晶的和后结晶的部分的成分不同。这主要是因为冷却较快，固态溶质来不及扩散均匀而造成的。在其他条件相同时，冷却速度愈大，偏析元素的扩散能力愈小，晶内偏析愈严重。为消除晶内偏析，通常将铸件加热到低于固相线100～200℃，并进行长时间的保温，使偏析元素进行充分扩散，以达到成分均匀。这种方法叫扩散退火或均匀化退火。

② 晶界偏析　在结晶过程中，低熔点物质被排除在固液界面。当两个晶粒相对生长，相互接近并相遇时，在最后凝固的晶界上将有较细溶质或其他低熔点物质。铸造合金的晶界偏析对合金的性能危害很大，使合金的高温性能降低，促使铸件在凝固过程中产生热裂。晶界偏析采用均匀化退火很难消除，只有采用细化晶粒和减少合金中氧化物和硫化物以及某些碳化物等措施才可以预防和消除。

宏观偏析是指在较大尺寸范围内的成分不均匀。一般包括正偏析（杂质的分布从外部到中心逐渐增多）、逆偏析（易熔物质富集在铸件表面上）、重力偏析（密度大的元素富集在铸件下部，密度小的元素富集在上部）等。

偏析现象也有有益的一面，如利用偏析现象可以净化或提纯金属等。在实际生产中，铸件中成分偏析极为复杂，往往以一种偏析为主，其他偏析同时存在。

## 7.2 常用铸造合金

常用的铸造合金有铸铁、铸钢、铸造有色合金等，其中以铸铁应用最为广泛。

### 7.2.1 铸铁

铸铁是含碳量$w_C$>2.11%的铁碳合金，除铁、碳外，工业用铸铁中还含有一定量的Si、Mn元素与S、P等杂质。为了获得不同的力学性能，有时还加入不同的合金元素，如Cu、Mo等。铸铁是一种成本低廉并具有许多优良性能的金属材料，与钢相比，铸铁虽然力学性能较低，但具有优良的耐磨性、减震性、铸造性和切削加工性，而且熔炼设备和生产工艺比较简单，因此在工业生产（特别是铸造生产）中得到了广泛的应用。按照碳元素在铸铁中存在的形态以及形式不同，将铸铁分为白口铸铁、灰口铸铁、可锻铸铁、球墨铸铁以及蠕墨铸铁五类。常用铸铁材料的化学成分见表7-3。

**表7-3　常用铸铁材料的化学成分**

| 类别 | 化学成分(质量分数)/% | | | | | |
|---|---|---|---|---|---|---|
| | C | Si | Mn | S | P | 其他元素 |
| 灰口铸铁 | 2.7～3.6 | 1.0～2.2 | 0.5～1.3 | <0.15 | <0.3 | |
| 球墨铸铁 | 3.6～3.9 | 2.0～3.2 | 0.3～0.8 | <0.03 | <0.1 | $Mg_{残余}$0.03～0.06<br>$RE_{残余}$0.02～0.05 |
| 可锻铸铁 | 2.4～2.7 | 1.4～1.8 | 0.5～0.7 | <0.1 | <0.2 | <0.06 |

(1) 灰口铸铁

灰口铸铁熔点较低，铁水流动性好，可以浇注形状复杂的大、中、小型铸件。由于石墨化膨胀使其收缩率小，故灰口铸铁不容易产生缩孔、缩松缺陷，也不易产生裂纹。因而灰口铸铁具有良好的铸造性能。将铁水经硅铁等孕育剂处理后获得的高强度灰口铸铁称之为孕育铸铁。与普通灰口铸铁相比，它的流动性较差，收缩率较高。故应适当提高浇注温度，在铸件热节处设置补缩冒口。

(2) 球墨铸铁

球墨铸铁的铸造性能比灰铸铁差但好于铸钢。其流动性与灰铸铁基本相同。但因球化处理时铁水温度有所降低，易产生浇不足、冷隔缺陷。为此，必须适当提高铁水的出炉温度，以保证必需的浇注温度。

球墨铸铁的结晶特点是在凝固收缩前有较大的膨胀（即石墨化膨胀），当铸型刚度小时，铸件的外形尺寸会胀大，从而增大缩孔和缩松倾向，特别易产生分散缩松。应采用提高铸型刚度、增设冒口等工艺措施，来防止缩孔、缩松缺陷的产生。

另外，由于球化处理时加入 Mg，铁水中的 MgS 与砂型中的水分作用生成 $H_2S$ 气体，使球墨铸铁容易产生皮下气孔。因此，必须严格控制型砂的水分，并适当提高型砂的透气性，还应在保证球化的前提下，尽量少用 Mg。

(3) 可锻铸铁

可锻铸铁是先浇注出白口铸坯，再通过长时间的石墨化退火获得团絮状石墨的铸铁。其碳、硅含量较低，熔点比灰铸铁高，凝固温度范围也较大，故铁水的流动性差。铸造时，必须适当提高铁水的浇注温度，以防止产生冷隔、浇不足等缺陷。

可锻铸铁的铸态组织为白口组织，没有石墨化膨胀阶段，体积收缩和线收缩都比较大，故形成缩孔和裂纹的倾向较大。在设计铸件时除应考虑合理的结构形状外，在铸造工艺上应采取顺序凝固原则，设置冒口和冷铁，适当提高砂型的退让性和耐火性等措施，以防止铸件产生缩孔、缩松、裂纹及黏砂等缺陷。

### 7.2.2 铸钢

铸钢的综合力学性能高于铸铁，但铸造工艺性能却比铸铁差。主要表现在如下几个方面。

① 铸钢的流动性比铸铁差，易产生浇不足等缺陷。生产中常采用干砂型，增大浇注系统截面积，保证足够的浇注温度等措施，提高其充型能力。

② 铸钢的收缩性大，产生缩孔、缩松、裂纹等缺陷的倾向大，所以，铸钢件往往要设置数量较多、尺寸较大的冒口，采用顺序凝固原则，以防止缩孔和缩松的产生，并通过改善铸件结构，增加铸型（型芯）的退让性和溃散性，增设防裂筋，降低钢水硫、磷含量等措施，防止裂纹的产生。

③ 铸钢的熔点高，因此铸钢件的浇注温度较高，一般高达1500℃左右。因此，钢水容易发生氧化，并且与造型材料相互作用，从而产生粘砂、夹砂等缺陷。铸钢用型（芯）砂应具有较高的耐火性、透气性和强度，如选用颗粒大而均匀、耐火性好的石英砂制作砂型，烘干铸型，铸型表面涂以石英粉配制的涂料等。

### 7.2.3 铸造有色金属

某些有特殊性能要求（如要求耐磨、耐蚀、质量轻、导电与导热性良好等）的零件可以采用有色合金铸造，常用的铝合金、铜合金和镁合金等具有优良的物理和化学性能，是应用最为广泛的铸造有色金属材料。

#### 7.2.3.1 铸造铝合金

铸造铝合金由于其密度小，比强度高，具有良好的综合性能，因此被广泛用于航空航天、汽车制造、动力仪表、工具及民用器具等制造业。随着国民经济的发展及世界经济一体化进程的推进，其生产量和消耗量大幅增长。根据主要合金元素的差异通常分为有四类铸造铝合金。

① 铝硅系合金铝硅系合金也叫“硅铝明”，有良好铸造性能和耐磨性能。该合金热膨胀系数小，在铸造铝合金中品种最多，是用量最大的合金。铝硅合金的含硅量一般在10%～25%，广泛用于结构件，如壳体、缸体、箱体和框架等。有时添加适量的铜和镁，能提高合金的力学性能和耐热性，广泛用于制造活塞等部件。

② 铝铜合金铝铜合金一般含铜4.5%～5.3%时合金强化效果最佳，适当加入锰和钛能显著提高室温、高温强度和铸造性能。主要用于制作承受大的动、静载荷和形状不复杂的砂型铸件。

③ 铝镁合金铝镁合金为密度最小（2.55g/$cm^3$），强度最高（约355MPa）的铸造铝合金，含镁量约为12%。该合金在大气和海水中的抗腐蚀性能好，室温下有良好的综合力学性能和可切削性，可用作雷达底座、飞机的发动机机匣、螺旋桨、起落架等零件，也可作装饰材料。

④ 铝锌系合金为改善性能在铝合金中加入硅、镁元素，常称为“锌硅铝明”。在铸造条件下，该合金有淬火作用，即“自行淬火”。不经热处理就可使用，以变质热处理后，铸件有较高的强度。经稳定化处理后，尺寸稳定，常用于制作模型、型板及设备支架等。

铸造铝合金的针孔缺陷较突出，铝合金在熔炼和浇注时，会吸入大量的氢气，冷却时则因溶解度的下降而不断析出，当氢的含量超过了其溶解度时即以气泡的形式析出，在合金凝固过程中形成细小、分散的气孔，即通常所说的针孔。目前，为了消除铝合金铸件针孔，最常用的办法是在熔化过程中加入氯盐和氯化物除气。

铸造铝合金的代号用“铸铝”汉语拼音字首“ZL”十三位数字表示。其中第一位数字表示合金的类别（1为Al-Si系、2为Al-Cu系、3为Al-Mg系、4为Al-Zn系）；后两位数字为合金顺序号，顺序不同，其化学成分也不同。铸造铝合金的牌号由“Z”和基体金属元素铝的化学元素符号、主要合金化学元素符号以及表明合金化学元素名义质量分数的数字组成。牌号后面加“A”表示优质。铸造铝合金的代号（牌号）、成分、力学性能及用途见表7-4。

**表7-4 常用的铸造铝合金**

| 合金类别 | 合金代号（牌号） | 铸造方法及热处理状态 | 力学性能 | | | 用途 |
|---|---|---|---|---|---|---|
| | | | $\sigma_b$/MPa | $\delta_5$/% | 硬度(HBS) | |
| 铝硅合金 | ZL102 (ZAlSi12) | 金属型，铸态 | 153 | 2 | 50 | 形状复杂的零件，如仪表零件、抽水机壳体等 |
| 铝铜合金 | ZL201 (ZAlCu5Mn) | 砂型、金属型，淬火＋不完全时效 | 330 | 4 | 90 | 汽缸头、活塞、支臂等 |
| 铝镁合金 | ZL301 (ZAlMg10) | 砂型、金属型，淬火＋自然时效 | 280 | 9 | 60 | 大气或海水中工作的零件，能承受较大震动载荷 |
| 铝锌合金 | ZL401 (ZAlZn11Si7) | 砂型、金属型，人工时效 | 241 | 1.5 | 90 | 工作温度不超过200℃，结构形状复杂的汽车、飞机零件 |

#### 7.2.3.2 铸造镁合金

以镁为基加入其他元素组成的合金。该类合金的密度较小（1.8g/cm³ 左右），比强度高，弹性模量大，消震性好，承受冲击载荷能力比铝合金大，耐有机物和碱的腐蚀性能好。主要合金元素有铝、锌、锰、铈、钍以及少量锆或镉等。目前使用最广的是镁铝合金，其次是镁锰合金和镁锌锆合金。主要用于航空、航天、运输、化工、火箭等工业部门。

镁合金熔点比铝合金熔点低，镁合金铸件抗拉强度与铝合金铸件相当，一般可达250MPa，最高可达600MPa。屈服强度、伸长率与铝合金也相差不大。同时，镁合金单位体积的熔化潜热只有铝的2/3，比热容只有铝的3/4，并且有非常低的溶铁性。镁合金的物理化学特性使其比铝合金更适合压铸大型部件。这些特性使镁合金压铸件达到和铝合金几乎相同的生产成本，如果再应用生产效率很高的新技术，镁合金压铸件的生产成本比铝还要低很多。

镁合金还具有良好的耐腐蚀性能、电磁屏蔽性能、防辐射性能，可做到100%回收再利用。此外，镁合金具有良好的压铸成型性能，压铸件壁厚最小可达0.5mm，适应制造汽车各类压铸件。

铸造镁合金也有一些缺点。首先，镁合金压铸的生产设备投资很高。其次，镁压铸需要较高的试模成本和较长的试制时间，并需要较高的模具成本。此外，镁合金压铸和铝合金压铸相比，其烧损率要高很多，而且镁合金压铸的生产有较高的残余废料率。

#### 7.2.3.3 铸造铜合金

铸造铜合金是工业上广泛应用的一种铸造合金材料。铜基合金因具有良好的对淡水、海水及某些化学溶液的耐蚀性能而大量用于造船及化学工业。铜基合金又由于具有良好的导热性及耐磨性，故也常用于制造各种机器上承受重负荷及高速运转轴的滑动轴瓦轴套等。

铸造铜合金分为两大类，即黄铜与青铜。黄铜是以锌为主加合金元素的铜合金。在铸造黄铜中又因加入其他合金元素而形成锰黄铜、铝黄铜、硅黄铜、铅黄铜等。在铜合金中不以锌为主加元素的统称为青铜，如锡青铜、铝青铜、铅青铜、铍青铜等。在国家标准中规定铸造铜合金共有9种，计29个牌号。

在铜合金铸造中，采用金属型铸造方法，以加速合金的凝固，对提高铸件质量，减少铸造缺陷，具有重要的作用。金属型铸造可细化晶粒（特别对于铝青铜和锰黄铜），减少气孔，提高合金的力学性能和气密性（对锡青铜特别重要），在铅青铜等高含铅量铜合金中，采用金属型（以及水冷金属型）铸造，能防止铜成分的偏析。又由于铜合金铸件中，筒形零件（轴承、衬套）等较多，故采用离心铸造方法较多。此外，大型铸铜件（如大型船用螺旋桨）还可采用低压铸造方法，以提高合金的致密度，并减少铸件在浇注过程中产生的夹杂物。某些铜合金（如铅黄铜）还可采用压力铸造方法。

#### 7.2.3.4 其他铸造有色金属

除了常用的铝合金、镁合金与铜合金以外，随着铸造技术的进一步发展，以前许多无法利用铸造技术成形的有色金属材料，也可以采用铸造来生产了，最为典型的就是铸造钛合金和铸造锌合金。

钛合金由于具有高的比强度和耐高温性，故多用于航空工业（如喷气式发动机涡轮叶片）。此外，钛合金还对多种腐蚀性介质具有很强的耐蚀性，故也用于制造石油化工设备上经受腐蚀作用的铸件。由于化学性质极为活泼，在铸造过程中钛合金液与大多数铸型材料（包括各种型砂及钢铁）都发生相互作用，致使铸件被沾污，故只能用特殊的铸型材料（如氧化钍或石墨）来铸造。

锌合金具有比较高的强度和优良的铸造性能，故广泛用于制造薄壁的和结构复杂的铸件。

## 7.3 砂型铸造工艺

砂型铸造是传统的铸造工艺方法，一般不受零件形状、尺寸及复杂程度的限制。这种铸造方法采用强度高、透气性好、耐火度高、可塑性以及退让性较好的砂型作为铸型材料，工艺丰富多样、操作简单灵活，适应性较强。铸造工艺过程主要包括：金属熔炼、铸型制造、浇注凝固和落砂清理等，如图 7-9 所示。

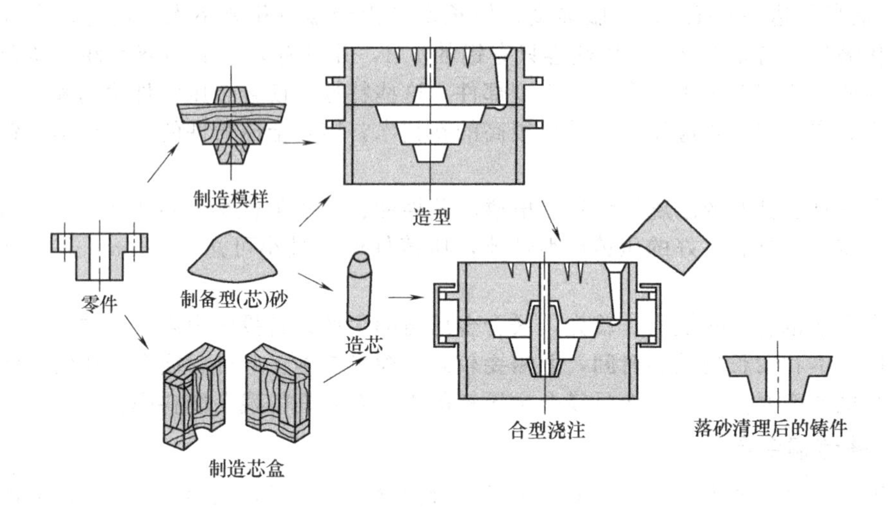


图 7-9 砂型铸造工艺过程示意图

### 7.3.1 造型材料

用来制造型砂和砂芯的材料统称为造型材料。型砂、型芯砂一般由原砂、黏结剂和其他附加物质按照一定的比例混合而成，而后经过一定的造型工艺方法制作成符合要求的砂型或型芯。按照黏结剂的种类不同，将型（芯）砂分为黏土砂、水玻璃砂、树脂砂等。

#### 7.3.1.1 黏土砂

黏土砂是由原砂、黏土、水和附加物（如煤粉、木屑）等按比例混合而成，黏土砂是迄今为止铸造生产中应用最广泛的型砂。可用于制造铸铁件、铸钢件及非铁合金的铸型和不重要的型芯。按照浇注时砂型的干燥程度，黏土砂分为湿型砂和干型砂两大类。

湿型砂具有生产效率高、生产周期短、便于组织流水线生产的优点。黏土湿型砂还能节约原料、设备和生产空间，同时砂型不容易变形，铸件精度较高。由于砂型中含有较多水分，砂型散热性能较好，可以延长砂箱寿命，利于铸件的落砂和清理，而且铸件的冷却速度较快，组织较为致密。但湿型砂透气性较差，铸件容易出现砂眼、气孔，砂型的强度较低还容易导致夹砂、黏砂、胀砂等缺陷。

干型砂铸造对原砂化学成分和耐火度要求较低，提高了砂型的透气性和强度，减少了发气量，对于预防砂眼、胀砂和气孔缺陷比较有利。但由于干型砂的退让性和溃散性较差，同时散热较慢，造成了铸件的晶粒较为粗大，力学性能较低。此外，砂型烘干工序增加了生产成本，增加了工人的劳动强度，恶化了劳动环境。

#### 7.3.1.2 水玻璃砂

水玻璃砂是利用水玻璃作为黏结剂的型（芯）砂，通过物理-化学反应实现铸型的硬化，属于化学硬化砂型。目前应用于生产的化学硬化砂主要有二氧化碳硬化水玻璃砂、硅酸二钙水玻璃砂、石灰石水玻璃砂等，其中二氧化碳硬化水玻璃砂应用最为广泛。

与黏土砂相比，水玻璃砂具有下列优点：

① 型（芯）砂流动性好，易于紧实，造型（芯）的劳动强度较低。

② 硬化较快，硬化强度较高，可简化造型（芯）的工艺，缩短了生产周期，提高了劳动生产率。

③ 可在型（芯）硬化后起模，型（芯）的尺寸精度较高。

④ 可取消或缩短烘烤时间，降低能耗，改善工作环境和工作条件。

⑤ 提高了铸件的性能，减少了铸件缺陷。

#### 7.3.1.3 树脂砂

采用树脂作为黏结剂，不需烘干，强度高，表面质量较高，尺寸精确，退让性较好，易于实现大批量自动化生产。但由于树脂的高温分解，会产生甲醛、苯酚、氨等刺激性气体，劳动条件较差。常用的树脂有酚醛树脂、呋喃树脂和环氧树脂等。

#### 7.3.1.4 型（芯）砂性能

型砂性能主要包括如下几个方面。

① 型砂强度　指型砂试样抵抗外力破坏的能力。在手工造型时，型砂的强度一般用手攥确定，型砂干湿度适当时，可用手攥成砂团，手松开后可以看出清晰的手纹。如果攥成的砂团折断时没有碎裂状，表明具有足够的强度。

② 透气性　表示紧实砂样孔隙度的指标。若透气性不好，易在铸件内部形成气孔等缺陷。

③ 型砂耐火性　型砂耐火性指型砂承受高温作用的能力。耐火性差，铸件易产生粘砂。

④ 退让性　退让性指型砂不阻碍铸件收缩的高温性能。退让性不好，铸件易产生内应力或开裂。

此外，型砂性能还包括紧实度、成形性、起模性及溃散性。

芯砂与型砂比较，除上述性能要求更高外，还要具备低的吸湿性、发气性等。

### 7.3.2 砂型铸造造型方法

造型是砂型铸造中最基本、最重要的工序，直接关系到铸件的质量和生产成本。砂型铸造的造型方法一般有手工造型和机器造型两种。

#### 7.3.2.1 手工造型

手工造型一般利用人工或手动工具来完成，操作比较灵活，工艺比较简单。无论铸件大小、尺寸和结构复杂程度如何都能适应，特别是某些大型、复杂的铸件，手工造型是唯一可行的方法。常用的手工造型方法及应用范围如表7-5所示。

#### 7.3.2.2 机器造型

使用机械设备完成砂型紧实操作的造型方法。与手工造型相比，机器造型的生产效率高，铸件质量稳定，不受工人技术水平的限制，劳动强度低，但设备和工艺装备费用较高，生产准备周期长，适合大批量成规模生产。

根据紧砂原理的不同，机器造型分为震压造型、微震压式造型、高压造型、射砂造型和抛砂造型等。其中，以压缩空气驱动的震压式造型方法最为常见，如图7-10所示。

震压造型在震压造型机上完成，以压缩空气为动力，通过震击使砂箱下部的型砂在惯性力下紧实，上部松散的型砂再用压头压实。震压造型方法型砂紧实度不高，造型表面粗糙，造型时噪声较大，适用于大批量生产中小型铸件。

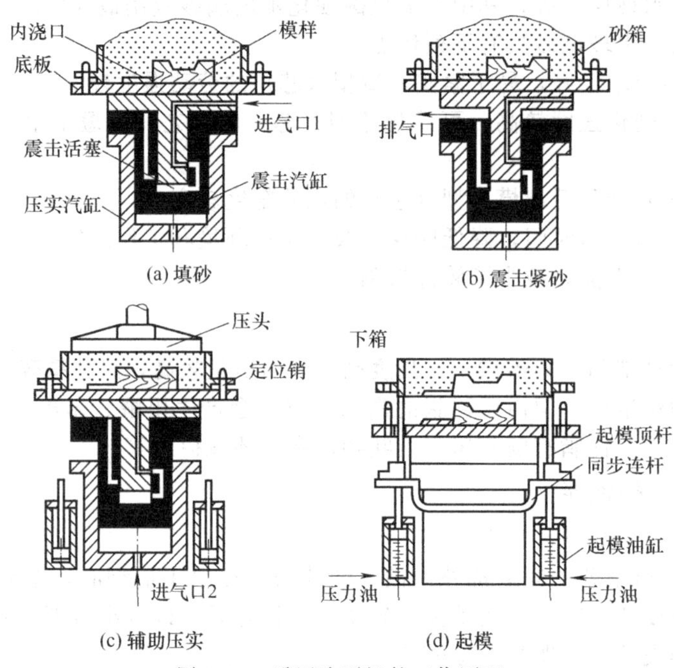


图 7-10　震压造型机的工作原理

**表 7-5　砂型铸造常用的手工造型方法**

| 造型方法 | | 示意图 | 特点 | 应用场合 |
|---|---|---|---|---|
| 按模样特征分类 | 整体模造型 | 上型<br>分型面<br>下型 | 模样为一整体，分型面为一平面，型腔在同一砂箱中，不会产生错型缺陷，操作简单 | 最大截面在端部且为一平面的铸件，应用较广 |
| | 分块模造型 | | 模样在最大截面处分开，型腔位于上、下型中，操作较简单 | 最大截面在中部的铸件，常用于回转体类等铸件 |
| | 挖砂造型 | | 整体模样，分型面为一曲面，需挖去阻碍起模的型砂才能取出模样，对工人的操作技能要求高，生产效率低 | 适宜中小型、分型面不平的铸件单件、小批生产 |
| | 假箱造型 | | 将模型置于预先做成好的假箱或成型底板上，可直接造出曲面分型面，代替挖砂造型，操作较简单 | 用于小批或成批生产，分型面不平的铸件 |
| | 活块造型 | | 将模样上阻碍起模的部分做成活动的，取出模样主体部分后，将活块取出 | 造型较复杂，用于单件小批生产，带有凸台，难以起模的铸件 |
| | 刮板造型 | 转轴 | 刮板形状和铸件截面相适应，代替实体模样，可省去制模的工序 | 单件小批生产，大、中型轮类、管类铸件 |

续表

| 造型方法 | | 示意图 | 特点 | 应用场合 |
|---|---|---|---|---|
| 按砂箱特征分类 | 两箱造型 | | 采用两个砂箱，只有一个分型面，操作简单 | 最广泛应用的造型方法 |
| | 三箱造型 | | 采用上、下、中三个砂箱，有两个分型面，铸件的中间截面小，用两个砂箱时取不出模样，必须分模，操作复杂 | 单件小批生产，适合于中间截面小，两端截面大的铸件 |
| | 脱箱造型 | | 它是采用带有锥度的砂箱来造型，在铸型合型后将砂箱脱出，重新用于造型。所以一个砂箱可制出许多铸型 | 可用手工造型，也可用机器造型。用于大量、成批或单件生产的小件 |
| | 地坑造型 | | 节省下砂箱，但造型耗费工时 | 单件生产，大、中型铸件 |

## 7.3.3 合金的熔炼与浇注

### 7.3.3.1 铸造合金的熔炼

熔炼的目的是获得具有一定成分和温度要求的金属溶液。不同类型的金属，需要采用不同的熔炼方法及设备。熔炼是液态金属铸造成形技术过程中的一个重要环节，与铸件的品质、生产成本、产量、能源消耗以及环境保护等密切相关。在熔炼中，多种固态金属的炉料（废钢、生铁、回炉料、铁合金、有色金属等）按比例搭配装入相应的熔炉中加热熔化，通过冶金反应，转变成具有一定化学成分和温度的符合铸造成形要求的液态金属。

铸造合金的熔炼按金属种类可以分为铸铁熔炼、铸钢熔炼和有色金属熔炼；按所使用的熔炼炉分为冲天炉熔炼、电弧炉熔炼、感应电炉熔炼、坩埚炉熔炼。

### 7.3.3.2 浇注

金属熔化后，液态金属通过浇注系统充填铸型型腔的过程称为浇注过程。浇注是铸造生产的重要环节，浇注工艺是否合理，不仅影响铸件质量，还涉及生产操作的安全。

① 浇注温度　浇注温度过高，液态金属在铸型中收缩量增大，容易产生缩孔、裂纹和粘砂等缺陷；浇注温度过低则会导致金属液的流动性变差，又容易出现浇不足、冷隔与气孔等缺陷。合适的浇注温度应根据合金种类、铸件的形状尺寸以及铸件壁厚来确定。以铸铁件为例，形状较为复杂的铸件浇注温度为1400℃左右，形状较为简单的厚壁铸件应适当降低浇注温度以防止铸件、铸型过热，一般为1300℃左右。

② 浇注速度　浇注速度过慢，金属液冷却较快，会产生浇不足、冷隔和夹渣等缺陷；浇注速度过快，铸型中的气体来不及排除而容易导致气孔，同时还会导致冲砂、跑火等问题。铝合金浇注时应注意防止断流，以免产生氧化。

金属浇注时应注意挡渣（如需要应设置挡渣装置），浇注过程中应始终保持外浇道始终充满，以防止熔渣和气体进入铸型。

## 7.3.4 砂型铸造工艺规程

砂型铸造工艺规程包括许多方面。首先应确定铸造方法，而后绘制铸件工艺图，选择工艺参数。其核心内容为绘制铸件工艺图，在零件图上用各种工艺符号表示出铸造工艺方案的图形。

### 7.3.4.1 确定浇注位置

浇注时铸件在铸型中所处的空间位置称为浇注位置。浇注位置的选择取决于合金种类、铸件结构和轮廓尺寸、铸件质量要求及生产条件等。具体的确定原则如下：

① 铸件重要工作面或主要加工面应朝下或呈侧立状态，以防止砂眼、气孔、夹渣、缩孔（松）等缺陷。如图 7-11 和图 7-12 所示。个别加工表面必须朝上时，应适当放大加工余量，以保证机械加工后不会出现缺陷。

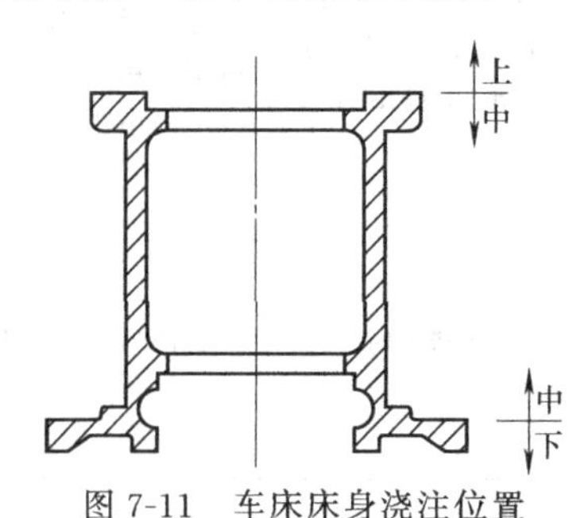

图 7-11 车床床身浇注位置

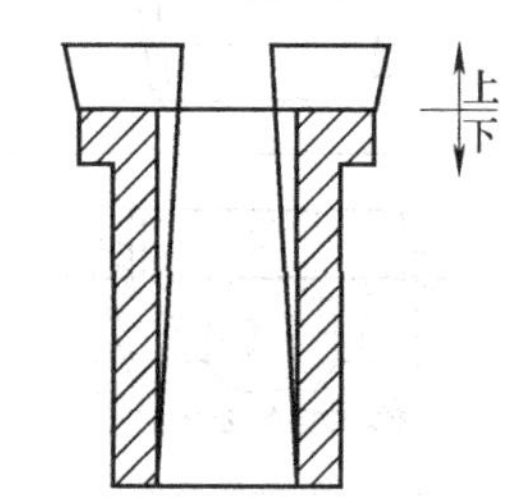

图 7-12 起重机卷筒浇注位置

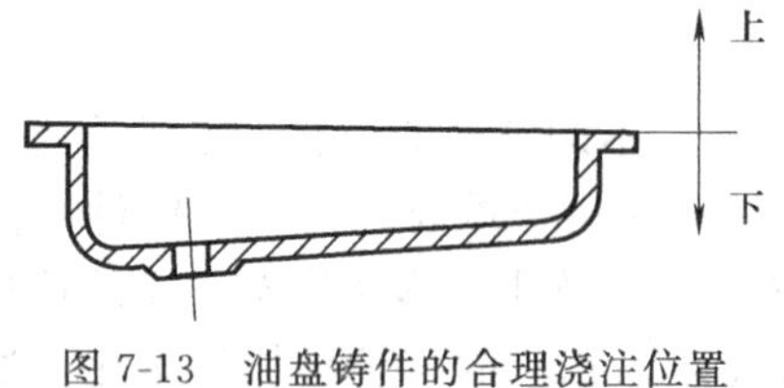

图 7-13 油盘铸件的合理浇注位置

② 为防止铸件薄壁部分产生浇不足或冷隔缺陷，应将面积较大的薄壁部分置于铸型下部或使其处于垂直或倾斜位置，如图 7-13 所示。

③ 浇注位置应有利于补缩、防止产生缩孔。对于容易产生缩孔的铸件，应使厚的部分放在铸型的上部或侧面，以便在铸件厚壁处直接安置冒口，使之实现自下而上的定向凝固，如图 7-12 和图 7-14 所示。

### 7.3.4.2 确定分型面

分型面指两半铸型间的接触表面，它是制作铸型时从铸型中取出模样的位置。分型面在铸造工艺图上应明显标出。分型面一般在确定浇注位置后再选择，但分析各种分型面方案的优劣后，可能需要重新调整浇注位置。在生产中，浇注位置和分型面有时是同时考虑确定的，分型面的优劣，在很大程度上影响铸件的尺寸精度、成本和生产率，仔细地分析、对比，选择出最适合于技术要求和生产条件的铸型分型面。

铸型分型面的选择原则为：

① 应能方便、顺利地取出模样或铸件，一般选在铸件的最大横截面处。

② 应尽量与浇注位置一致，并尽量满足浇注位置的要求。

③ 分型面应避免曲折，数量应少，最好是一个且为平面，机器造型时，分型面只能有一个，如图 7-15 所示。

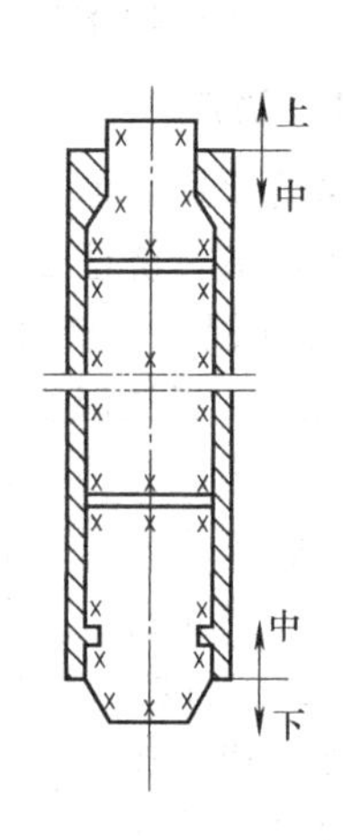

图 7-14 卷扬筒的浇注位置示意图

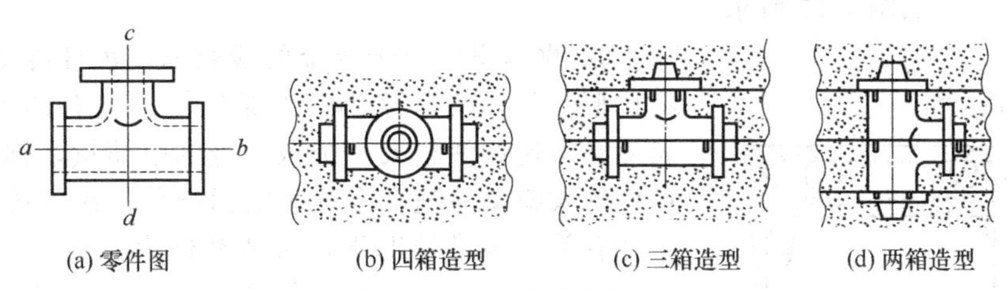


图 7-15　三通铸造分型方案

④ 应尽量使型腔全部或大部分置于同一个砂型内，最好使型腔或使加工面与基准面位于下型中，以保证铸件的尺寸精度，避免错箱、飞边和毛刺。如图 7-16 所示的床身铸件，其顶部平面为加工基准面。图中方案 a 在妨碍起模的凸台处增加了外部型芯，因采用整模造型使加工面和基准面在同一砂箱内，铸件精度高，是大批量生产时的合理方案。若采用方案 b，铸件若产生错型将影响铸件精度，但在单件、小批生产条件下，铸件的尺寸偏差在一定范围内可用划线来矫正，故在相应条件下方案 b 仍可采用。

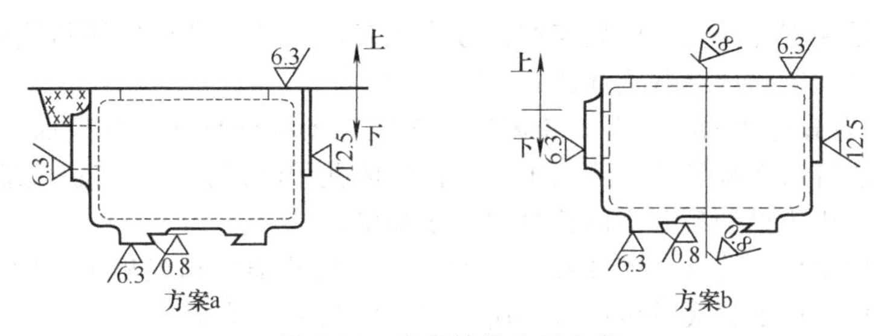


图 7-16　床身铸件分型方案

⑤ 在保证工艺可行性的前提下，应尽量减少型芯数量，并便于安放和稳定。

上述诸原则，对于具体铸件来说多难以全面满足，有时甚至互相矛盾。这时应抓住主要矛盾、全面考虑。例如，质量要求很高的铸件（如机床床身、立柱、钳工平板、造纸烘缸等），应在满足浇注位置要求的前提下考虑造型工艺的简化。没有特殊质量要求的一般铸件，则以简化工艺、提高经济效益为主要依据，不必过多地考虑铸件的浇注位置。机床立柱、曲轴等圆周面质量要求很高、又需沿轴线分型的铸件，在批量生产中有时采用“平作立浇”法，此时，采用专用砂箱，先按轴线分型来造型、下芯，合箱之后，将铸型翻转 90°，竖立后进行浇注。

#### 7.3.4.3　确定铸造工艺参数

影响铸件、模样的形状与尺寸的某些工艺数据称为铸造工艺参数，其值与铸件大小、合金种类及生产条件有关。为了绘制铸造工艺图，在铸造工艺方案初步确定之后，还必须选定铸件的工艺参数，一般包括机械加工余量、拔模斜度、收缩率等。

① 机械加工余量　机械加工余量是指铸造时在零件的加工表面增加的供切削加工用的余量。余量过大，切削加工费工，且浪费金属材料；余量过小，制品会因残留黑皮而报废，或者因铸件表层过硬而加速刀具磨损。机械加工余量的具体数值取决于铸件的生产批量、合金的种类、铸件的大小、加工面与基准面的距离及加工面在浇注时的位置等。单件、小批生产的小铸铁件的加工余量为 4.5～5.5mm。

② 拔模斜度　拔模斜度是指为便于把模样（或型芯）从砂型中（或从芯盒中）取出，铸件上垂直分型面的各个侧面所具有的一定的斜度，或称为起模斜度。拔模斜度在铸造工艺图中标出，其大小取决于立壁的高度、造型方法、模样材质和该侧面在型腔中的所处位置，

通常为15′～3°，如图7-17所示。

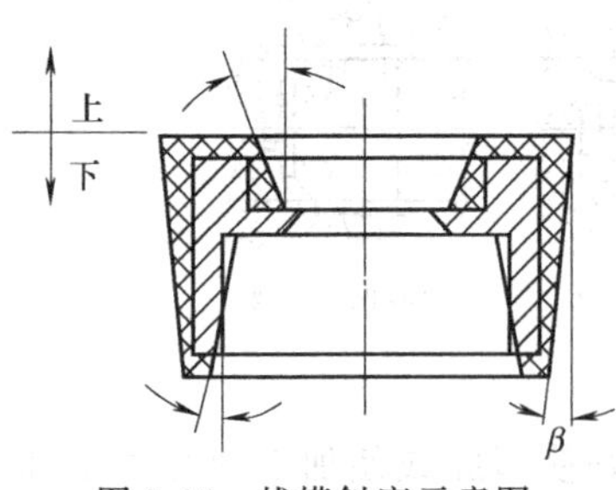

图7-17　拔模斜度示意图

③ 收缩率　由于合金的线收缩，铸件冷却后的尺寸将比型腔尺寸略为缩小，为保证铸件应有的尺寸，模样尺寸必须比铸件放大一个该合金的收缩量，称为收缩率。铸件的收缩率除随合金的种类而异外，还与铸件的形状、尺寸有关。通常情况下，灰铸铁件为0.8%～1%，铸钢件为1.8%～2.2%，铸造铝合金为1.0%～1.6%。

④ 不铸出的孔和槽　铸件的孔、槽是否铸出，不仅取决于工艺上的可能性，还必须考虑其必要性。一般来说，较大的孔、槽应当铸出，以减少切削加工工时、节省金属材料，同时也可减小铸件上的热节。但较小的孔、槽则不必铸出，留待加工反而更经济。灰铸铁件的最小铸孔（毛坯孔）直径推荐值为：单件生产30～50mm，成批生产15～20mm，大量生产12～15mm。零件图上不要求加工的孔、槽，无论大小均应铸出。

**7.4.4.4　绘制铸造工艺图**

铸造工艺图是在零件图上，以规定的符号表示各项铸造工艺内容所得到的图形。单件、小批生产时，铸造工艺图用红蓝色线条画在零件图上。

图7-18所示为滑动轴承的零件图和铸造工艺图。图中分型面、分模面、活块、加工余量、拔模斜度和浇冒口系统等用红线画出。不铸出的孔用红线打叉，铸造收缩率用红字注在零件图右下方。芯头边界和型芯剖面符号用蓝线画出。

铸造工艺图确定后，铸件、模样和芯盒的形状、尺寸随即相应确定。图7-19示为木制模样和铸件的结构。成批、大量生产时则用塑料模样和金属模样。

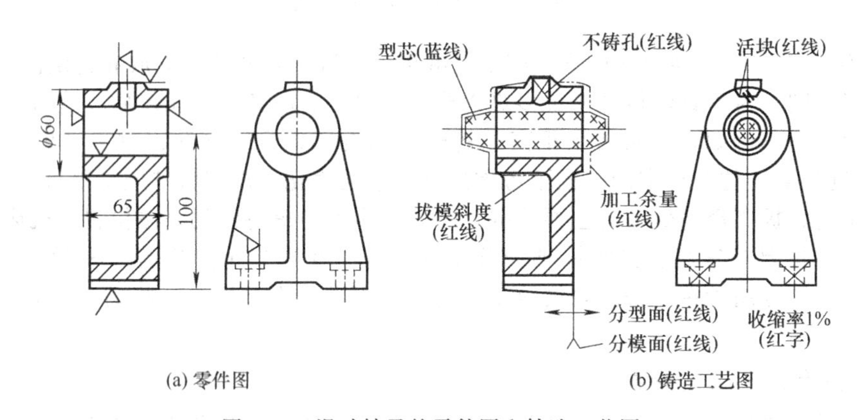

图7-18　滑动轴承的零件图和铸造工艺图

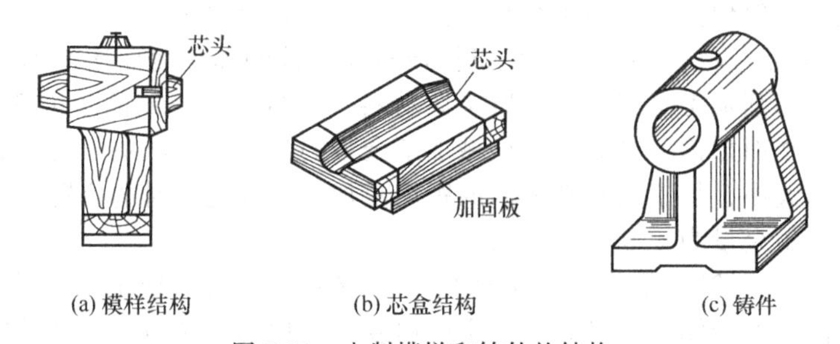

图7-19　木制模样和铸件的结构

与零件相比，铸件结构的差别是：各加工面有加工余量厚度；垂直于分型面的加工面应有斜度；铸件上小孔不铸出，该处成为实心结构。与铸件相比，模样的结构特点是：模样主体形状、尺寸与铸件一致，但每个尺寸都相应加上了金属收缩量，以抵消铸件在铸造过程中的尺寸收缩；模样上对应于用型芯形成的孔或外形部位，应做出凸出的芯头。

### 7.3.5 铸件的清理

铸件的清理一般包括：落砂、去除浇冒口和表面清理。

① 落砂　用手工或机械使铸件和型砂、砂箱分开的操作称为落砂。落砂时铸件的温度不得高于 500℃，如果过早取出，则会产生表面硬化或发生变形、开裂。

② 去除浇冒口　对脆性材料，可采用锤击的方法去除浇冒口。为防止损伤铸件，可在浇冒口根部先锯槽然后击断。对于韧性材料，可用锯割、氧气割等方法。

③ 表面清理　铸件由铸型取出后，还需要进一步清理表面的粘砂。手工清除时一般用钢刷或扁铲加工，这种方法劳动强度大，生产率低，且妨害健康。因此现代化生产主要是用震动机和喷砂喷丸设备来清理表面。所谓喷砂和喷丸就是用砂子或铁丸，在压缩空气作用下，通过喷嘴射到被清理工件的表面进行清理的方法。

## 7.4 特种铸造

按铸件的成形条件和制备铸型的材料不同，铸造方法可以分为：砂型铸造、熔模铸造、压力铸造、金属型铸造、离心铸造、低压铸造、陶瓷型铸造等。砂型铸造是普遍采用的方法，特种铸造是指与普通砂型铸造有显著区别的一些铸造方法。近些年来，特种铸造在我国得到了飞速发展，其地位和作用日益提高。

### 7.4.1 金属型铸造

#### 7.4.1.1 金属型铸造的原理

用金属材料（铸铁或钢）制造铸型生产铸件的方法称为金属型铸造，如图 7-20 所示。由于铸型寿命较长，可使用上千次，有文献资料也称永久型铸造，以区别于砂型铸造。

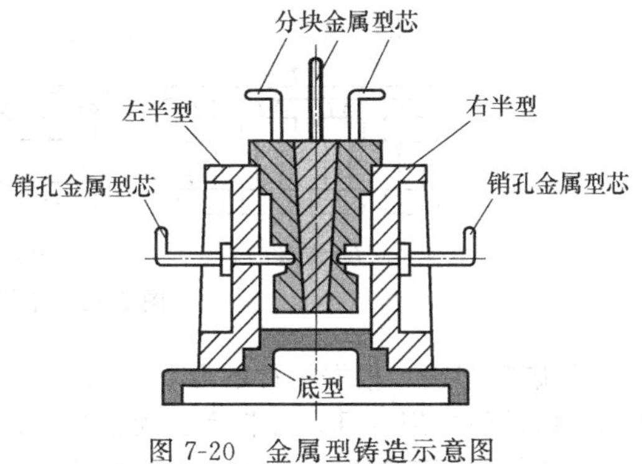


图 7-20　金属型铸造示意图

#### 7.4.1.2 金属型铸造方法的特点

金属型铸造具有如下优点：

① 节省造型材料、设备及工时，可“一型多铸”，便于自动化生产，生产效率高；

② 金属型冷却速度快，获得铸件的组织致密，晶粒细小，力学性能好，较砂型铸件的强度提高约 20%；

③ 铸件尺寸精度高，表面粗糙度较低。

但是，金属型铸造的铸型制造周期长、成本高、工艺参数要求严格。由于模具设计或工艺方案不合理，易出现大量同一缺陷的废品。主要用于熔点较低的有色金属的大批量生产铸件，如飞机、汽车、内燃机等用的铝合金活塞、汽缸体、汽缸盖、水泵壳体及铜合金轴瓦、轴套等。黑色金属类铸件只限于形状简单的中、小型铸铁件。

金属材料导热速度快、无退让性，无透气性，耐火性比型砂差等，易产生浇不足、冷隔、裂纹及白口等缺陷。由于金属型反复受灼热金属液的冲刷，寿命会降低，在工业应用中一般采用如下工艺措施。

① 喷刷涂料　在金属型内壁涂刷一层导热能力较强的耐火材料，如氧化锌、石墨等。一方面可以隔绝液态金属与金属型型腔的直接接触，方便铸件出型。还能避免高温液体金属直接冲刷金属型腔表面，减弱液体金属对铸型热冲击的作用，延长铸型的使用寿命。此外，喷刷涂料还能减缓铸件的冷却速度，防止铸件产生裂纹和白口组织等缺陷。

② 保持合适的工作温度　金属型在使用之前要经过预热，目的是减缓铸型对金属的激冷作用，利于金属液的充型和避免产生浇不足、裂纹或白口缺陷，减小所浇金属与铸型的温差，提高铸型的寿命。预热温度根据铸件种类不同而不同，一般情况下铸铁件用金属型预热250～350℃，而生产有色金属件的金属型需预热100～250℃。预热可以采用专用的加热装置，也可以通过试浇几个工件来实现。

③ 控制开型时间　浇注后开型太晚，铸型会阻碍铸件收缩而使其产生裂纹，增大取件和抽出型芯的难度，对灰口铸铁还将增厚白口层。但开型过早也会影响铸件成形和使铸件变形过大。开型时间大多通过实验确定。

## 7.4.2　熔模铸造

采用易熔的蜡料制成模样来生产铸件的工艺方法称为熔模铸造。采用这种工艺制作的铸型无分型面，提高了铸件的精度，故又称为精密铸造。生产过程中模样主要由蜡质材料来制造，经熔化从铸型中流出，故又称为失蜡铸造。

### 7.4.2.1　熔模铸造工艺过程

熔模铸造一般分为蜡模制造、结壳、脱蜡、焙烧、填砂造型和浇注及落砂清理等几道工序，如图7-21所示。

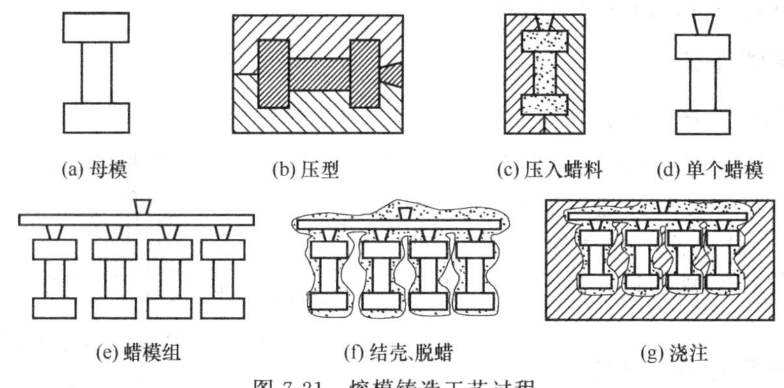


图7-21　熔模铸造工艺过程

① 蜡模制造　根据铸件的形状和尺寸制作精密的母模，而后利用母模制成压型。压型是制造蜡模的专用模具，高精度、大批量生产时采用钢、铜或铝制造，小批量时采用低熔点合金、塑料或石膏制造。压型制作完成后利用压力将熔融状态的蜡料压入其中，待蜡料凝固后取出蜡模。将若干个带有内浇口的单个蜡模粘接在直浇口棒上，形成蜡模组，以提高生产率。

② 结壳　把蜡模放在由石英粉、黏结剂（水玻璃、硅酸乙酯等）组成的糊状混合物中浸泡，使涂料均匀地覆盖在模组表层，使型腔获得光洁的内表面。而后在已浸渍涂料的蜡模组上，均匀地撒上一层石英砂。撒砂后，为使耐火材料层结成坚固的型壳，需要在空气中干燥。为使型壳具有较高的强度，上述结壳过程要重复多次，以便形成5～10mm厚的硬化耐火型壳。

③ 脱蜡　将结壳后的蜡模浇口朝上浸泡在热水中，使蜡料熔化浮在水面。也可以将型壳浇口朝下放在高压釜内，向釜内通入高压蒸汽，使蜡料熔出。当模样为树脂基时，无需脱

蜡过程，而是在焙烧过程中将模样燃烧掉。

④ 焙烧　将脱蜡后的型壳送入加热炉内，加热到800～1000℃进行焙烧，以去除型壳中的水分、残余蜡料及其他杂质，还能增加型壳强度。

⑤ 填砂造型　将脱蜡后的型壳置于铁箱中，周围用粗砂填实以加固型壳，防止浇注时型壳变形或开裂。

⑥ 浇注及落砂清理　焙烧出炉后应立即浇注，以提高铸造合金的充型能力，同时也防止浇不足、冷隔等缺陷。在铸件冷却凝固之后，打碎型壳，取出铸件，切除浇、冒口，清理毛刺。

#### 7.4.2.2　熔模铸造的特点及适用范围

熔模铸造铸型没有分型面，型腔表面极为光洁，故铸件精度及表面质量好。例如，采用熔模铸造获得的涡轮发动机叶片等零件，无需机加工即可直接使用。由于铸型在焙烧后立即浇注，可生产出形状复杂的薄壁件（最小壁厚可达0.7mm），适用各种合金的铸造，可浇注高熔点合金及难切削合金如高锰钢、耐热合金等。同时熔模铸造的生产批量不受限制，既适应成批生产，又适应单件生产。但由于原材料价格昂贵，工艺过程复杂，生产周期长，铸件成本较高，而且铸件的尺寸、重量具有一定的局限性。

### 7.4.3　压力铸造

压力铸造指液态金属在高压下快速填充铸型，并在压力下凝固结晶的铸造工艺方法，简称为压铸。

压力铸造在压铸机上完成，根据工作特点，压铸机可分为热压室式和冷压室式两大类。热压室式压铸机压室与合金熔化炉成一体或压室浸入熔化的液态金属中，用顶杆或压缩空气产生压力进行压铸。热压室式压铸机压力较小，压室易被腐蚀，一般只用于铅、锌等低熔点合金的压铸，生产中应用较少。冷压室式压铸机压室和熔化金属的坩埚是分开的。这种设备结构简单，生产率高，液体金属进入型腔流程短，压力损失小，故使用较广。冷压室式压铸机工艺过程如图7-22所示。

为延长铸型的使用寿命，在生产前应在模具内表面上喷涂耐火涂料，涂料的成分与喷涂方法与金属型铸造类似。铸型烘干后闭合压型，此时液态金属经压室上的注液孔注入压室。压射冲头向前推进，金属液压入压型中，充型结束后保持压力一定时间，使铸件在较高压力下凝固。铸件凝固后，型腔两侧型芯同时抽出，铸件被冲头顶离压室，顶出动型。

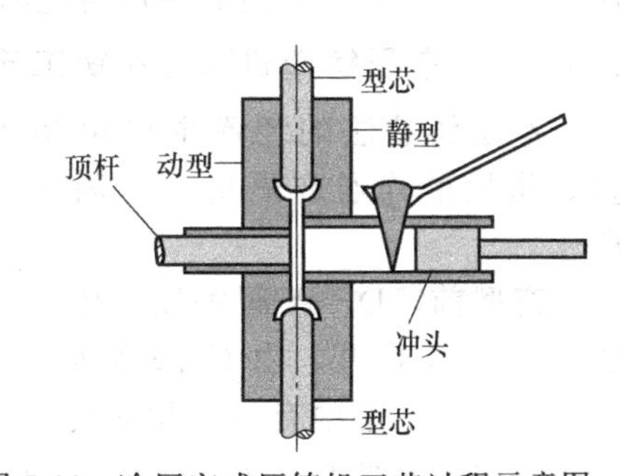

图7-22　冷压室式压铸机工艺过程示意图

压铸件的精度和表面质量高于其他铸造方法，可以减少甚至免去切削加工工序，生产效率较高，而且压铸件强度、硬度较高，力学性能好。由于在高压下完成金属液的充型，可以生产形状复杂的薄壁件、镶嵌件。但由于设备投资高，铸型制造周期长，前期投资较大。

适合压铸的合金种类有限，主要是大批量的有色金属铸件、缸体、齿轮、箱体、支架等。此外，由于在高压下高速充型，气体来不及逸出，在铸件中形成程度不同的气孔，因此压铸件不能通过热处理改善性能，而且不能承受冲击载荷。

### 7.4.4　低压铸造

低压铸造是介于重力铸造（如砂型铸造和金属型铸造）与压力铸造之间的一种铸造方

法。液态合金在压力作用下，自下而上地充填型腔，并在压力下结晶形成铸件。由于所用压力较低（一般为0.02～0.07MPa），故称为低压铸造。

#### 7.4.4.1 低压铸造工艺过程

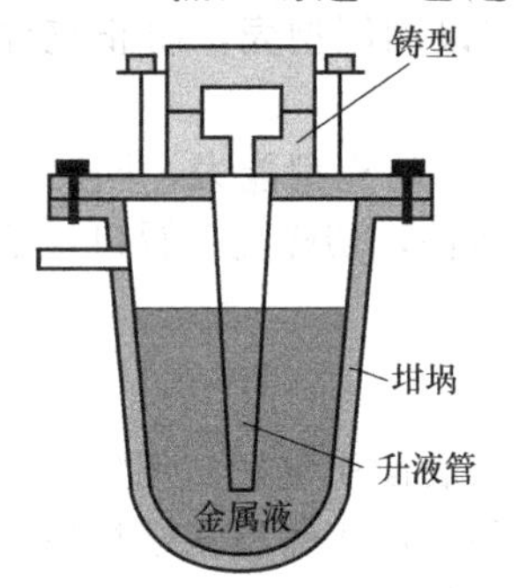

图7-23 低压铸造工艺示意图

将熔炼好的金属液储存于密闭的保温坩埚中，垂直的升液管使金属液与铸型朝下的浇口相通，铸型可用砂型、金属型等，其中金属型最为常用，但金属型必须预热并喷刷涂料。浇注前紧锁上半型，浇注时，先缓慢向坩埚室通入压缩空气，金属液在升液管内平稳上升，直至充满铸型。而后升压到所需压力进行保压，铸件在压力下凝固结晶。卸除压力后升液管和浇口中未凝固的金属液体在重力作用下流回坩埚内，开启上型取出铸件。如图7-23所示。

#### 7.4.4.2 低压铸造的特点和适用范围

① 充型时的压力和速度便于控制和调节，充型平稳，液体合金中的气体较容易排出，气孔、夹渣等缺陷较少。

② 低压作用下，升液管中的液态合金源源不断地补充铸型，有效防止了缩孔、缩松的出现，尤其是克服了铝合金的针孔缺陷。

③ 省掉了补缩冒口，使金属利用率提高到90%～98%。

④ 铸件在压力下结晶，组织较为致密，力学性能好。

⑤ 压力提高了液态合金的充型能力，有助于大型薄壁件的铸造。

低压铸造主要用于质量要求较高的铝、镁合金铸件的大批量生产，如汽缸、曲轴、高速内燃机活塞、纺织机零件等。

### 7.4.5 差压铸造

差压铸造法是20世纪60年代初由保加利亚开发的一种新型铸造方法。这种方法源于低压铸造，兼有低压铸造和增压铸造的优点。

#### 7.4.5.1 差压铸造机和差压铸工艺过程

差压铸造法的装置主要由是上、下两个密封罐构成，靠阀B、C、E、F实现铸型、坩埚的连通或隔离。电阻炉和坩埚放在下罐中，铸型安放在上罐中，如图7-24所示。

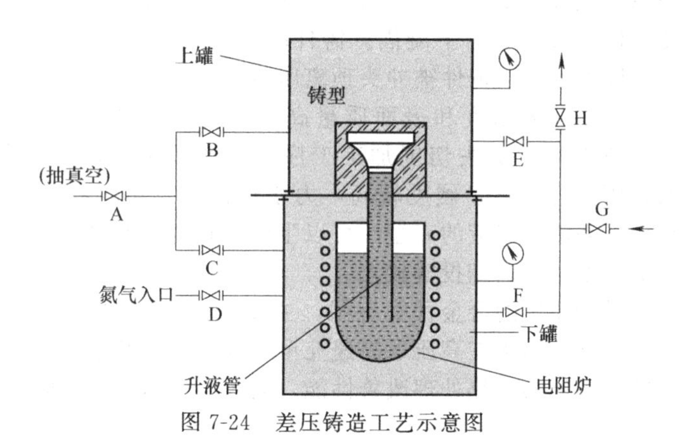

图7-24 差压铸造工艺示意图

充型前，D、A阀关闭，B、C、E、F阀打开，由G阀送入气体，使上下罐中有一个相等的初始压力。充型时，关闭B、C、E、F阀，打开D阀将恒流量气体送入下罐，使上下罐之间建立压差，在此压差作用下，坩埚内液态金属经由升液管充型，然后保压至铸件凝固。关闭D阀，打开E、F、H阀，上、下罐同时卸压，结束一个铸造工艺循环。这种差压铸造方法被称为“增压法”，也称为“下进气法”。此外，还有“减压法”，亦称“上排气法”。

#### 7.4.5.2 差压铸造的特点及应用范围

与低压铸造相比，由于铸件的充型压力提高了4～5倍，可以减少铸件中的气孔、针孔缺陷，而且可为铸型排气创造良好条件。同时提高了铸件的补缩能力，可以减少铸件缩孔、缩松缺陷。此外，铸件凝固速度快，铸件晶粒细化，铸件表面粗糙度降低。由于以上原因，差压铸件的力学性能可大幅度提高，与低压铸造相比，$\sigma_b$ 提高10%～20%，$\delta$ 提高70%左右；与砂型重力铸造相比，$\sigma_b$ 提高20%～30%，$\delta$ 提高1倍左右。

差压铸造与低压铸造法的使用范围基本相同，但因上罐容积的限制，铸件尺寸受到一定限制。因其具有许多优越性，所以一直受到国内外的重视，工艺不断完善，全自动的机型层出不穷，差压铸造件的产量比例不断增加。此外，为了克服重力阻碍补缩、型内反压影响液态金属充型等不足，又出现了"真空差压铸造"、"惰性气体保护差压铸造"、"真空充型旋转倒置补缩差压铸造"等新型的工艺方法。

### 7.4.6 离心铸造

将液态金属浇入高速旋转（250～1500r/min）的铸型中，使金属液体在离心力作用下充填铸型，以获得铸件的铸造方法。根据铸型的旋转方式分为立式离心铸造和卧式离心铸造两种，如图7-25所示。

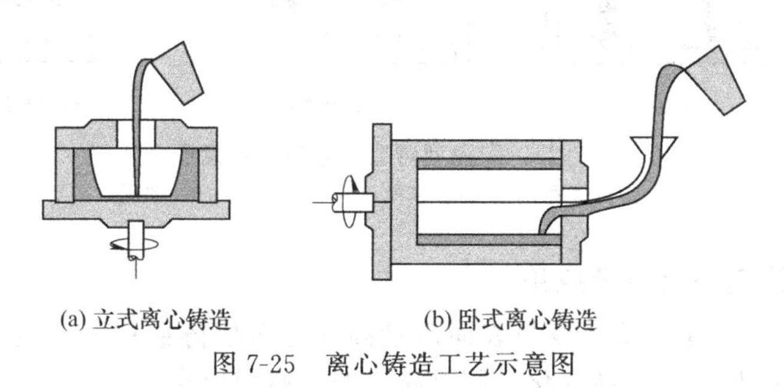

(a) 立式离心铸造　　(b) 卧式离心铸造

图7-25 离心铸造工艺示意图

立式铸型绕垂直轴旋转，用于生产圆环铸件，卧式铸型绕水平轴旋转，用于生产管类和套类铸件。离心铸造的铸型主要使用金属型，也可以用砂型。

离心铸造的一个最主要的优点是便于制造双金属件，如轧辊、钢套、镶铜衬、滑动轴承等。利用离心铸造工艺生产圆筒形铸件时，可节省型芯和浇注系统，省工省料，降低成本。由于铸件在离心力作用下凝固，组织较为致密，极少有缩孔、缩松、气孔、夹渣等缺陷。合金充型能力得到了提高，可以浇注流动性较差的合金铸件和薄壁铸件，如涡轮、叶轮等。但是，离心铸件的内表面质量较差，尺寸也不准确。主要用于生产铸铁管、汽缸套、双金属轴承、特殊钢的无缝管坯。

### 7.4.7 陶瓷型铸造

陶瓷型铸造是在砂型铸造和熔模铸造的基础上发展起来的一种精密铸造方法。陶瓷型铸造的特征是型腔表面有一层陶瓷层。陶瓷型铸造是指用水解硅酸乙酯、耐火材料、催化剂、透气剂等混合制成的陶瓷浆料，灌注到模板上或芯盒中的造型（芯）方法。

#### 7.4.7.1 陶瓷型铸造的工艺过程

陶瓷型铸造有不同的工艺方法。图7-26为普遍应用的薄壳陶瓷型的制作过程。

在制造陶瓷型之前，先用水玻璃砂制出砂套。制造砂套模样（图7-26中2）比铸件模样（图7-26中1）应增大一个陶瓷浆料的厚度（8～20mm），砂套的制造方法与砂型制造方法相同。然后将铸件模样固定在平板上，刷上分型剂，扣上砂套，将配制好的陶瓷浆由浇注系统浇入。数分钟后，陶瓷浆便开始胶结。灌浆后经 5～15min，陶瓷浆料的硅胶骨架已初步形成，趁浆料尚有一定弹性时起模。起模后的陶瓷型须用明火均匀地喷烧整个型腔，加速固化，提高陶瓷型的强度与刚度。陶瓷型在浇注前须加热到 350～550℃焙烧 2～5h，以烧去残存的水分、乙醇及其他有机物质，进一步提高铸型强度，然后合型。合型后即可浇注，浇注温度可略高，以便获得轮廓清晰的铸件。

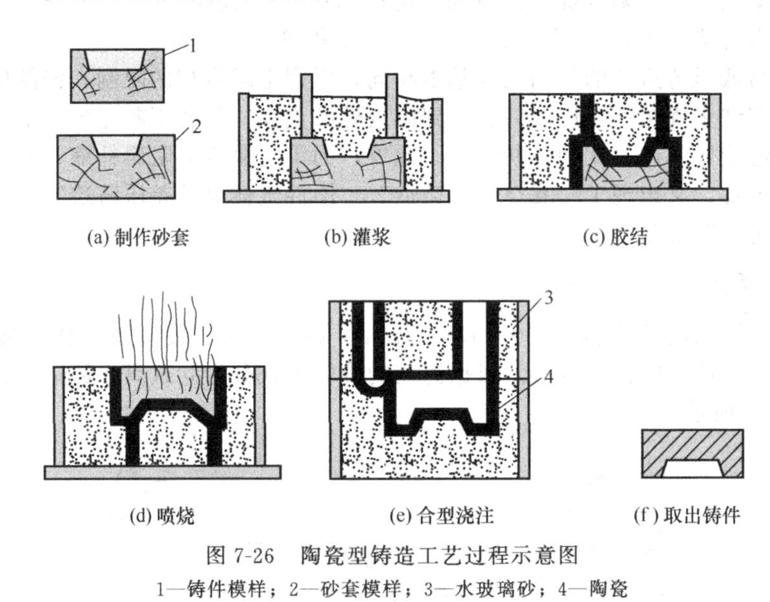


(a) 制作砂套　(b) 灌浆　(c) 胶结　(d) 喷烧　(e) 合型浇注　(f) 取出铸件

图 7-26　陶瓷型铸造工艺过程示意图

1—铸件模样；2—砂套模样；3—水玻璃砂；4—陶瓷

### 7.4.7.2　陶瓷型铸造的特点及应用

① 陶瓷型铸件的尺寸公差等级与表面质量高，与熔模铸造相似。主要原因是陶瓷型在弹性状态下起模，型腔尺寸不易变化，同时陶瓷型高温变形小。

② 陶瓷型铸件的大小几乎不受限制，小到几千克，大到数吨。而且陶瓷材料耐高温，用陶瓷型可以浇注合金钢、模具钢、不锈钢等高熔点合金。

③ 在单件小批量生产条件下，需要的投资少、生产周期短，在一般铸造车间就可以实现。

然而陶瓷型铸造方法不适于批量大、质量轻或形状比较复杂的铸件，且生产过程难以实现机械化和自动化。目前主要用来生产各种大中型精密铸件，如冲模、热拉模、热锻模、热芯盒、压铸模、模板、玻璃器皿模等，可以生产碳素钢、合金钢、模具钢、不锈钢、铸铁及非铁合金铸件。

## 7.5　常用铸造工艺方法比较

各种铸造方法都有各自的优缺点，都有一定的应用条件和范围。选择合适的铸造方法应从技术、经济和本厂生产的具体情况等方面进行综合分析和权衡，比较出一种在现有或可能的条件下，质量满足使用要求、成本最低的生产方法。

一般说来，砂型铸造虽有不少缺点，但其适应性最强，它仍然是目前最基本的铸造方法。特种铸造往往是在某种特定条件下，才能充分发挥其优越性。当铸件批量小时，砂型铸造的成本最低，几乎是熔模铸造的 1/10。金属型铸造和压力铸造的成本，随铸件批量加大而迅速下降，当批量超过 10000 件以上时，压力铸造的成本反而最低。

为便于比较，可以用一些技术经济指标来综合评价铸造技术的经济性（见表 7-6），供选择铸造方法时参考，表中数字由 1 至 5 表示指标由优到劣的程度。

表 7-6 几种铸造方法技术经济性指标对比

| 鉴定的指标 | 铸造方法 | | | | |
|---|---|---|---|---|---|
| | 砂型铸造 | 熔模铸造 | 陶瓷型铸造 | 金属型铸造 | 压力铸造 |
| 铸件尺寸无限制 | 1 | 4 | 2 | 2 | 5 |
| 可获得的铸件结构复杂程度 | 2 | 1 | 3 | 4 | 5 |
| 对各种合金的适用程度 | 1 | 1 | 1 | 4 | 5 |
| 工艺装备的价值 | 1 | 2 | 1 | 4 | 5 |
| 持续时间的掌握 | 1 | 3 | 4 | 2 | 5 |
| 最小的经济批量 | 1 | 2 | 1 | 4 | 5 |
| 随着批量扩大继续增加经济性 | 4 | 5 | 5 | 2 | 1 |
| 生产率 | 4 | 5 | 5 | 2 | 1 |
| 铸件表面粗糙度 | 5 | 2 | 2 | 4 | 1 |
| 薄壁铸件的生产能力 | 4 | 1 | 2 | 5 | 1 |
| 适宜的产量 | 4 | 2 | 4 | 3 | 1 |
| 铸件尺寸公差等级 | 5 | 2 | 2 | 3 | 1 |
| 实现机械化和自动化的难易程度 | 5 | 4 | 5 | 1 | 1 |

## 7.6 铸件结构工艺性

进行铸件设计时，不仅要保证铸件的工艺性能和力学性能要求，还要使铸件结构本身符合铸造生产的要求。对于铸造工艺过程来说，铸件结构的合理性称为铸件的结构工艺性。铸件的结构是否合理，与铸造合金的种类、产量多少、铸造方法和生产条件等诸多因素有密切关系，需要具体问题具体分析。铸件的结构是否合理，即其结构工艺性是否良好，对铸件的质量、生产率及其成本有很大的影响。一般应从铸件质量、铸造工艺和铸造合金特点几方面考虑。

### 7.6.1 铸件质量对铸件结构设计的要求

#### 7.6.1.1 铸件壁厚的设计

每种铸造合金在选用某种铸造方法铸造时，都有其适宜的壁厚。如其壁厚选择得当，则既能保证铸件的力学性能，又能防止某些铸造缺陷的产生。

由于铸造合金的流动性各不相同，所以在相同的砂型铸造条件下，不同铸造合金所能浇注出铸件的“最小壁厚”也不相同。若所设计铸件的壁厚小于该“最小壁厚”，则容易产生浇不足、冷隔等缺陷。铸件的“最小壁厚”主要取决于合金的种类和铸件的大小，如表 7-7 所示。

表 7-7 砂型铸造条件下铸件的最小壁厚

| 铸件尺寸/mm | 铸造合金种类 | | | | | | |
|---|---|---|---|---|---|---|---|
| | 铸钢 | 灰铸铁 | 球铁 | 可锻铸铁 | 铝合金 | 铜合金 | 镁合金 |
| <200×200 | 5～8 | 5～6 | 6 | 4～5 | 3 | 3～5 | 3 |
| (200×200)～(500×500) | 10～12 | 6～10 | 12 | 5～8 | 4 | 6～8 | |
| >500×500 | 18～25 | 15～20 | — | — | 5～7 | — | |

为了充分发挥铸造合金的效能，既能避免厚大截面，又能保证铸件的强度和刚度，应当根据载荷性质和大小，在脆弱部分安置加强筋，如图 7-27 所示。

(a) 不合理　　(b) 合理

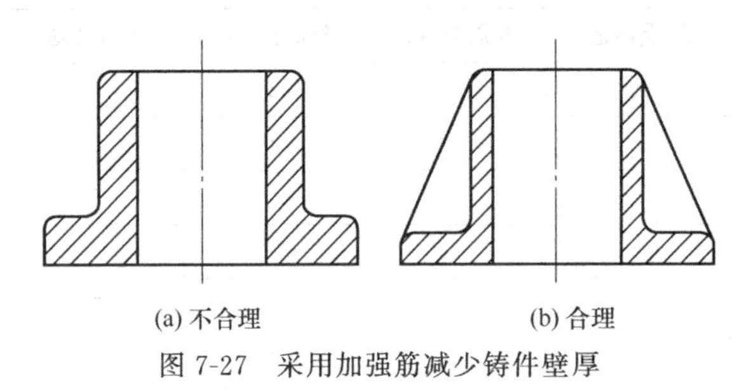

图 7-27　采用加强筋减少铸件壁厚

若铸件各部分的壁厚差别过大，则在厚壁处形成金属聚集的热节，致使厚壁处易于产生缩孔、缩松等缺陷。同时，由于铸件各部分的冷却速度差别较大，还将形成热应力，这种热应力有时可使铸件薄厚连接处产生裂纹。如果铸件的壁厚均匀，则上述缺陷常可避免。

图 7-28 所示的顶盖铸件，原始方案中在厚大部位出现了缩孔缺陷，并且在薄厚连接处出现了裂纹缺陷，改进工艺中铸件壁厚较为均匀，避免了上述缺陷的产生。

此外，为减小热节和内应力，应避免铸件壁间锐角连接。若两壁间的夹角小于 90°，则应考虑图 7-29(b) 所示的过渡形式。

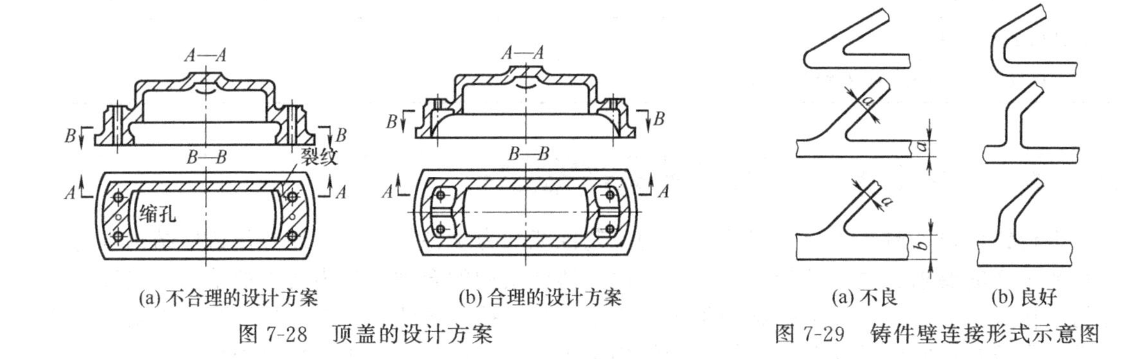

(a) 不合理的设计方案　　(b) 合理的设计方案

图 7-28　顶盖的设计方案

(a) 不良　　(b) 良好

图 7-29　铸件壁连接形式示意图

### 7.6.1.2　避免平板或大平面结构

对于细长或平板形结构的铸件，当截面不对称时会产生翘曲变形，应设计成对称结构。如图 7-30 所示。

如果铸件设计为大的平面结构，当金属液体上升到该位置时，由于截面突然增大，上升速度突然降低，高温液体烘烤铸型顶面，极容易出现夹砂、浇不足的缺陷，同时也不利于夹杂物和气体的排除，因此应尽量设计成倾斜截面，如图 7-31 所示。

(a) 不合理　　(b) 合理

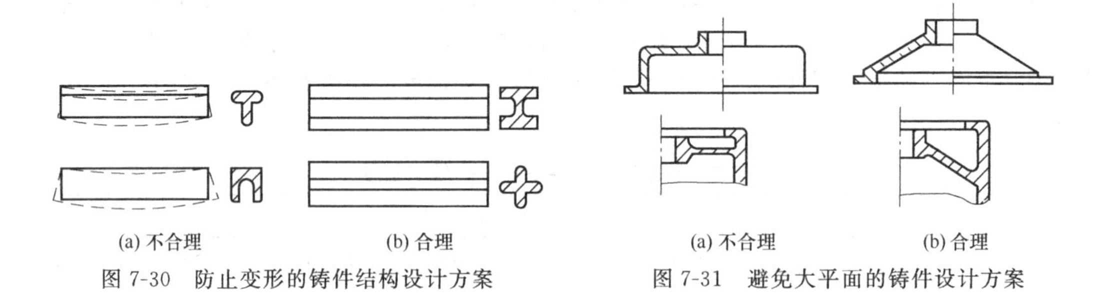

图 7-30　防止变形的铸件结构设计方案

(a) 不合理　　(b) 合理

图 7-31　避免大平面的铸件设计方案

## 7.6.2　铸造工艺对铸件结构设计的要求

铸件的结构设计不仅应有利于保证铸件的质量，还需要考虑造型、清理等操作的方便，以利于简化铸造工艺，稳定质量，提高生产效率并降低成本。

① 应尽量减少分型面的数量，并且简化分型面的结构，便于取出模型，并简化造型工艺。

② 铸件侧壁上的凸台、凸缘和凹陷等结构，经常会妨碍起模，在生产中不得不增加砂芯、活块等工艺，加大了造型的难度和工时，增加了生产成本，在设计时应尽量避免，如图 7-32 所示。

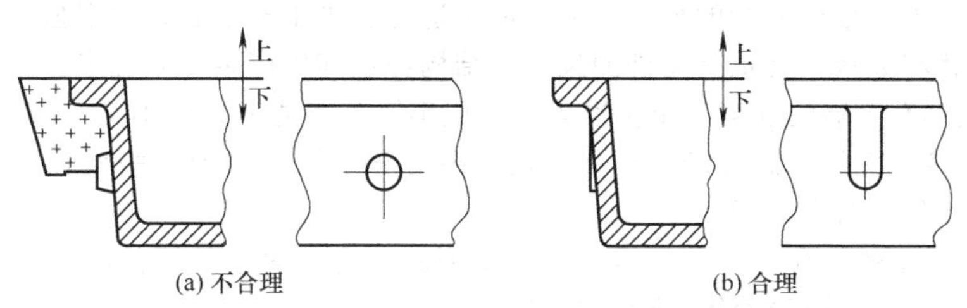


(a) 不合理　　(b) 合理

图 7-32　改进妨碍起模的铸件结构

③ 确定拔模斜度。在进行铸件结构设计时，垂直于分型面的非加工表面均应设计出斜度，以便于造型时取出母模，确保型腔质量，如图 7-33 所示。拔模斜度在零件图上标出。

④ 铸件结构应有利于型芯的固定、排气和清理。型芯在铸型中不能牢固安放时，就会产生偏芯，气孔、砂眼等缺陷。图 7-34 为活塞铸件的结构示意图，在原始方案中 3 号砂芯为悬臂结构，必须使用芯撑。而对于薄壁铸件或需要承受压力的铸件来说，一般要求不要设置芯撑。因此可以增设铸造工艺孔，增加砂芯支撑点。铸件打箱后，再将工艺孔用螺丝堵头封住。

⑤ 去除不必要的圆角。铸件的转角处一般应采用圆角连接，以改善铸件的性能，防止裂纹缺陷。然而有些外圆角对铸件质量影响较小，却给造型或造芯工艺过程带来很大不便，此时应将圆角取消。如图 7-35 所示。

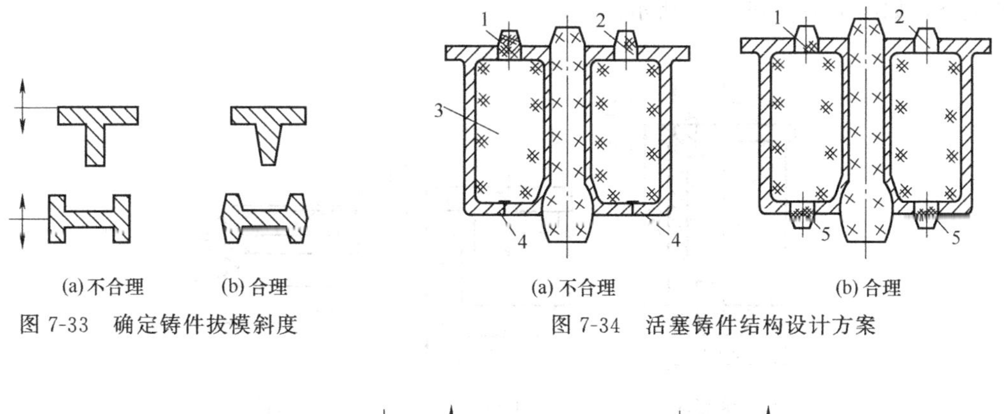


(a) 不合理　　(b) 合理

图 7-33　确定铸件拔模斜度

(a) 不合理　　(b) 合理

图 7-34　活塞铸件结构设计方案

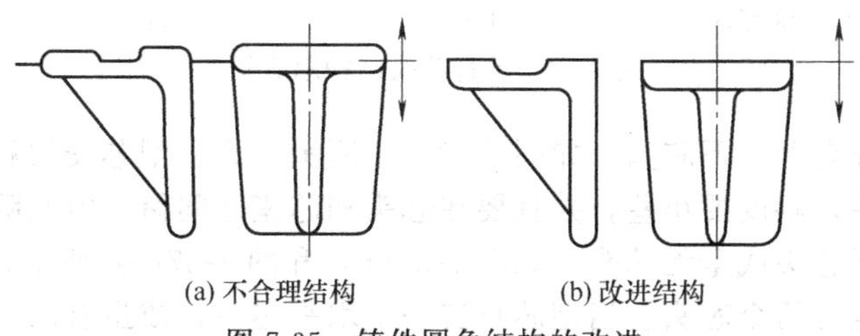

(a) 不合理结构　　(b) 改进结构

图 7-35　铸件圆角结构的改进

## 7.7 型芯设计

型芯的作用是形成铸件的内腔、孔以及复杂的外表面，减少分型面和活块的数量等。有时型芯还可以形成整个铸件（组芯造型）。但过多采用型芯会增加铸件的成本。

### 7.7.1 型芯的分块

对于尺寸较大、结构复杂的型芯，为了便于造芯、烘干和下芯，常把型芯分为几块来制造。型芯的形状和数量，常根据铸件的尺寸、结构特点和生产条件来确定。其原则如下：

① 型芯应具有足够的强度、定位准确，安放牢固，并能够方便排气。

② 型芯应该有大的填砂面和烘干面，便于造芯和烘干。对于一些型芯，一般应分成两块或多块，烘干后粘合在一起。

③ 易于机加工的小孔、内腔，尽量不要用型芯。内腔简单的铸件，尽量采用“自带砂芯”。如图 7-36 所示为用砂胎代替砂芯的实例。

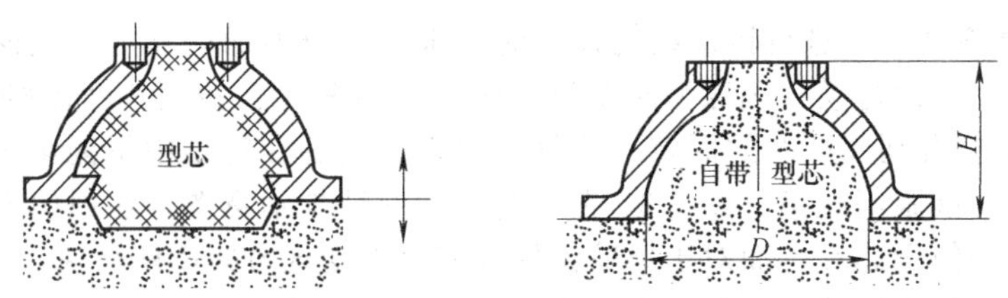


图 7-36 用自带型芯替代型芯的实例

### 7.7.2 芯头设计

芯头指铸件以外不与金属液接触的型芯部分。芯头设计的好坏，对型芯的定位、稳固、排气和从铸件中的清理至关重要。按芯头在铸型中的位置不同，可分为垂直芯头和水平芯头两大类，如图 7-37、图 7-38 所示。

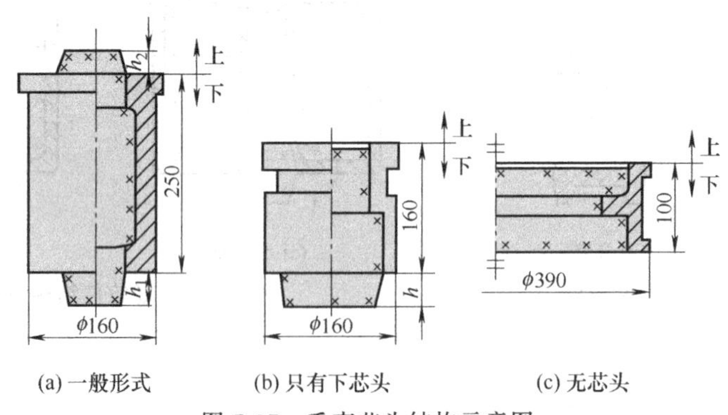


图 7-37 垂直芯头结构示意图

垂直型芯一般都有上、下芯头，如图 7-37(a) 所示。为了型芯安放和固定的方便，下芯头要比上芯头高一些，斜度要小些，并且要在芯头和芯座之间留一定间隙。截面较大、高度不大的型芯可只有下芯头或全无芯头，如图 7-37(b) 和图 7-37(c) 所示。

水平型芯一般也有两个芯头。当型芯只有一个水平芯头，或虽有两个芯头仍然定位不稳而易发生转动或倾斜时，还可采用联合芯头、加长或加大芯头、安放型芯撑支撑型芯等措施，如图 7-38 所示。

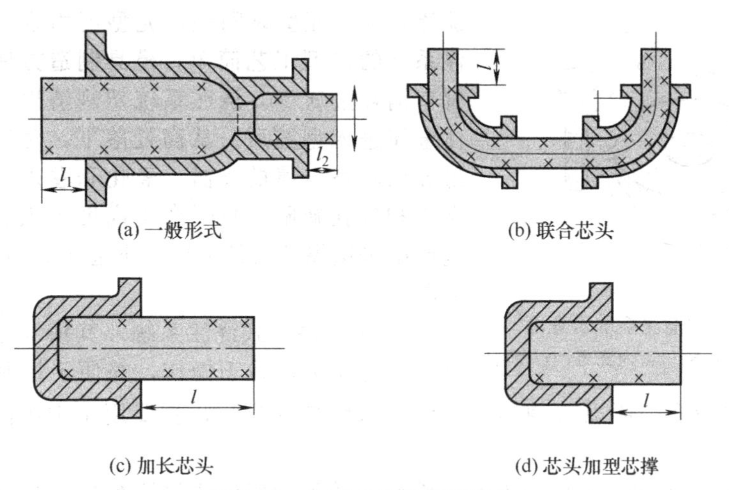


(a) 一般形式 (b) 联合芯头

(c) 加长芯头 (d) 芯头加型芯撑

图 7-38 水平芯头的典型结构

上述各工艺参数（芯头高度、斜度，芯头间距等）的确定均可参考有关手册。

## 7.8 浇注系统设计

所谓浇注系统是指将金属液引入铸型内所经过的一系列通道。一般由浇口杯、直浇道、横浇道和内浇道组成，如图 7-39 所示就是中间注入式浇注系统的示意图。

典型的浇注系统一般由浇口杯、直浇道、横浇道和内浇道四个基本单元组成，如图7-39所示。浇口杯的作用是承接和缓冲来自浇包的金属液并将其引入直浇道，以减轻金属液对直浇道底部的冲击，并起到阻挡熔渣的作用，还能防止气体进入型腔。直浇道一般具有一定锥度，其作用是从浇口杯向下引导金属液进入横浇道，并能提供足够的压力以克服金属液流动过程中的各种阻力，保证金属液充满型腔各个部位。横浇道的作用是将直浇道的金属液分配至内浇道，还具有一定的挡渣作用。内浇道负责将金属液引入型腔，并控制金属液的速度和流动方向，还能调节铸型各部分的温度和铸件的凝固顺序。

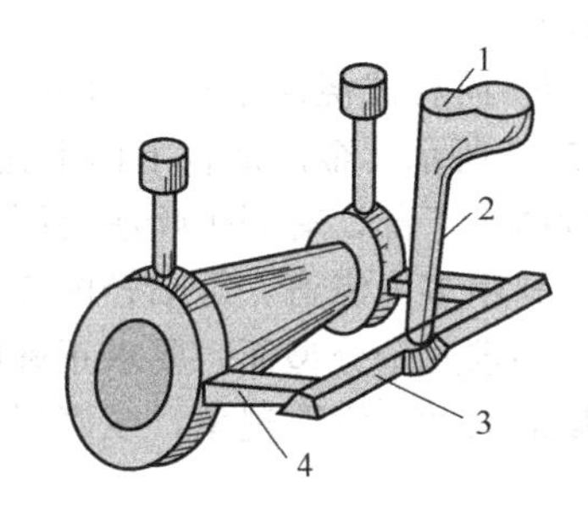


图 7-39 典型浇注系统结构
1—浇口杯；2—直浇道；
3—横浇道；4—内浇道

利用浇注系统可以挡出熔渣、排除铸型型腔中的气体。浇注系统配合冒口、冷铁等单元可以调节温度分布，控制凝固顺序，在一些简单小型铸件中，浇注系统同时起到了冒口的补缩作用。合理的浇注系统设计可以保证充型时间、压力、速度，有利于获得形状完整、尺寸精确的铸件。此外，浇注系统的设计将直接关系着铸件的工艺出品率，决定着铸造生产的成本。

### 7.8.1 浇注系统的分类

#### 7.8.1.1 按内浇道位置分类

按内浇道位置来分有顶注式、中间注入式、底注式及阶梯式等类型，每种类型均有自己的特点和不同的应用场合。

① 顶注式浇注系统 金属液从铸件型腔顶部引入的浇注系统称为顶注式浇注系统。采用这种浇注系统时，液态金属从铸型型腔顶部引入，在浇注和凝固过程中，铸件上部的温度高于下部，有利于铸件自下而上顺序凝固，能够有效地发挥顶部冒口的补缩作用。同时，液

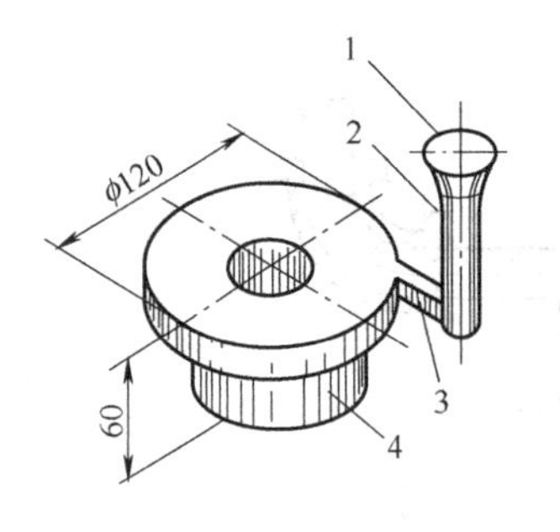


图 7-40 顶注式浇注系统示意图

1—浇口杯；2—直浇道；3—内浇道；4—铸件

流流量大，充型时间短，充型能力强。此外，这种浇注系统的造型工艺简单，模具制造方便，浇注系统和冒口消耗金属少，浇注系统切割清理容易。但由于液体金属进入型腔后，从高处落下，对铸型冲击大，容易导致液态金属的飞溅、氧化和卷入气体，形成氧化夹渣和气孔缺陷。只适合于高度不大、形状简单、薄壁或中等壁厚的铸件采用，不适于易氧化合金的铸件，如图 7-40 所示。

② 中间注入式浇注系统　其横浇道和内浇道均开设在分型面上，易于操作，并便于控制金属液的流量分布和铸型的热分布。所以这种形式的浇注系统广泛应用，主要用于中等高度和壁厚的铸件，如图 7-39 所示。

③ 底注式浇注系统　内浇道设在铸件底部的称为底注式浇注系统，如图 7-41 所示。底注式浇注系统的优点是金属液从下部充填型腔，流动平稳。无论浇道比多大，横浇道基本处于充满状态，有利于挡渣。型腔中的气体易于排出，且挡渣效果好。缺点是充型后铸件的温度分布不利于自下而上的顺序凝固，削弱了顶部冒口的补缩作用。铸件底部尤其是内浇道附近容易过热，使铸件产生缩松、缩孔、晶粒粗大等缺陷。充型能力较差，对大型薄壁铸件容易产生冷隔和浇不足的缺陷。而且造型工艺复杂，金属消耗量大。

底注式浇注系统广泛应用于铝镁合金铸件的生产，也适用于形状复杂，要求高的各种黑色铸件。

④ 阶梯式浇注系统　在铸件不同高度上开设多层内浇道的称为阶梯式浇注系统，如图 7-42 所示。金属液自下而上充型，充型平稳，型腔内气体排出顺利。充型后上部金属液温度高于下部，有利于顺序凝固和冒口的补缩。充型能力强，易避免冷隔和浇不到等铸造缺陷。利用多内浇道，可减轻内浇道附近的局部过热现象。然而，阶梯式浇注系统造型复杂，有时要求几个分型面，要求正确的计算和结构设计，否则容易出现上下各层内浇道同时进入金属液的“乱浇”现象，或底层进入金属液过多，形成下部温度高的不理想的温度分布。

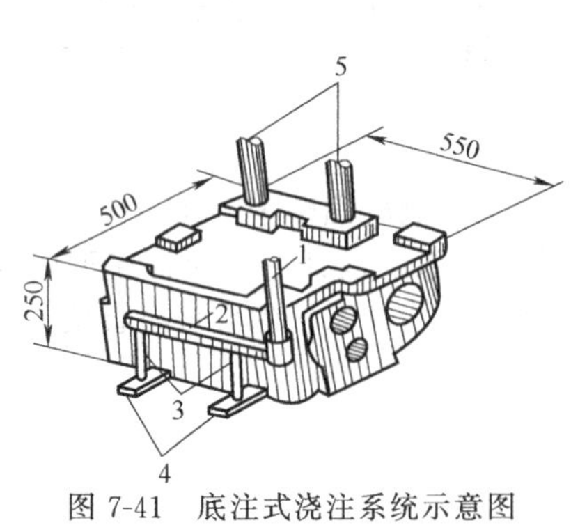


图 7-41 底注式浇注系统示意图

1—直浇道；2—横浇道；3—分支直浇道；4—内浇道；5—出气口

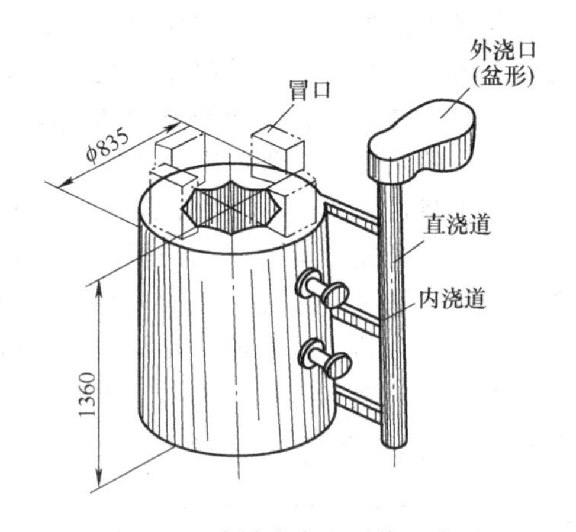


图 7-42 阶梯式浇注系统示意图

阶梯式浇注系统适用于高度大的大中型铸钢件、铸铁件。在铝合金、镁合金铸造生产中为了提高顶部冒口中金属液的温度，增强补缩作用，也可采用两层阶梯式浇注系统（即底层充填铸件，上层充填冒口）。

#### 7.8.1.2 按浇注系统中最小截面位置分类

按浇注系统中最小截面的位置来分，浇注系统有封闭式、开放式和封闭开放式三种，以便于计算浇注系统各组元的尺寸。

① 封闭式浇注系统　浇注系统各组元截面相比较，内浇道的总截面积最小。即 $F_{直}>\sum F_{横}>\sum F_{内}$，其比例一般为 $F_{直}:\sum F_{横}:\sum F_{内}=1.15:1.1:1$。这种浇注系统的优点是挡渣能力好，可以防止浇注时卷入气体，而且浇道易清理。缺点是金属液进入铸型的流速高、易喷溅和冲砂，从而造成金属液氧化。这类浇注系统主要用于铸铁件，但不适用于易氧化的有色合金铸件、压头大的铸件及用柱塞包浇注的铸钢件。

② 开放式浇注系统　浇注系统的最小截面在直浇道，即 $F_{直}<\sum F_{横}<\sum F_{内}$。显然在整个浇注过程中，金属液一直处于未充满状态，故其挡渣能力较差，且会带入大量气体。但由内浇口流出的金属液平稳，对铸型的冲击力小，金属液的氧化也不严重。所以适用于易氧化的有色合金铸件、球铁件及采用柱塞包的大中型铸钢件采用。

③ 封闭开放式浇注系统　其阻流截面位于直浇道和内浇道之间的横浇道中的某一位置。其截面符合关系：$F_{直}>F_{阻}<\sum F_{内}$。它兼有封闭式和开放式浇注系统的优点，应用也比较广泛。

### 7.8.2 内浇道的设计要求

① 内浇道的位置、数目的确定，应符合铸件凝固方式的要求，即顺序凝固时，内浇道应开设在铸件厚壁处，以利补缩；同时凝固时，则应开设在铸件的薄壁处，以减小铸造内应力、变形或裂纹。

② 内浇道的开设应避开铸件的重要部位。因内浇道附近易产生晶粒粗大和疏松等缺陷。

③ 内浇道的开设位置，应使金属液能顺着型壁注入，而不直接冲击型芯、型壁、冷铁和芯撑等。

④ 内浇道的设置应不妨碍铸件收缩。

⑤ 内浇道的设置应方便金属液的充填、排气和挡渣。

⑥ 内浇道的截面应尽量薄、且开设在铸件上易清理部位，以便清理和打磨。

### 7.8.3 浇注系统的设计步骤

在设计浇注系统时，应遵循如下步骤进行。

① 选择浇注系统的类型。

② 确定内浇道的位置、数目和引入方向。

③ 确定直浇道的位置和高度。

④ 通过浇注时间计算法或查表法（经验），确定阻流截面（最小截面）的面积。

⑤ 确定各浇道截面的比例，并计算其各浇道组元的截面大小。

⑥ 绘出浇注系统图。

浇注系统设计的合理与否，可用以下原则进行检查：

① 铸件的凝固方式是否与原定的相一致。

② 挡渣效果如何。

③ 金属液进入型腔时，是否冲击铸型或型芯。

④ 金属液进入铸型时的流程是否最短。

⑤ 圆柱或圆筒型的型腔，内浇道的开设是否从单向切线引入。

## 7.9 冒口和冷铁设计

在铸造生产中，为了防止铸件产生缩孔、缩松缺陷，在厚大部位及最后凝固部位应放置冒口。冒口是用以储存补缩金属液的空腔。冒口常设置在铸件的厚壁处或热节部位，以防止缩孔和缩松的产生。冒口的形状多采用圆柱形，因为这类冒口的散热慢、补缩效果好，且易取模。

冒口的种类很多，按其与外界相通与否分为明冒口和暗冒口。明冒口还具有出气、浮渣和用于观察的作用，使用得较多，但由于它存在散热快、消耗金属多等缺点，又出现暗冒口形式，如图 7-43 中的“4”。当铸件的热节不在铸型的最高处时，常采用暗冒口补缩。

按冒口与铸件的相对位置分有顶冒口（如图 7-43 中的“2”）和侧冒口（图 7-43 中的“3”）。顶冒口中的金属液可在重力作用下直接进行补缩，因此补缩能力较强。

对于一些壁厚均匀的薄壁件，只单方面地增加冒口的直径和高度来增大冒口的有效补缩距离，效果是有限的。如图 7-44(a) 所示，被补缩部位仍然有缩孔和缩松缺陷。若在铸件垂直壁上部与冒口根部的连接处，增加一个楔形厚度，使铸件的壁厚朝冒口方向逐渐增大，就会形成一个从铸件到冒口逐渐增大的温度梯度，从而增大冒口的有效补缩距离，消除该处的缩孔和缩松，如图 7-44(b) 所示。所谓补贴就是指从铸件到冒口所增加的楔形部分。

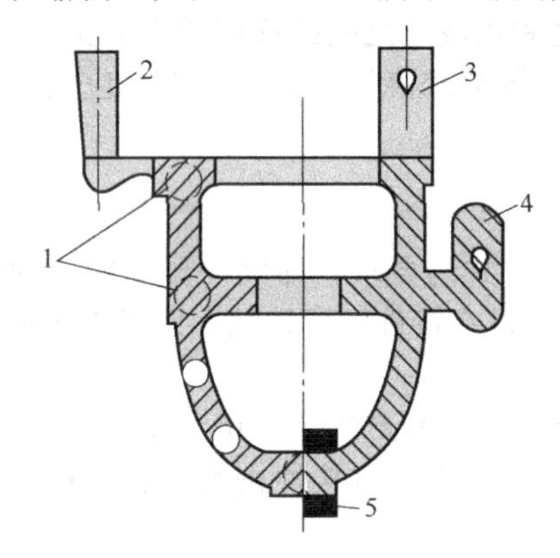


图 7-43 阀体铸件中安放冒口和冷铁示意图

1—热节；2—顶冒口；3—侧冒口；
4—暗冒口；5—冷铁

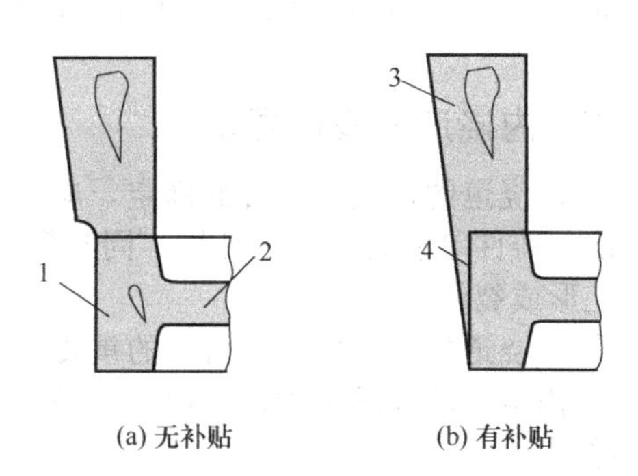


图 7-44 冒口和补贴配合使用示意图

1—轮缘；2—轮辐；3—冒口；4—补贴

冷铁是用铸铁、钢或铜等金属材料制成的、用增大铸件局部冷却速度的激冷物。一般在造型时设放在需要提高冷却能力的局部铸型处，以调节铸件的凝固方式。若铸件上的热节不止一处时，可在远离冒口的热节处安放冷铁，如图 7-43 中的“5”所示，以加快此处金属液的凝固，以利于实现顺序凝固进行补缩。

## 7.10 典型铸件的铸造工艺设计举例

### 7.10.1 轴座铸件铸造工艺设计简介

某轴座铸件，其零件图如图 7-45 所示，生产批量为单件小批或大批生产。

在设计该零件的铸造工艺之前，首先进行工艺分析。该零件的主要作用是支承轴件，故 $\phi$40mm 内孔表面是应当保证质量的重要部位。此外，底板平面也有一定的加工及装配要求，底板上的四个 $\phi$8mm 的螺钉孔可不铸出，留待钻削加工成形。

从对轴座结构的总体分析来看，该件适于采用水平位置的造型、浇注方案，此时 $\phi$40mm 内孔处只要加大加工余量，仍可保证该处的质量。

① 单件小批生产工艺方案　如图 7-46 中所示采用两个分模面、三箱造型，浇注位置为底板朝下。这样做可使底板上的长方形凹槽用下型的砂垛形成。如将轴孔朝下而底板向上，则凹槽就得用吊砂，使造型操作麻烦。该方案只需制造一个圆柱形内孔型芯，利于减少制模费用。

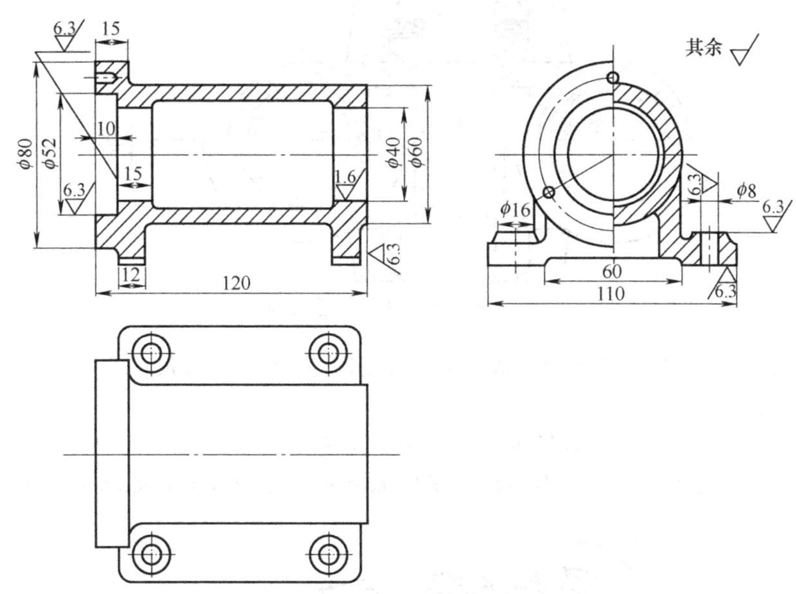


图 7-45　轴座的零件图

② 大批生产工艺方案　如图 7-47 所示，采用一个分模面、两箱造型，轴孔处于中间的浇注位置。该方案造型操作简便，生产效率高，但增加了四个形成 $\phi$16mm 圆形凸台的 1# 外型芯及一个形成长方形凹坑的 3# 外型芯，因而增加制造芯盒及造芯的费用。但由于批量大，该费用均分到每个铸件上的成本就较低，因而还是较为经济的。

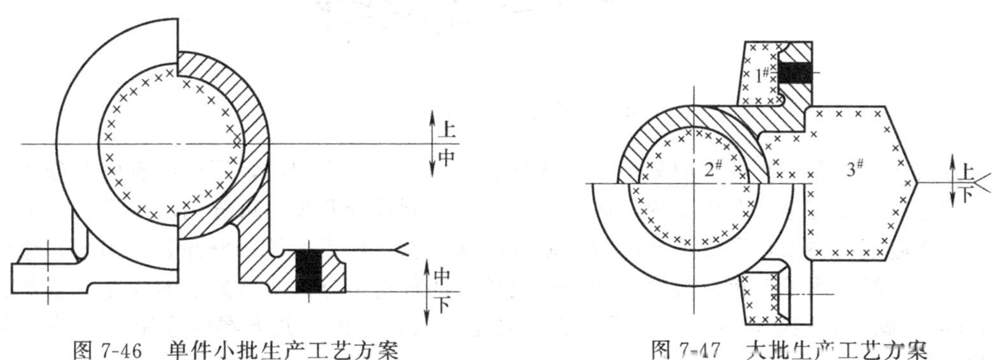


图 7-46　单件小批生产工艺方案　　　　图 7-47　大批生产工艺方案

另外，3# 型芯是悬臂型芯，其型芯头的长度较长。大批生产时，还可考虑一箱中同时铸造两件的方案（如图 7-48 所示），使悬臂型芯成为挑担型芯，这样可使芯头长度缩短，且下芯定位简便，成本更低。

## 7.10.2　减速器箱座铸造工艺简介

某减速器箱座铸件，材质为 HT150，采取单件小批生产的方式。下面简单介绍一下该铸件的生产工艺。

① 铸件质量要求和结构特点分析　该箱座是装配减速器的基准件，上面为剖分面，用定位销和螺栓与箱盖连接，内腔安装齿轮、轴和滚动轴承等，并储存润滑油。其右端有一个带孔的斜凸台，供插入测量储油量的油针，下面还有一个放油孔凸台。底板下面设计有铸槽，以减少加工面面积并可增强安装时的密合度。其壁厚大部分为 8mm，基本上是均匀的。

箱座上的加工面有：剖分面、底面、轴承孔及其端面、斜凸台上的孔及其端面、放油孔

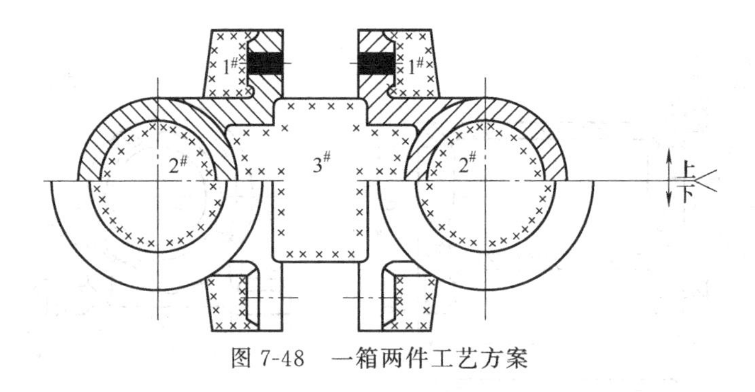


图 7-48　一箱两件工艺方案

螺纹及其端面、各定位销孔和螺栓孔等。其中的剖分面质量要求最高，加工后不得有缩松、气孔等铸造缺陷。

② 选择造型方法　因生产数量少，故采用手工造型。

③ 选择浇注位置和分型面　本铸件可采用如下两种分型方案，如图 7-49 所示。

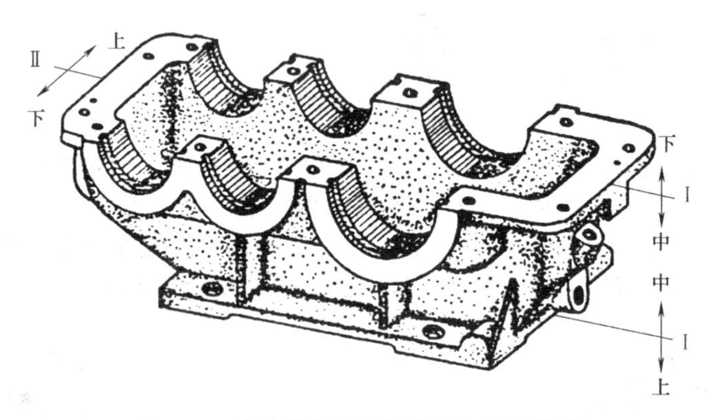


图 7-49　减速器箱座铸件分型方案示意图

方案Ⅰ：沿箱座高度方向分型。箱座截面为两端大、中间小，所以应有两个分型面，采用三箱造型。型腔全部在中型内，底板和其他部分制成分开模，可分别从中型的上下两面起模。阻碍起模的斜凸台和放油孔凸台可制成活块模。底板下面的铸槽部分采用挖砂造型。可见此方案同时使用了三箱、分模、活块和挖砂等四种造型方法。该方案的优点是重要加工面（剖分面）朝下，能够保证质量，下芯方便且型芯支撑稳固。此方案仅适用于单件小批生产时的手工造型。

方案Ⅱ：沿箱座宽度方向在中心线处分型，可采用两箱造型，妨碍起模的底板铸槽可制成四个活块模。此方案比方案Ⅰ造型操作简便，但型芯呈悬臂状，支撑不牢固。上型有吊砂，容易发生塌箱；错型则影响外形尺寸等，只有生产批量大时才能考虑此方案。但此时应对箱座结构作必要的修改，即将底板下面的四块加工面连成左右两块，使之不妨碍起模，便可进行机器造型。

④ 浇注系统设计　浇注位置及分型面选定后，可进一步设计浇注系统。因箱座材质为具有一定收缩性质的 HT150，且壁厚均匀，故可使其按同时凝固的原则进行凝固。浇注系统包括浇口盆、直浇道、横浇道和两个内浇道。内浇道从剖分面一端引入，属底注式浇注系统。不设冒口，仅在底板处设置四个直径为 20mm 的出气口。

⑤ 确定各工艺参数并绘制铸造工艺图　图 7-50 为采用方案Ⅰ的铸造工艺简图。该箱座最大尺寸为 730mm，位于剖分面，该加工面与基准面的距离为 200mm。同时，根据铸造工艺方法和铸件材料，确定各加工面的加工余量为：箱座底面（顶面）为 7mm，剖分面（底

面）和轴承孔端面（侧面）为 5mm，轴承孔面按顶面考虑也为 7mm。由于定位销孔、螺栓孔等直径较小，均不铸出，内腔部分由一个型芯形成，型芯的有关尺寸如图 7-50 所示。

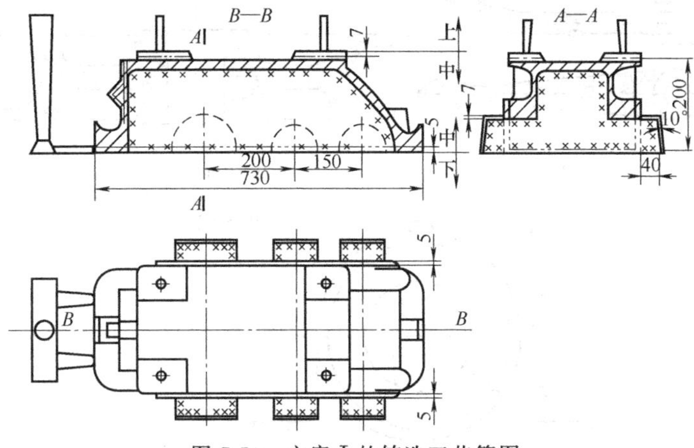


图 7-50　方案Ⅰ的铸造工艺简图

## 思考题与习题

1. 为什么铸造是毛坯生产的重要方法？试从铸造的特点出发结合实例分析。

2. 什么是液态金属的充型能力？充型能力主要受哪些因素影响？充型能力差易导致哪些铸造缺陷？

3. 铸件上产生缩孔的根本原因是什么？顺序凝固为什么能避免缩孔缺陷？

4. 冒口有什么作用？如何设置冒口？

5. 何谓铸件的浇注位置？它是否就指铸件上的内浇道位置？铸件的浇注位置对铸件的质量有什么影响？应按什么原则来选择？

6. 试述分型面的概念。从保证质量与简化操作两方面考虑，确定分型面的主要原则有哪些？

7. 浇注温度过高或过低，易产生哪些铸造缺陷？

8. 何谓封闭式、开放式、底注式及阶梯式浇注系统？它们各有什么优点？

9. 何谓铸造工艺图？有何用途？

10. 单件生产题图 7-1 所示轴承盖铸件，要求铸后 $\phi$120、$\phi$90 及 $\phi$74 柱面同心，试选择分型面和造型方法。

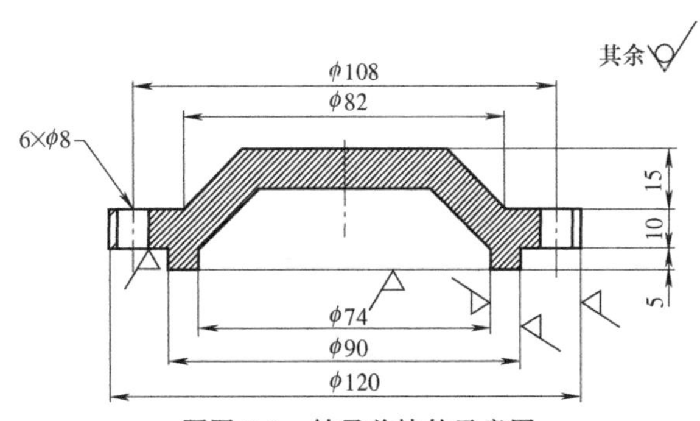


题图 7-1　轴承盖铸件示意图

11. 确定题图 7-2 所示铸件在单件、小批和大批量生产时的铸造工艺方案。

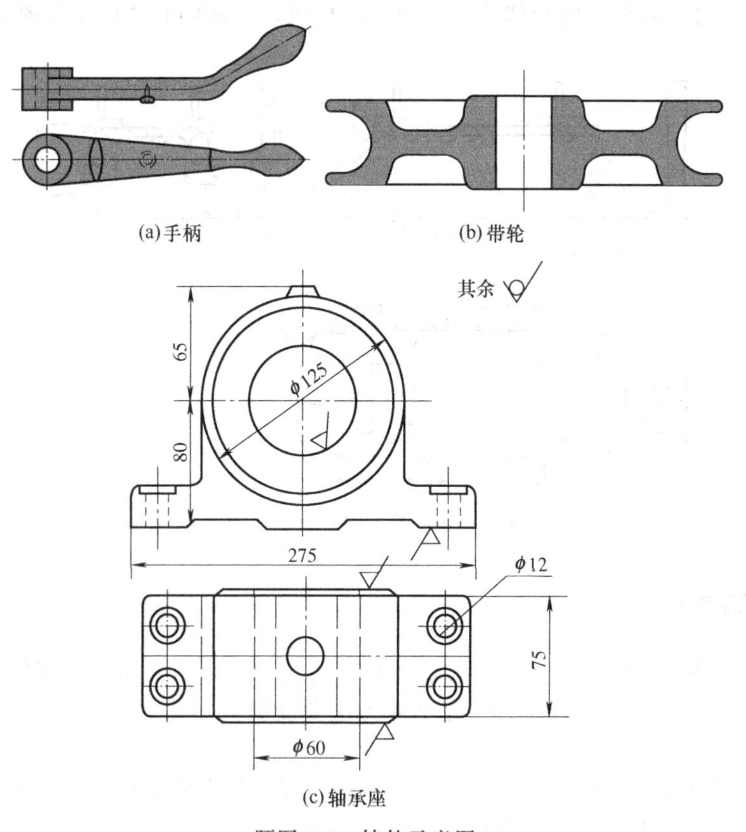


(a)手柄　(b)带轮

(c)轴承座

题图 7-2　铸件示意图

第 8 章

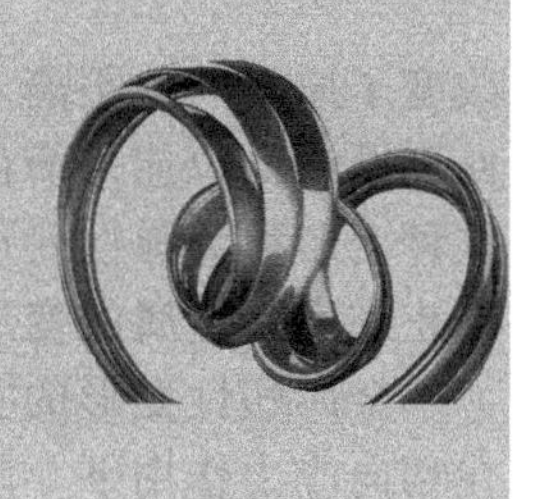

# 金属的锻压成形

**学习目的**

掌握金属塑性成形的理论基础和基本规律；掌握自由锻造的基本工序和工艺规程的制订方法；熟悉模型锻造的原理、方法和工艺过程；掌握板料冲压的基本原理和方法，了解冲压件的结构工艺性特点；了解其他常用压力加工方法的原理和特点。了解压力加工新工艺的原理、特点和应用范围。

**重点和难点**

自由锻造的基本工序和工艺规程的制订方法；板料冲压的基本原理和方法。

**学习指导**

在掌握金属塑性成形理论的基础上，以典型零件的锻造成形为载体，掌握金属锻造成形工艺的设计方法和步骤。

## 8.1 锻压工艺基础

### 8.1.1 概述

锻压是对坯料施加外力，使其产生塑性变形，改变尺寸、形状及改善性能，用以制造机械零件、工件或毛坯的成形加工方法，是锻造和冲压的总称。大多数金属材料在冷态或热态下都具有一定的塑性，因此它们可以在室温或高温下进行各种锻压加工。常见的锻压方法有自由锻造、模锻、板料冲压、轧制、挤压和拉拔等。

金属锻压加工在机械制造、汽车、拖拉机、仪表、造船、冶金工程及国防等工业中有着广泛的应用。以汽车为例，按重量计算，汽车上 70%的零件均是由锻压加工方法制造的。金属锻压加工主要有以下特点：

① 锻压加工后，可使金属获得较为细密的晶粒，可以压合铸造组织内部的气孔等缺陷，并能合理控制金属纤维的方向与应力方向一致，提高零件的性能。

② 锻压加工后，坯料的形状和尺寸发生改变而其体积基本不变，与切削加工相比可节约金属材料和加工工时。

③ 除自由锻造外，其他锻压方法如模锻、冲压等都具有较高的劳动效率。

④ 能加工各种形状、重量的零件，适用范围广。

### 8.1.2 金属塑性成形理论基础

#### 8.1.2.1 金属的塑性变形

金属在外力作用下，其内部必将产生应力。此应力迫使原子离开原来的平衡位置，从而改变了原子间的距离，使金属发生变形，并引起原子位能的增高。处于高位能的原子具有返回到原来低位能平衡位置的倾向，当外力停止作用后，应力消失，变形也随之消失，金属的这种变形称为弹性变形。当外力增大到使金属的内应力超过该金属的屈服点之后，即使外力停止作用，金属的变形并不消失，这种变形称为塑性变形。

金属塑性变形的实质是晶体内部产生滑移的结果。单晶体内的滑移变形如图 8-1 所示。在切向应力作用下，晶体的一部分与另一部分沿着一定的晶面产生相对滑移（该面称滑移面），从而造成晶体的塑性变形。当外力继续作用或增大时，晶体还将在另外的滑移面上发生滑移，使变形继续进行，因而得到一定的变形量。

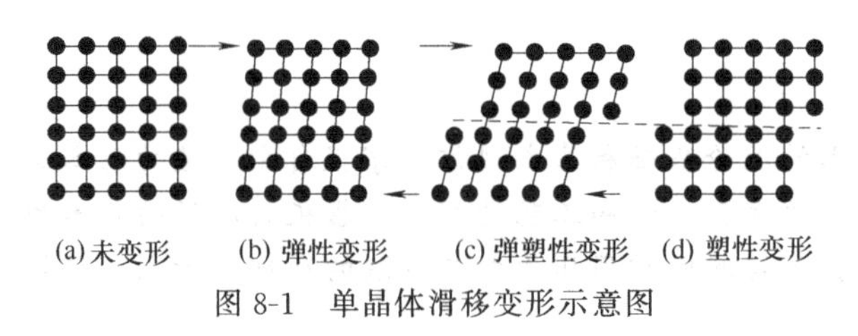


图 8-1　单晶体滑移变形示意图

上述理论所描述的滑移运动，相当于滑移面上下两部分晶体彼此以刚性整体作相对运动。要实现这种滑移所需的外力要比实际测得的数据大几千倍，这说明实际晶体结构及其塑性变形并不完全如此。实际上，晶体内部存在大量缺陷。其中，以位错［图 8-2(a)］对金属塑性变形的影响最为明显。由于位错的存在，部分原子处于不稳定状态。在比理论值低得多的切应力作用下，处于高能位的原子很容易从一个相对平衡的位置上移动到另一个位置上［图 8-2(b)］，形成位错运动。位错运动的结果，就实现了整个晶体的塑性变形［图 8-2(c)］。

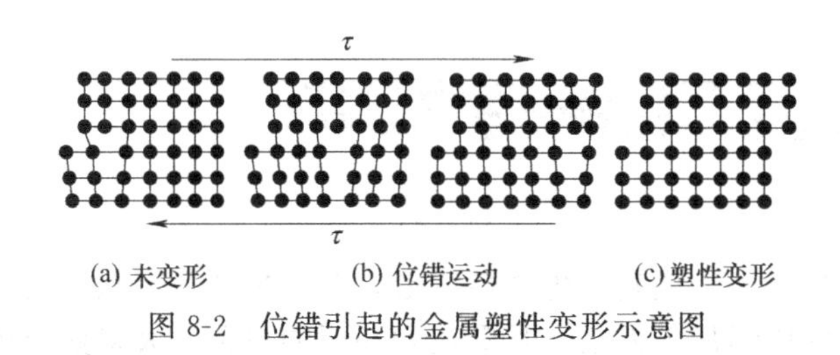


图 8-2　位错引起的金属塑性变形示意图

通常使用的金属材料都是由大量微小晶粒组成的多晶体。其塑性变形可以看成是由组成多晶体的许多单个晶粒产生变形（称为晶内变形）的综合效果。与此同时，晶粒之间也有滑动和转动（称为晶间变形）。每个晶粒内部都存在许多滑移面，因此整块金属的变形量可以比较大。低温时，多晶体的晶间变形不可过大，否则将引起金属的破坏。

由此可知，金属内部有了应力就会发生弹性变形。应力增大到一定程度后使金属产生塑性变形。当外力去除后，弹性变形将恢复，称为“弹复”现象。这种现象对有些压力加工件的变形和工件质量有很大影响，必须采取工艺措施来保证产品的质量。

#### 8.1.2.2　金属的可锻性

塑性成形利用金属的塑性对坯料进行加工。通常，用可锻性来描述材料通过塑性加工获得优质零件的难易程度。可锻性的指标一般包括金属的塑性和变形抗力。金属的塑性用伸长率 $\delta$ 和断面收缩率 $\psi$ 来表示，$\delta$、$\psi$ 值越大的金属，其塑性也越大。变形抗力是指塑性变形时金属反作用于工具上的力。变形抗力越小，则变形消耗的能量也就越小。塑性和变形抗力是两个不同的独立概念。比如奥氏体不锈钢在冷态下塑性虽然很好，但变形抗力却很大。金属材料的可锻性与下列因素有关。

① 化学成分　不同化学成分的金属塑性不同，所以可锻性也不同。纯铁的塑性就比碳钢好，变形抗力也小；低碳钢的可锻性又比高碳钢好。当钢中含有较多的碳化物形成元素Cr、Mo、W、V时，可锻性显著下降。

② 金属组织　金属内部的组织结构不同，其可锻性有很大差别。固溶体（如奥氏体）的可锻性好，碳化物（如渗碳体）的可锻性差。晶粒细小而又均匀的组织可锻性好，当锻造组织中存在柱状晶粒、枝晶偏析以及其他缺陷时，可锻性较差。

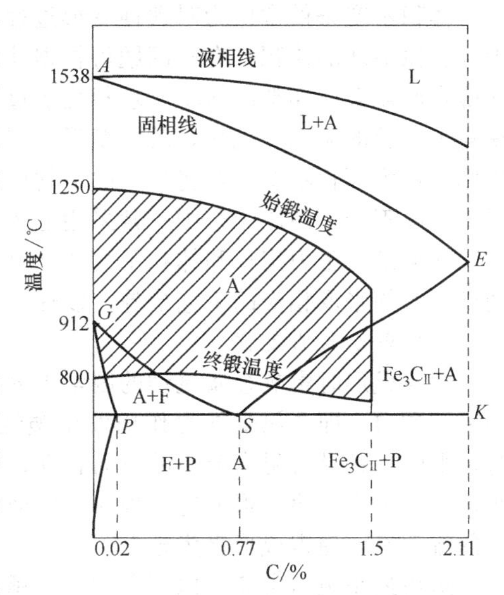

图 8-3　锻造温度范围的确定

③ 变形温度　变形温度对塑性及变形抗力的影响很大。一般来说，提高金属变形时的温度，会使原子的动能增加，从而削弱原子之间的吸引力，减少滑移所需要的力，因此，塑性增大，抗形变力减小，改善了金属的可锻性。当温度过高时，金属会产生过热、过烧等缺陷，使塑性显著下降，此时金属在外力作用下很容易脆裂。图 8-3 给出了钢材锻造生产允许的温度范围。

④ 变形速度　变形速度即单位时间内的变形程度，对塑性及变形抗力的影响是矛盾的：一方面由于变形速度的增大，回复和再结晶不能及时克服加工硬化现象，使金属表现出塑性下降，变形抗力增加，可锻性变坏；另一方面，金属在变形过程中消耗于塑性变形的能量一部分转化为热能，使金属的温度升高，产生所谓的热效应现象。变形速度越大，热效应现象越明显，使金属的塑性上升，变形抗力下降，如图 8-4 所示。

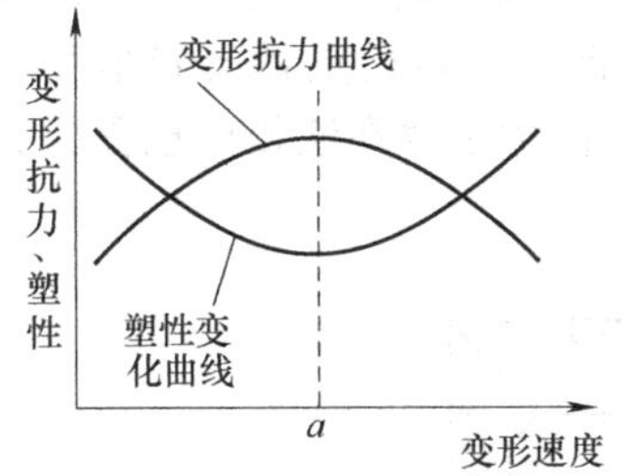

图 8-4　变形速度与金属的塑性及变形抗力的关系

⑤ 应力状态　不同的压力加工方法在材料内部所产生的应力大小和性质（拉或压）是不同的，因而表现出不同的可锻性。例如，金属在挤压时呈三向压应力状态，表现出较高的塑性和较大的变形抗力；而金属在拉拔时呈两向拉应力和一向压应力状态，表现出较低的塑性和较小的变形抗力。

总之，金属的可锻性既取决于金属的本质，又取决于变形的条件，在锻压生产中要力求创造有利的变形条件，充分发挥金属的塑性，降低变形抗力，使功耗最少，变形进行的充分，用最经济方法达到加工的目的。

#### 8.1.2.3　塑性成形的基本规律

塑性成形规律指的是塑性成形时金属质点流动的规律，即在给定条件下，变形体内将出现什么样的位移速度场和位移场，以确定物体形状、尺寸的变化及应变场，从而为选择变形工步和设计成形模具奠定基础。

(1) 体积不变定律

由于塑性变形时金属密度的变化很小，物体主要发生形状的改变，虽然体积也有微量的变化，但与塑性变形相比是很小的，可以忽略不计，所以可认为变形前后的体积相等，即

$$\varepsilon_x+\varepsilon_y+\varepsilon_z=0 \tag{8-1}$$

式中，$\varepsilon_x$、$\varepsilon_y$、$\varepsilon_z$ 分别代表沿 $x$、$y$、$z$ 方向的微小应变。

由上式可知：$\varepsilon_x = -(\varepsilon_y + \varepsilon_z)$，即某一主方向的微小应变等于另外两个方向的微小应变之和，且变形方向相反。如自由锻拔长时，随着坯料长度的增加，必然会有高度的减小和宽度的增大。为提高拔长效率，应尽量减小宽度的增量，采用V形砧拔长。

体积不变条件常作为对塑性变形过程进行力学分析的一个前提条件，也可用于工艺设计中计算原毛坯的体积。有些问题可根据几何关系直接利用体积不变条件来求解，可以很方便地确定所需金属坯料的体积和坯料变形过程中各工序的工序尺寸，故在各类塑性成形工艺中获得了广泛的应用。例如，若将变形过程中坯料平均厚度的变化忽略不计，根据体积不变条件则可视为面积不变；若将坯料的平均厚度和平均宽度的变化均忽略不计，则体积不变可视同为长度不变。冲压工艺中，常采用上述方法确定所需坯料的面积或长度。

根据最小阻力定律和体积不变条件可以分析金属坯料的变形趋势，大体确定出金属的流动模型，并采取相应的工艺措施，以保证对生产过程和产品质量的控制。

（2）最小阻力定律

塑性成形时影响金属流动的因素十分复杂，可以应用最小阻力定律定性地分析金属质点的流动方向。即金属受外力作用发生塑性变形时，如果某质点有向各个方向移动的可能性时，则质点将沿着阻力最小的方向移动，故宏观上变形阻力最小的方向上变形量最大，这就叫做最小阻力定律。根据这一规律可以通过调整某个方向的流动阻力，来改变金属在某些方向的流动量，使得成形更为合理。

运用最小阻力定律可以解释用平头锤进行镦粗时，各种截面形状随着变形程度的增加逐渐接近于圆形。图8-5(a)、(b)、(c) 分别为圆形、方形、矩形截面上各质点在镦粗时的流动方向，图8-5(d) 是矩形截面镦粗后的截面形状。如果镦粗时各方向上摩擦力相等，则各方向上的变形量的大小就和各边长度成正比。由于金属流动的距离越短，摩擦阻力也就越小，所以端面上任何一点的金属必然沿着垂直边缘的方向流动。随着变形程度的增加，断面的周边将趋于椭圆，而椭圆将进一步变为圆。如能不断镦粗下去，坯料最终可能成为圆形截面，如图8-5(d) 所示（图中箭头长度可视为变形量的多少）。此后，各质点将沿着半径方向流动。因为相同面积的任何形状，圆形的周长最短，因而最小阻力定律在镦粗中也称为最小周边法则。

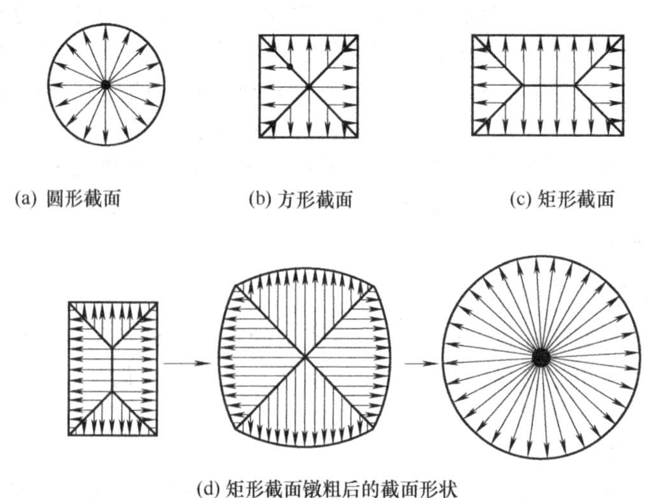

(a) 圆形截面　(b) 方形截面　(c) 矩形截面

(d) 矩形截面镦粗后的截面形状

图8-5　最小阻力定律示意图

根据最小阻力定律和体积不变条件可以分析金属坯料的变形趋势，大体确定出金属的流动模型，并采取相应的工艺措施，以保证对生产过程和产品质量的控制。

#### 8.1.2.4 塑性变形后金属的组织和性能

金属在不同温度下变形后的组织和性能不同，因此金属的塑性变形分为冷变形和热变形两种。在再结晶温度以下的变形叫冷变形，在再结晶温度以上的变形叫热变形。

(1) 冷变形对金属的组织和性能的影响

金属在常温下经过塑性变形后，内部组织将发生变化，一方面晶粒沿变形最大的方向伸长发生扭曲，产生内应力；另一方面晶粒间产生碎晶。

随着金属内部组织的改变，金属的力学性能亦将发生变化。变形程度增大时，金属的刚度及硬度升高，而塑性和韧性下降，这种现象称为加工硬化。其原因是由于滑移面上的碎晶块和附近晶格的强烈扭曲，增大了滑移阻力，使继续滑移难于进行。

加工硬化是一种不稳定现象，具有自发地回复到稳定状态的倾向，但在常温下不易实现，提高温度，原子获得热能，热运动加剧，使原子得以回复正常排列，消除了晶格扭曲，使加工硬化得到部分消除，这一过程称为“回复”，这时的温度称为回复温度。

当温度继续升高时，金属原子获得更多的热能，则开始以某些碎晶或杂质为核心结晶成新的晶粒，从而消除了全部加工硬化现象，这个过程称为再结晶，此时温度称为再结晶温度（一般为金属熔点的 0.4 倍）。

(2) 热变形对金属的组织和性能的影响

当金属在高温下受力变形时，加工硬化和再结晶过程同时存在。不过变形中的加工硬化随时都被再结晶过程所消除，变形后没有加工硬化现象。金属只有在热变形情况下，才能以较小的功达到较大的变形，同时能获得具有高力学性能的再结晶组织。因此，金属压力加工生产多采用热变形来进行。

金属压力加工生产采用的最初坯料是铸锭，其内部组织很不均匀，晶粒较粗大，并存在气孔、缩松、非金属夹杂物等缺陷。铸锭加热后经过压力加工，由于塑性变形及再结晶，从而改变了粗大、不均匀的铸态结构，获得细化了的再结晶组织。同时可以将铸锭中的气孔、缩松等压合在一起，使金属更加致密，力学性能得到很大提高。

#### 8.1.2.5 锻造流线和锻造比

铸锭在压力加工中产生塑性变形时，基体金属的晶粒形状和沿晶界分布的杂质形状都发生了变形，它们都将沿着变形方向被拉长，呈纤维形状，这种结构被称为锻造流线，也有文献称为纤维组织，如图 8-6 所示。

锻造流线的形成使金属在性能上具有了方向性，对金属变形后的质量也有影响。锻造流线越明显，金属在纵向（平行流线方向）上塑性和韧性提高，而在横向（垂直流线方向）上塑性和韧性降低。

(a) 变形前原始组织

(b) 变形后纤维组织

图 8-6 铸锭热变形前后的组织

锻造流线的明显程度与金属的变形程度有关。变形程度越大，流线越明显。压力加工过程中，常用锻造比 $Y$ 来表示变形程度。锻造比的计算公式因采用的锻压工艺不同而不同。例如，拔长和镦粗时的锻造比分别表示为

$$Y_{拔长}=A_0/A \tag{8-2}$$

$$Y_{镦粗}=H_0/H \tag{8-3}$$

式中，$H_0$、$A_0$ 分别为坯料变形前的高度（mm）和截面积（$mm^2$）；$H$、$A$ 分别为坯料变形后的高度（mm）和截面积（$mm^2$）。

锻造流线的稳定性很高，不能用热处理方法加以消除。只有经过锻压使金属变形，才能

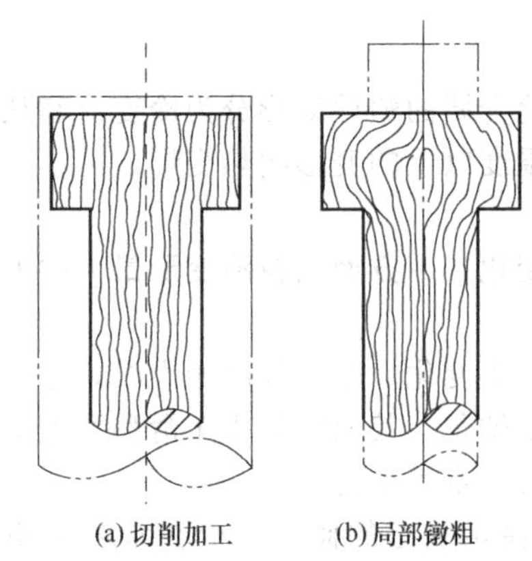

图 8-7 不同工艺方法对锻造流线的影响

改变其方向和形状。因此，为了获得具有最好力学性能的零件，在设计和制造零件时，都应使零件在工作中产生的最大正应力方向与流线方向重合，最大切应力方向与流线方向垂直，并使流线分布与零件的轮廓相符合，尽量使纤维组织不被切断。

如图 8-7 所示，当采用棒料直接经切削加工制造螺钉时，螺钉头部与杆部的纤维被切断，不能连贯起来，受力时产生的切应力顺着纤维方向，故螺钉的承载能力较弱［图 8-7(a)］。当采用同样棒料经局部镦粗方法制造螺钉时，则纤维不被切断，连贯性好，纤维方向也较为有利，故螺钉质量较好，如图 8-7(b) 所示。

## 8.2 自由锻

自由锻是在自由锻设备上利用简单的通用性工具（如砧子、型砧、胎模等）使坯料变形而获得所需的几何形状及内部质量的锻件的加工方法。坯料在锻造过程中，除与上下砧铁或其他辅助工具接触的部分表面外，都是自由表面，变形不受限制，锻件的形状和尺寸靠锻工的技术来保证，所用设备与工具通用性强。自由锻主要用于单件、小批量生产。对于某些大型锻件，自由锻甚至是唯一的加工方法，因此自由锻在重型机械制造中有特别重要的意义。

### 8.2.1 自由锻设备与工具

自由锻设备常用的有锻锤和压力机，分别应用于不同的场合。

空气锤有两个汽缸，压缩汽缸将空气压缩，通过分配阀送入工作汽缸，推动活塞连同锤头作上下运动起锤击作用，操作灵活，广泛用于中小型锻件的生产，如图 8-8 所示。

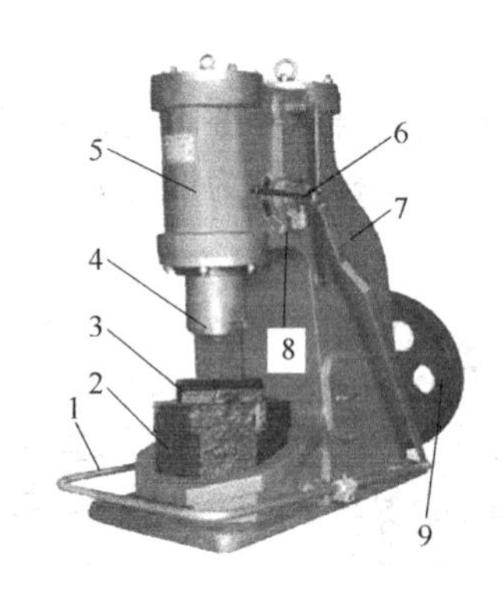

图 8-8 空气锤示意图

1—踏杆；2—砧座；3—砧垫；4—锤头；5—工作汽缸；6—上、下旋阀；7—锤身；8—压缩汽缸；9—电动机

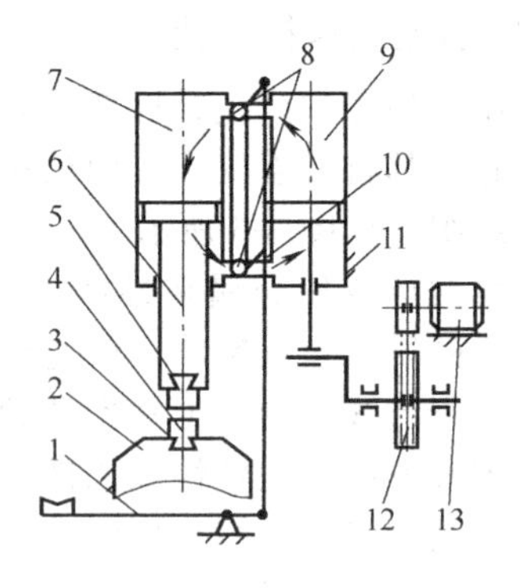

图 8-9 空气锤工作原理示意图

1—踏杆；2—砧座；3—砧垫；4—下砥铁；5—上砥铁；6—锤头；7—工作汽缸；8—上、下旋阀；9—压缩汽缸；10—手柄；11—锤身；12—减速机构；13—电动机

空气锤工作原理如图 8-9 所示。电动机通过减速机构和曲柄，连杆带动压缩汽缸的压缩活塞上下运动，产生压缩空气。当压缩汽缸的上下气道与大气相通时，压缩空气不进入工作汽缸，电动机空转，锤头不工作，通过手柄或脚踏杆操纵上下旋阀，使压缩空气进入工作汽缸的上部或下部，推动工作活塞上下运动，从而带动锤头及上砥铁的上升或下降，完成各种

打击动作。旋阀与两个汽缸之间有四种连通方式，可以产生提锤、连打、下压、空转四种动作。

蒸汽-空气锤利用蒸汽或压缩空气作为动力，适用于中小型锻件。水压机则以压力代替锤锻时的冲击力，适用于锻造大型锻件。

自由锻工具按其功用可分为支持工具、辅助工具、夹持工具和测量工具等，用来工件成形、夹持、测量等。

## 8.2.2 自由锻的基本工序

锻件的自由锻成形过程由一系列工序组成。根据变形性质和程度的不同，自由锻工序分为基本工序、辅助工序和精整工序三类。改变坯料的形状和尺寸，实现锻件基本成形的工序称为基本工序，有镦粗、拔长、冲孔、弯曲、扭转、切割等。为便于实施基本工序而使坯料预先产生少量变形的工序称为辅助工序，如压肩、压痕等。为修整锻件的尺寸和形状，消除表面不平，校正弯曲和歪扭等目的施加的工序称为精整工序，如滚圆、摔圆、平整、校直等。

### 8.2.2.1 镦粗

使坯料高度减小而横截面积增大的锻造工序称为镦粗。镦粗的主要方法有平砧镦粗、局部镦粗和垫环镦粗，如图8-10所示。

用平砧镦粗圆柱毛坯时，坯料在下砧和锤头之间变形，随着高度减小，金属自由地不断向四周流动，由于毛坯和工具之间存在摩擦，镦粗后的坯料的侧表面将变成鼓形，同时造成毛坯内部变形分布也不均匀。产生变形不均匀的原因除了工具与毛坯端面之间摩擦的影响外，温度不均也是一个很重要的因素。与工具接触的上、下端面金属由于温降快，变形抗力大，故较中间处的金属变形困难。

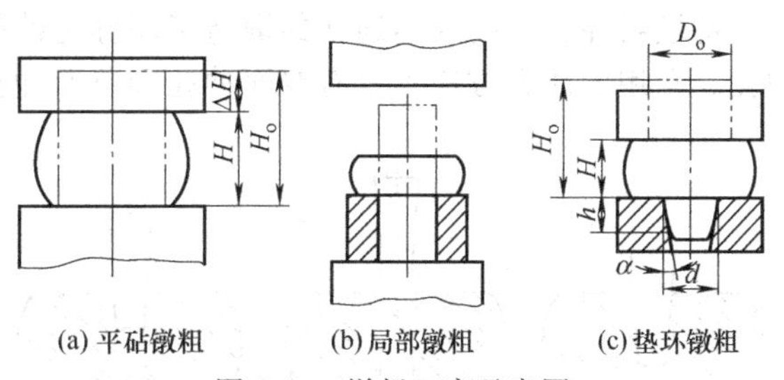

(a) 平砧镦粗　(b) 局部镦粗　(c) 垫环镦粗

图 8-10　镦粗工序示意图

### 8.2.2.2 拔长

使坯料横截面减小而长度增加的锻造工序叫拔长，如图8-11所示。高度（或直径）为 $h$ 的坯料自右向左送进，每次送进量为 $l$，为了使锻件表面平整，送进量 $l$ 应小于砧宽 $b$。一般将 $l/b$ 称为进料比，是拔长工序重要的工艺参数。

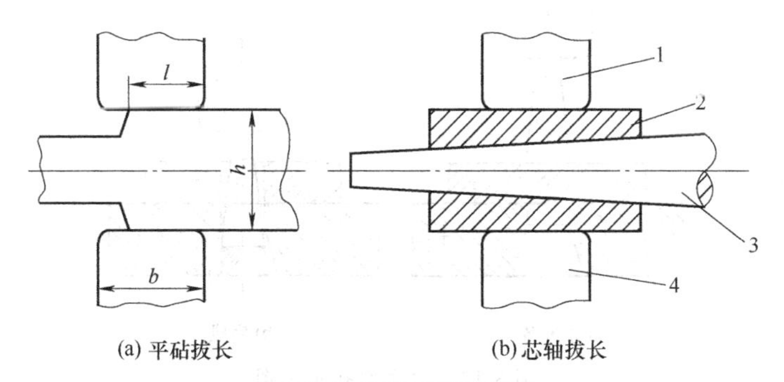

(a) 平砧拔长　(b) 芯轴拔长

图 8-11　拔长工序示意图

1—上砧；2—坯料；3—芯轴；4—下砧

拔长除了用于轴杆锻件成形，还常用来改善锻件内部质量。由于拔长是通过逐次送进和反复转动毛坯进行压缩变形，所以它是锻造生产中耗费工时最多的一种锻造工序。

毛坯拔长时，每送进压下一次，只有部分金属变形。根据最小阻力定律可知，当进料比（$l/b$）较小时，金属向轴向流动的变形程度较大，横向变形程度较小。随着进料比 $l/b$ 的不断增大，轴向变形程度逐渐减小，横向变形程度逐渐增大。因此，为提高拔长生产率，应当采用较小的进料比。但送进量也不宜过小，否则会增加压下次数，在一定程度上将降低拔长效率。如采用型砧拔长，由于金属横向流动受到限制，迫使金属主要沿着轴向流动，所以与平砧相比拔长效率较高。一般锻件的进料比应小于 0.75，对于重要的锻件，进料比应在 0.4～0.8范围内。

按坯料断面形状不同分为矩形断面拔长、圆形断面拔长和芯轴拔长三种。芯轴拔长工艺如图 8-11(b) 所示。芯轴拔长时，一般需经过几次拔长，首先将坯料拔成六角形，锻到所需的长度后，再倒角滚圆，取出芯轴。

矩形断面拔长时若送进量不合理或操作不当，会造成拔长变形不均匀。在平砧上拔长低塑性材料时，坯料易产生内部横向裂纹和对角线裂纹。在平砧上拔长圆形断面时，当压下量较小，则接触面较窄较长，金属横向流动较大，轴向流动较小，拔长效率低，且将导致心部产生横向拉应力，常易在锻件内部产生纵向裂纹。

#### 8.2.2.3 冲孔

将坯料冲出通孔或不通孔的锻造工序称为冲孔，锻造各种带孔锻件和空心锻件时都需要冲孔。常用的冲孔方法主要有双面冲孔和单面冲孔两种。

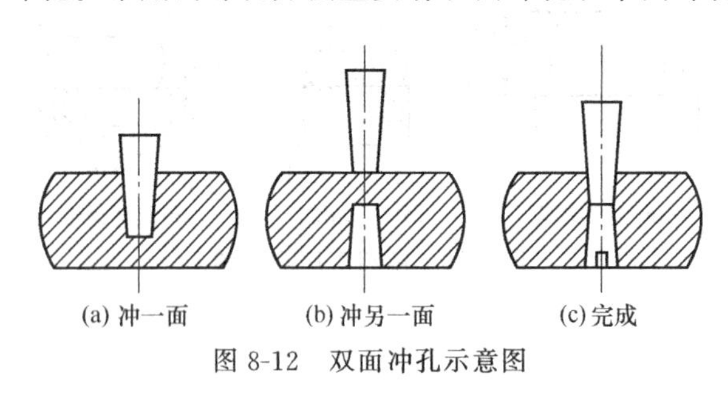

(a) 冲一面　(b) 冲另一面　(c) 完成

图 8-12　双面冲孔示意图

双面冲孔过程如图 8-12 所示，冲子从毛坯的一面冲入，当孔冲到深为毛坯高度的70％～80％时，将毛坯翻转 180°再用冲子从另一面把孔冲穿。冲孔时所产生的毛坯高度减小、外径上小下大、上端面凹进、下端面凸出等现象通称为“走样”。由于冲头下面的金属向外流动，使外层金属受到切向拉应力，导致外侧表面产生裂纹，这些都是冲孔时容易产生的缺陷。

厚度小的坯料可以采用单面冲孔法。冲孔时，坯料置于垫环上，使用一种略带锥度的重锤大端对准冲孔位置，利用重锤打入坯料直至穿透为止，如图 8-13 所示。

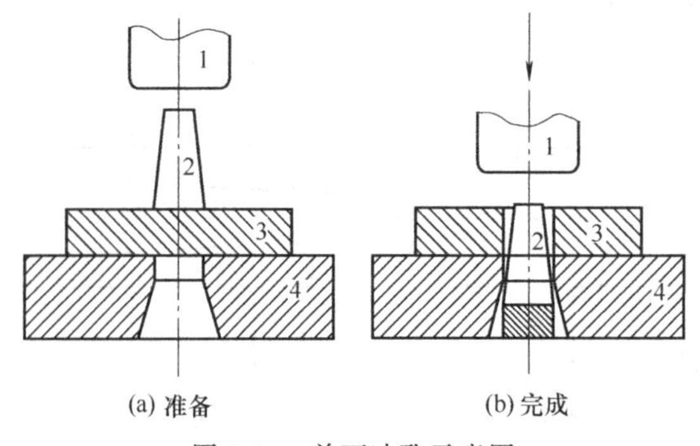


(a) 准备　(b) 完成

图 8-13　单面冲孔示意图

1—上砧；2—冲头；3—坯料；4—垫环

#### 8.2.2.4 弯曲

弯曲是采用一定的工模具将坯料弯成规定外形的工序。常用的弯曲方法有模锻压紧弯曲法和垫模弯曲法两种。模锻压紧弯曲时将坯料的一端压紧，用大锤打击或用吊车拉另一端，实现工件的弯曲成形，如图 8-14 所示。在垫模中弯曲能得到尺寸较为准确的小型锻件，如图 8-15 所示。

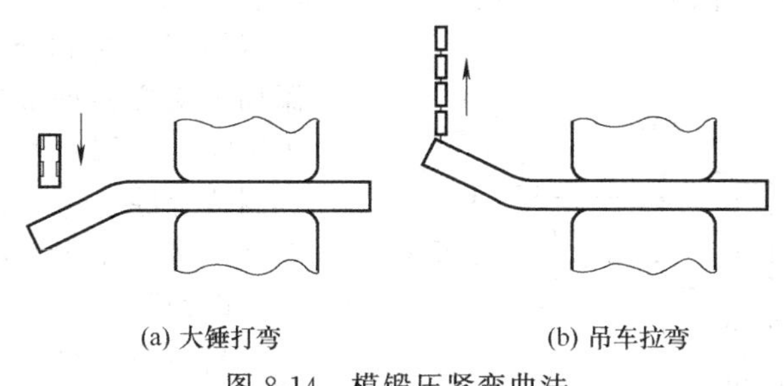


图 8-14　模锻压紧弯曲法

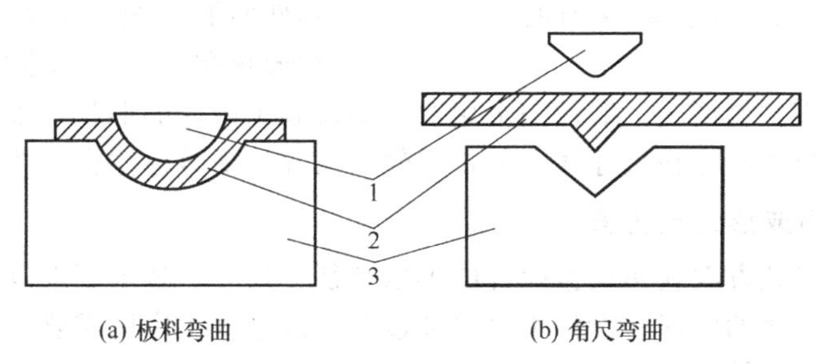


图 8-15　垫模弯曲法

1—模芯；2—工件；3—垫模

#### 8.2.2.5 切割

切割是将坯料分成两部分的锻造工序，常用于切除锻件料头、分段等。对于厚度不大的工件常采用剁刀进行单面切割；对于厚度较大的工件需双面切割，用于拔长的辅助工序，需先切口再拔长。

### 8.2.3 自由锻工艺规程的制订

制订工艺规程是进行自由锻生产中必不可少的技术准备工作，是组织生产过程、规定操作规范、控制和检测产品质量的重要依据。自由锻工艺规程包括绘制锻件图，确定成形工艺，计算坯料重量及尺寸，选择锻造设备和工具，确定锻造温度范围和加热、冷却、热处理规范，规定技术要求，填写工艺卡等。

#### 8.2.3.1 绘制锻件图

锻件图是工艺规程中的核心内容。它是以零件图为基础，并考虑加工余量、敷料和锻造公差等问题绘制而成的。

(1) 加工余量

加工余量是指自由锻件表面留有供机械加工用的金属层。加工余量的大小与锻件的形状、尺寸、精度和表面粗糙度、生产条件（如工具、设备精度和操作者技术水平等）有关，其数值可查阅锻工手册。对不加工的黑皮部分，则不需留加工余量。

(2) 锻造公差

在实际生产中，由于各种因素的影响，锻件的实际尺寸不可能达到锻件的公称尺寸，允许有一定限度的误差，叫做锻造公差。锻造公差的具体数据，可查阅有关国家标准并结合实际情况选择。

(3) 余块

余块也称为敷料，是为了简化锻件形状而保留的，零件上的某些凹槽、小孔、台阶、斜面和锥面等不容易通过锻造加工，需要在这些部位添加一部分大于余量的金属使锻件形状简化，这部分附加的金属叫做锻造余块，简称余块。余块的添加，方便了锻造成形，但增加了机械加工工时和金属损耗。因此，是否添加余块应根据锻造难易程度、机械加工工时、金属材料消耗、生产批量和工具制造等综合考虑确定。这些部位并非零件本身的要求，应在后续的切削加工中予以切除。

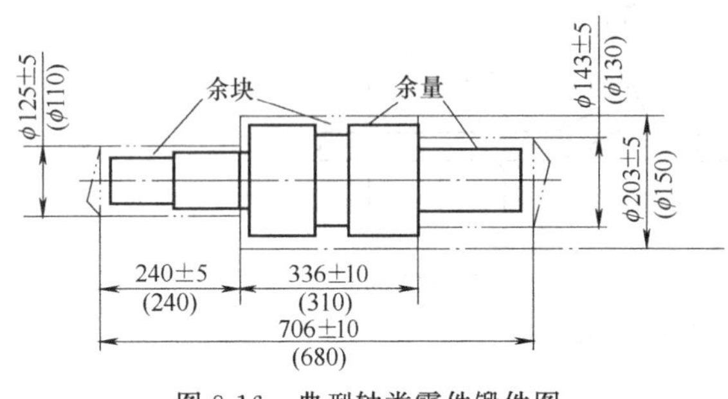

图 8-16　典型轴类零件锻件图

当余量、公差和余块等确定之后，便可绘制锻件图。图 8-16 所示为阶梯轴零件的锻件图，从中可以看出，锻件图在形状和尺寸上都不同于零件。为了使锻造工作人员了解零件的情况，锻件图上用双点画线画出锻件的形状，零件形状用粗实线画出。锻件的尺寸和公差标注在尺寸线上面，零件的尺寸加括号标注在尺寸线下面。

### 8.2.3.2　确定锻造成形工艺方案

确定锻造成形工艺方案就是根据锻件的形状特征、尺寸、技术要求以及自由锻成形工序的特点，确定锻造工序的顺序、设计工序尺寸以及完成这些工序所需要的工具。各类自由锻件的基本工序如表 8-1 所示。

### 8.2.3.3　确定毛坯质量和尺寸

(1) 确定毛坯质量

毛坯质量为锻件质量与锻造时各种金属损耗的质量之和。计算公式如下

$$m_{坯}=m_{锻}+m_{损}=m_{锻}+m_{烧}+m_{芯}+m_{切} \quad (8\text{-}4)$$

式中，$m_{坯}$、$m_{锻}$、$m_{烧}$、$m_{芯}$、$m_{切}$ 分别为坯料质量、锻件质量、加热时坯料表面氧化而烧损的质量、冲孔时芯料质量和修切部分的质量。

锻件质量 $m_{锻}$ 等于锻件的体积与金属密度的乘积。锻件体积根据锻件的公称尺寸计算；坯料加热时的烧损 $m_{烧}$ 与加热设备类型、加热规范、毛坯性质和加热次数等有关，一般以烧损率（烧损质量占毛坯质量的百分比）表示，第一次加热时取 2%～3%，以后各次加热取 1.5%～2%；冲孔芯料质量 $m_{芯}$ 按冲下部分的基本尺寸计算；当锻造大型锻件采用钢锭作坯料时，锻件切头的质量 $m_{切}$ 应包括切掉的钢锭头部和尾部的质量。

**表 8-1　自由锻件分类及基本工序方案**

| 类别 | 示意图 | 基本工序方案 | 应用实例 |
|---|---|---|---|
| 饼、块类 |  | 镦粗或局部镦粗 | 圆盘、齿轮、模块、锤头等 |

续表

| 类别 | 示意图 | 基本工序方案 | 应用实例 |
| --- | --- | --- | --- |
| 轴、杆类 | | 拔长<br>镦粗—拔长 | 传动轴、主轴、连杆等 |
| 空心类 | | 镦粗—冲孔—扩孔<br>镦粗—冲孔—扩孔—芯轴拔长 | 圆环、法兰、空心轴等 |
| 弯曲类 | | 弯曲 | 吊钩、弯杆、轴瓦盖等 |
| 曲轴类 | | 拔长—错移—扭转 | 曲轴、偏心轴等 |

(2) 确定毛坯尺寸

毛坯质量 $m_{坯}$ 确定后，便可算出毛坯体积 $V_{坯}$

$$V_{坯}=m_{坯}/\rho \tag{8-5}$$

式中，$\rho$ 为钢的密度，$kg/m^3$。

毛坯尺寸的确定与锻造工序和锻造比有关。如采用镦粗方法锻造圆柱形坯料时，为避免镦粗时产生弯曲现象，毛坯高径比不得超过 2.5，同时为了在下料时便于操作，毛坯高径比还应大于 1.25。确定坯料直径后，根据国家标准选用标准直径（或边长），若没有所需的尺寸时，则取相邻的较大的标准尺寸，然后再计算出坯料的下料长度。

#### 8.2.3.4 确定锻造温度范围

为使金属有良好的塑性成形性和理想的金相组织，坯料必须在一定的温度范围内锻造。确定锻造温度范围的基本方法是：以合金平衡相图为基础，参考塑性图、抗力图和再结晶图，由塑性、质量和抗力综合分析，从而确定出始锻温度和终锻温度。

一般情况下，碳钢的锻造温度范围由铁-碳平衡相图直接确定。碳钢的始锻温度比 Fe-C 平衡相图的固相线低 150～250℃，终锻温度约在 Fe-C 平衡相图 $A_{c1}$ 线以上 25～75℃。锻造温度过高，将会导致锻件过烧，即被锻金属的晶界因含合金元素或杂质量高、熔点低而先发生熔化，锻造时即发生开裂。常用金属的始锻温度与终锻温度见表 8-2。

**表 8-2 常用金属的锻造温度**

| 合金种类 | 始锻温度/℃ | 终锻温度/℃ | 锻造温度范围/℃ |
| --- | --- | --- | --- |
| $w_C$<0.3%的碳素钢 | 1200～1250 | 750～800 | 450 |
| $w_C$0.3%～0.5%的碳素钢 | 1150～1200 | 750～800 | 400 |
| $w_C$0.5%～0.9%的碳素钢 | 1100～1150 | 800 | 300～350 |
| $w_C$>0.9%的碳素钢 | 1050～1100 | 800 | 250～300 |

续表

| 合金种类 | 始锻温度/℃ | 终锻温度/℃ | 锻造温度范围/℃ |
|---|---|---|---|
| 合金结构钢<br>低合金工具钢<br>高速钢 | 1150～1200<br>1100～1150<br>1100～1150 | 800～850<br>850<br>900 | 350<br>250～300<br>200～250 |
| 硬铝<br>铝铁青铜 | 470<br>850 | 380<br>700 | 90<br>150 |

#### 8.2.3.5 填写自由锻工艺卡片

锻造工艺卡上需填写工艺规程制订的所有内容。它包括下料方法、工序安排、火次、加热设备、加热及冷却规范、锻造设备、锻件锻后处理等。表8-3给出了冷轧轧辊的自由锻工艺卡片。

### 8.2.4 自由锻锻件的结构设计

自由锻件的总体设计原则是：在满足使用性能的前提下，锻件的形状应尽量简单，易于锻造，具体设计原则如下。

① 锻件应尽量避免锥体或斜面结构。锻造具有锥体或斜面结构的锻件，需制造专用工具，锻件成形也比较困难，从而使工艺过程复杂，不便于操作，影响设备使用效率，应尽量避免，如图8-17所示。

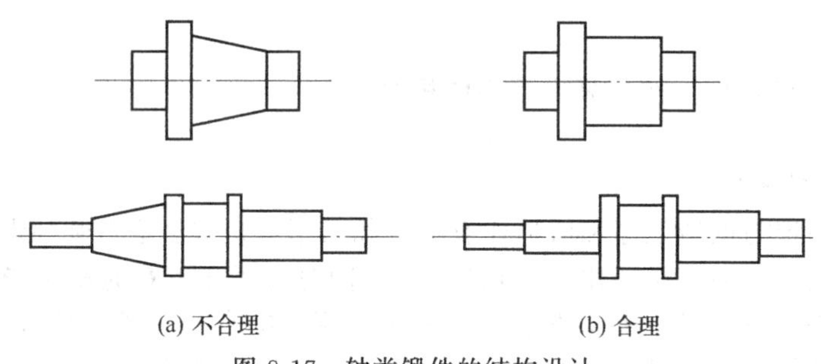

(a) 不合理　　(b) 合理

图8-17　轴类锻件的结构设计

② 应避免几何体的相交形成空间曲线。如图8-18(a)所示的圆柱面与圆柱面相交，锻件成形十分困难。改成如图8-18(b)所示的平面相交，消除了空间曲线，使锻造成形容易。

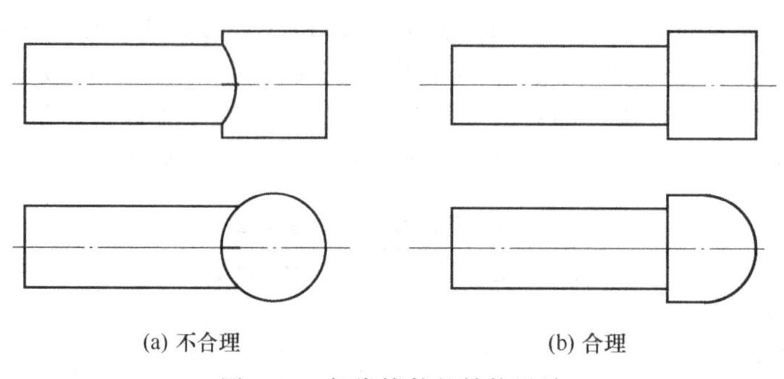

(a) 不合理　　(b) 合理

图8-18　杆类锻件的结构设计

表 8-3 冷轧轧辊自由锻工艺卡

| 锻件名称 | 冷轧轧辊 | 锻件质量 | 3.2t | 锻造比 | 6.43 |
|---|---|---|---|---|---|
| 材料 | 9Cr2 | 钢锭质量 | 5.5t | 炉子温度 | 1200℃ |
| 每锭锻件 | 1 | 钢锭利用率 | 58.2% | 始锻温度 | 1150℃ |
| 锻件等级 | 2 | 工时定额 | 186min | 终锻温度 | 850℃ |
| 锻钢火次 | 4 | 锻造设备 | 2500t 水压机 | 冷却方式 | 坑冷 |

| 火次 | 工序说明 | 工序简图 | 设备 | 工时定额 /min | 工具 |
|---|---|---|---|---|---|
| | 钢锭加热至 1150℃ | 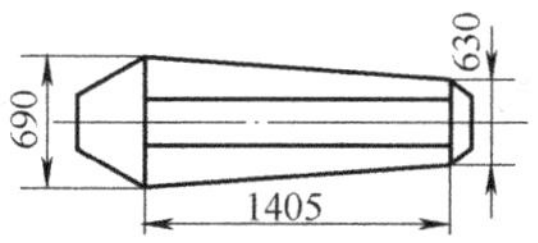 690 630 1405 | — | — | — |
| 1 | (1)在头部锻出料柄<br>(2)倒棱成直径为 $\phi$630mm | 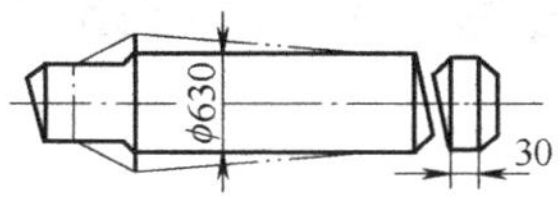 $\phi$630 30 | 2500t | 40 | 上下砧块、剁刀、套筒 |
| 2 | (3)镦粗至直径 $\phi$1050mm<br>(4)拔长为直径 $\phi$620mm | 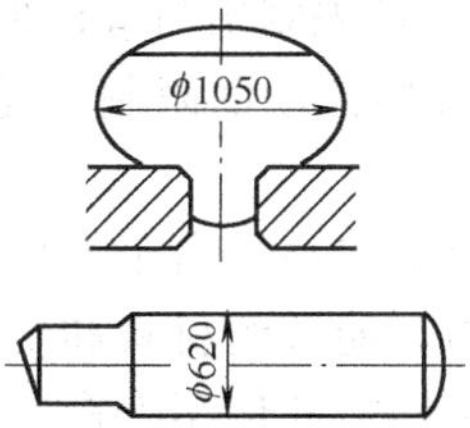 $\phi$1050 $\phi$620 | 2500t | 48 | 球凹面压板、下漏盘、上下砧子、剁刀、套筒 |
| | 中间退火 | 780～800℃，保温 6h | | | |
| 3 | (5)镦粗至直径 $\phi$1050mm<br>(6)拔长为直径 $\phi$620mm<br>(7)分段克压 | 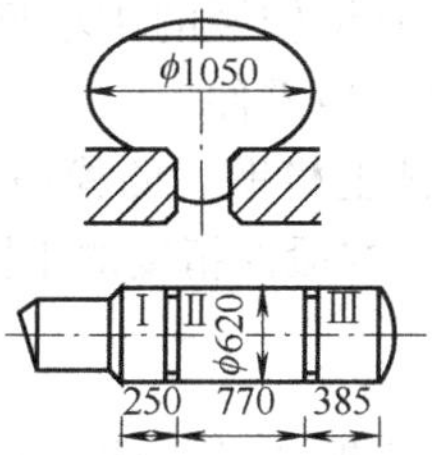 $\phi$1050 Ⅰ Ⅱ $\phi$620 Ⅲ 250 770 385 | 2500t | 38 | 上球凹面压板、下漏盘 |
| | (8)按克压锻出Ⅲ<br>(9)锻出Ⅰ<br>(10)进一步修整，切头 | 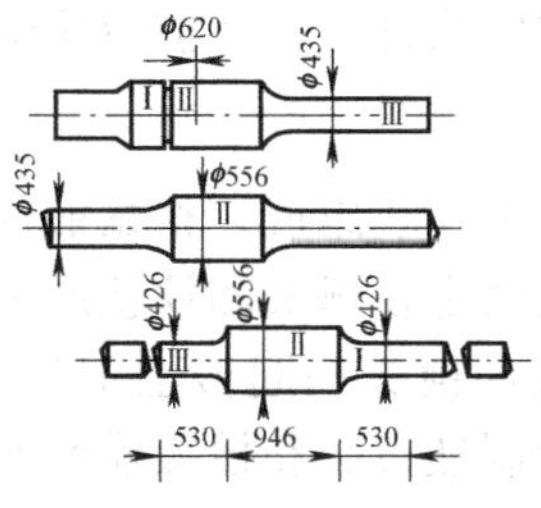 $\phi$620 $\phi$435 Ⅰ Ⅱ Ⅲ $\phi$435 $\phi$556 Ⅱ $\phi$426 $\phi$556 $\phi$426 Ⅲ Ⅱ Ⅰ 530 946 530 | 2500t | 60 | 上下砧子、套筒 |

③ 合理采用组合结构。锻件的横截面积有急剧变化或形状较复杂时，可设计成由数个简单件构成的组合体，如图 8-19 所示。每个简单件锻造成形后，再用焊接或机械连接方式构成整体零件。

④ 避免加强肋、凸台，工字形、椭圆形或其他非规则截面及外形。如图 8-20(a) 所示的锻件结构，设计了加强肋结构，难以用自由锻方法获得。若采用特殊工具或特殊工艺来生产，会降低生产率，增加产品成本。改进后的结构如图 8-20(b) 所示。

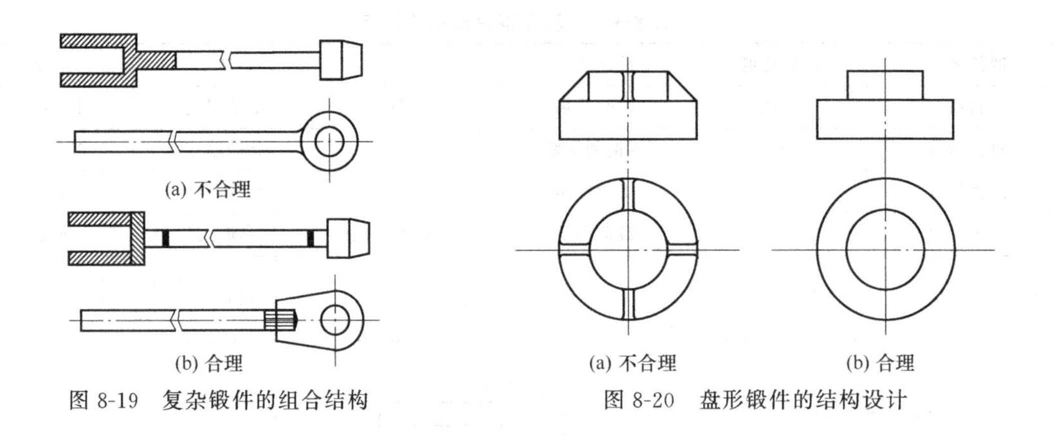

图 8-19　复杂锻件的组合结构　　图 8-20　盘形锻件的结构设计

## 8.3 模型锻造

### 8.3.1 概述

模型锻造是在高强度金属锻模上预先制出与锻件形状一致的模膛，使坯料在模膛内受压变形。在变形过程中由于模膛对金属坯料流动的限制，因而锻造终了时能得到和模膛形状相符的锻件。

与自由锻相比，模锻的生产效率较高。由于有模膛引导金属的流动，锻件的形状可以比较复杂，且尺寸较精确，表面光洁，能节约材料和切削加工工时。同时锻件内部的锻造流线比较完整，从而提高了零件的力学性能和使用寿命。此外，模锻操作简单，劳动强度低，易实现机械化，锻件生产成本较低。但模锻所需设备吨位大，一次性投入高。而且锻模制造周期长，成本高，只适用于批量大、质量较轻的中小型铸件的生。例如汽车、拖拉机、动力机械中一些对力学性能要求较高的中小型零件。

模锻按使用设备不同可以分为锤上模锻、胎模锻、压力机上模锻。按金属流动方式不同，模锻又可分为开式模锻和闭式模锻；按锻件精度的不同，模锻还可分为普通模锻和精密模锻。

### 8.3.2 锤上模锻

锤上模锻是在模锻锤上进行模型锻造的方法，它比其他模锻方法所用设备费用低，模锻工艺通用性大，能生产各种类型的锻件，是目前应用最广泛的一种模锻方法。

#### 8.3.2.1 锻模结构

锤上模锻所用的锻模由上、下模块组成，根据锻件的形状、尺寸，在两个模块中加工相应的模膛，上下模块用楔铁分别固定在锤头和铁砧座上，如图 8-21 所示。

锻造时下模块不动，上模块和锤头一起做上下运动对坯料进行锤击，锻出所需要的锻件。模膛根据其作用不同，分为制坯模膛和模锻模膛两类。

(1) 制坯模膛

模锻形状复杂的锻件时，为了便于成形，先使坯料初步变形所用的模膛称为制坯模膛。

根据制坯工步的不同，制坯模膛又可分为拔长模膛、滚压模膛、弯曲和切断模膛等，如图 8-22～图 8-24 所示。

按模锻锻件的复杂程度不同，所需变形的模膛数量不等，可将锻模设计成单膛锻模和多膛锻模，单膛锻模是在一副锻模上只有终锻模膛。如齿轮坯模锻件就是将加热好的圆柱形皮坯料直接放入单膛模锻中终锻成形，多膛锻模是在一副锻模上具有两个以上模膛的锻模，一般把模锻模膛排在模块中部，制坯模膛排在两侧。

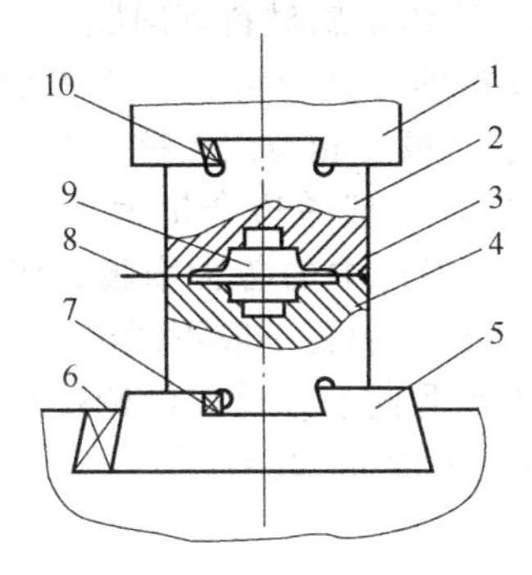


图 8-21 锤上模锻示意图

1—锤头；2—上模；3—飞边槽；4—下模；5—模垫；6,7,10—楔铁；8—分模面；9—模膛

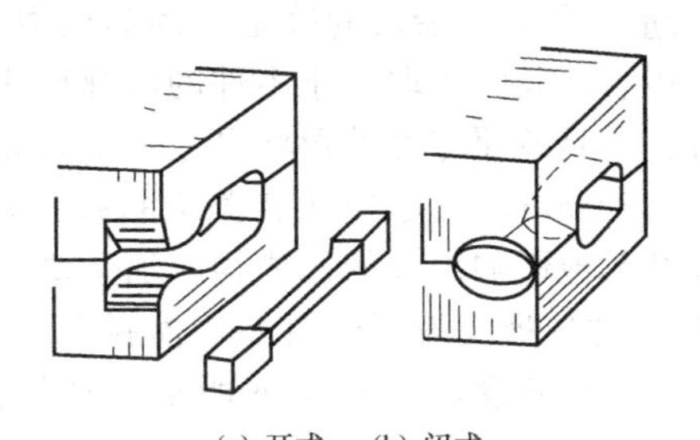

(a) 开式 (b) 闭式

图 8-22 拔长模膛

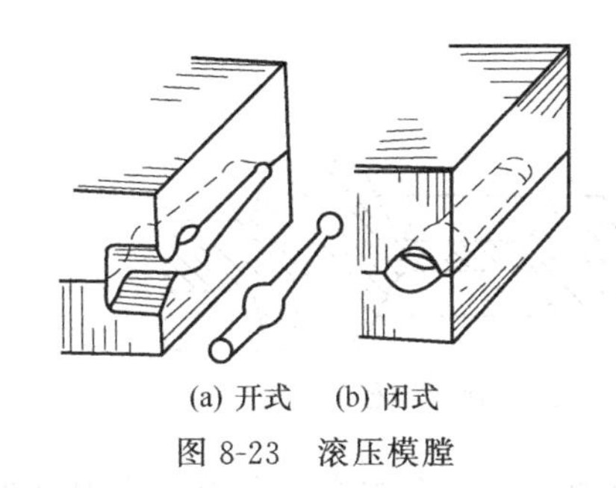

(a) 开式 (b) 闭式

图 8-23 滚压模膛

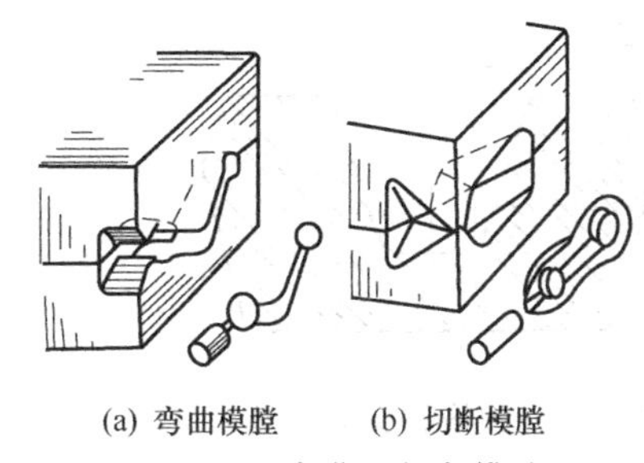

(a) 弯曲模膛 (b) 切断模膛

图 8-24 弯曲和切断模膛

(2) 模锻模膛

模锻模膛是使坯料变成一定形状和尺寸的锻件所用的模膛。

根据锻件的形状和复杂程度不同，模锻模膛又分为预锻模膛和终锻模膛。大批量生产形状复杂的锻件时，为了保护终锻模膛的精度，延长寿命，便于坯料在终锻模膛内成形坯料，需经过在预锻模膛内预锻，使坯料形状与终锻形状接近，然后再在终锻模膛内最终成形。预锻模膛的斜度、圆角较大；终锻模膛斜度、圆角较小，且模膛周围有飞边槽，用来增加金属从模膛中逸出的阻力，促使金属更好地充满模膛、容纳多余金属、保护模膛，如图 8-25 所示。终锻模膛和锻件的外形相同，其尺寸比锻件大一个收缩量，用以抵消锻件冷却时的收缩。

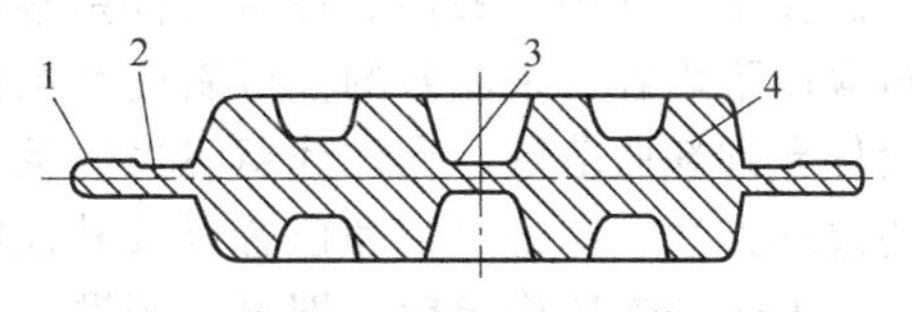


图 8-25 带冲孔连皮和飞边的模锻齿轮坏

1—飞边；2—分模面；3—冲孔连皮；4—锻件

### 8.3.2.2 锤上模锻工艺规程的制订

与自由锻工艺规程制订类似，锤上模锻的工艺规程也包括绘制锻件图、计算坯料尺寸、确定模锻工步、选择设备等。

(1) 绘制锻件图

模锻件图是制订模锻工艺、设计和制造锻模、计算坯料及检验锻件的依据。制订模锻件图时应考虑如下几个问题，并在原零件图上注出以下位置与参数。

① 分模面位置的选择 确定分模面的原则是将分模面选在模锻件最大尺寸的截面上，使模膛深度最小、宽度最大，但侧面上不能有内凹的形状，以便锻件成形后顺利出模；分模

面应尽量选在平面上；饼类锻件尽量选用圆形的分模面；金属流线符合锻件工作时的受力特点。另外还要考虑模膛充满、锻模制造、及时发现错模现象、节约金属材料等问题。

② 加工余量、公差和余块的确定　因为模锻件的尺寸较精确，其余量、公差和余块都比自由锻造小得多，其大小取决于零件的轮廓尺寸、质量大小、精度和表面粗糙度等。确定的方法有两种：一是按照零件的形状尺寸和锻件精度等级确定，一般单边余量为1～5mm，公差为±(0.3～3)mm；二是参照有关资料按锻锤吨位确定。零件中的各种窄槽、齿轮齿间、横向孔以及其他影响出模的凹槽均应加余块，直径小于30mm的孔一般不锻出。

③ 模锻斜度的选择　为便于锻件从模膛中取出，模锻件上垂直于分模面的侧壁要有一定的斜度，称为模锻斜度，如图8-26所示。通常情况下外模锻斜度$\alpha_1$取为5°～7°，内模锻斜度$\alpha_2$取为7°～15°。

④ 圆角半径的确定　为了便于金属在模膛中流动，保证锻造流线的连续性，同时防止锻模开裂，提高锻模寿命，锻件上所有尖锐棱角都必须做成圆弧，圆弧的半径称为圆角半径，如图8-27所示。圆角半径应选用标准值，一般凸圆角半径$r$取为单面加工余量加零件圆角半径或倒角值，凹圆角半径$R=(2\sim3)r$。

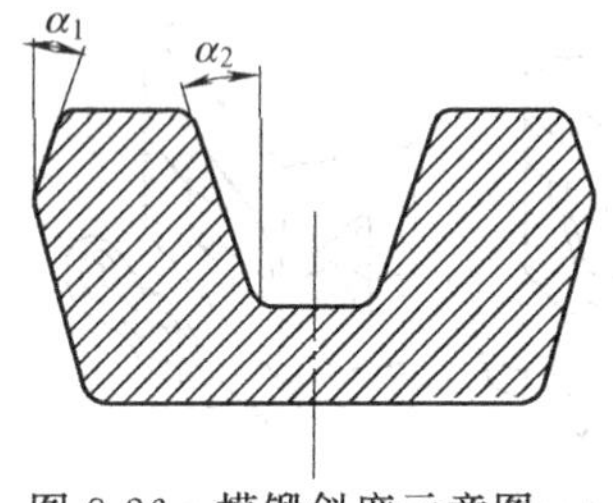


图8-26　模锻斜度示意图

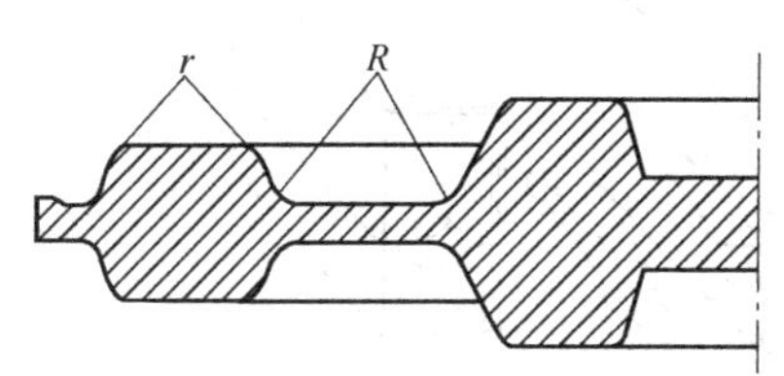


图8-27　圆角半径的确定

⑤ 冲孔连皮　具有通孔的锻件在模锻时不能锻出通孔，故孔内必须留有一定厚度的金属，称为冲孔连皮，如图8-25所示。

模锻时采用冲孔连皮的目的是为了使锻件更接近于零件形状，减少金属消耗，缩短机加工工时。同时，可以减轻锻模的刚性接触，起缓冲作用，避免锻模的破坏。冲孔连皮可在切边时冲掉或机加工时切除。

⑥ 锻件图的技术条件　凡是有关锻件质量而又不能在锻件图上表示的，都应写入锻件图的技术条件中。锻件的技术条件是根据零件图的要求和模锻车间的具体情况制订的，一般包含以下内容：未注明的模锻斜度和圆角半径、锻件沿中心线的错移量、允许表面缺陷值、锻件允许翘曲范围、允许残留飞边和毛刺的大小、锻件壁厚差的规定、热处理硬度值、锻件的清理方法、印记项目和位置以及其他特殊要求等。

上述各参数确定后，即可绘制锻件图。图8-28所示为某齿轮锻造毛坯的模锻件图。

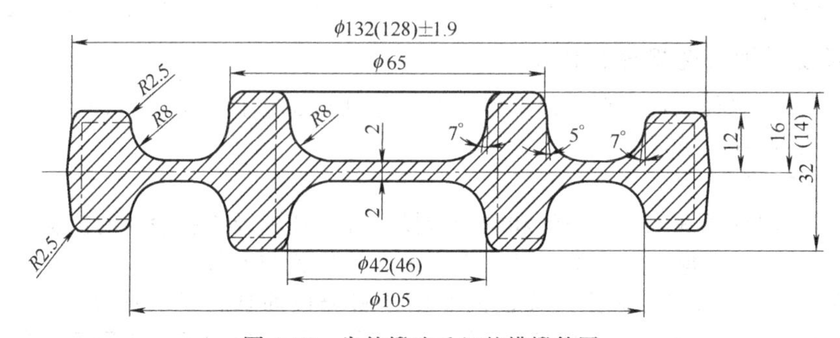


图8-28　齿轮锻造毛坯的模锻件图

(2) 计算毛坯尺寸

以短轴类锻件为例，计算坯料尺寸时可以参照下面所示的公式

$$V_0=(V_{锻}+V_{连}+V_{飞})(1+K_1) \tag{8-6}$$

式中，$V_{锻}$ 表示锻件尺寸；$V_{连}$ 表示冲孔连皮的尺寸；$V_{飞}$ 表示飞边的体积；$K_1$ 为烧损系数，一般可以取为 2%～4%。

确定了坯料体积后，可以按照下面的公式确定坯料的直径

$$D_0=1.08\sqrt[3]{V_0/m} \tag{8-7}$$

式中，$m$ 为坯料的高径比，一般取为 1.8～2.2。

#### 8.3.2.3 确定模锻工步

模锻工序主要根据锻件的形状与尺寸来确定。模锻件按形状可分为长轴类零件与盘类零件两类。长轴类零件的长宽比较大，例如台阶轴、曲轴、连杆、弯曲摇臂等，如图 8-29 所示。

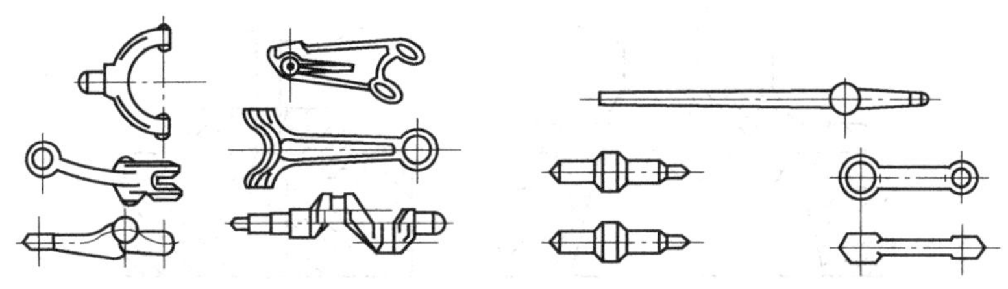

图 8-29 长轴类模锻件

长轴类零件模锻的基本工步包括拔长、滚压、弯曲、预锻、终锻等，如图 8-30 所示。

拔长和滚压时，坯料沿轴线方向流动，金属体积重新分配，使坯料的各横截面积与锻件相应的横截面积近似相等。坯料的横截面积大于锻件最大横截面积时，可只选用拔长工序；当坯料的横截面积小于锻件最大横截面积时，应采用拔长和滚挤工序。锻件的轴线为曲线时，还应选用弯曲工序。此外，当大批量生产形状复杂、终锻成形困难的锻件时，还需选用预锻工序，最后在终锻模膛中模锻成形。

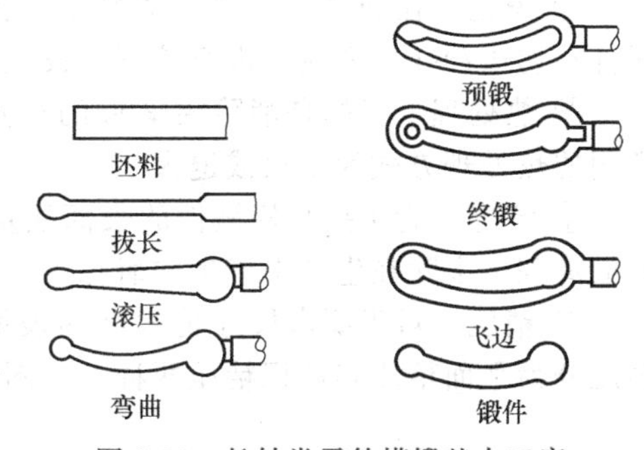


图 8-30 长轴类零件模锻基本工序

盘类零件的轴向尺寸较短，在分模面上的投影多为圆形或近于矩形，例如齿轮、法兰盘等，如图 8-31 所示。

盘类锻件模锻工序常选用镦粗、终锻等工序。对于形状简单的盘类零件，可只选用终锻工序成形。对于形状复杂，有深孔或有高肋的锻件，则应增加镦粗、预锻等工序。

#### 8.3.2.4 模锻件的修整工序

坯料在锻模内制成模锻件后，还须经过一系列修整工序，以保证和提高锻件质量。修整工序包括以下内容。

① 切边与冲孔　模锻件一般都带有飞边及冲孔连皮，须在压力机上使用切边模、冲孔模进行切除。切边模如图 8-32(a) 所示，由活动凸模和固定凹模组成。凹模的通孔形状与锻件在分模面上的轮廓一致，凸模工作面的形状与锻件上部外形相符。冲孔模如图 8-32(b) 所示，下模作为锻件的支座，冲孔连皮从模孔中落下。

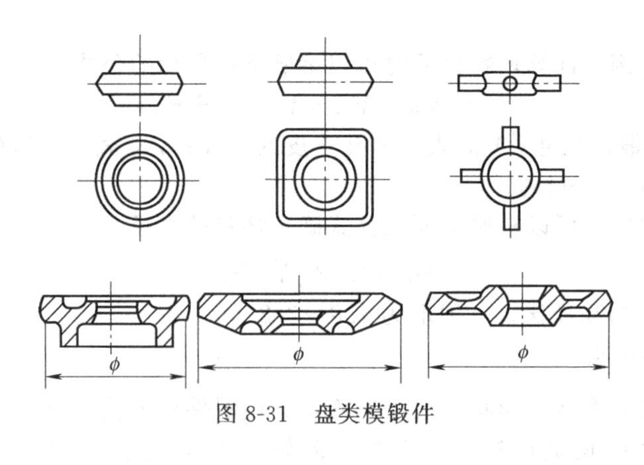

图 8-31　盘类模锻件

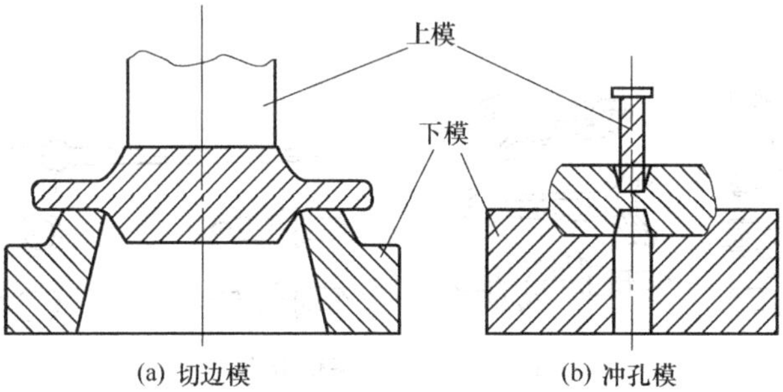

(a) 切边模　　(b) 冲孔模

图 8-32　切边模和冲孔模示意图

② 校正　在切边及其他工序中都可能引起锻件的变形，许多锻件，特别是形状复杂的锻件在切边冲孔后还应该进行校正。校正可在终锻模膛或专门的校正模内进行。

③ 热处理　目的是消除模锻件的过热组织或加工硬化组织，以达到所需的力学性能。常用的热处理方式为正火或退火。

④ 清理　为了提高模锻件的表面质量，改善模锻件的切削加工性能，模锻件需要进行表面清理，去除在生产中产生的氧化皮、所沾油污及其他表面缺陷等。

⑤ 精压　对于要求尺寸精度高和表面粗糙度小的模锻件，还应在压力机上进行精压。精压分为平面精压和体积精压两种，如图 8-33 所示。

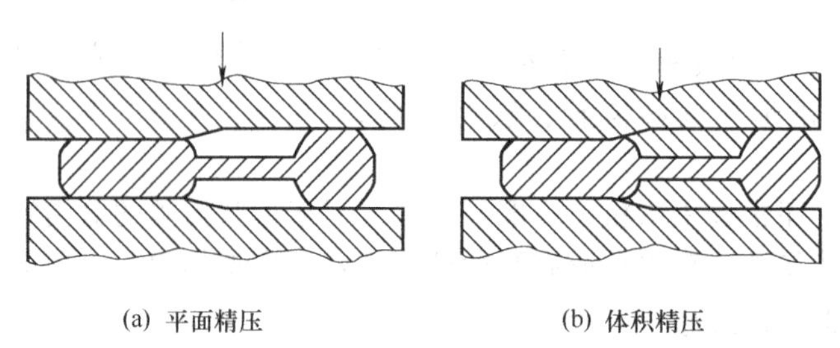

(a) 平面精压　　(b) 体积精压

图 8-33　平面精压和体积精压

### 8.3.2.5　模锻件的结构设计

为了便于模锻件生产和降低成本，设计模锻零件时，应根据模锻特点和工艺要求，按照下列原则设计锻件结构。

① 模锻零件应具有合理的分模面、模锻斜度和圆角半径。

② 由于模锻的精度较高，表面粗糙度低，因此零件的配合表面可留有加工余量；非配

合面一般不需要加工，不留加工余量。

③ 零件的外形应力求简单、平直、对称，避免零件截面间差别过大，或具有薄壁、高肋等不良结构。一般说来，零件的最小截面与最大截面之比不应小于 0.5，如图 8-34(a) 所示零件的凸缘太薄、太高，中间下凹太深，金属不易充型。如图 8-34(b) 所示零件过于扁薄，薄壁部分金属模锻时容易冷却，不易锻出，对保护设备和锻模也不利。

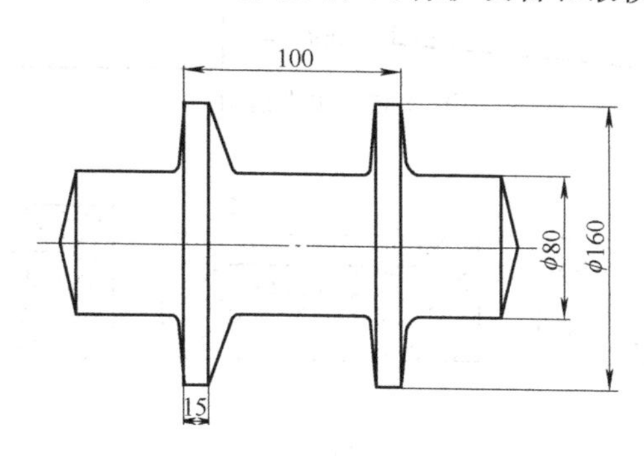


(a) 台阶轴锻件

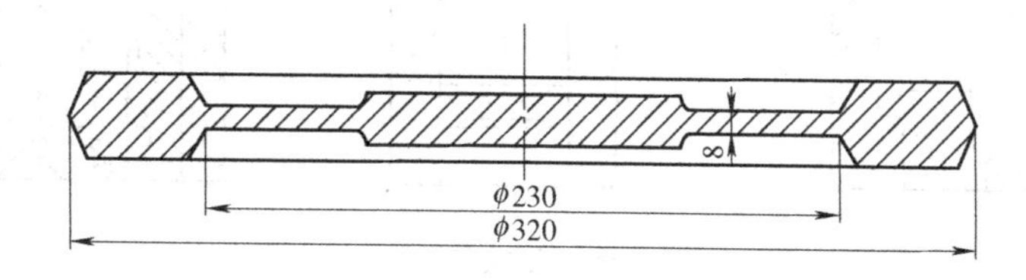


(b) 飞轮锻件

图 8-34 模锻件结构设计实例

④ 在零件结构允许的条件下，应尽量避免有深孔或多孔结构。孔径小于 30mm 或孔深大于直径两倍时，难于通过锻造成形。

⑤ 对复杂锻件，为减少敷料，简化模锻工艺，在可能条件下，应采用锻造-焊接或锻造-机械连接组合工艺。

## 8.3.3 胎模锻

胎模锻是在自由锻设备上用胎模生产模锻件的工艺方法，因此胎模锻兼有自由锻和模锻的特点。胎模锻一般先用自由锻制坯，再在胎膜中最后成形。与自由锻相比，胎模锻生产率和锻件尺寸精度高、表面粗糙度值小、节省金属材料、锻件成本低。与模锻相比，胎模制造简单，成本低，使用方便；但所需锻锤规格和操作者劳动强度大，生产率和锻件尺寸精度不如锤上模锻高。胎模锻适合于中、小批量生产小型多品种的锻件，特别适合于没有模锻设备的工厂。

### 8.3.3.1 胎模的种类

胎模是一种不固定在锻造设备上的模具，结构较简单，制造容易。按照结构不同，胎模可以分为以下三种。

(1) 扣模

扣模用来对坯料进行全部或局部扣形，用于非旋转体锻件的成形或者弯曲，也可以为合模锻造进行制坯，如图 8-35 所示。用扣模锻造时，坯料不转动。

(2) 套筒模

套筒模为圆筒形结构，如图 8-36 所示。

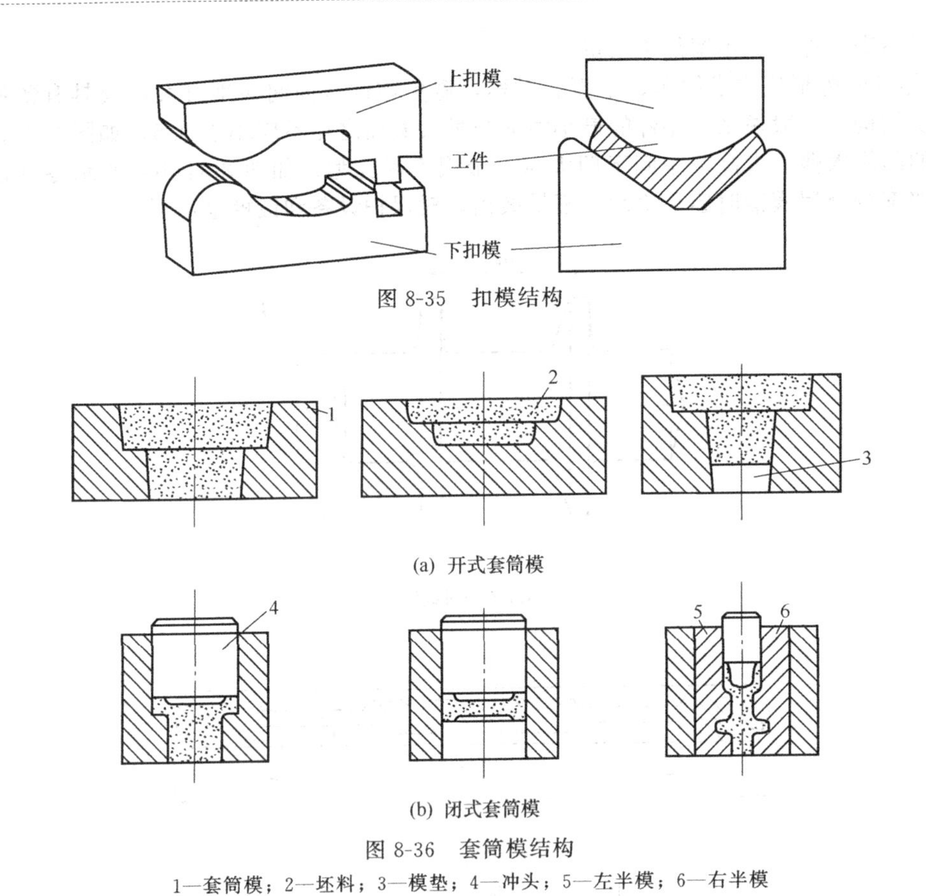


图 8-35 扣模结构

(a) 开式套筒模

(b) 闭式套筒模

图 8-36 套筒模结构

1—套筒模；2—坯料；3—模垫；4—冲头；5—左半模；6—右半模

套筒模分为开式套筒模和闭式套筒模两种形式，开式套筒模只能用来生产最大截面在一端的平面工件。对于结构复杂的锻件，需要在套筒模内加两个半模，使坯料在两个半模的模膛内成形，锻造后先取出两个半模，分开两个半模后即可得到锻件。适用于生产短轴类零件，如齿轮、法兰等。

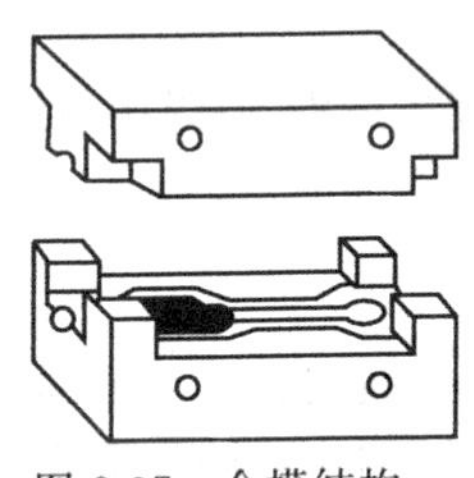

图 8-37 合模结构

（3）合模

合模通常由上下两部分组成，如图 8-37 所示。

合模一般用于生产形状较为复杂的非回转体锻件，如连杆、叉形件等。为了使上下模吻合，避免锻件产生错移缺陷，常用导柱、导锁定位。

#### 8.3.3.2 胎模锻的工艺过程

胎模锻的工艺过程包括工艺规程制订、胎膜设计制造、备料、加热、锻造和后续工序等。胎模锻工艺过程包括制订工艺规程、制造胎模、备料、加热、胎模锻及后续加工工序等。在工艺规程制订中，分模面的选取可灵活一些，分模面的数量不限于一个，而且在不同工序中可选取不同的分模面，以便于制造胎模和使锻件成形。

### 8.3.4 压力机上模锻

用于模锻生产的压力机有摩擦压力机、曲柄压力机、平锻机、水压机等，如图 8-38 和图 8-39 所示。表 8-4 中对上述压力机上模锻工艺方法的特点做了具体的归纳。

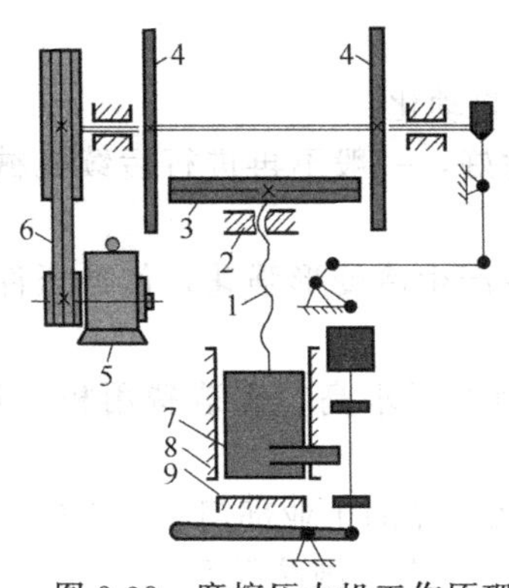

图 8-38 摩擦压力机工作原理

1—螺杆；2—螺母；3—飞轮；4—圆轮；5—电动机；6—带；7—滑块；8—导轨；9—机座

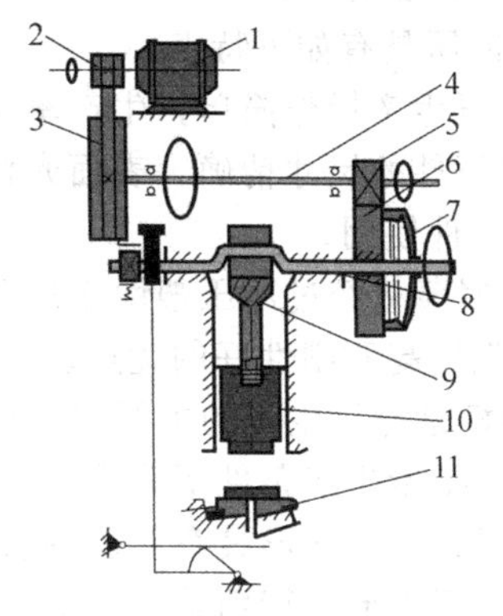

图 8-39 曲柄压力机工作原理

1—电动机；2—带；3—飞轮；4—轴；5,6—传动齿轮；7—离合器；8—曲轴；9—连杆；10—滑块；11—工作台

**表 8-4 压力机上模锻工艺方法的特点**

| 锻造方法 | 设备类型 | | 工艺特点 | 应用 |
| --- | --- | --- | --- | --- |
| | 结构 | 特点 | | |
| 摩擦压力机上模锻 | 摩擦压力机 | 滑块行程可控，速度为 0.5～1.0m/s，带有顶料装置，机架受力，形成封闭力系，每分钟行程次数少，传动效率低 | 特别适合于锻造低塑性合金钢和非铁金属；简化了模具设计与制造，同时可锻造更复杂的锻件；承受偏心载荷能力差；可实现轻、重打，能进行多次锻打，还可进行弯曲、精压、切飞边、冲连皮、校正等工序 | 中、小型锻件的小批和中批生产 |
| 曲柄压力机上模锻 | 曲柄压力机 | 工作时，滑块行程固定，无震动，噪声小，合模准确，有顶杆装置，设备刚度好 | 金属在模膛中一次成形，氧化皮不易除掉，终锻前常采用预成形及预锻工步，不宜拔长、滚挤，可进行局部镦粗，锻件精度较高，模锻斜度小，生产率高，适合短轴类锻件 | 大批大量生产 |
| 平锻机上模锻 | 平锻机 | 滑块水平运动，行程固定，具有互相垂直的两组分模面，无顶出装置，合模准确，设备刚度好 | 扩大了模锻适用范围，金属在模膛中一次成形，锻件精度较高，生产率高，材料利用率高，适合锻造带头的杆类和有孔的各种合金锻件，对非回转体及中心不对称的锻件较难锻造 | 大批大量生产 |
| 水压机上模锻 | 水压机 | 行程不固定，工作速度为 0.1～0.3m/s，无震动，有顶杆装置 | 模锻时一次压成，不宜多膛模锻，适合于锻造镁铝合金大锻件，深孔锻件，不太适合于锻造小尺寸锻件 | 大批大量生产 |

## 8.4 板料冲压

### 8.4.1 概述

板料冲压成形是利用冲模使板料产生分离或变形的加工方法。这种加工方法通常是在常温下进行的，所以又叫冷冲压，简称冲压。当板料厚度超过 8～10mm 时，为保证冲压质

量，应用热冲压方法。

板料冲压具有如下特点：

① 冲压生产操作简单，生产率高，易于实现机械化和自动化。

② 冲压件的尺寸精确，表面光洁，质量稳定，互换性好，一般不再进行后续机械加工即可作为零件使用。

③ 金属薄板经过冲压塑性变形获得一定几何形状，并产生冷变形强化，使冲压件具有质量轻、强度高和刚性好的优点。

④ 冲模是冲压生产的主要工艺装备，其结构复杂，精度要求高，制造费用相对较高，仅适合在大批量生产条件下采用。

由于板料冲压成形具有上述特点，几乎在各种制造金属成品的工业部门中，都广泛地应用着板料冲压成形。特别是在汽车、拖拉机、航空、电器、仪表、国防及日用品等工业中，冲压件所占的比例都相当大。

具有塑性的金属材料，如低碳钢、奥氏体不锈钢、铜或铝及其合金等可以通过板料冲压实现工件成形。与此同时，一些非金属材料，如胶木、云母、纤维板、皮革等也可以利用板料冲压方法加工。

随着计算机技术的发展，目前已开发出了计算机辅助设计（CAD）和计算机辅助制造（CAM）系统，并得到广泛的应用，促进了板料冲压技术快速发展。

## 8.4.2 板料冲压设备

板料冲压设备主要有剪床和冲床两大类。剪床是完成剪切工序，为冲压生产准备原料的主要设备。冲床是进行冲压加工的主要设备，按其床身结构不同，有开式和闭式两类冲床。按其传动方式不同，有机械式冲床与液压压力机两大类，如图 8-40 所示。

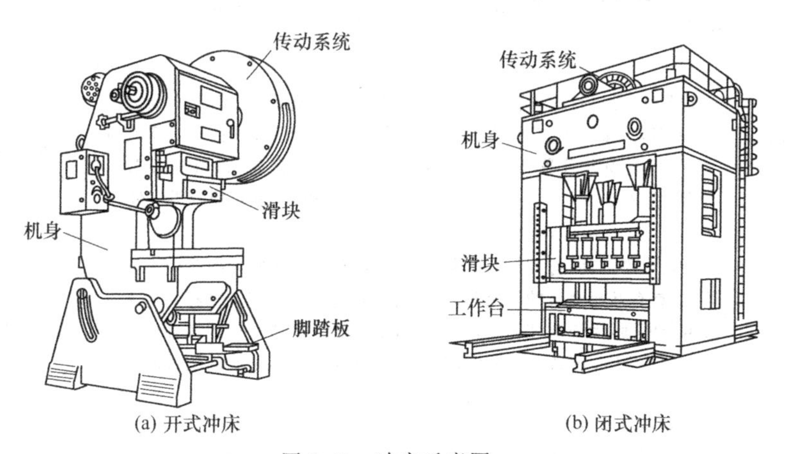


(a) 开式冲床　　(b) 闭式冲床

图 8-40　冲床示意图

冲床的主要技术参数是以公称压力来表示的，公称压力（kN）是以冲床滑块在下止点前工作位置所能承受的最大工作压力来表示的。我国常用开式冲床的规格为 63～2000kN，闭式冲床的规格为 1000～5000kN。

## 8.4.3 板料冲压基本工序

板料冲压的基本工序按变形性质可分为分离工序和变形工序两大类。分离工序是使坯料的一部分与另一部分相互分离的工序，包括落料、冲孔、切断和修整等。变形工序是使坯料的一部分相对于另一部分产生塑性变形而不相互分离的工序，如弯曲、拉深、胀形等。

#### 8.4.3.1 落料和冲孔

落料和冲孔都是将板料沿着封闭轮廓分离的工序，一般统称为冲裁。两个工序的变形过程和模具结构是一样的，冲孔是在板料上冲出孔洞，而落料是得到与孔洞同样形状的板料。如图 8-41 所示。

(1) 冲裁过程分析

板料的冲裁过程可分为三个阶段，如图 8-42 所示。凸模与凹模都有锋利的刃口，当凸模向下运动压住板料时，板料受到挤压，产生弹性变形并进而产生塑性变形。由于加工硬化以及冲模刃口对金属板料产生应力集中作用，当上下刃口附近材料内的应力超过一定限度后，材料即发生开裂。随着凸模继续下压，上下裂纹逐渐产生并向板料内部扩展直至汇合，板料即被切离。

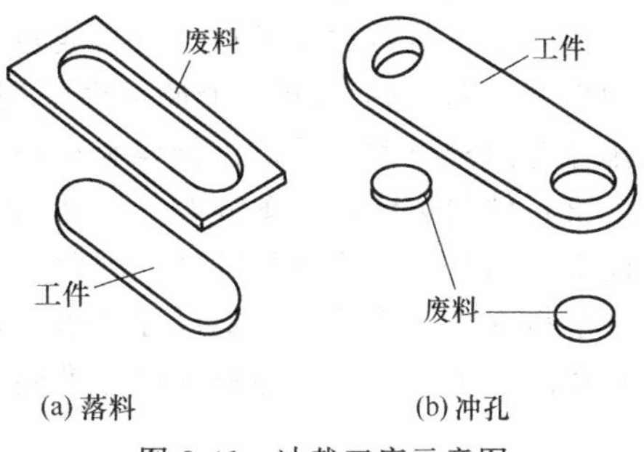

图 8-41 冲裁工序示意图

(2) 冲裁间隙

当模具间隙［见图 8-42(a)］正常时，冲裁件的断面有塌角、光亮带、断裂带和毛刺四部分组成，如图 8-43 所示。如果间隙过大，会使

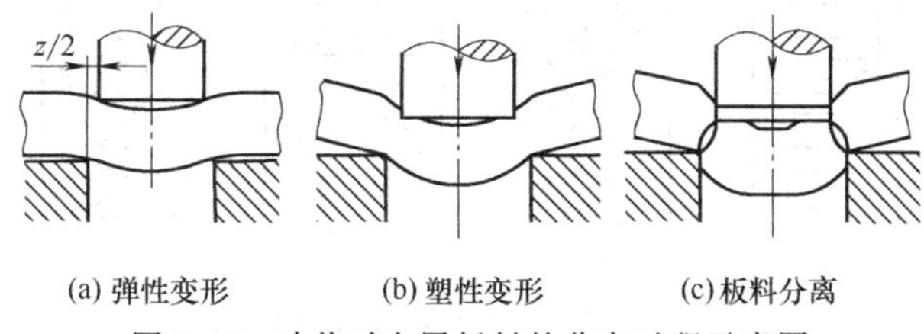

图 8-42 冲裁时金属板料的分离过程示意图

得塌角和毛刺加大，板料的翘曲也会加大；如果冲裁间隙过小，会使冲裁力加大，不仅会降低模具寿命，还会使冲裁件的断面形成二次光亮带，在两个光面间夹有裂纹，这些都会影响冲裁件的断面质量。因此，选择合理的冲裁间隙对保证冲裁件质量，提高模具寿命，降低冲裁力都是十分重要的。

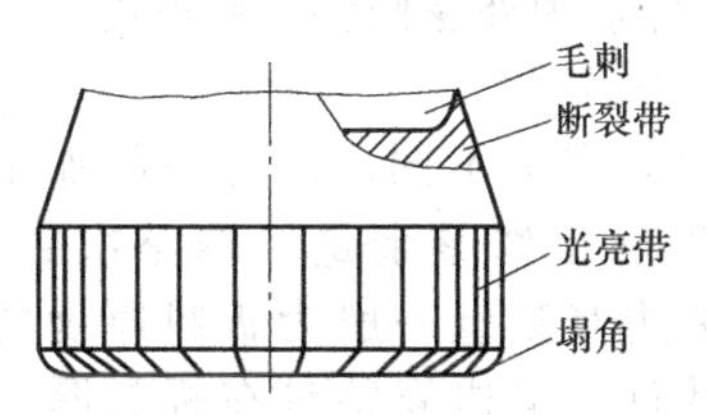

图 8-43 冲裁件断面局部放大图

在实际生产中，当材料较薄时，对于软钢及纯铁，可选择冲裁间隙 $z=(6\%\sim9\%)s$（$s$ 表示板料厚度）；对于铝、铜合金，可选用 $z=(6\%\sim10\%)s$；对于硬钢，为保证冲压件质量，一般应选择 $z=(8\%\sim10\%)s$。生产中也可以查表确定合理的间隙数值（见表 8-5）。

**表 8-5 冲裁模合理的间隙数值**（双边）

| 材料种类 | 板料厚度 s/m | | | | |
|---|---|---|---|---|---|
| | 0.1～0.4 | 0.4～1.2 | 1.2～2.5 | 2.5～4 | 4～6 |
| 软钢、黄铜 | 0.01～0.02 | (7%～10%)s | (9%～12%)s | (12%～14%)s | (15%～18%)s |
| 硬钢 | 0.01～0.05 | (10%～17%)s | (18%～25%)s | (25%～27%)s | (27%～29%)s |
| 磷青铜 | 0.01～0.04 | (8%～12%)s | (11%～14%)s | (14%～17%)s | (18%～20%)s |
| 铝及铝合金(软) | 0.01～0.03 | (8%～12%)s | (11%～12%)s | (11%～12%)s | (11%～12%)s |
| 铝及铝合金(硬) | 0.01～0.03 | (10%～14%)s | (13%～14%)s | (13%～14%)s | (13%～14%)s |

在使用表 8-5 时，如果冲裁件表面质量要求较高，可将表中的间隙数值减小 1/3；当凹模孔型为圆柱形时，取表中偏大的数值，而凹模孔型为锥形时，取较小的数值。

此外，为获得同样的冲裁件质量，冲孔的间隙应当比落料的间隙略大一些，尤其当冲小孔或窄槽时更要注意。

(3) 冲裁件的排样

排样是指落料件在条料、带料或板料上合理布置的方法。排样合理可使废料最少，材料科用率高。图 8-44 为同一个冲裁件采用四种不同排样方式时材料消耗的对比情况。落料件的排样有两种类型：无搭边排样和有搭边排样。无搭边排样是利用落料件形状的一边作为另一个落料件的边缘，如图 8-44(d) 所示。这种排样的材料利用率很高，但毛刺不在同一个平面上，而且尺寸不容易准确，因此只用于对冲裁件质量要求不高的场合。有搭边排样是在各个落料件之间均留有一定尺寸的搭边，如图 8-44(a)、(b)、(c) 所示。其优点是毛刺小，而且在同一个平面上，冲裁件尺寸准确，质量较高，但材料消耗多。

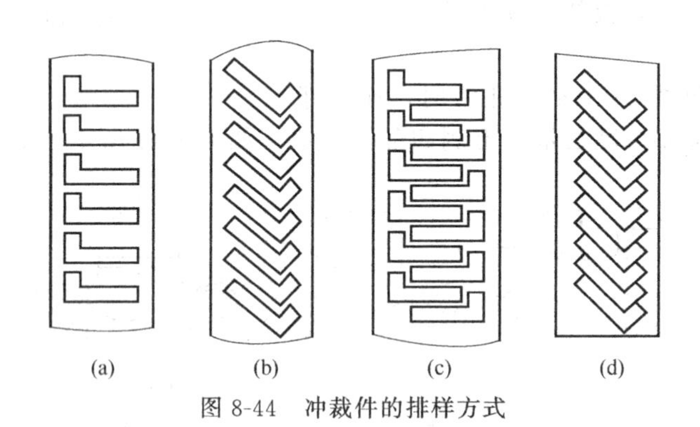

图 8-44　冲裁件的排样方式

### 8.4.3.2　修整

利用修整模沿冲裁件的外缘或内孔，切去一薄层金属，以除去塌角、剪裂带和毛刺，提高尺寸精度和降低表面粗糙度的工序称为修整。修整冲裁件的外形为外缘修整，修整内孔为内缘修整。如图 8-45 所示。

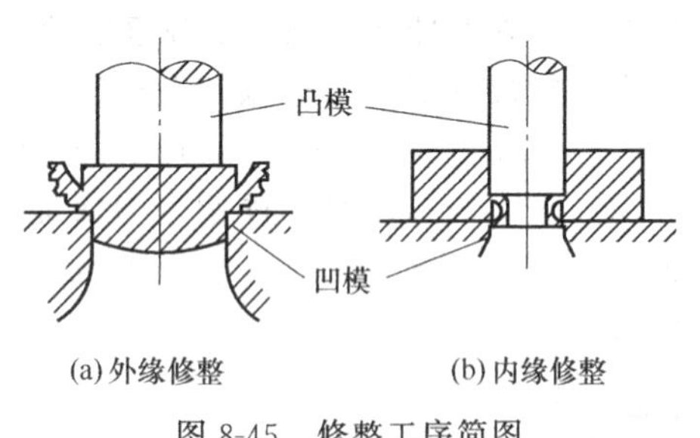

图 8-45　修整工序简图

修整的机理与冲裁完全不同，而与切削加工相似。修整时应合理确定修整余量及修整次数。对大间隙冲裁件，单边修整量一般为板料厚度的 10%；对小间隙冲裁件，单边修整量在板料厚度的 8%以下。当冲裁件的修整总量大于一次修整量或板材厚度大于 3mm 时，均需多次修整，但修整次数越少越好。

### 8.4.3.3　切断

切断是指用剪刃或冲模将板料沿不封闭轮廓进行分离的工序。

剪刃安装在剪床上，把大板料剪切成一定宽度的条料，供下一步冲压工序用。而冲模是安装在冲床上，用以制取形状简单、精度要求不高的平板件。

### 8.4.3.4　弯曲

使工件一部分相对于另一部分弯曲或者成一定角度的工序叫做弯曲，如图 8-46 所示。图 8-47 所示为常见的弯曲件形式。

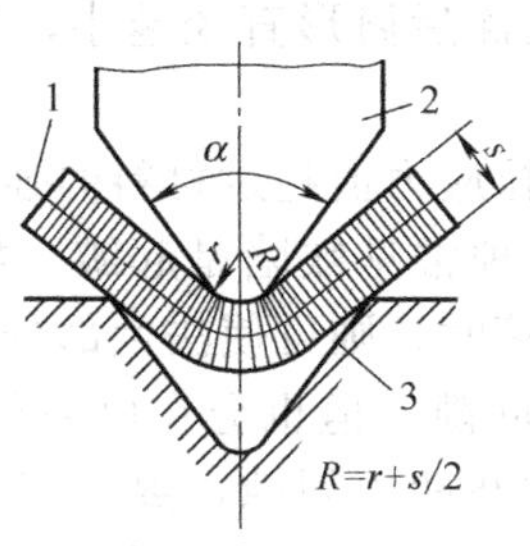

图 8-46 弯曲工序简图
1—工件；2—凸模；3—凹模

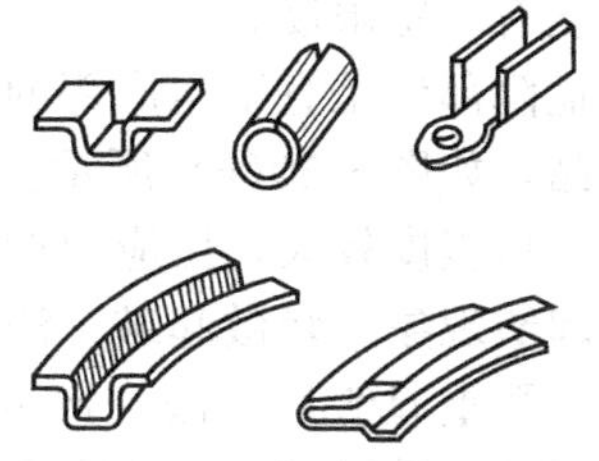
图 8-47 常见的弯曲件

弯曲时板料弯曲部分的内侧受压缩，而外侧受拉伸。当外侧的拉应力超过板料的抗拉强度时，即会造成金属破裂。板料越厚，内弯曲半径 $r$ 越小，则压缩及拉伸应力越大，越容易弯裂。为防止弯裂，最小弯曲半径应为 $r_{\min}=(0.25\sim1)$ $s$（$s$ 为金属板料的厚度）。若材料塑性好，则弯曲半径可小些。还可以在坯料上预先压槽，以便于工件的弯曲成形，如图 8-48 所示。

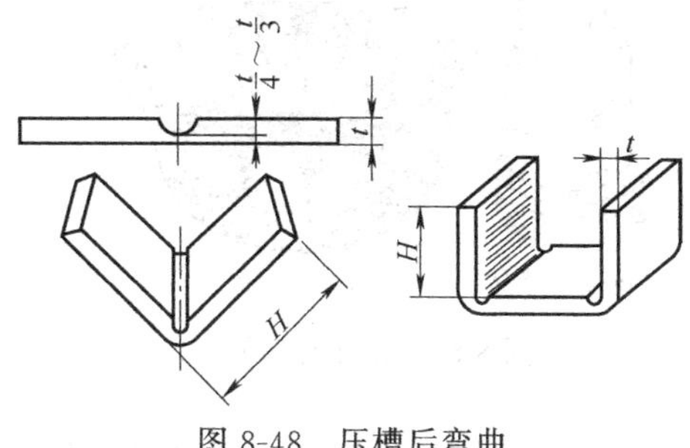

图 8-48 压槽后弯曲

在弯曲结束后，由于弹性变形的恢复，坯料略微弹回一点，使被弯曲的角度增大，此现象称为弯曲回弹现象，一般回弹角为 0°～10°。因此，在设计弯曲模时，必须使模具的角度比成品角度小一个回弹角，以便在弯曲后保证成品件的弯曲角度准确。

#### 8.4.3.5 拉深

拉深是使平面板料成形为中空（如开口筒形、阶梯形、盒形、球形、锥形等）复杂形状的薄壁零件的冲压工序。有些工件经过一次拉深不能实现成形，可以分多次拉深，如图8-49所示。

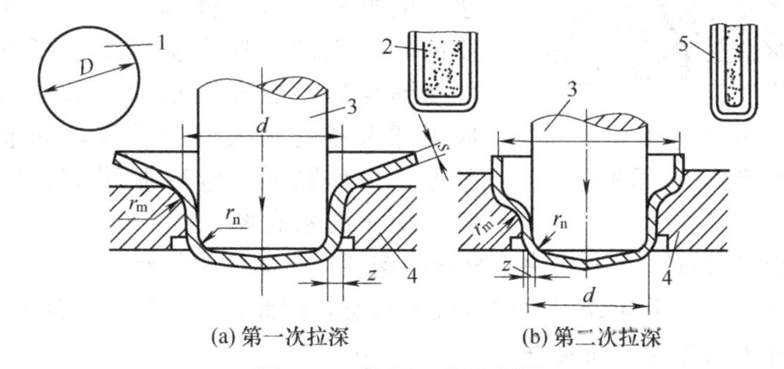

图 8-49 拉深工序示意图
1—坯料；2—第一次拉深的产品（第二次拉深的坯料）；3—凸模；4—凹模；5—成品

板料拉深时，把直径为 $D$ 的平板坯料放在凹模上，在凸模作用下，坯料被拉入凸模和凹模的间隙中，形成空心拉深件。与冲裁模不同，拉深模具的凸模和凹模都有一定的圆角而不是锋利的刃口，其间隙一般稍大于板料厚度。拉深件的底部一般不变形，只起传递拉力的作用，厚度基本不变。坯料外径 $D$ 与内径 $d$ 之间的环形部分金属进入凸模和凹模之间的间隙，形成拉深件的直壁，主要受轴向拉应力作用，厚度有所减小，而直壁与底部之间的过渡圆角部被拉薄得最为严重。拉深件的法兰部分，切向受压应力作用，厚度有所增大。拉深时，金属材料产生很大的塑性流动，坯料直径越大，拉深后筒形直径越小，则变形程度越大，其变形程度有一定限度。

拉深件最危险部位是直壁与底部的过渡圆角处，当拉应力值超过材料的强度极限时，将被拉穿形成废品，如图 8-50(a) 所示。拉深过程中另一种常见缺陷是起皱，如图 8-50 (b) 所示。当拉深变形程度较大，压应力增大，板料又比较薄时，则可使法兰部分材料增厚失稳而拱起，产生起皱现象。轻微起皱，法兰部分勉强通过间隙，但也会在侧壁留下起皱痕迹，影响产品质量。严重起皱后，法兰部分的金属更难通过凸凹模间隙，致使坯料被拉断而报废。为防止起皱，可采用设置压边圈来解决，如图 8-51 所示。也可以通过增加毛坯的相对厚度或拉深系数来解决。

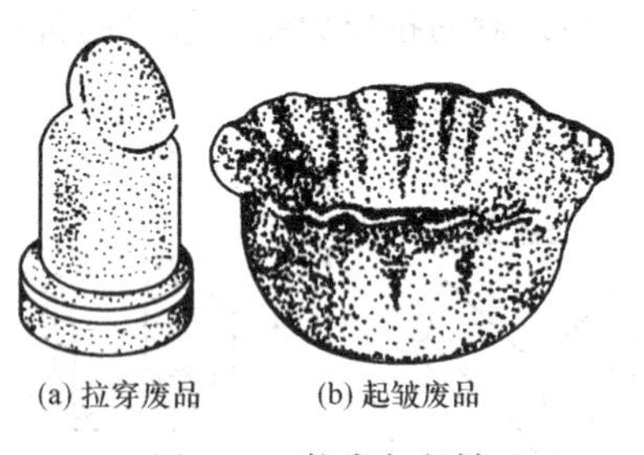


图 8-50 拉穿与起皱

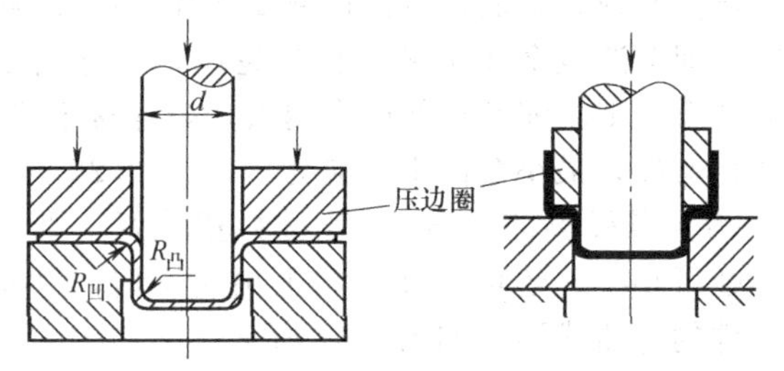


图 8-51 有压边圈的拉深工艺

此外，为了减少摩擦、降低拉深件壁部的拉应力和减小模具的磨损，拉深时通常要加润滑剂或对坯料进行表面处理。

**8.4.3.6 胀形**

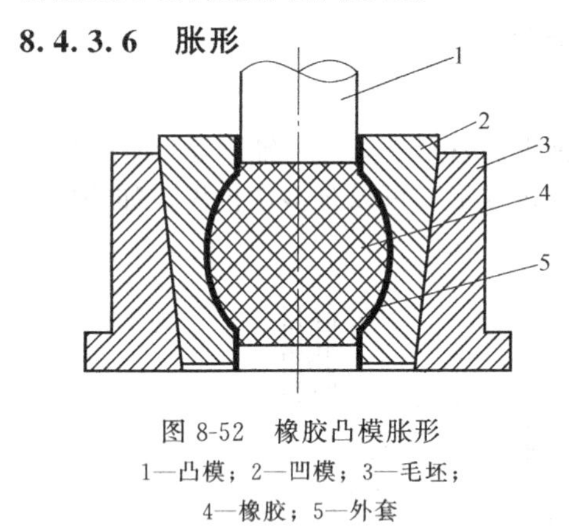


图 8-52 橡胶凸模胀形

1—凸模；2—凹模；3—毛坯；4—橡胶；5—外套

胀形主要用于平板毛坯的局部成形（或叫起伏成形），如压制凹坑、加强筋、起伏形的花纹及标记等。另外，管类毛坯的胀形（如波纹管）、平板毛坯的拉形等，均属胀形工艺。常用的胀形方法有刚模胀形和以液体、气体、橡胶等为施力介质的软模胀形。软模胀形由于模具结构简单，工件变形均匀，能成形复杂形状的工件，其研究和应用越来越受到人们的重视，如液压胀形、橡胶胀形、爆炸胀形、电磁胀形等。图8-52就是橡胶胀形工序的示意图。

胀形的极限变形程度，主要取决于材料的塑性。材料的塑性越好，可能达到的极限变形程度就越大。由于胀形时毛坯处于两向拉应力状态，因此，变形区的毛坯不会产生失稳起皱现象，成形的零件表面光滑，质量好。

## 8.4.4 板料冲压件的结构工艺性

冲压件的工艺性是指冲压件对冲压加工工艺的适应性。良好的冲压工艺性，是指在满足零件使用要求的前提下，能以最简单、最经济的冲压方式加工出来。冲压件一般无需切削加工，操作简便，生产率高，故材料费在制件成本中所占的比例较大。因此，在设计板料冲压件的结构时，主要考虑如何利于减少制模费用和材料消耗，利于金属在模具中成形和提高模具的使用寿命，降低成本和保证产品质量。影响冲压件工艺性的主要因素有：冲压件的形状、尺寸、精度及材料等。

#### 8.4.4.1 冲裁件的结构工艺性要点

① 冲孔件的孔型和落料件的外形应力求简单、对称。应尽可能采用圆形和矩形，避免细长悬臂和窄槽结构，如图 8-53 所示，否则制造模具困难，降低模具寿命。

② 冲裁件的直线与直线、曲线与直线的交接处，均应以圆弧连接，尽量避免尖角，以防止模具相应部位易于磨损或尖角处产生应力集中而开裂。圆角半径一般应大于 0.5 个板厚。

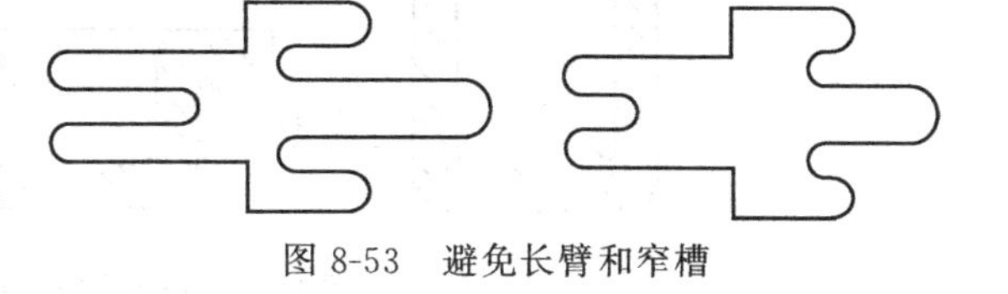

图 8-53 避免长臂和窄槽

③ 落料件形状还应使排样时废料降低至最低程度。如图 8-54 中的排样方案（b）较方案（a）更为合理，材料利用率可达 79%。

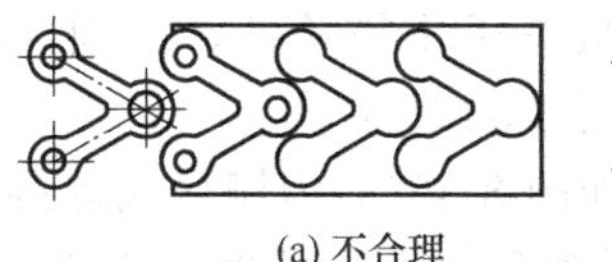

(a) 不合理

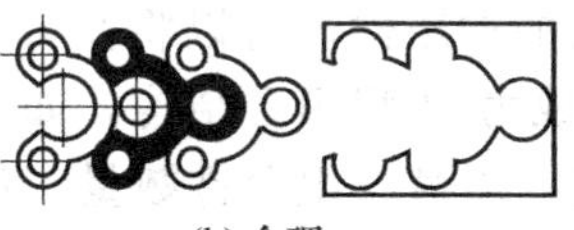

(b) 合理

图 8-54 落料件的排样方式比较

④ 冲裁件的孔及其有关尺寸必须考虑材料的厚度，孔径、孔间距和孔边距不得过小，以防止凸模刚性不足或孔边冲裂。为避免工件变形，外缘凸出或凹进的尺寸、孔边与直壁之间的距离等也都不能过小。冲裁件各部位的最小尺寸要求及冲孔件尺寸与厚度的关系如图 8-55 所示。

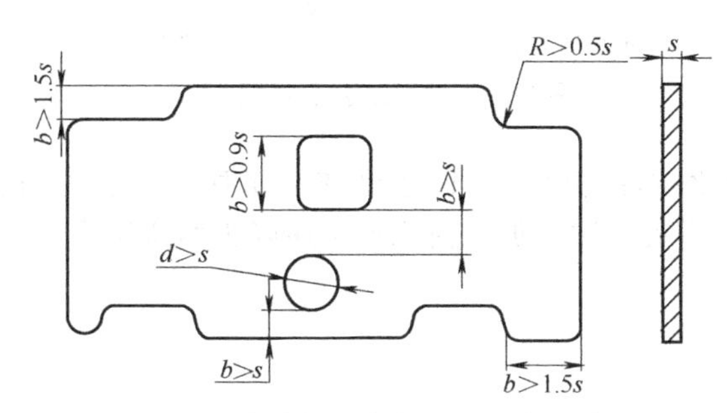


图 8-55 冲裁件尺寸与板料厚度的关系

#### 8.4.4.2 弯曲件的结构工艺性要点

① 弯曲件的形状应力求简单、对称，尽量采用 V 形、Z 形等简单、对称的形状，以利于制模和减少弯曲次数。

② 弯曲半径不能小于材料允许的最小弯曲半径，并应考虑材料纤维方向，以防弯曲过程中弯裂；但也不宜过大，以免因回弹量过大而使制件精度降低。

③ 弯曲件的弯曲边过短不易弯曲成形，一般应使弯曲边高度 $H>2s$，若不允许增加弯曲边高度 $H$ 时，则必须预压工艺槽或先留出适当的余量待弯曲后再切去，如图 8-56(a) 所示。

④ 弯曲带孔件时，孔的位置应避开变形区，或在孔附近预冲工艺孔。如图 8-56(b) 所示，$L>(1.5\sim2)s$。

⑤ 在弯曲半径较小的弯边交界处，容易产生应力集中而出现开裂。可以事先钻出工艺止裂孔，可以有效防止裂纹的产生，如图 8-57 所示。

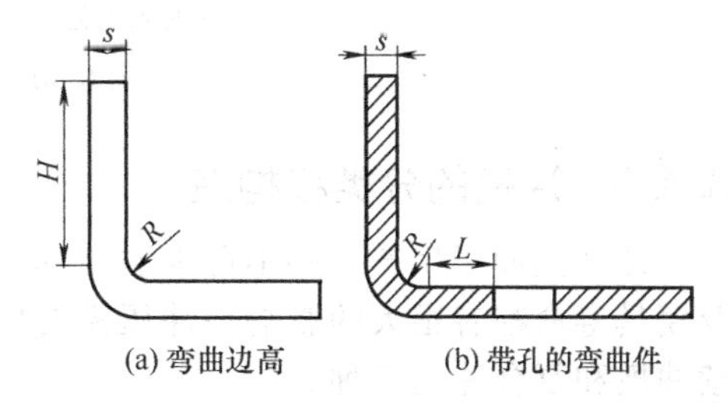


(a) 弯曲边高　(b) 带孔的弯曲件

图 8-56 弯曲件结构工艺性

#### 8.4.4.3 拉深件的结构工艺性要点

① 拉深件外形应力求简单、对称，尽量采用回转体，尤其是圆筒形，并尽量减小拉深件深度，以便使拉深次数最少，有利于制模和成形。

② 拉深件的圆角半径在不增加工艺程序的情况下，最小许可半径如图 8-57 所示。否则必将增加拉深次数和整形工作，也增多模具数量，并容易产生废品和提高成本。

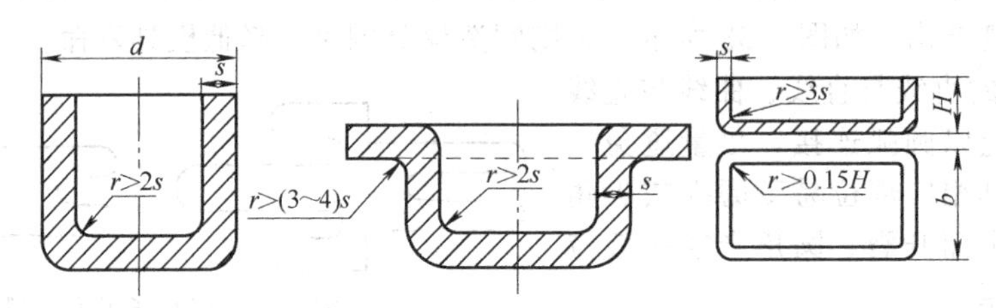

图 8-57 拉深件的最小允许半径

#### 8.4.4.4 改进结构、简化工艺和节省材料

① 对于形状复杂的冲压件，可以将其分成若干个简单件，分别冲压后，再焊接成为整体组合件，这种结构成为冲-焊组合结构，如图 8-58 所示。

② 采用冲口工艺，以减少组合件数量。如图 8-59(a)为铆接或焊接零件，采用冲口（冲孔、弯曲）工艺后，制出整体零件，节省材料和简化工艺过程。如图 8-59(b)所示。

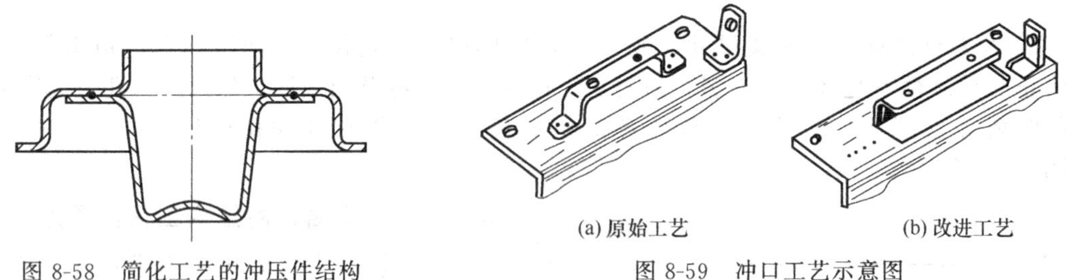

图 8-58 简化工艺的冲压件结构

(a) 原始工艺 (b) 改进工艺

图 8-59 冲口工艺示意图

③ 在保证使用性能的情况下，应尽量简化拉深件结构，以达到减少工序、节省材料、降低成本的目的。如消音器后盖零件结构经改进后，冲压加工由八道工序降为两道工序，材料消耗减少 50%，如图 8-60 所示。

(a) 原始工艺 (b) 改进工艺

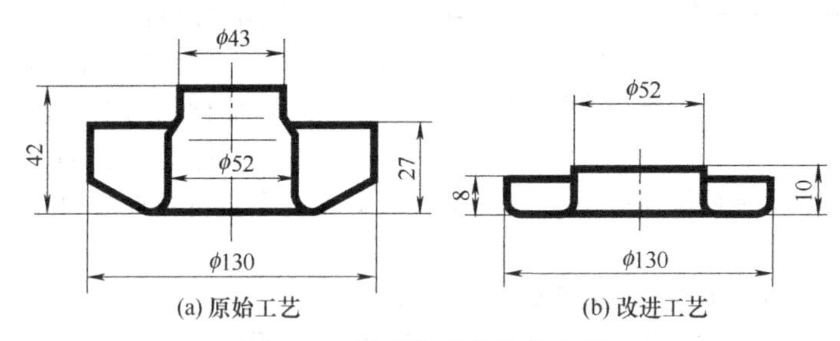

图 8-60 消音器零件结构方案

### 8.4.5 冲模的分类和构造

冲模是冲压生产中必不可少的模具。冲模结构合理与否对冲压件质量、冲压生产的效率及模具寿命都有很大的影响。冲压模具按照所完成的工序特点，一般可以分为简单冲模、连续冲模和复合冲模三种。

#### 8.4.5.1 简单冲模

在一个冲压行程只完成一道工序的冲模，如图 8-61 所示。

工作时，凹模 2 用压板 7 固定在下模板 4 上，下模板用螺栓固定在冲床的工作台上。凸

模 1 用压板 6 固定在上模板 3 上，上模板则通过模柄 5 与冲床的滑块连接，使凸模可随滑块作上下运动。为使凸模能对准凹模，并使凸凹模间隙保持均匀，通常设置有导柱 12 和导套 11。条料在凹模上沿两个导板 9 之间送进，碰到定位销 10 为止。凸模冲下的零件（或废料）进入凹模孔落下，而条料则夹住凸模并随之一起回程向上运动。条料碰到卸料板 8 时（固定在凹模上）被推下。条料连续送进，重复上述动作，冲下第二个零件。

简单模结构简单，容易制造，适用于小批量生产。

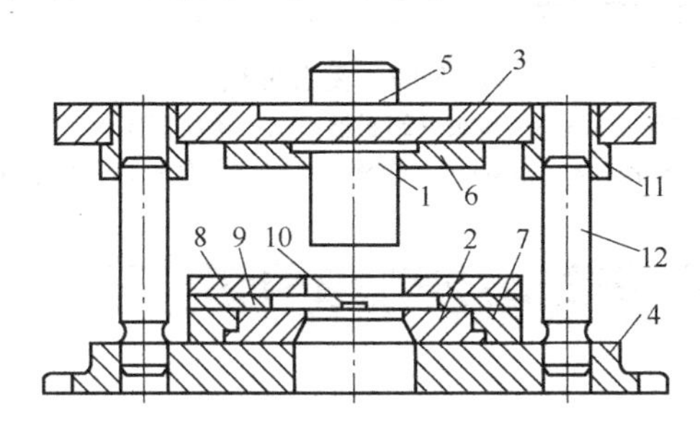


图 8-61 简单冲模

1—凸模；2—凹模；3—上模板；4—下模板；5—模柄；6,7—压板；8—卸料板；9—导板；10—定位销；11—导套；12—导柱

### 8.4.5.2 连续冲模

在冲床的一次冲程中，在模具的不同部位同时完成数道工序的模具称为连续冲模，如图 8-62 所示。

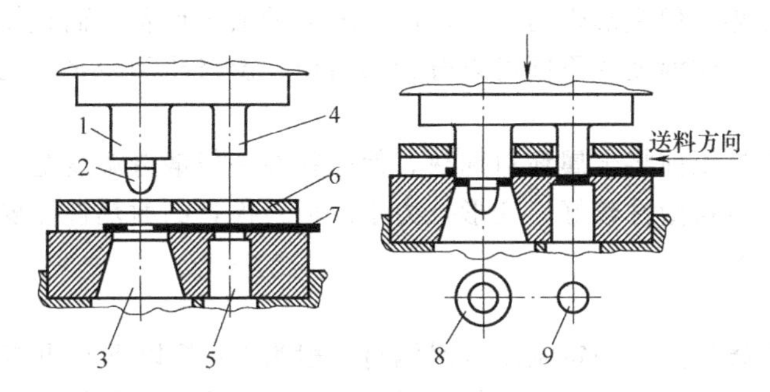


图 8-62 连续冲模

1—落料凸模；2—定位销；3—落料凹模；4—冲孔凸模；5—冲孔凹模；6—卸料板；7—坯料；8—成品；9—废料

工作时，上模向下运动，定位销 2 进入预先冲出的定位孔中使坯料定位，落料凸模 1 进行落料，冲孔凸模 4 进行冲孔。当上模回程时，卸料板 6 卸下废料，再将坯料 7 向前送进，进行第二次冲裁。每次送进的距离由挡料销控制。

### 8.4.5.3 复合冲模

在冲床的一次冲程中，在模具同一部位同时完成数道工序的模具称为复合模，如图8-63 所示。

复合模的最大特点是模具中有一个凸凹模 1。其外圆是落料凸模的刃口，内孔则成为拉深凹模。当滑块带着凸凹模向下运动时，条料首先在凸凹模和落料凹模 4 中落料。落料件被下模当中的拉深凸模 2 顶住。滑块继续向下运动时，凸凹模随之向下运动进行拉深。顶出器 5 和卸料器 3 在滑块的回程中把拉深件顶出，完成落料、拉深两道工序。

复合模适用于生产批量大、精度要求较高的冲压件。

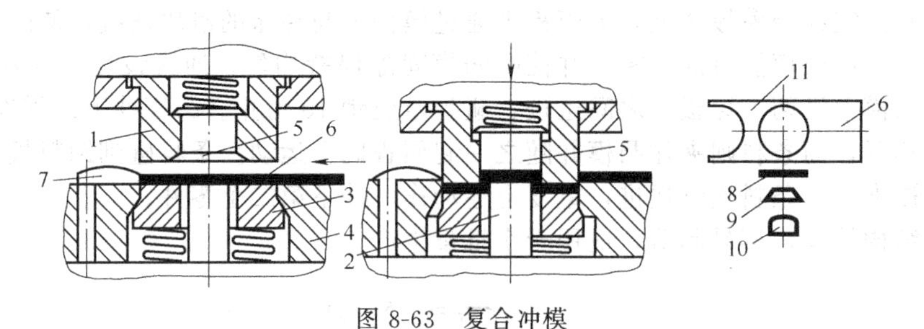


图 8-63　复合冲模

1—凸凹模；2—拉深凸模；3—压板（卸料器）；4—落料凹模；5—顶出器；6—条料；7—挡料销；8—坯料；9—拉深件；10—零件；11—切余坯料

## 8.5 其他压力加工方法

### 8.5.1 挤压成形

挤压成形是使坯料在外力作用下，使模具内的金属坯料产生定向塑性变形，并通过模具上的孔型，而获得具有一定形状和尺寸的零件的加工方法。挤压是在专用挤压机上进行的，也可在适当改造后的通用曲柄压力机或摩擦压力机上进行。专用挤压机一般分为液压式、曲轴式和肘杆式等。

采用挤压成形方法可提高成形零件的尺寸精度，减小表面粗糙度，并能提高零件的力学性能。而且具有较高的生产率，并可提高材料的利用率。在生产形状复杂的管材、型材及零件方面具有较大的优势。但变形阻力大，需能量较大的锻压设备，而且模具易磨损。

挤压成形根据成形时温度的不同可以分为热挤压、温挤压和冷挤压三种方法。

（1）热挤压

热挤压指的是在挤压前将金属坯料加热，使坯料在一般锻造温度范围内进行挤压。由于采用了加热的方法，材料塑性较好，变形抗力小。但对模具的耐热性能要求高，且零件尺寸精度较低，表面较粗糙。

（2）温挤压

温挤压是指将金属加热到一定温度（对钢材一般为 800℃以下）再挤压。既能够适当提高材料的塑性，降低其变形抗力，又可提高尺寸精度，减小表面粗糙度。

（3）冷挤压

冷挤压是指金属在室温状态下挤压成形。这种方法的变形抗力大，但零件尺寸精度高，表面粗糙度低。而且挤压过程中所产生的加工硬化作用可以提高零件的强度。这种方法适用于变形抗力较低，塑性较好的有色金属及其合金、低碳钢、低碳合金钢。

按照金属流动方向与凸模运动方向之间的关系也可以将挤压工艺分为正挤压、反挤压、复合挤压和径向挤压四种方式。正挤压时金属流动方向与凸模运动方向相同，如图 8-64(a)所示。反挤压时金属流动方向与凸模运动方向相反，如图 8-64(b)所示。复合挤压指的是金属坯料的一部分流动方向与凸模运动方向相同，另一部分流动方向与凸模运动方向相反，见图 8-64(c)。径向挤压指金属流动方向与凸模运动方向成 90°角，如图 8-64(d)所示。

### 8.5.2 轧制成形

轧制也叫压延，是金属坯料通过一对旋转轧辊之间的间隙而使坯料受挤压产生横截面减少、长度增加的塑性变形过程。它是生产型材、板材和管材的主要方法。生产效率高、产品质量好、成本低、节约金属。

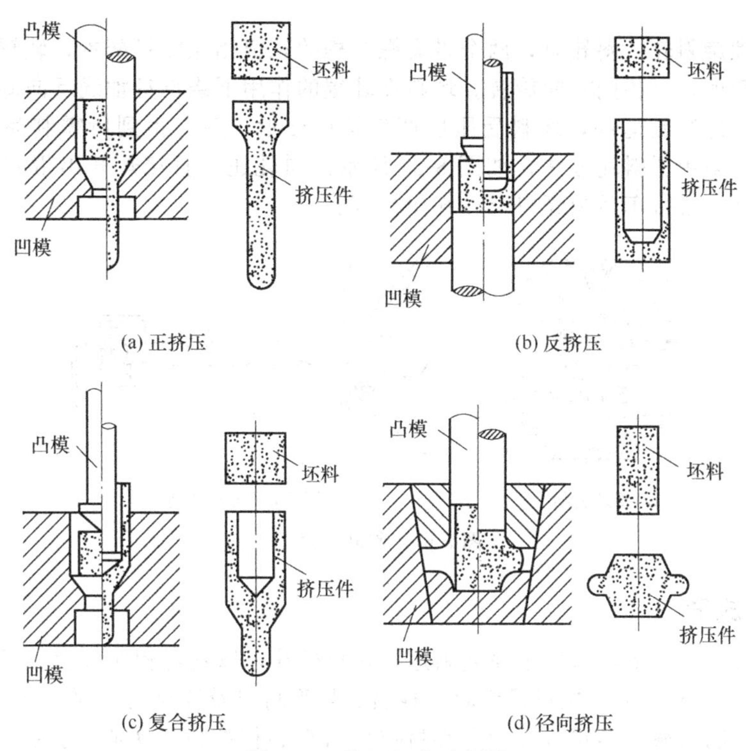


图 8-64 挤压方式示意图

按轧辊的形状、轴线配置等的不同，轧制可分为：纵轧、横轧和斜轧。

(1) 纵轧

纵轧也被称为辊轧，轧制时使坯料通过一对旋转的装有圆弧形模块的轧辊时受辗压而变形，如图 8-65 所示。这种方法用于制造扳手、钻头、连杆等。

(2) 横轧

横轧指的是轧辊轴线与轧件轴线互相平行，且轧辊与轧件作相对转动的轧制方法，如齿轮轧制等。齿轮轧制是一种少、无切屑加工齿轮的新工艺。直齿轮和斜齿轮均可用横轧方法制造，齿轮的横轧如图 8-66 所示。在轧制前，齿轮坯料外缘被高频感应加热，然后将带有齿形的轧辊作径向进给，迫使轧辊与齿轮坯料对辗。在对辗过程中，毛坯上一部分金属受轧辊齿顶挤压形成齿槽，相邻的部分被轧辊齿部“反挤”而上升，形成齿顶。

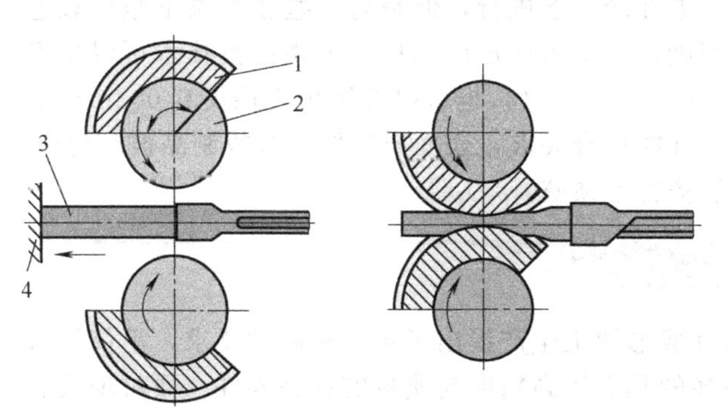


图 8-65 纵轧示意图

1—扇形模块；2—轧辊；3—坯料；4—挡板

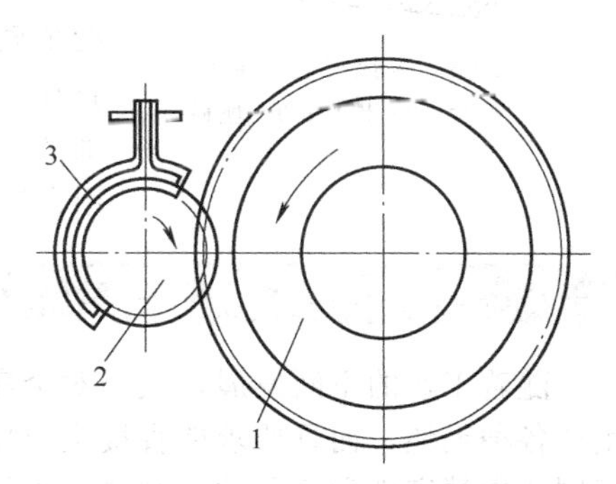


图 8-66 齿轮横轧示意图

1—带齿轧辊；2—坯料；3—感应加热器

(3) 斜轧

斜轧又称螺旋斜轧。斜轧时，两个带有螺旋槽的轧辊相互倾斜配置，轧辊轴线与坯料轴线相交成一定角度，以相同方向旋转。坯料在轧辊的作用下绕自身轴线反向旋转，同时还作轴向向前运动，即螺旋运动，坯料受压后产生塑性变形，最终得到所需制品。例如钢球轧制、周期轧制均采用了斜轧方法，如图 8-67 所示。斜轧还可直接热轧出带有螺旋线的高速钢滚刀、麻花钻、自行车后闸壳以及冷轧丝杠等。

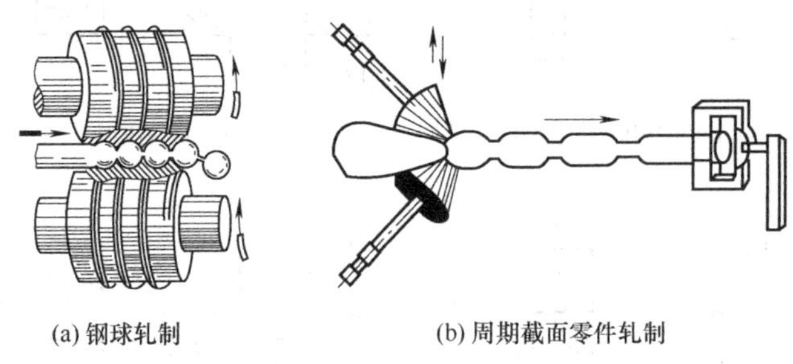

(a) 钢球轧制　　(b) 周期截面零件轧制

图 8-67　斜轧示意图

### 8.5.3 拉拔成形

拉拔是在拉力作用下，迫使金属坯料通过拉拔模孔，以获得相应形状与尺寸制品的塑性加工方法，如图 8-68 所示。拉拔是管材、棒材、异型材以及线材的主要生产方法之一。

拉拔方法按制品截面形状可分为实心材拉拔与空心材拉拔。实心材拉拔主要包括棒材、异型材及线材的拉拔。空心材拉拔主要包括管材及空心异型材的拉拔。拉拔工艺具有如下特点：

① 制品的尺寸精确，表面粗糙度小。

② 设备简单、维护方便。

③ 受拉应力的影响，金属的塑性不能充分发挥。拉拔道次变形量和两次退火间的总变形量受到拉拔应力的限制，一般道次伸长率在 20%～60%之间，过大的道次伸长率将导致拉拔制品形状、尺寸、质量不合格，过小的道次伸长率将降低生产率。

④ 最适合于连续高速生产断面较小的长制品，例如丝材、线材等。

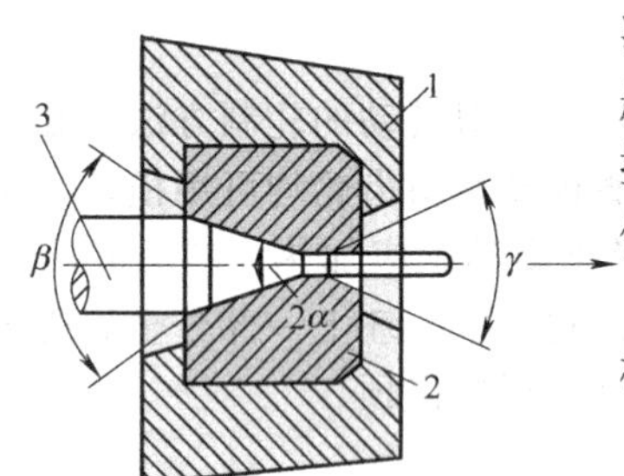


图 8-68　拉拔工艺示意图

1—模套；2—模具；3—坯料

拉拔一般在冷态下进行，但是对一些在常温下塑性较差的金属材料则可以采用加热后温拔。采用拉拔技术可以生产直径大于 500mm 的管材，也可以拉制出直径仅 0.002mm 的细丝，而且性能符合要求，表面质量好。拉拔制品被广泛应用在国民经济各个领域。

## 8.6 压力加工新工艺

随着工业的不断发展，人们对金属塑性成形加工生产提出了越来越高的要求，不仅要求生产各种毛坯，而且要求能直接生产出更多的具有较高精度与质量的成品零件。面对现代机械制造中精密件和复杂件的制造、难加工材料的加工和多品种、小批量生产的需要，近年来在塑性加工生产中出现了许多新工艺、新技术，如精密模锻、摆动碾压、液态模锻、径向锻造、粉末锻造、超塑性成形以及高能高速成形等，新工艺的开发与应用，扩大了塑性成形的适用范围。

### 8.6.1 精密模锻

精密模锻是在模锻设备上锻造出形状复杂、高精度锻件的模锻工艺。如精密模锻锥齿轮，其齿形部分可直接锻出而不必再经切削加工。与普通锻造工艺相比，精密模锻具有如下特点：

① 精确计算原始坯料的尺寸，严格按坯料质量下料，否则会增大锻件尺寸公差，降低精度。

② 需要精细清理坯料表面，以除净坯料表面的氧化皮、脱碳层及其他缺陷等。

③ 为提高锻件的尺寸精度和降低表面粗糙度，应采用无氧化或少氧化加热法，尽量减少坯料表面形成的氧化皮。

④ 精密模锻的锻件精度在很大程度上取决于锻模的加工精度。因此，精锻模膛的精度必须比锻件精度高三级。精锻模应有导柱导套结构，以保证合模准确。精锻模上应开有排气小孔，以排除模膛中的气体，减小金属流动阻力，使金属更好地充满模膛。

⑤ 模锻时要对锻模进行良好的冷却和润滑。

⑥ 精密模锻一般都在刚度大、运动精度高的模锻设备上进行，如曲柄压力机、摩擦压力机或高速锤等。

### 8.6.2 液态模锻

液态模锻实际上是铸造和锻造工艺的组合，是把液态金属直接浇入金属模内，然后在一定时间内以一定的压力作用于液态（或半液态）金属上，使之成形，并在此压力下结晶和塑性流动（见图 8-69）。它兼有铸造工艺简单、成本低和锻造产品性能好、质量可靠等多重优点，是制造工件的一种先进工艺。因此，在生产形状较复杂的工件，而且性能上又有一定要求时，液态模锻更能发挥优越性。

液态模锻的凝固时间为普通铸造的 1/4～1/3。因此，工件表面光滑，能较好地反映型腔表面粗糙度；同时凝固以后的组织致密，可以获得细晶粒组织，减少或消除工件内部缩松、气孔、缩孔等缺陷，减少化学成分偏析，从而改善内部组织，达到改善力学性能的目的。对于铸铁，液态模锻工艺还有促进石墨球化和细化、改善分布、改善基体组织等作用。

液态模锻工艺具有如下特点。

① 在成形过程中，液态金属在压力下完成结晶凝固。

② 已凝固的金属在压力作用下，产生塑性变形，使制件外侧壁紧贴模膛壁，液态金属自始至终获得等静压。但是由于已凝固层产生塑性变形要消耗一部分能量，因此液态金属承受的等静压不是定值，它是随着凝固层的增厚而下降的。

③ 液态模锻对材料的选择范围很宽，铝、铜等有色金属以及黑色金属的液态模锻已大量用于实际生产中。液态模锻也适用于非金属材料，如塑料等。

### 8.6.3 径向锻造

径向锻造又称旋转锻造，是对轴向旋转送进的棒料或管料施加径向脉冲打击力，锻成沿轴向具有不同横截面制件的工艺方法，其工作原理如图 8-70 所示。

径向锻造使金属处于压应力状态，且为高速成形，可锻造低塑性的高合金钢；工具简单、成本低，可用于各种批量生产；可锻多种截面形状，锻件直径可达 400～600mm；制件精度高，表面光洁。径向锻造广泛应用于带台阶的实心和空心轴、多种截面形状的棒材以及气瓶、炮弹壳的收口等。

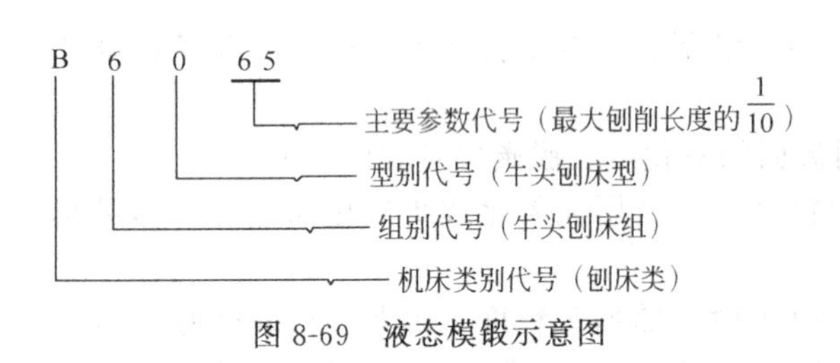


图 8-69　液态模锻示意图

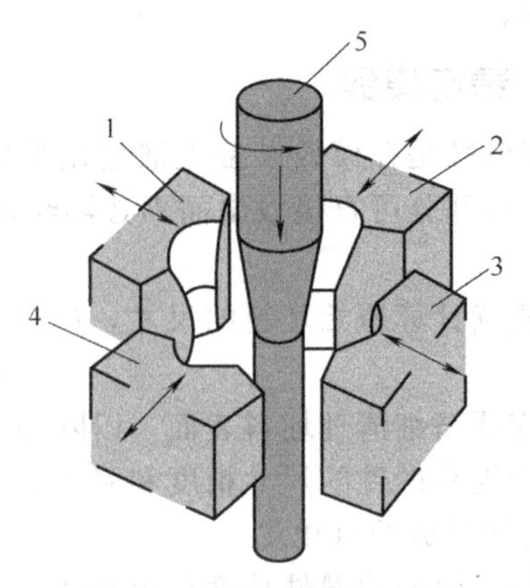


图 8-70　径向锻造示意图

1～4—模块；5—坯料

## 8.6.4　粉末锻造

粉末锻造是粉末冶金成形方法和锻造相结合的一种金属加工方法。它是将粉末预压成形后，在充满保护气体的炉子中烧结制坯，将坯料加热至锻造温度后模锻而成。其工序如图 8-71 所示。采用粉末锻造工艺制造出的零件有差速器齿轮、柴油机连杆、链轮、衬套等。

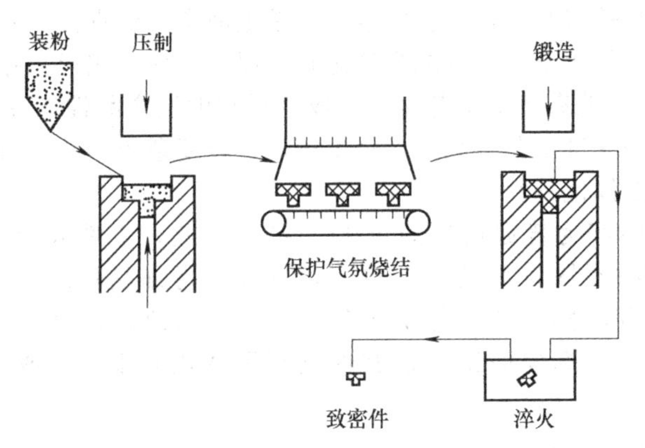


图 8-71　粉末锻造示意图

与模锻相比，粉末锻造具有以下优点。

① 材料利用率高，可达 90%以上。而模锻的材料利用率只有 50%左右。

② 力学性能高。材质均匀无各向异性，强度、塑性和冲击韧性都较高。

③ 锻件精度高，表面光洁，可实现少、无切屑加工。

④ 生产率高。每小时产量可达 500～1000 件。

⑤ 锻造压力小。如 130 汽车差速器行星齿轮，钢坯锻造需用 2500～3000kN 压力机，粉末锻造只需 800kN 压力机。

⑥ 可以加工热塑性差的材料。如难于变形的高温铸造合金可用粉末锻造方法锻出形状复杂的零件。

# 思考题与习题

1. 锻件和铸件在形状和内部组织上有哪些区别？

2. 金属可锻性是如何定义的？金属的可锻性可通过哪些指标来衡量？

3. 什么是回复、再结晶？加热时冷塑性变形金属的组织、内应力和性能会发生哪些变化？

4. 锻造流线是如何形成的？如何正确利用锻造流线？

5. 钢的锻造温度范围是如何确定的？始锻温度和终锻温度过高或过低各有什么缺点？

6. 自由锻的工艺规程都有哪些内容？如何编制自由锻工艺规程？

7. 如题图 8-1 所示为减速器低速轴的零件图，采用自由锻制坯，试绘制其锻件图并确定坯料的尺寸。

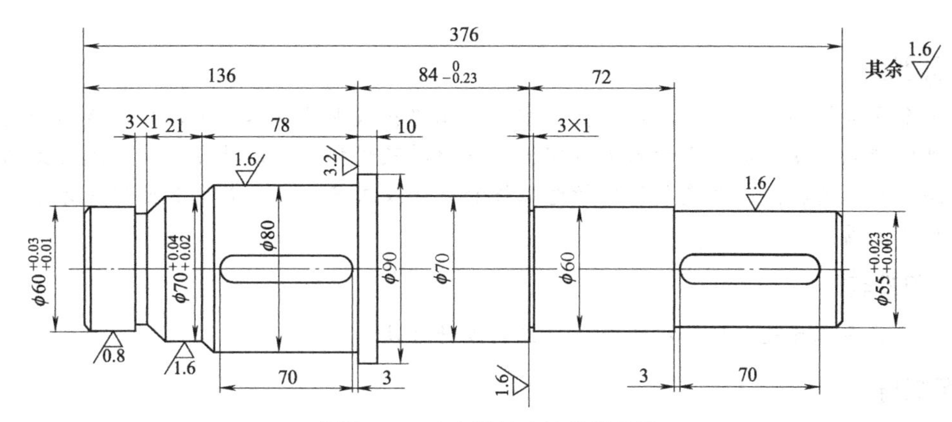

题图 8-1　减速器低速轴的零件图

8. 模锻件生产的特点及使用范围如何？

9. 板料冲压件的特点及使用范围如何？

10. 为什么胎膜锻可以锻造出形状较为复杂的锻件？

11. 试从设备、模具、锻件精度、生产效率等方面分析比较自由锻、模锻和胎膜锻之间有何不同？

# 第9章 金属的焊接成形

**学习目的**

掌握金属焊接的定义、特点及分类；掌握金属焊接成形的基本原理；熟悉常用金属材料的焊接性能特点；掌握电弧焊的基本原理、焊接材料及焊接工艺设计方法；熟悉常见的埋弧焊的方法及其工艺特点；熟悉气体保护电弧焊的方法及工艺特点；熟悉其他焊接方法的工艺特点和应用范围。

**重点和难点**

电弧焊的基本原理、焊接材料及焊接工艺设计方法。

**学习指导**

以典型焊接件的设计步骤为载体，熟练掌握金属工艺的设计方法和零件结构的设计方法。

## 9.1 概述

### 9.1.1 焊接的定义和特点

焊接是指通过加热或加压，或者两者并用，用或不用填充材料，使工件达到结合的一种方法。焊接可以实现金属材料的焊接，也可以实现非金属材料的连接，如塑料、玻璃和陶瓷等，在工业生产中，金属材料的焊接技术应用最为广泛。

焊接与其他的连接方法不同，通过焊接材料不仅在宏观上建立了永久的连接，而且在微观上同样建立的组织之间的内在联系。换句话说，焊接的本质是使焊件实现了原子间的扩散与结合。

焊接技术主要用于生产金属结构件，如锅炉、压力容器、船舶、桥梁、管道、车辆等，还用来生产机器零件，如重型机械和冶金设备中的机架、底座、箱体、轴、齿轮等。

相比锻压和铸造等金属热加工工艺，焊接工艺具有如下特点：

① 焊接工艺相对简单，能有效节省金属材料。而且与铆接件相比，焊接件的密封性较好。

② 焊接件性能可靠，质量优良。焊接接头力学性能高，其承载能力可以达到与工件材质相等的水平。

③ 焊接生产过程易于控制，生产效率较高，因此焊接工艺易于实现机械化、自动化。特别是与微电子技术、计算机技术和机器人技术紧密结合以后，出现了许多新兴的焊接技术，极大地拓展了焊接工艺的应用范围。

④ 利用焊接工艺能将不同材质连接成整体，而且可以制造双金属结构。

正是有了连接性能好、成本低、重量轻以及工艺简化等优点，焊接技术才得以广泛应用。但同时，焊接技术也存在一些局限性，例如结构不可拆卸，无法更换修理。由于工艺不当，焊接接头组织性能会发生恶化。此外，由于设计或者施工不当，造成工件变形甚至开裂；容易出现焊接缺陷，质量不稳定。在一些重要产品中，焊接质量会成为突出问题。例如，在锅炉压力容器的生产中，焊接接头往往是薄弱环节，应予以特别注意。

## 9.1.2 焊接的分类

焊接方法的种类很多，一般按照焊接过程中金属材料所处的状态不同，将焊接方法分为熔化焊、钎焊和压力焊三大类，然后在根据具体工艺特点进行下一层分类，如图 9-1 所示。

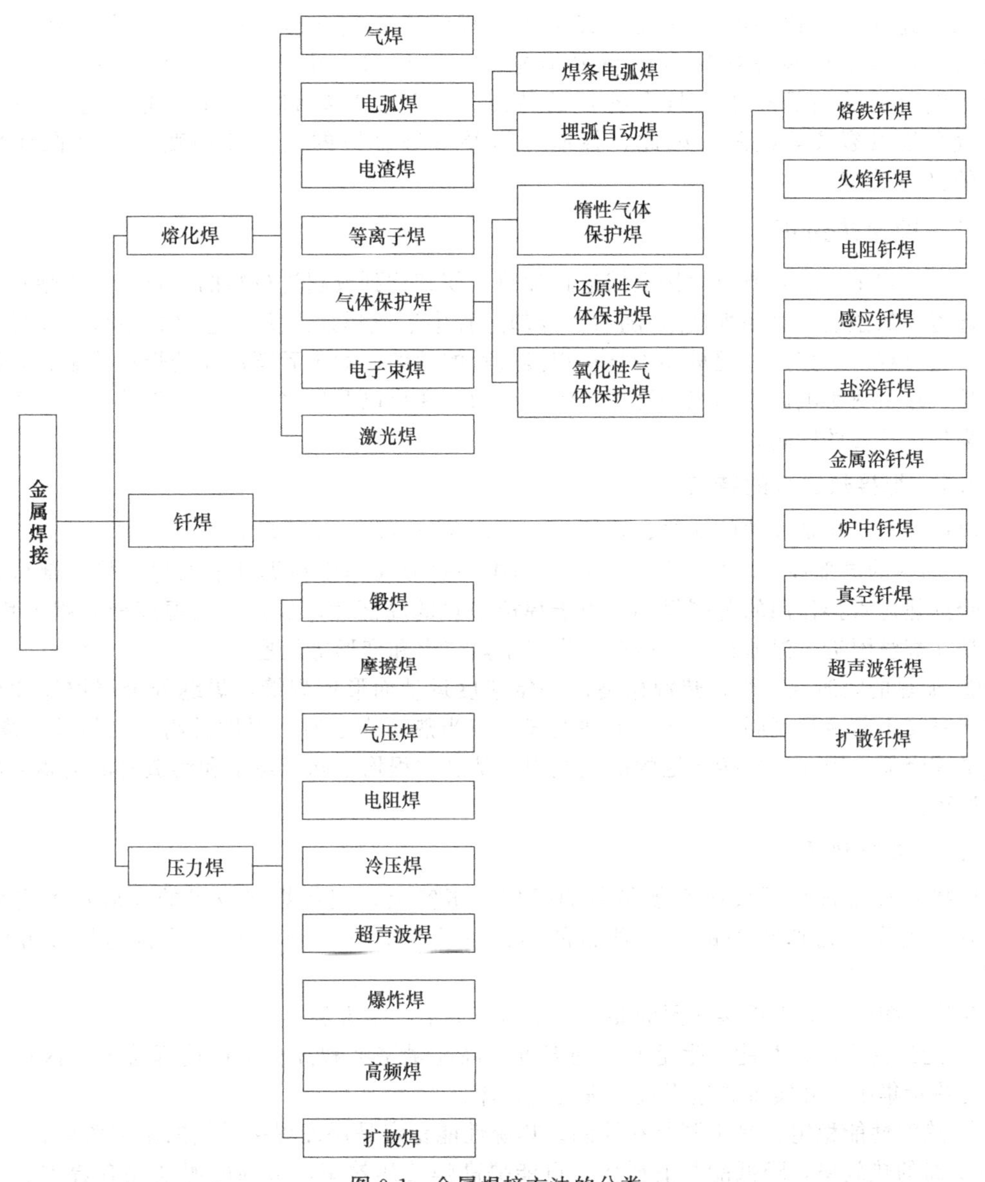


图 9-1 金属焊接方法的分类

熔化焊简称为熔焊，是利用局部加热的方法，把工件的焊接处加热到熔化状态，形成熔池，然后冷却结晶，形成焊缝，从而将工件连接成为整体的一种焊接工艺方法。

压力焊简称为压焊，是需要施加一定压力来实现工件连接的工艺方法。

钎焊是利用熔点低于母材的填充金属作钎料，将焊件与钎料加热到低于焊件熔点而高于钎料熔点的温度，使钎料熔化，利用钎料的表面张力润湿母材，并利用毛细作用填充接头缝隙，并与母材相互扩散形成接头。

## 9.2 焊接成形基础

以熔化焊为例，金属焊接的一般过程为：加热—熔化—冶金反应—结晶—固态相变—形成接头。可见，熔焊时金属材料所经历的过程是很复杂的。

熔焊时，在熔化的母材金属、熔渣以及气相之间进行一系列化学冶金反应，如金属的氧化、还原等，这些冶金反应将直接影响焊缝金属的化学成分、组织和性能，因此控制冶金过程是提高焊接质量的重要措施之一。而且，由于焊接时是快速连续冷却，就使焊缝金属的结晶和相变具有各自的特点，并且在这些过程中有可能产生偏析、夹杂、气孔以及裂纹等缺陷。因此，控制和调整焊缝金属的结晶和相变过程是保证焊接质量的又一关键。

### 9.2.1 焊接热过程

焊接过程中一般需要对焊接区域进行加热，使其达到或超过材料的熔点（例如熔化焊），或接近熔点的温度（固相焊接），随后在冷却过程中形成焊接接头，这种加热和冷却过程称为焊接热过程。焊接热过程贯穿于材料焊接过程的始终，对于后续涉及的焊接冶金、焊缝凝固结晶、母材热影响区的组织和性能，焊接应力、变形以及焊接缺陷（如气孔、裂纹等）的产生都具有重要的影响。

#### 9.2.1.1 焊接热过程的特点

焊接热过程包括焊件的加热、焊件中的热传递及冷却三个阶段，并具有如下特点。

① 加热的局部性　熔焊过程中，高度集中的热源仅作用在焊件上的焊接接头部位，焊件上受到热源直接作用的范围很小。由于焊接加热的局部性，焊件上的温度分布很不均匀，特别是在焊缝附近，温差很大，由此而带来了热应力和变形等问题。

② 加热的瞬时性　焊接热源始终以一定速度运动而形成焊缝，焊缝处金属被连续加热熔化同时又不断冷却凝固。因此，工件上某一点当热源靠近时，温度升高；当热源远离时，温度迅速降低。因此，焊接熔池的冶金过程和结晶过程均不同于炼钢和铸造时的金属熔炼和结晶过程。

#### 9.2.1.2 焊接热源

焊接热源是进行焊接所必须具备的条件。事实上，现代焊接技术的发展过程也是与焊接热源的发展密切相关的。一种新的热源的应用，往往意味着一种新的焊接方法的出现。

现代焊接生产对于焊接热源的要求主要是有如下几个方面。

① 能量密度高，并能产生足够高的温度。高能量密度和高温可以使焊接加热区域尽可能小，热量集中，并实现高速焊接，提高生产率。

② 热源性能稳定，易于调节和控制。热源性能稳定是保证焊接质量的基本条件。

③ 高的热效率，降低能源消耗尽。可能提高焊接热效率，节约能源消耗有着重要技术经济意义。

生产中常用的焊接热源主要有电弧热、化学热、电阻热、等离子弧、电子束和激光束等，各种热源的特点和应用范围见表 9-1。

表 9-1 常用的焊接热源

| 热源种类 | 特点 | 焊接方法 |
| --- | --- | --- |
| 电弧热 | 利用气体介质的放电过程所产生的热源作用作为焊接热源，目前应用最广泛的一种 | 焊条电弧焊、埋弧焊、气体保护焊 |
| 化学热 | 利用助燃，可燃气体（如氧、乙炔、丙烷等）或铝、镁发热剂燃烧时产生的热源作为焊接热源 | 气焊、铝热焊 |
| 电阻热 | 利用电流通过导体时产生的电阻热作为焊接热源 | 电渣焊、电阻焊 |
| 摩擦热 | 由机械摩擦而产生的热能作为焊接热源 | 摩擦焊 |
| 等离子弧 | 电弧放电或高频放电产生高度电离的气流，由机械压缩、电磁收缩、热收缩效应产生大量的热能和动能，作为焊接热源 | 等离子弧焊 |
| 电子束 | 在真空、低真空或局部真空中，利用高压高速运动的电子猛烈轰击金属局部表面，使这种动能变为热能作为焊接热源 | 电子束焊 |
| 激光束 | 通过受激辐射而使放射增强的光（激光）经聚焦产生能量高度集中的激光束作为热源 | 激光焊 |

### 9.2.1.3 焊接温度场

温度场指的是一个温度分布的空间。焊接时，焊件上存在着不均匀的温度分布，同时，由于热源不断移动，焊件上各点的温度也在随时变化。因此，焊接温度场是不断随时间变化的。焊接温度场可以用等温线或等温面来表示，如图 9-2 所示。

根据热力学第二定律，只要有温度差存在，热量总是由高温处流向低温处。在焊接时，由于局部加热的特点，工件上存在着极大的温度差，因此在工件内部必然要发生热量的传输过程。此外，焊件与周围介质间也存在很大温差，并进行热交换。在焊接过程中，传导、对流和辐射三种传热方式都存在。但是，对于焊接过程影响最大的是热能在焊件内部的传导过程，以及由此而形成的焊接温度场。它对于焊接应力、变形，焊接化学冶金过程，焊缝及热影响区的金属组织变化，以及焊接缺陷（如气孔、裂纹等）的产生均有重要影响。

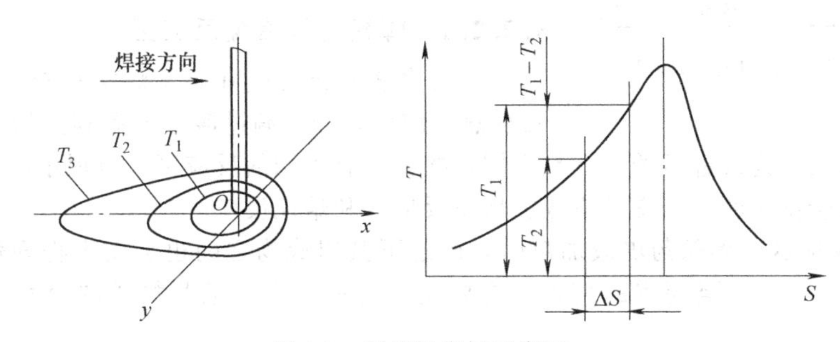


图 9-2 焊接温度场示意图

### 9.2.1.4 焊接热循环

在焊接过程中，焊缝附近母材上各点都会经历升温和冷却的过程。当热源移近时，该点温度将急剧升高，当热源移过后，则迅速冷却。母材上某一点所经受的这种升温和降温过程叫做焊接热循环。焊接热循环具有加热速度快、温度高、高温停留时间短和冷却速度快等特点。

焊接热循环可以用图 9-3 所示的温度-时间曲线来表示。用来反映焊接热循环的主要特征，并对焊接接头性能影响较大的四个参数是：加热速度 $W_H$、加热的最高温度 $T_M$、相变点以上停留时间 $t_H$ 和冷却速度 $v_C$。焊接过程中加热速度极高，在一般电弧焊时，可以达到200～300℃/s左右，远高于一般热处理时的加热速度。最高温度 $T_M$ 相当于焊接热循环曲线的极大值，它是对金属组织变化具有决定性影响的参数之一，如图 9-4 所示。

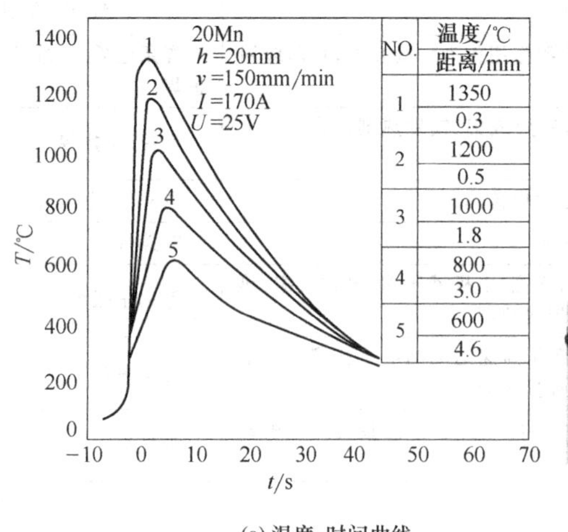


(a) 温度-时间曲线

(b) 测温点位置

图 9-3　焊接热循环示意图

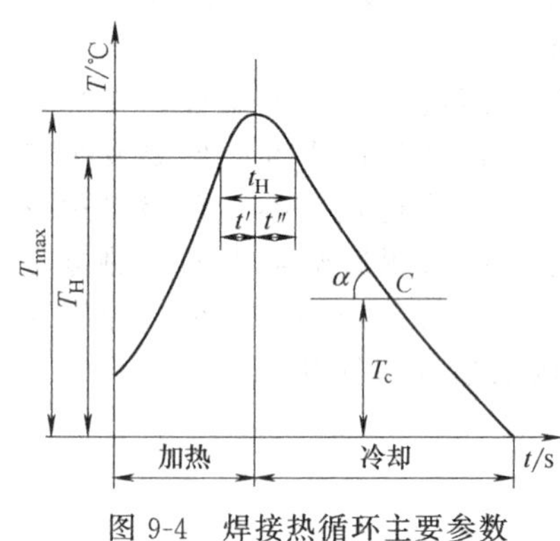


图 9-4　焊接热循环主要参数

## 9.2.2　焊接化学冶金过程

熔焊时，伴随着母材被加热熔化，在液态金属的周围充满了大量的气体，有时表面上还覆盖着熔渣。这些气体及熔渣在焊接的高温条件下与液态金属不断地进行着一系列复杂的物理化学反应，这种焊接区内各种物质之间在高温下相互作用的过程，称为焊接化学冶金过程。该过程对焊缝金属的成分、性能、焊接质量以及焊接工艺性能都有很大的影响。

### 9.2.2.1　焊接化学冶金反应区

焊接化学冶金反应开始于焊接材料（焊条或焊丝）被加热、熔化，经熔滴过渡，最后到达熔池。该过程是分区域（或阶段）连续进行的，并且不同焊接方法有不同的反应区。以焊条电弧焊为例，可划分为三个冶金反应区：药皮反应区、熔滴反应区和熔池反应区。

① 药皮反应区　焊条药皮被加热时，固态下其组成物之间也会发生物理化学反应。其反应温度范围从 100℃ 至药皮的熔点，主要是水分的蒸发、某些物质的分解和铁合金的氧化等。

当加热温度超过 100℃ 时，药皮中的水分开始蒸发。再升高到一定温度时，其中的有机物、碳酸盐和高价氧化物等逐步发生分解，析出 $H_2$、$CO_2$ 和 $O_2$ 等气体。这些气体，一方面将周围空气排开，对熔化金属进行了保护（称为机械保护作用）；另一方面也对被焊金属和药皮中的铁合金产生了很强的氧化作用。

② 熔滴反应区　熔滴反应区包括熔滴形成、长大到过渡至熔池中的整个阶段。在熔滴反应区中，反应时间虽短，但因温度高，液态金属与气体及熔渣的接触面积大，并有强烈的混合作用，所以冶金反应最激烈，对焊缝成分的影响也最大。在此区进行的主要物理化学反应有：气体的分解和溶解，金属的蒸发，金属及其合金成分的氧化、还原以及焊缝金属的合金化等。

电弧焊时，焊丝的末端在电弧的高温作用下加热熔化，形成熔滴通过电弧空间向熔池转移的过程，称为熔滴过渡。一般来讲，熔滴的过渡形式主要有接触过渡、自由过渡及渣壁（附壁）过渡。焊丝形成的熔滴作为填充金属与熔化的母材共同形成焊缝，因此，焊丝的加热熔化及熔滴的过渡过程将对焊接过程和焊缝质量产生直接的影响。

③ 熔池反应区　在焊接热源的作用下，焊件上所形成的具有一定几何形状和一定体积的液态金属称为熔池。熔池一般呈现不规则的半个椭球形状，尺寸非常小，最大不超过100g。而且，熔池的温度非常高，金属处于过热状态。此外，由于对流搅拌、电弧的机械力、气体的吹力、密度差和表面张力差等原因导致熔池处于连续的运动状态。

熔滴金属和熔渣以很高的速度落入熔池，并与熔化后的母材金属相混合或接触，同时各相间的物理化学反应继续进行，直至金属凝固，形成焊缝。这个阶段即属熔池反应区，它对焊缝金属成分和性能具有决定性作用。与熔滴反应区相比，熔池的平均温度较低，为1600～1900℃，比表面积较小，为3～130$cm^2/kg$，反应时间较长。熔池反应区的显著特点之一是温度分布极不均匀。由于在熔池的前部和后部存在着温度差，因此化学冶金反应可以同时向相反的方向进行。此外，熔池中的强烈运动，有助于加快反应速度，并为气体和非金属夹杂物的外逸创造了有利条件。

#### 9.2.2.2　气相对焊缝金属的影响

焊接过程中，在熔化金属的周围存在着大量的气体，它们会不断地与金属产生各种冶金反应，从而影响着焊缝金属的成分和性能。

焊接区内的气体主要来源于焊接材料。例如，焊条药皮、焊剂和焊芯中的造气剂、高价氧化物和水分都是气体的重要来源。热源周围的空气也是一种难以避免的气源。此外还有一些冶金反应也会产生气态产物。

气体的状态（分子、原子和离子状态）对其在金属中的溶解和与金属的作用有很大的影响。主要有简单气体的分解和复杂气体的分解，焊接区气相中常见的简单气体有$N_2$、$H_2$、$O_2$等双原子气体，$CO_2$和$H_2O$是焊接冶金中常见的复杂气体。

焊接时，焊接区内气相的成分和数量与焊接方法、焊接规范、焊条药皮或焊剂的种类有关。用低氢型焊条焊接时，气相中$H_2$和$H_2O$的含量很少，故有“低氢型”之称。埋弧焊和中性火焰气焊时，气相中$CO_2$和$H_2O$的含量很少，因而气相的氧化性也很小，而焊条电弧焊时气相的氧化性则较强。

氮、氢、氧在金属中的溶解及扩散都会对焊接质量产生一定的影响。

#### 9.2.2.3　熔渣及其对金属的作用

熔渣在焊接过程中的作用有保护熔池、改善工艺性能和冶金处理三个方面。根据焊接熔渣的成分和性能可将其分为三大类，即：盐型熔渣、盐-氧化物型熔渣和氧化物型熔渣。

① 盐性熔渣主要由金属的氯盐、氟盐组成。主要用于焊接铝、钛和其他活泼金属或合金。

② 盐-氧化物型熔渣主要由氟化物、碱金属等组成。氧化性较弱，主要应用于焊接各种合金钢工件。

③ 氧化物型熔渣主要由各种氧化物组成。氧化性较强，主要应用于低碳钢和低合金钢。

熔渣的物理性质包括碱度、黏度、熔点、相对密度、脱渣性和透气性等，这些性质对焊接质量具有重要的影响。其中，熔渣的碱度对冶金反应质量（氧化还原、脱硫、脱磷）具有非常重要的影响。国际焊接学会（IIW）推荐采用下式计算熔渣的碱度，即

$$B_3=\frac{CaO+MgO+K_2O+Nb_2O+0.4(MnO+FeO+CaF_2)}{SiO_2+0.3(TiO_2+ZrO_2+Al_2O_3)} \tag{9-1}$$

式中的各种氧化物均以质量分数计算，$B_3>1.5$为碱性熔渣，$B_3<1$为酸性熔渣，$B_3=1\sim1.5$为中性熔渣。

焊接时的氧化还原问题，是焊接化学冶金涉及的重要内容之一。主要包括焊接条件下金属及合金元素的氧化与烧损、金属氧化物的还原等。

氧对焊接质量有严重的危害性。对已进入焊缝的氧，则必须通过脱氧将其去除。脱氧是一种冶金处理措施，它是通过在焊丝、焊剂或焊条药皮中加入某种对氧亲和力较大的元素，使其在焊接过程中夺取气相或氧化物中的氧，从而来减少被焊金属的氧化及焊缝的含氧量。钢的焊接常用 Mn、Si、Ti、Al 等元素的铁合金或金属粉（如锰铁、硅铁、钛铁和铝粉等）作脱氧剂。

焊缝中硫和磷的质量分数超过 0.04%时，极易产生裂纹。硫、磷主要来自基体金属（母材），也可能来自焊接材料，一般选择含硫、磷低的原材料，并通过药皮（或焊剂）进行脱硫脱磷，以保证焊缝质量。

## 9.2.3 焊接接头的金属组织和性能

熔化焊过程可以看做一种在局部进行且短时高温的冶炼、凝固过程，而且这种冶炼和凝固过程是连续进行的。与此同时，周围未熔化的基体金属受到短时的热处理。因此，焊接过程会引起焊接接头组织和性能的变化，直接影响焊接接头的质量。熔焊的焊接接头由焊缝区、熔合区和热影响区组成。

### 9.2.3.1 焊缝的组织和性能

焊缝是由熔池金属结晶形成的焊件结合部分，成分上与铸态接近。焊缝金属的结晶是从熔池底壁开始的，由于结晶时各个方向冷却速度不同，因而形成的晶粒是柱状晶，柱状晶粒的生长方向与最大冷却方向相反，垂直于熔池底壁，如图 9-5 所示。

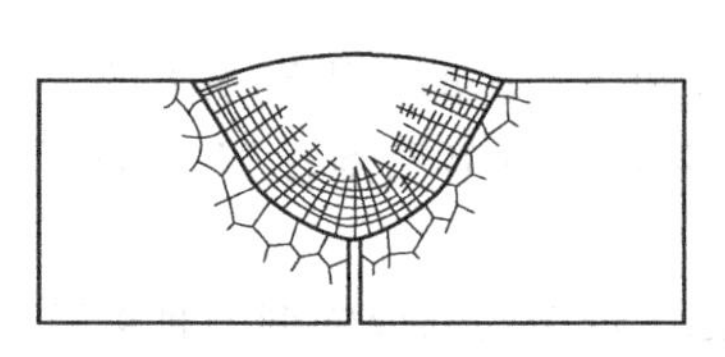

图 9-5 焊缝的柱状树枝晶示意图

由于熔池金属受电弧吹力和保护气体的吹动，熔池中的柱状晶生长受到干扰，使柱状晶呈倾斜状，晶粒有所细化。熔池结晶过程中，由于冷却速度很快，已凝固的焊缝金属中的化学成分来不及扩散，易造成合金元素分布的不均匀。如硫、磷等有害元素易集中到焊缝中心区，将影响焊缝的力学性能。所以焊芯必须采用优质钢材，其中硫、磷的含量应很低。此外由于焊接材料的渗合金作用，焊缝金属中锰、硅等合金元素的含量可能比基体金属高，所以焊缝金属的力学性能可高于基体金属。

### 9.2.3.2 热影响区的组织和性能

在电弧热的作用下，焊缝两侧处于固态的母材发生组织和性能变化的区域，称为焊接热影响区。由于焊缝附近各点受热情况不同，其组织变化也不同，不同类型的母材金属，热影响区各部位也会产生不同的组织变化。图 9-6 为低碳钢焊接时焊接接头的组织变化示意图。按组织变化特征，其热影响区可分为过热区、正火区和部分相变区。

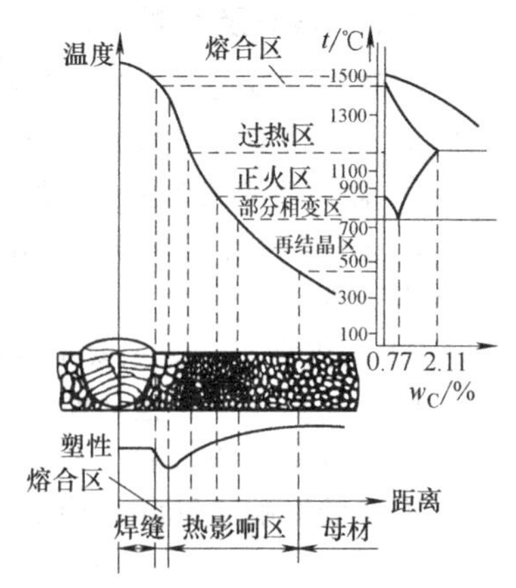


图 9-6 低碳钢焊接时焊接接头的组织变化示意图

过热区紧靠熔合区，低碳钢过热区的最高加热温度在 1100℃至固相线之间，母材金属加热到这个温度，结晶组织全部转变成为奥氏体，奥氏体急剧长大，冷却后得到过热粗晶组织，因而，过热区的塑性和冲击韧度很低。焊接刚度大的结构和含碳量较高的易淬火钢材时，易在此区产生裂纹。正火区紧靠过热区，是焊接热影响区内相当于受到正火热处理的区域。一般情况下，焊接热影响区内的正火区的力学性能高于未经热处理的母材金属。部分相变区紧靠正火区，是母材金属处于 $A_{c1}$～$A_{c3}$ 之间的区域，加热和冷却时，该区结晶组织中只有珠光体和部分铁素体发生重结晶转变，而另一部分铁素体仍为原来的组织形态。因此，已相变组织和未相变组织在冷却后晶粒大小不均匀对力学性能有不利影响。熔合区是焊接接头中焊缝与母材交接的过渡区，这个区域的焊接加热温度在液相线和固相线之间，又称为半熔化区。

#### 9.2.3.3 焊接接头组织与性能的改善方法

在实际生产中，一般可以采用如下措施改善焊接接头的组织和性能。

① 冶金方法。可以采用冶金方法对焊缝金属进行变质和细化处理。例如，通过向焊缝中引入 Ti、V、Ni、Mo 和 RE 等合金元素，提供焊缝金属的结晶核心，实现了焊缝金属的晶粒细化。

② 物理方法。可以采用振动结晶的方式，例如对焊缝进行机械振动、超声波振动、电磁振动等，实现晶粒破碎作用，改善焊缝组织和性能。

③ 在焊接施工时，配合焊前预热和焊后热处理等工艺措施，可以改善焊接接头的组织，并能缓解应力，减少焊接变形和开裂倾向。与此同时，对一些易于出现焊接裂纹的材料（如高碳钢）可以采用锤击焊道表面的方法，起到延展焊缝，缓解焊接应力的效果。

此外，还应该在焊接材料和焊接工艺方法方面加以改善。如选择焊丝、焊条和焊剂的时候应充分考虑控制焊缝中有害元素的含量，以改善焊接接头的组织与性能。同时，在选择焊接工艺方法时，应合理控制焊接速度、焊接电流等焊接工艺参数，以保证焊接接头的质量。重要工件可另选保护效果好的焊接方法。

## 9.3 电弧焊基本知识

电弧焊是利用电弧作热源的熔化焊方法，其中包括焊条电弧焊、埋弧焊、气体保护电弧焊等。

### 9.3.1 焊接电弧的产生

焊接电弧的本质是气体放电现象。当焊条的一端与焊件接触时，将造成短路而产生高温，使相接触的金属很快熔化并产生金属蒸气。当焊条迅速提起 2～4mm 时，在电场力的作用下阴极表面将产生电子发射，与阳极高速运动的电子与气体分子、金属蒸汽中的原子相碰撞，将造成介质和金属的电离。由于电离产生的电子飞向阳极，正离子飞向阴极，这些带电粒子在运动途中将不断发生碰撞与复合。碰撞与复合将产生强烈的光和大量的热，其宏观表现就是强烈而持久的放电现象。焊接电弧是气体放电现象的一种表现形式，习惯上把这种持续的放电现象称为电弧燃烧。

### 9.3.2 焊接电弧的结构

焊接电弧由阴极区、阳极区和弧柱区三部分组成，如图 9-7 所示。

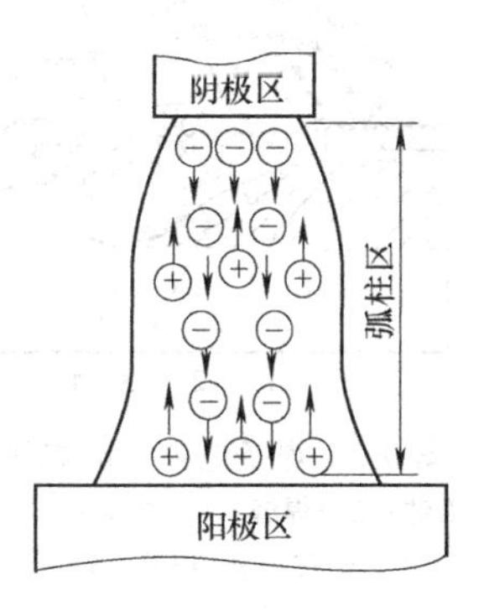

图 9-7 焊接电弧的结构

① 阴极区 阴极区的热量主要是正离子碰撞阴极时，由正离子的动能以及正离子与阴极区电子复合时释放的能量，占电弧热量的 36%。用低碳钢焊条焊接钢材时，这一区域的平均温度约为 2400K，占焊接电弧总热量的 36%左右。

② 阳极区 阳极区的热量主要由电子撞击阳极时，由电子的动能和逸出功转化而来。由于阳极区不发射电子，因此阳极区产生的热量较多，占电弧总热量的 43%左右，这一区

域的平均温度为 2600K，主要用于加热工件或焊条。

③ 弧柱区　弧柱区的热量主要由电子和阳离子复合时释放出的电离能转化而来，占总热量的 21%左右，中心温度可达 6000～8000K。弧柱区的长度几乎等于电弧长度。

④ 电弧极性及其应用范围　电弧中阳极区和阴极区的温度因电极材料不同而有所不同。使用直流电源焊接时，有正接和反接两种接线方法，如图 9-8 所示。正接是将工件接到电源的正极，焊条（或电极）接到负极。反接是将工件接到电源的负极，焊条（或电极）接到正极。

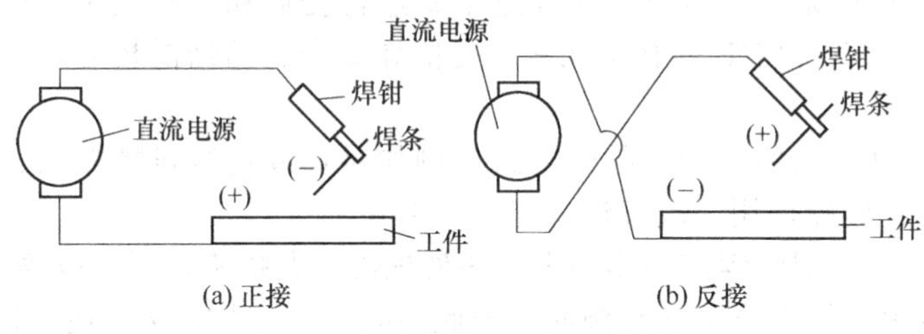


图 9-8　直流弧焊时两种极性接法

阴极区的温度小，焊接厚钢板时，应采用正接法，熔深大；焊接薄板时应采用反接法。使用低氢型焊条（E5015）时，都应采用反接法，以保证电弧燃烧稳定，减少飞溅现象和降低气孔倾向。

## 9.4 焊条电弧焊

焊条电弧焊是利用手工操作焊条进行焊接的电弧焊方法，是目前应用最为广泛、最普遍的一种焊接方法。

### 9.4.1 焊条电弧焊的焊接过程

典型焊条电弧焊的焊接过程如图 9-9 所示。电弧在焊条与工件之间形成，电弧热使工件（母材）熔化形成熔池，焊条金属芯熔化，借重力和电弧气体吹力的作用过渡到熔池中。同时在电弧热的作用下焊条药皮被熔化，并与液体金属起物理与化学作用，所形成的熔渣不断从熔池中浮出，覆盖在焊缝金属表面。与此同时，药皮燃烧所产生的大量气体围绕于电弧周围，熔渣与气体使熔池金属与外界相隔绝，形成了机械保护作用。焊条不断向前移动形成新的熔池，原来的熔池则不断冷却凝固，形成连续的焊缝，覆盖在焊缝表面的熔渣也随着冷却形成固态渣壳，这层熔渣和渣壳对焊缝成形的好坏和减缓金属的冷却速度有着重要的作用。

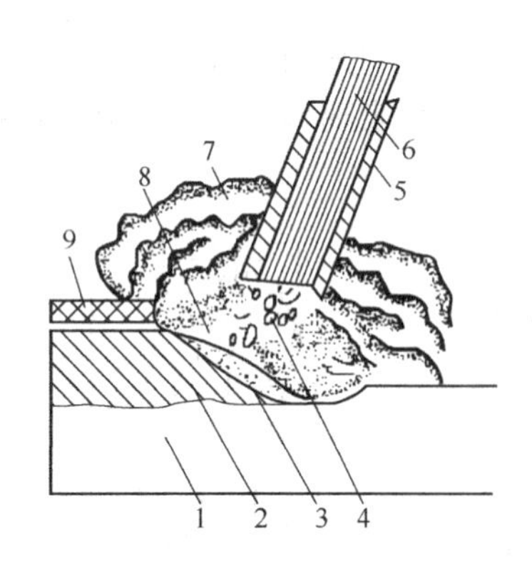


图 9-9　焊条电弧焊的焊接过程
1—工件；2—焊缝；3—熔池；4—金属熔滴；5—药皮；6—焊芯；7—气体；8—熔渣；9—固态渣壳

焊条电弧焊所使用的设备较为简单且容易维护，便于中小企业生产。焊条电弧焊可在室内、室外、高空和各种焊接位置进行，且操作较为灵活。焊条电弧焊可以焊接多种金属，适应性广。但是，这种方法的生产效率较低，对焊工的操作水平要求较高，劳动强度大，工作环境较为恶劣。主要应用于高强度钢、铸钢、铸铁和非铁金属的焊接，是焊接生产中应用最广泛的焊接方法。

## 9.4.2 焊条

焊条是涂有药皮的、供焊条电弧焊使用的焊接材料，由焊芯和药皮组成（见图 9-10）。焊条的规格以焊芯的直径表示，常用的焊条直径有 $\phi$2、$\phi$2.5、$\phi$3.2、$\phi$4、$\phi$5 等，焊条的长度一般在250～450mm 之间。

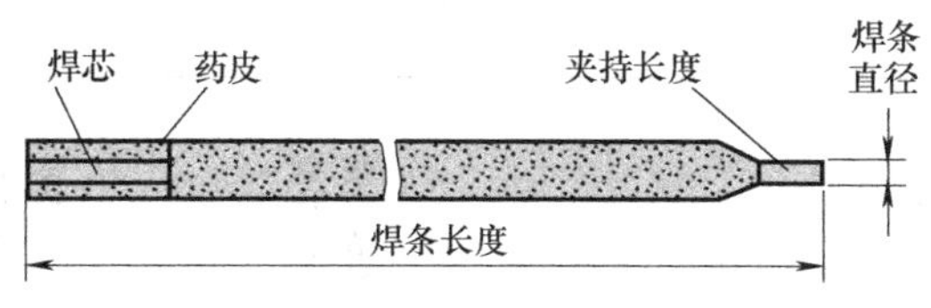


图 9-10 焊条示意图

### 9.4.2.1 焊芯

焊条中被药皮包覆的金属芯称为焊芯。在焊接时，焊芯具有两个作用：一是导电，产生电弧；二是焊芯本身熔化作填充金属。以焊条电弧焊为例，焊缝金属中的 50%～70%由焊芯组成。

焊芯的化学成分和非金属夹杂物的多少将直接影响焊缝质量。焊芯钢的牌号和化学成分应按 GB/T 14957－1994《熔化焊用钢丝》标准规定，其中常用钢号有 H08A、H08E、H08C、H08MnA、H15A、H15Mn 等。常用焊芯的牌号及成分如表 9-2 所示。

表 9-2 常用焊芯的牌号和成分

| 钢号 | 化学成分/% | | | | | | | 用　　途 |
|---|---|---|---|---|---|---|---|---|
| | C | Mn | Si | Cr | Ni | S | P | |
| H08 | ≤0.10 | 0.30～0.55 | ≤0.03 | ≤0.20 | ≤0.30 | <0.04 | <0.04 | 一般焊接结构 |
| H08A | ≤0.10 | 0.30～0.55 | ≤0.03 | ≤0.20 | ≤0.30 | <0.03 | <0.03 | 重要焊接结构 |
| H08MnA | ≤0.10 | 0.80～1.10 | ≤0.07 | ≤0.20 | ≤0.30 | <0.03 | <0.03 | 埋弧焊焊丝 |

### 9.4.2.2 焊条药皮

在焊接时，利用焊条药皮熔化时产生的熔渣和气体对焊缝熔池起机械保护作用。还可以利用药皮中含有的化学物质和金属元素等对焊缝进行物理、化学反应消除杂质，补充有益元素，从而保证焊缝的成分和力学性能。此外，还可以利用药皮中含有的化学成分来改善工艺性能，并提高焊接电弧燃烧的稳定性，并可以减少焊接中的金属飞溅，并能保证焊缝成形，促使熔渣易于脱落。

根据药皮组成物在焊接中的作用可分为稳弧剂、造气剂、造渣剂、脱氧剂、合金剂、增塑剂、黏结剂和成形剂等。同时，按照药皮的成分特点可以将其分为若干类型。如钛型、钛钙型、低氢钠型、低氢钾型和纤维素型等，分别具有不同的应用场合。

### 9.4.2.3 焊条种类和焊条型号

按照焊条的用途可以将其分为碳钢焊条、低合金钢焊条、不锈钢焊条、堆焊焊条（ED/D）、铸铁焊条、镍及镍合金焊条、铜及铜合金焊条、铝及铝合金焊条、特殊用途焊条及低温钢焊条等，图 9-11 所示为常用的焊条分类方法。

① 焊条的型号　焊条的型号是按有关国家标准与国际标准确定的焊条的代号。常用的国家标准包括 GB/T 983—1995《不锈钢焊条》、GB/T 5117—1995《碳钢焊条》、GB/T 5118—1995《低合金钢焊条》、GB/T 10044—2006《铸铁焊条及焊丝》等。

例如，根据 GB/T 5117—1995《碳钢焊条》标准规定，碳钢焊条型号根据熔敷金属的力学性能、药皮类型、焊接位置和焊接电流种类进行划分。焊条型号编排以字母 E 后加四位数字表示，其中，E 表示焊条；前两位数字表示熔敷金属抗拉强度的最小值，单位为 MPa；第三位数字表示焊条的焊接位置；三、四位数组合表示电流种类和药皮类型。如常用的碳钢焊条 E5015，如图 9-12 所示。

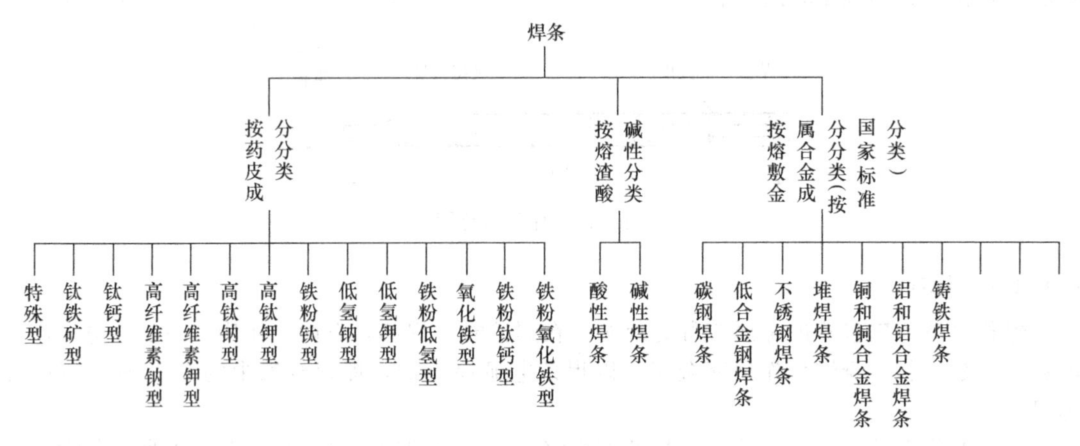


图 9-11　常用的焊条分类方法

② 焊条的牌号　焊条牌号指的是焊条生产厂家规定的代号，多年来已经成为习惯，工人在现场操作时经常使用。常用的焊条型号与牌号有对照表，使用时查找即可，例如上述例子所示的 E5015 应对应于 J507，如图 9-13 所示。

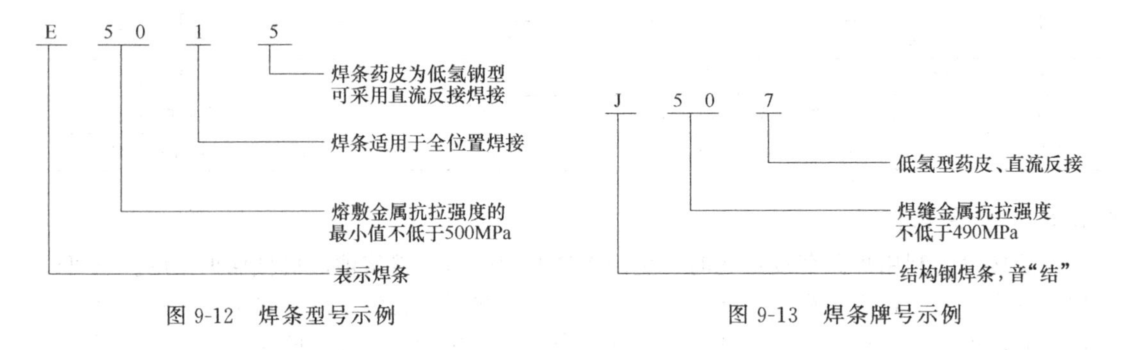


图 9-12　焊条型号示例　　　　图 9-13　焊条牌号示例

### 9.4.2.4　焊条的选择原则

焊条型号或牌号的选择是否合理，将直接关系到焊接产品的质量和生产成本。在生产中选择焊条时一般应遵循如下几个原则。

① 强度相等的原则。如焊件材料 Q235A 钢的抗拉强度为 420MPa，则焊条应选用 E43 系列的焊条，如 E4303 等。

② 重要件选碱性焊条。如焊缝要求塑性好，冲击韧度、抗裂性能高、低温性能好的焊缝，应选用碱性焊条。如果工件受力较小，或者非重要的结构件应尽量选择酸性焊条，因为酸性焊条成本较低，且工艺性较好。

③ 强度不等就低选。低碳钢与低合金钢焊接，或不同强度等级的低合金钢焊接，一般应选择与强度等级较低钢材强度相当的焊条。

④ 根据现场条件选。选择焊条时应充分考虑焊接生产效率及设备等条件。在满足工件性能的前提下，一般选用酸性焊条使焊接成本降低。

⑤ 根据焊接材料选。为保证工件特殊的物理性能，应选择相应的专用焊条。如不锈钢、

耐热钢要选用相应的不锈钢焊条和耐热钢焊条等。

为保证焊接质量，焊条使用前应严格烘干，以免焊缝中出现气孔、裂纹等缺陷，低氢型焊条尤为如此。例如，焊条使用前需经150～250℃、1～2h的烘干，碱性焊条要放置于烘干炉中，随用随取。此外，为保证焊接药皮的化学成分及物理性能，焊条的累计烘干次数不宜超过三次。

## 9.4.3 焊条电弧焊焊接工艺规范

焊接工艺规范指的是焊接时为保证焊接质量而选定的一些物理量的总称，通常包括焊条牌号、焊条直径、电源种类与极性、焊接电流、电弧电压、焊接速度和焊接层数等。而主要的规范参数是指焊条直径和焊接电流的大小，电弧电压和焊接速度在焊条电弧焊中一般由操作者根据具体情况灵活掌握。

### 9.4.3.1 焊条直径

焊条直径对焊接质量和生产效率影响较大，为提高效率应选用较大直径焊条，但焊条直径过粗会造成未焊透或成形不良。焊条直径的选择主要取决于工件厚度、工件材质、接头形式、焊接位置、焊接层数等。厚度较大的焊件应选用直径较大的焊条；反之，薄焊件的焊接，则应选用小直径的焊条。焊接平焊缝用的焊条直径应比其他位置大一些，立焊最大不超过5mm，而仰焊、横焊最大直径一般不超过4mm，这是为了造成较小的熔池，减少熔化金属的下淌。同时，在进行多层焊时，为了防止根部焊不透，对多层焊的第一层焊道应采用直径较小的焊条进行焊接，以后各层可以根据焊件厚度，选用较大直径的焊条。一般情况下，焊条直径与焊件厚度之间关系的可参考表9-3所示数据。此外，T形接头、搭接接头都应选用较大直径的焊条。

表9-3 焊条直径与焊件厚度之间的关系

| 焊件厚度/mm | 2 | 3 | 4～5 | 6～12 | >13 |
|---|---|---|---|---|---|
| 焊条直径/mm | 2 | 3.2 | 3.2～4 | 4～5 | 4～6 |

### 9.4.3.2 焊接电流

焊接电流指焊接施工时，焊接回路中的电流大小，是焊条电弧焊最重要的工艺参数，其选取是否适当将直接关系焊接质量和生产效率。

一般来说，增加焊接电流可以增加热输入，提高生产效率，但电流过大容易导致咬边、烧穿和飞溅等缺陷；较小的电流可以降低焊接热输入，减小被焊工件的焊接应力和变形，但电流过小容易导致夹渣和未焊透等缺陷。

焊接电流的选择取决于焊条类型、焊条直径、焊件材质、焊件厚度、接头形式、焊接位置、焊接层数等，但是主要的是焊条直径和焊缝位置。当焊件厚度较小时，焊条直径要小些，焊接电流也应小些，反之则应选择较大直径的焊条和大的焊接电流。焊条直径越大，熔化焊条所需要的电弧热能也越大，电流强度也相应要大。一般可根据下面的经验公式来选择

$$I=Kd \tag{9-2}$$

式中，$I$为焊接电流，A；$d$为焊条直径，mm；$K$为一个经验系数，具体数值与焊条直径有关，如表9-4所示。

表9-4 焊条直径与经验系数$K$的关系

| 焊条直径$d$/mm | 1～2 | 2～4 | 4～6 |
|---|---|---|---|
| 经验系数$K$ | 25～30 | 30～40 | 40～60 |

有一点需要特别注意，根据以上公式所求得的焊接电流只是一个大概数值，在实际生产中还要考虑其他一些因素的影响。

#### 9.4.3.3 电弧电压

电弧电压主要由弧长决定。电弧长，电弧电压高；电弧短，电弧电压低。在焊接过程中，电弧不宜过长，否则会出现电弧燃烧不稳定，增加熔化金属的飞溅，减小熔深及易产生咬边等缺陷，降低保护效果，产生气孔等。因此，应尽量使用短弧焊接。

一般横焊、立焊、仰焊时弧长应比平焊更短些，碱性焊条比酸性焊条短些。

#### 9.4.3.4 焊接速度

焊接速度就是焊条沿焊接方向移动的速度，它直接影响焊接生产率。所以应该在保证焊缝质量的基础上采用较大的焊条直径和焊接电流，同时根据具体情况适当加大焊接速度，提高焊接生产率。焊接速度过快，熔化温度不够，易造成未熔合、焊缝成形不良等缺陷；速度过慢，使高温停留时间增长，热影响区宽度增加，焊接接头的晶粒变粗。焊接较薄焊件时，易形成焊穿。

#### 9.4.3.5 焊接电源种类和极性

交流电源焊接时，焊接电流及电弧电压总是要周期性变化，电弧稳定性较差。直流电源焊接时，电弧稳定、柔顺、飞溅少，但电弧磁偏吹较交流严重。

通常低氢型焊条稳弧性差，必须采用直流弧焊电源，并一般用反接法，电弧比较稳定。用小电流焊接薄板时，选用的焊接电流小，电弧稳定性差，不论用碱性焊条还是用酸性焊条，都常用直流弧焊电源，也用反接法。

#### 9.4.3.6 焊缝层数

焊件厚度较大时，需要进行多层焊。低碳钢和强度等级较低的低合金钢，每层焊缝厚度过大时，对焊缝合金的塑性有不利影响。每层厚度最好不大于 4～5mm。焊接层数主要根据焊件厚度、焊条直径、坡口形式和装配间隙等来确定。近似计算

$$n=\delta/d \tag{9-3}$$

式中，$n$ 为焊接层数；$\delta$ 为焊件厚度，mm；$d$ 为焊条直径，mm。

## 9.5 埋弧焊

埋弧焊是电弧在焊剂层下燃烧进行焊接的方法，其电弧的引燃、焊丝送进和电弧移动都采用设备来完成。

### 9.5.1 埋弧焊的工作原理

埋弧焊时，利用控制系统保证焊接过程自动进行。当电弧引燃后，焊丝、焊剂与母材金属熔化并部分被蒸发，金属和焊剂的蒸气将熔融的、黏稠的焊剂吹开，形成一个大气泡，电弧在这个大气泡内燃烧，气泡的外面被熔化了的焊剂、已凝固的渣壳及未熔化的焊剂包围着。焊接过程中，这个气泡随着电弧一起前移，既看不见电弧，又完全隔绝了空气的有害影响，故焊缝质量高，自动化程度高，生产效率高，劳动条件也好。其焊接过程示意如图9-14所示。

埋弧焊所需的基本设备和器具如图 9-15 所示，它由焊接电源、送丝机构、行走机构或焊件变位机、焊丝盘、焊枪和电气控制系统等组成。

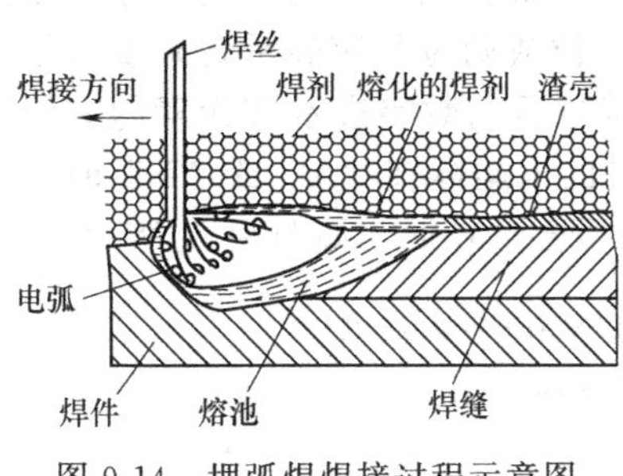


图 9-14 埋弧焊焊接过程示意图

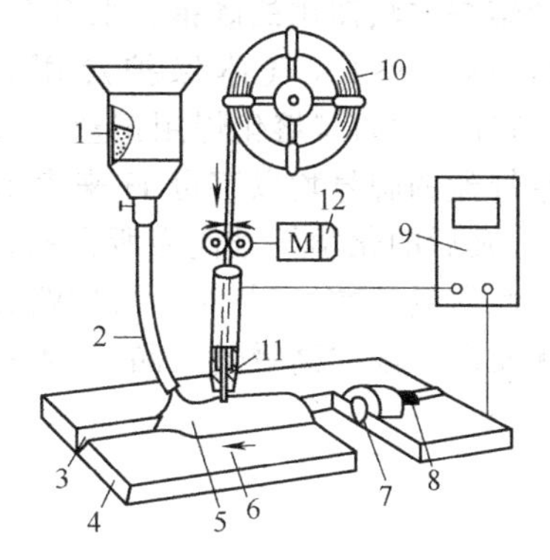


图 9-15 埋弧焊的基本设备

1—焊剂漏斗；2—软管；3—坡口；4—母材；5—焊剂；6—焊接方向；7—熔敷金属；8—渣壳；9—电源；10—焊丝；11—导电嘴；12—送丝机构

## 9.5.2 埋弧焊的特点及应用范围

由于其工艺过程的特殊性，相比焊条电弧焊来说，埋弧焊具有许多显著的优点。

① 优质埋弧焊是在焊剂层下完成焊接过程的，由于焊剂层起着物理隔离空气的作用，电弧与熔化金属都能得到良好的保护，加之熔融的焊剂与熔化金属之间可产生有利的冶金反应，使焊缝金属具有较高的纯度和优良的力学性能。因此，它是一种优质的焊接方法。

② 高效埋弧焊时，由于始终保持较短的焊丝伸出长度，因此可以选用高达 1000℃以上的焊接电流，从而可以达到相当高的熔敷率，并且有深熔的能力，其一次熔透深度可达 20mm 以上。这就大大简化了焊前准备工序，缩短了焊接生产周期。结果从两方面提高了埋弧焊的生产效率。

③ 电弧在焊剂层下燃烧所带来的另一个特点是屏蔽了弧光和热辐射，这一方面提高了电弧的热效率，也使焊工免于弧光的刺激，改善了焊工的劳动强度；另一方面便于观察焊接过程，易于实现机械化和自动化。

同样，埋弧焊技术也具有一些缺点。首先，由于埋弧焊采用颗粒状的焊剂，故只能在平焊或横焊位置进行焊接。对焊件的倾斜度也有一定的限制，故限制了埋弧焊的应用范围。其次，埋弧焊焊接设备占地面积较大，一次投资费用较高，同时还需配备处理焊丝和焊剂的辅助装置。此外，埋弧焊的焊接热输入较高，焊缝金属和热影响区焊后冷却速度较低，影响接头的力学性能，特别是冲击韧度明显下降，不宜焊接对热作用较敏感的高强度调质钢和含碳量较高的铬镍不锈钢。

由于埋弧焊效率高，质量好，已成为工业生产中最常采用的高效焊接方法之一，目前主要用于焊接各种金属板结构。可以焊接碳钢、低合金高强钢、耐热钢和复合钢板。在造船、锅炉、压力容器、桥梁、起重运输机械及冶金机械制造业中应用最广泛。还可用埋弧焊堆焊耐磨、耐腐蚀合金，或用于焊接镍基合金和铜合金。

## 9.5.3 焊丝与焊剂

### 9.5.3.1 焊丝

焊丝的作用在于传导电流、填充焊缝和过渡合金元素，其作用类似于焊芯。焊丝是埋弧焊、气体保护焊及电渣焊等焊接方法的主要焊接材料。焊丝分类方法很多，通常按图 9-16 所示方法分类。

各种熔焊方法使用的碳钢、低合金钢和不锈钢焊丝的技术要求、型号表示方法等已列入GB/T 14958—1994《气体保护焊用钢丝》、GB/T 4242—1984《焊接用不锈钢丝》和GB/T 14957—1994《熔化焊用钢丝》、GB/T 5092—1996《焊接用不锈钢焊丝》等标准。

这些焊丝的牌号均以字母H来表示。在H后面的一位或两位数字表示含碳量（平均质量分数）。其后的化学符号代表所含的合金元素。化学符号后的数字表示该元素的大约质量分数。当此质量分数＜1%时，可省略数字。在焊丝牌号的末尾标有“A”或“E”时，分别表示“优质品”或“高级优质品”，表示焊丝中S、P杂质含量较低，如图9-17所示。

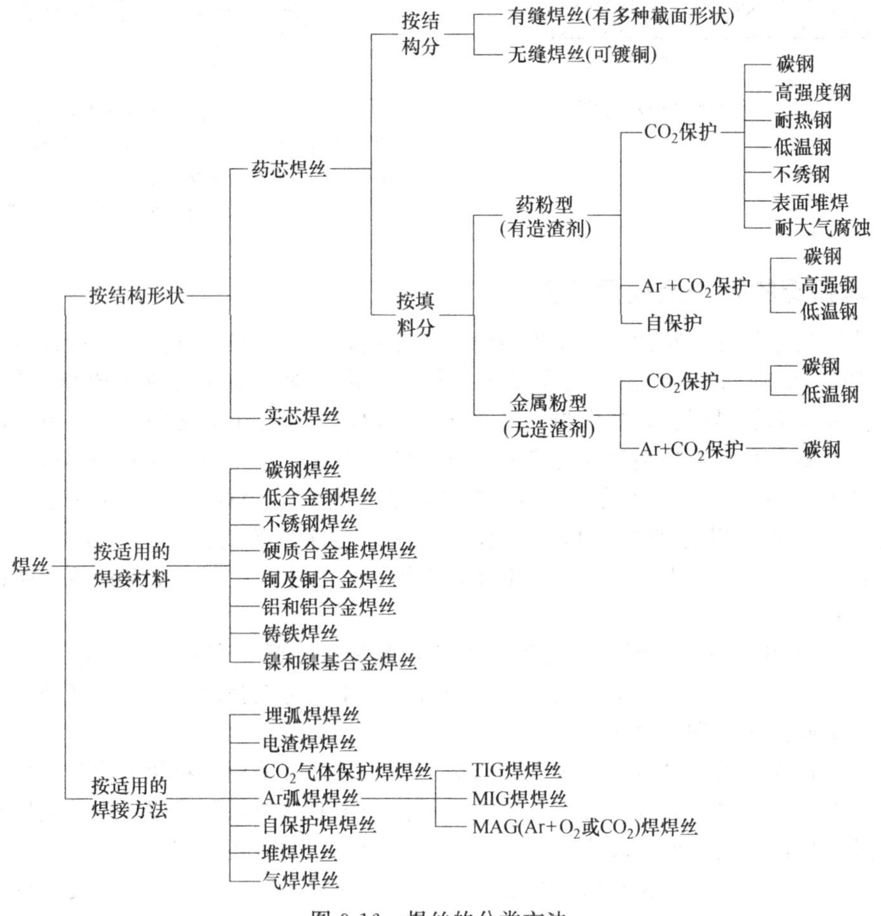


图9-16　焊丝的分类方法

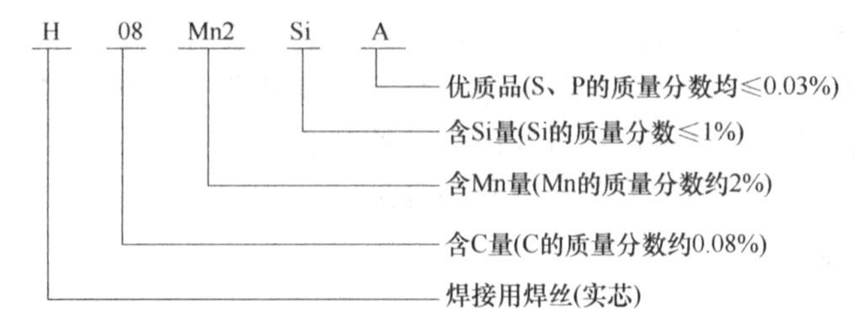


图9-17　焊丝牌号示例

#### 9.5.3.2　焊剂

除了焊丝之外，埋弧焊中所使用的另外一种重要的焊接材料就是焊剂，其作用与焊条药皮相似。焊剂为颗粒状物质，在焊接电弧的高温区内熔化成熔渣和气体，对熔化金属起保护和冶金作用。焊剂与焊丝正确的配合使用，对焊缝金属的化学成分和力学性能具有重要的意义。

(1) 焊剂的分类

埋弧焊和电渣焊焊剂的分类方法如图 9-18 所示。其中熔炼焊剂具有熔点较低、堆散重量较大、强度较高、颗粒不规则的特点，而烧结焊剂相对熔点较高，堆散重量较小，颗粒均匀，强度较低。在焊接工艺性能方面，熔炼焊剂焊接的焊道外形均匀规则，大电流或窄坡口中焊接时脱渣性差，吸潮性小和抗锈能力较低。采用烧结焊剂焊接时，焊道成形匀称、脱渣性好、抗锈能力较强和吸潮性较大，使用前必须重新烘干。

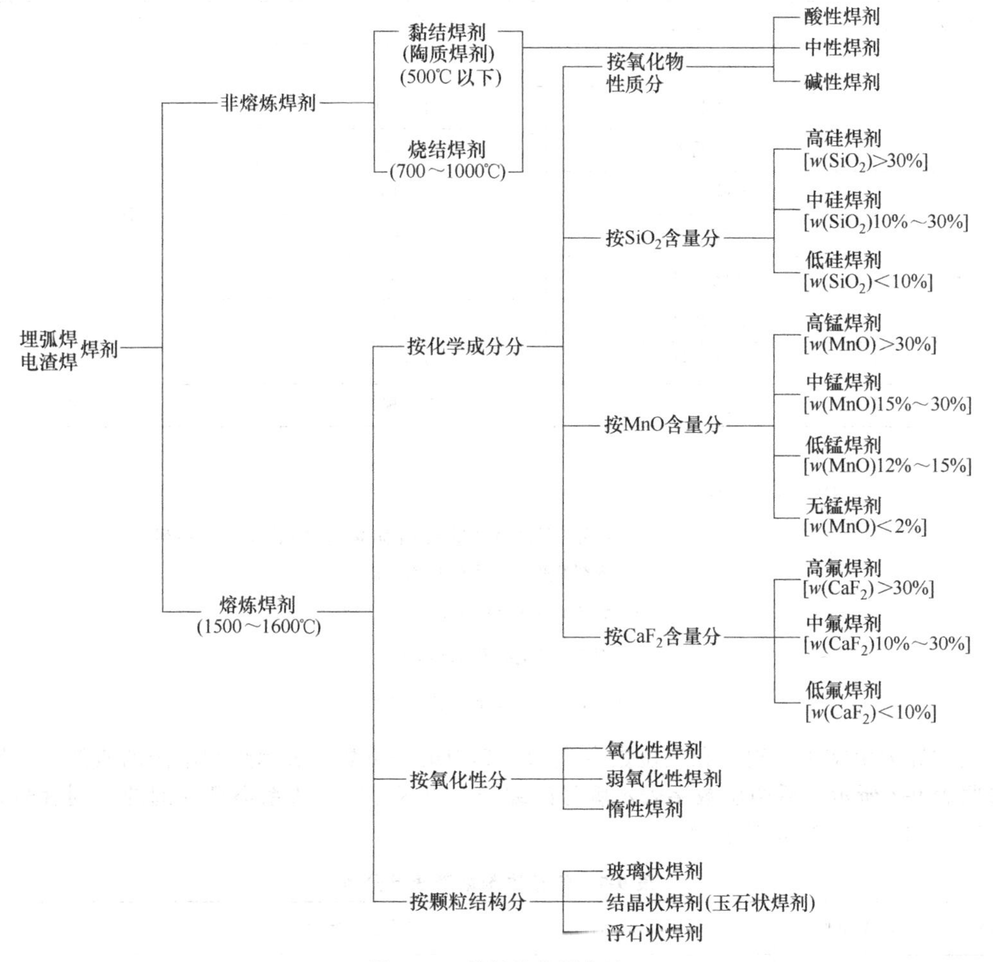


图 9-18 焊剂的分类方法

在制造工艺方面，熔炼焊剂的生产工艺较复杂，耗电量大，成本高，生产周期较长，而烧结焊剂的制造工艺较简单，可连续生产，生产成本低。烧结焊剂最大的优点是焊剂配方的调整，简易灵活，可以通过添加合金粉剂调整焊缝金属的性能。其缺点是焊剂回收率低，反复使用次数少，因此焊剂消耗量较大。

(2) 焊剂的牌号

熔炼焊剂的牌号由字母“HJ”和三位数字组成：第一位数字表示焊剂的类型（如表 9-5 所示）；第二位数字表示焊剂中 $SiO_2$、$CaF_2$ 含量（详见表 9-6 所示）；第三位数字表示焊剂牌号的编号。若为细颗粒焊剂，则在牌号的后面加字母“X”，如图 9-19 所示。

**表 9-5　焊剂的类型所对应的编号**

| 焊剂类型编号 | 焊剂类型 | $w(MnO)/\%$ |
| --- | --- | --- |
| 1 | 无锰 | <2 |
| 2 | 低锰 | 2～15 |
| 3 | 中锰 | 15～30 |
| 4 | 高锰 | >30 |

**表 9-6　熔炼焊剂中 $SiO_2$ 和 $CaF_2$ 的含量所对应的编号**

<table>
<tr><th>编号</th><th>焊剂类型</th><th>$w(SiO_2)/\%$</th><th>$w(CaF_2)/\%$</th></tr>
<tr><td>1</td><td>低硅低氟</td><td><10</td><td rowspan="2"><10</td></tr>
<tr><td>2</td><td>中硅低氟</td><td>10～30</td></tr>
<tr><td>3</td><td>高硅低氟</td><td>>30</td><td rowspan="4">10～30</td></tr>
<tr><td>4</td><td>低硅中氟</td><td><10</td></tr>
<tr><td>5</td><td>中硅中氟</td><td>10～30</td></tr>
<tr><td>6</td><td>高硅中氟</td><td>>30</td></tr>
<tr><td>7</td><td>低硅高氟</td><td><10</td><td rowspan="2">>30</td></tr>
<tr><td>8</td><td>中硅高氟</td><td>10～30</td></tr>
<tr><td>9</td><td>其他</td><td>不作规定</td><td>不作规定</td></tr>
</table>

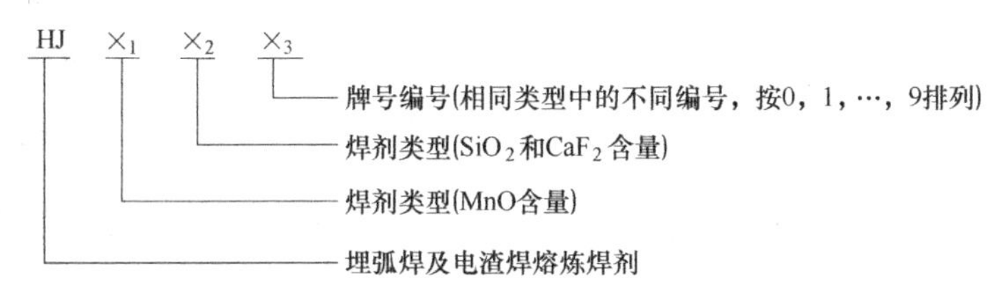


图 9-19　熔炼焊剂牌号示例

烧结焊剂由字母“SJ”和三位数字表示。其中第一位数字表示焊剂熔渣的渣系，具体内容参照表 9-7 所示。后两位数字表示牌号的编号，以区分同一渣系类型焊剂的不同牌号，按 01、02、03、…、09 顺序排列。

**表 9-7　烧结焊剂熔渣渣系分类**

| 编号 | 渣系系列 | 熔渣组分类型 |
| --- | --- | --- |
| 1 | 氟碱型 | $CaF_2 \geqslant 15\%$、$CaO+MgO+MnO+CaF_2>50\%$、$SiO_2 \leqslant 20\%$ |
| 2 | 高铝型 | $Al_2O_3 \geqslant 20\%$、$Al_2O_3+CaO+MgO>45\%$ |
| 3 | 硅钙型 | $CaO+MgO+SiO_2>60\%$ |
| 4 | 硅锰型 | $MnO+SiO_2>50\%$ |
| 5 | 铝钛型 | $Al_2O_3+TiO_2>45\%$ |
| 6、7 | 其他型 | 不做规定 |

烧结焊剂牌号举例如图 9-20 所示。

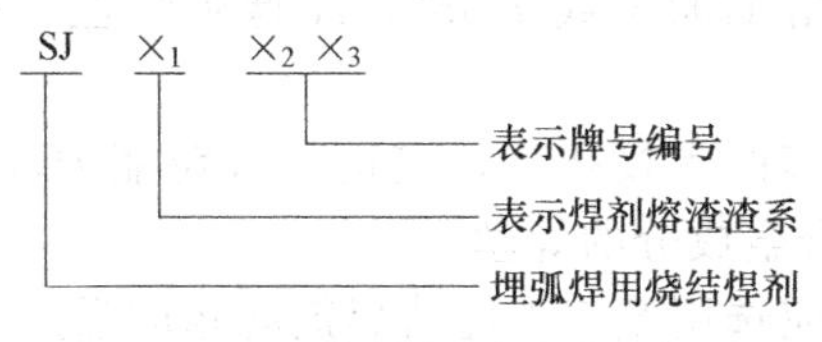


图 9-20 烧结焊剂牌号示例

#### 9.5.3.3 焊剂和焊丝的匹配和选用

(1) 焊剂和焊丝的匹配

埋弧焊施工时，为了保证焊缝金属的化学成分和力学性能，必须合理选择焊丝和焊剂，并进行正确的匹配。GB/T 5293—1999《埋弧焊用碳钢焊丝和焊剂》，GB/T 12470—2003《埋弧焊用低合金钢焊丝和焊剂》和 GB/T 17854—1999《埋弧焊用不锈钢焊丝和焊剂》中对埋弧焊所使用的焊丝和焊剂做了详尽的规定。

以埋弧焊用碳钢焊丝为例，其型号采取与焊剂组合的表示方法，并按熔敷金属的力学性能、热处理状态划分。其型号的编制方法为：以字母“F”表示焊剂，其后的第一位数字表示焊丝-焊剂组合焊成的熔敷金属抗拉强度的最低值；第二位字母表示试件的状态，“A”表示焊后状态，“P”表示焊后热处理状态；第三位数字表示熔敷金属冲击吸收功不小于 27J 时的最低试验温度，短线“-”后面表示焊丝的牌号，具体内容见 9.5.3.1 部分。

埋弧焊用碳钢焊丝与焊剂组合的完整型号举例如图 9-21 所示。

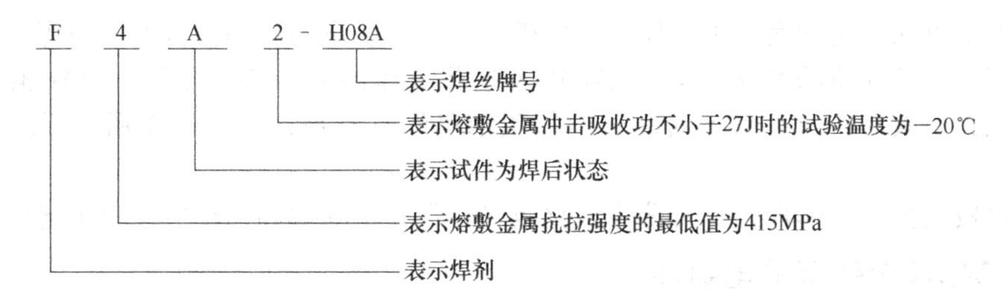


图 9-21 埋弧焊用碳钢焊丝与焊剂组合的完整型号示例

(2) 焊丝和焊剂的选用原则

埋弧焊焊剂和焊丝的选用是保证焊接质量和决定焊缝性能的重要因素之一。在埋弧焊中，焊缝的最终化学成分是母材、焊丝与焊剂共同作用的结果。因此，埋弧焊焊剂必须与所焊钢种和焊丝相匹配，这里仅介绍碳钢焊接时焊剂和焊条的选用原则。

对低碳钢焊接接头的力学性能主要提出一定的强度和韧性要求，即接头的抗拉强度应基本与母材的抗拉强度相等，其韧性指标则取决于焊接结构的最低工作温度及负载的性质。碳钢焊缝的强度主要由焊缝金属中的碳、硅和锰等元素所决定，而韧性还与焊缝中的硫、磷和氮等含量有关。碳钢埋弧焊时，应根据焊件的钢种和所选定的焊丝种类，按下列原则选择埋弧焊焊剂。

① 采用沸腾钢低碳钢焊丝如 H08A 或 H08MnA 焊接时，必须选用高锰、高硅焊剂，如 HJ43×系列的焊剂，以便保证焊缝金属具有足够的锰、硅含量，形成致密的、强度和冲击韧度合乎要求的焊缝金属。

② 焊接对接接头冲击韧度要求较高的厚板时，应选用中锰、中硅焊剂（如 HJ350、SJ301 等）和 H10Mn2 高锰焊丝。在这种焊剂-焊丝组合下，直接由焊丝向焊缝金属渗锰，并通过焊剂中 $SiO_2$ 的还原反应，向焊缝金属适量渗硅，以获得冲击韧度较高的焊缝金属。

③ 对于焊接中板直边对接接头，当采用大的焊接电流单面焊工艺时，应选用氧化性较高的高锰、高硅焊剂，并配用 H08A 或 H08MnA 低碳焊丝，以尽量降低焊缝金属的含碳量，提高抗裂性。

④ 对于焊件表面锈蚀较多的焊接接头，应选择抗锈能力较强的 SJ501 焊剂，并按对接接头的强度要求，选择相应合金成分的焊丝。

⑤ 薄板高速埋弧焊时，应选用 SJ501 烧结焊剂配相应强度等级的焊丝。在这种情况下，对接头的强度和冲击韧度一般无特殊要求，主要考虑在高的焊接速度下保证焊缝良好的成形和熔合。

作为举例，将部分常用钢种埋弧焊焊剂与焊丝的组合列于表 9-8 中。

**表 9-8　部分常用钢种埋弧焊焊剂与焊丝的组合**

| 序号 | 钢种 | 推荐用焊剂、焊丝 | |
|---|---|---|---|
| | | 焊丝牌号 | 焊剂牌号 |
| 1 | Q215、Q235 | H08A | HJ431、SJ501 |
| 2 | 20、20g、20R、22g | H08MnA | HJ431 |
| 3 | Q235、16Mn、16MnRE、Q295、19Mn | H10Mn2、H08MnMo | HJ431、SJ501、HJ350、SJ101 |
| 4 | Q390、Q240、14MnNb、16MnNb | H08MnMo | HJ350、SJ101 |

## 9.6 气体保护电弧焊

气体保护电弧焊是利用外加气体作为电弧介质并保护电弧和焊接区的电弧焊，简称气体保护焊。用作保护介质的气体有 He、Ar 以及这些气体的混合气。此外，$CO_2$ 虽具有一定氧化性，但其价廉易得，且对不易氧化的低碳钢仍然具有很好的保护作用，所以应用也较普遍。

按照电极类型，气体保护焊可分为熔化极气体保护电弧焊和钨极气体保护电弧焊。

### 9.6.1 熔化极气体保护电弧焊

#### 9.6.1.1 熔化极气体保护电弧焊工作原理

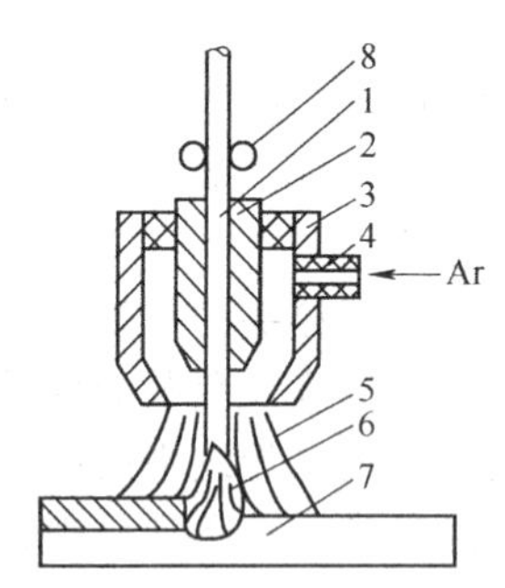


图 9-22　熔化极气体保护焊工作原理

1—焊丝；2—导电嘴；3—喷嘴；4—进气管；5—氩气流；6—电弧；7—焊件；8—送丝滚轮

熔化极气体保护电弧焊指的是在气体保护下，利用焊丝与焊件之间的电弧熔化连续给送的焊丝和母材，形成熔池和焊缝的焊接方法（Gas Metal Arc Welding，GMAW）。

图 9-22 表示了熔化极气体保护焊的工作原理。焊接进行时，以连续送进的焊丝作为电极，并利用电弧热将焊件熔化。与此同时，喷嘴喷出的高速气流对焊缝区域形成了有效的保护，并同时起到了聚集电弧和冷却工件的作用。

根据所采用的保护性气体不同，熔化极气体保护电弧焊可以分为熔化极惰性气体保护焊和熔化极活性气体保护焊两种。前者采用 Ar 或 He 作为保护气，其英文名称为 Metal Inert Gas Welding，通常简称为 MIG 焊；后者以 $CO_2$ 气体、或惰性气体与 $O_2$、$CO_2$ 等氧化性气体的混合气或 $O_2$-$CO_2$ 的混合气为保护气体，其英文名称为 Metal Active Gas Welding，简称为 MAG 焊。

#### 9.6.1.2 熔化极气体保护电弧焊的特点

首先，熔化极气体保护电弧焊效率高，连续给送焊丝不仅可减少辅助时间，而且可提高焊材的利用率。由于气体保护焊大多采用直径较细的焊丝，则在相同的焊接电流下，电流密度大大提高，焊丝的熔化率随之增大。

其次是易于实现焊接过程的自动化，因气体保护焊是一种明弧焊，且焊丝由送丝机单独给送，只要添置机头位移机构或焊件位移机构，即可进行自动焊接。

第三，焊接工艺适应性强，既可焊接薄板，亦可焊接中厚板。选用适当的焊接参数可完成任何空间位置的焊接。

第四，焊缝表面无熔渣覆盖，不但省略了去熔渣工序，减少了焊缝中产生夹渣的危险，而且为厚壁窄间隙或窄坡口焊接创造了有利的条件。

最后，焊缝金属氢含量低，适于焊接对氢致裂纹较敏感的低合金高强度钢和耐热钢。

然而，熔化极气体保护电弧焊的焊接设备较复杂，投资费用较高，焊枪需经常清理。此外，焊接参数较多，且需严格匹配，焊工必须经过专门的培训。而且气体的保护效果易受外界干扰，在现场施工作业时，必须采取防风措施。

#### 9.6.1.3 $CO_2$ 气体保护电弧焊

$CO_2$ 气体保护焊是熔化极气体保护焊最原始的形式，简称为 $CO_2$ 焊。由于这种焊接方法的经济价值较高，至今在工业生产中仍得到广泛的应用。

$CO_2$ 焊的工作原理如图 9-23 所示。焊丝由送丝机构通过软管经导电嘴送出，$CO_2$ 气体覆盖焊接区域，可以防止空气对熔化金属的有害作用。焊接电源可分为变压器抽头式硅整流电源、晶闸管整流电源和逆变式整流电源。其中逆变式整流电源的性能最佳，焊接过程最稳定，飞溅最少。电源功率按所焊工件的厚度和焊丝直径而定。

$CO_2$ 具有较强的氧化性，焊接过程中会使焊缝金属氧化，烧损合金元素并导致气孔和夹杂等缺陷，因此必须采用脱氧元素 Mn 和 Si 含量较高的焊丝焊接。同时，$CO_2$ 气体在电弧高温的作用下分解，产生吸热反应，使焊接区的温度下降，焊接变形减少，特别适用于薄板的焊接。

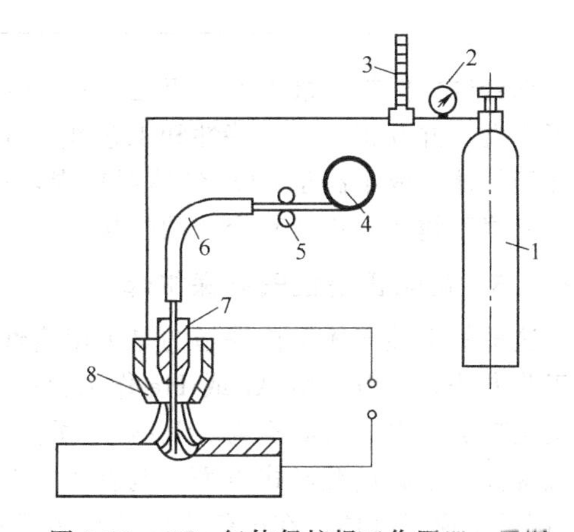


图 9-23 $CO_2$ 气体保护焊工作原理示意图
1—气瓶；2—减压器；3—流量计；4—焊丝盘；5—送丝机构；6—送丝软管；7—导电嘴；8—焊枪喷嘴

$CO_2$ 气体保护焊有如下优点：

① 与焊条电弧焊相比，焊接效率可提高 1～3倍，焊接过程中无需清渣，从而可减少辅助时间，缩短生产周期，且焊材利用率较高。

② 与焊条电弧焊和埋弧焊相比，生产成本可成倍降低。$CO_2$ 气体和实心焊丝均为价格低廉的焊接材料。$CO_2$ 焊时因无熔渣，焊缝坡口角可比其他焊接方法小，焊接材料的消耗随之相应减少。

③ 焊缝金属的氢含量属低氢级，适宜于对焊缝金属氢含量有较高要求的焊件。

然而，$CO_2$ 焊也存在一些必须重视的缺点。例如，焊接飞溅较大，不仅增加了清理焊缝两侧飞溅的工作量，而且容易堵塞焊枪喷嘴，影响气体保护效果。焊缝成形不良，焊道边缘容易产生未熔合，多道焊缝时易形成气孔，不宜用于重要焊件的焊接。$CO_2$ 的氧化性较强，不能焊接对氧亲和力较高的钢材和金属，如高铬钢、铬镍不锈钢、铝、钛及其合金等。

#### 9.6.1.4 混合气体保护焊

混合气体保护焊是 $CO_2$ 气体保护焊的进一步发展，其设备和原理与 $CO_2$ 焊基本相同。通过在 $CO_2$ 气体中加入一定比例的 Ar，可改善焊缝的成形，减少飞溅，在很大程度上克服了 $CO_2$ 气体保护焊的缺点。在工业生产中常用的混合气体列于表 9-9 中，供生产时参考。

表 9-9 工业生产中常用的混合保护气体

| 序号 | 混合气体组分（体积分数）/% | 适用焊接方法 | 适用的母材 | 焊接特性 | 备注 |
|---|---|---|---|---|---|
| 1 | Ar95～90+$CO_2$5～10 | 各种熔滴过渡形式的气体保护焊 | 低合金钢、耐热钢、镍铬不锈钢 | 保护效果好、改善焊缝成形、增加熔深 | 对母材表面氧化皮不敏感 |
| 2 | Ar90～80+$CO_2$10～20 | 各种熔滴过渡形式的气体保护焊、药芯焊丝气体保护焊 | 碳钢、低合金钢和耐热钢 | 减少飞溅、改善焊缝成形 | |
| 3 | Ar79～51+$CO_2$21～49 | 各种熔滴过渡形式的气体保护焊、药芯焊丝全位置焊 | | | |
| 4 | Ar50～40+$CO_2$50～60 | 短路过渡气体保护焊 | 碳钢、低合金钢 | | 碳钢环缝封底焊 |
| 5 | Ar95～92+$CO_2$5～8 | 喷射电弧焊和低电流短路电弧焊 | 碳钢、碳锰钢 | 增加熔池流动性 | Mn、Si 烧损较大 |
| 6 | Ar94～84+$CO_2$5～10+$O_2$1～6 | 各种熔滴过渡形式的气体保护焊 | 碳钢、低合金钢 | 改善焊接工艺性和焊缝的力学性能 | |

混合气体保护焊最大的特点是，在 $CO_2$ 气体中掺入了不同比例的 Ar，降低了保护气氛的氧化性，并改善了电弧特性和工艺性，提高了接头的综合力学性能。混合气体保护焊的缺点在于气体的成本高于 $CO_2$ 气体保护焊，由于混合气体仍有一定的氧化性，不能用于高铬钢，铬镍不锈钢和铝及其合金的焊接。

#### 9.6.1.5 熔化极惰性气体保护焊

这里的惰性气体保护焊指的是采用惰性气体作保护气，利用熔化的焊丝作电极进行焊接的工艺方法，一般采用 Ar 或 He 作为保护气，其英文名称为 Metal Inert Gas Welding，在外文文献资料中通常简称为 MIG 焊。虽然这种方法同属于熔化极气体保护焊一大类，但在电弧特性和熔滴过渡形式方面，与活性气体保护焊（MAG 焊）有很大的不同，由于 Ar 和 He 都是单原子气体，在电弧高温的作用下只产生电离，而不会像 $CO_2$ 气体那样产生分解并吸收热量，因此，在惰性气体保护下，电弧的温度高于活性气体保护焊。这就提高了焊丝的熔化率和熔池的温度。

熔化极惰性气体保护焊由于焊接区温度大大高于 $CO_2$ 气体保护焊，大多采用自动焊接装置。除了直流焊接电源、送丝机、焊枪及调节机构和供气系统外，还装备横梁操作架、焊接机头（简称机头）、横向移动拖板和程序控制系统等，如图 9-24 所示。

熔化极惰性气体保护焊最大的优点是可以焊接活性气体保护焊不能焊接的所有氧化性较强的金属材料，如 Al、Mg、Ti 及其合金以及不锈钢等。但是由于焊接过程中不产生冶金反应，对焊件和焊丝表面的油、锈等污染比较敏感，因此对焊前的清理要求较高。另外惰性气体的售价高于活性气体，提高了生产成本。

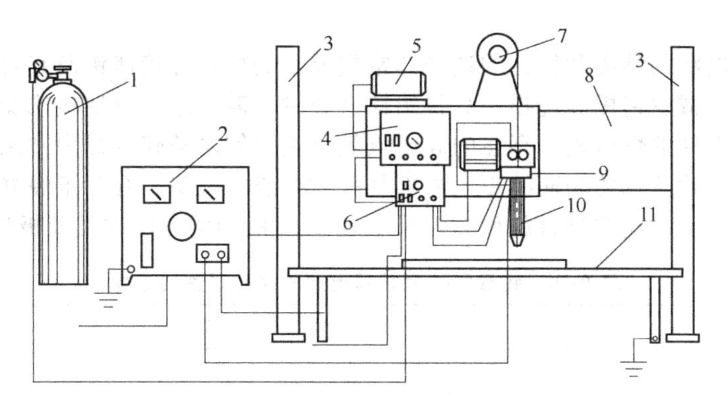


图 9-24 自动熔化极惰性气体保护焊工作原理示意
1—气瓶及调压装置；2—焊接电源；3—立柱；4—小车控制面板；5—小车驱动电机；6—焊接控制面板；
7—送丝机构；8—横梁；9—横梁小车；10—焊接机头；11—工作台

## 9.6.2 钨极惰性气体保护电弧焊

钨极惰性气体保护焊是采用纯钨或活化钨（钍钨、铈钨等）作为电极的惰性气体保护电弧焊。使用钨电极的氩弧焊即为钨极氩弧焊。它是利用在钨极（非熔化极）与焊件之间建立电弧的热量，熔化母材或填充焊丝形成熔池连接被焊工件的一种焊接方法。由于焊缝质量高，焊接过程不产生氧化，其应用范围在不断地扩大，特别是在不锈钢、铝合金和钛合金焊件的生产中，钨极惰性气体保护焊是一种首选的焊接方法。

### 9.6.2.1 钨极惰性气体保护焊的工作原理

钨极惰性气体保护焊的焊接设备和器具如图 9-25 所示，其中主要包括：焊接电源、控制器或自动程序控制器、焊枪、供气系统、冷却水循环系统。对于机械化或自动钨极气体保护焊还应配备焊接机头行走机构或焊件变位机构。焊接时，钨极不熔化，只起到导电和产生电弧的作用。因此，还需另加焊丝作填充材料，如图 9-26 所示。

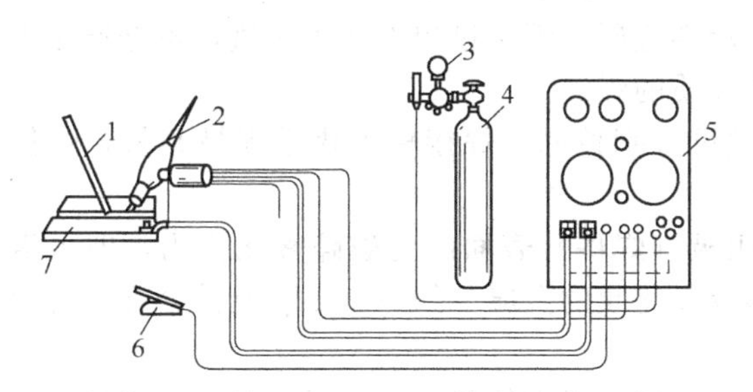


图 9-25 钨极惰性气体保护焊的设备示意图
1—填充焊丝；2—焊枪；3—气体流量计；4—氩气瓶；
5—焊接电源；6—脚踏开关；7—被焊工件

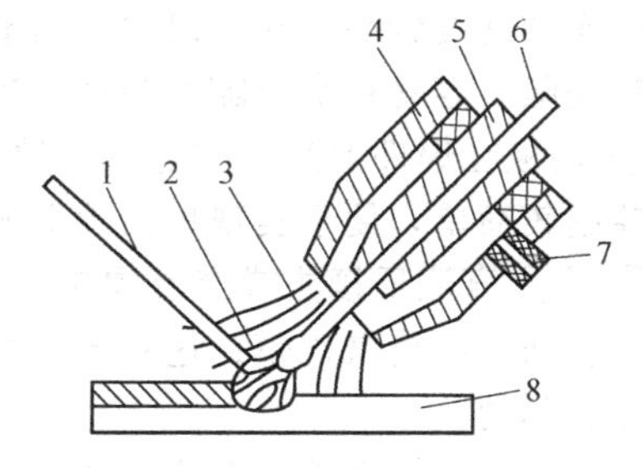


图 9-26 钨极惰性气体保护焊工作原理
1—焊丝；2—电弧；3—气流；4—喷嘴；5—导电嘴；
6—电极；7—进气管；8—工件

### 9.6.2.2 钨极惰性气体保护焊的分类

钨极惰性气体保护焊可以有多种不同的分类方法。例如：

① 可以按照操作方式分手工、机械和自动三种。

② 按填充焊丝的方法分不加填充丝、加填充丝和加热丝等。

③ 按保护气体的种类分为氩弧焊、氦弧焊和氩-氦或氩-氢混合气体保护焊。

④ 还可以按照所使用的焊接电流分为直流、直流脉冲、交流、交流方波钨极气体保护

焊等。

焊接时焊接电源的种类和极性的选择非常重要。例如，焊接镁铝及其合金的时候，用直流电源正接，可以减少钨极的烧损。焊接铝镁合金时，需采用直流反接或交流电源，利用电极间正离子撞击工件的熔池表面存在的高熔点氧化膜并使之破碎（称为"阴极破碎"作用），防止焊缝出现氧化物造成的表面皱皮、内部气孔或夹渣等缺陷，有利于焊缝熔合并保证焊接质量。在实际生产中，应按母材的种类，采用表 9-10 所列的电源种类及极性进行焊接。

**表 9-10　钨极气体保护焊电源种类和极性的选择**

| 母材种类 | 直流电源 | | 交流电源 |
|---|---|---|---|
| | 正接 | 反接 | |
| 低碳钢及低合金钢 | ○ | × | √ |
| 铝及铝合金 | × | √ | ○ |
| 镁及镁合金 | × | × | ○ |
| 钛及钛合金 | ○ | × | × |
| 铜及铜合金 | ○ | × | √ |
| 银 | ○ | × | √ |

注：○—适用，×—不适用，√—可用。

此外，有一点需注意，在采用普通的交流电源焊接铝、镁及其合金时，需加高频电流以稳定电弧；采用交流方波电源时，则不必加高频电流。

#### 9.6.2.3　钨极惰性气体保护焊的特点

由于采用非熔化的钨极和惰性气体保护，使这种焊接方法具有如下特点：

① 钨极具有较强的热电子发射能力，焊接电弧相当稳定，即使在低的焊接电流下，电弧仍能稳定地燃烧，故特别适用于焊接薄壁焊件和微型器件的精密焊。同时，填充焊丝不通过焊接电流，焊接过程平静，不产生飞溅，焊道成形美观。

② 保护气体为惰性气体，与熔化金属既不产生任何化学反应，也不溶于熔化金属，故焊缝金属的纯度较高，并可以焊接易氧化的活性金属。焊接过程不产生熔渣，不会产生夹渣等焊接缺陷，容易在窄间隙和窄坡口内完成优质的焊缝。

③ 钨极在焊件上产生的电弧和填充焊丝可分别控制，焊接输入热量容易调整，焊接熔池的控制较简单，便于实现单面焊双面成形。

④ 采用直流反接法或交流焊接时，在阴极（焊件）表面产生破碎雾化作用，即可清理掉焊件表面的难熔氧化膜；这对于表面易形成氧化膜的金属（如 Al、Mg 及其合金）的焊接是十分有利的。

然而，由于钨极承载电流的能力较差，电弧的穿透力较弱，填充焊丝的熔敷率较低，焊接效率不高。此外，气体保护焊易受周围气流的干扰，不适宜野外或高空作业。

#### 9.6.2.4　钨极惰性气体保护焊的新发展

钨极惰性气体保护焊为克服其自身效率较低的弱点，扩大应用范围，发展了许多新的工艺方法。主要有：中频直流钨极氩弧焊、高频直流钨极氩弧焊、热丝钨极氩弧焊、双弧和多弧钨极气体保护焊等。

① 中频直流钨极氩弧焊　这种氩弧焊方法是在直流电上叠加 200～500Hz 的中频脉冲电流，可提高电弧的挺度，改善操作性，在一定程度上增加熔深，并促使熔池金属晶粒细化，可提高钛、锆等材料焊缝金属的韧性，中频直流钨极氩弧焊主要用于航空、航天工程重要部件的焊接。

② 高频直流钨极氩弧焊　在直流电上叠加 5kHz 以上的高频电流，可对焊接电弧产生磁收缩效应，使圆锥形电弧变成圆柱形电弧，这不仅提高了电弧的能量密度，而且增强了电弧的穿透力。因此在相同的有效电流下，可以达到更大的熔深或在相等的熔深下达到更高的焊接速度。但目前受高频弧焊电源设计和制造技术的限制，这类弧焊电源的造价很高，故只在一些特殊应用场合，如高速焊管生产线。

③ 热丝钨极氩弧焊　这种氩弧焊方法是将填充丝在进入焊接熔池之前，利用独立的电源将其加热到 650～800℃的高温而后再进行焊接。与传统的添加冷丝相比，热丝的熔敷速度可提高 2～3 倍。热丝钨极氩弧焊所用的设备，除了增添一台热丝加热电源以外，其他设备组成部分与普通的自动钨极氩弧焊相似，如图 9-27 所示。

④ 双弧和多弧钨极气体保护焊　采用双弧和多弧可大大提高钨极氩弧焊的效率。图 9-28 所示为一种双弧脉冲钨极气体保护焊系统。为消除两个直流电电弧的相互干扰，采用了对两个电弧交替供电的方式。这样，即使选用较高的焊接电流，也不致产生电弧磁偏吹。由于双弧交替对同一个熔池加热、输入热量增加，焊接效率可明显地提高。

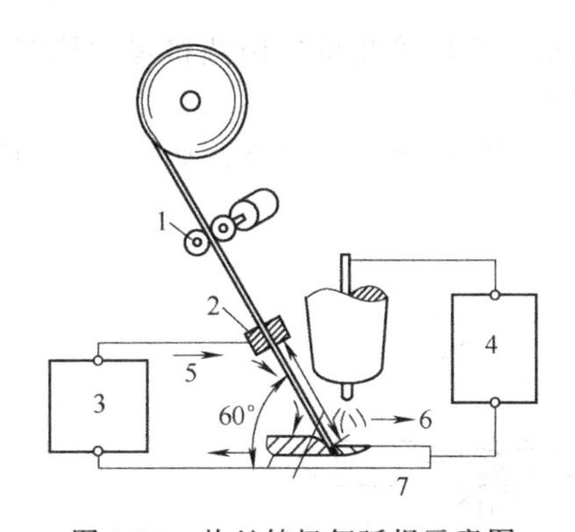

图 9-27　热丝钨极氩弧焊示意图
1—送丝机构；2—导电块；3—焊丝加热电源；4—弧焊电源；
5—加热电流；6—焊接方向；7—母材

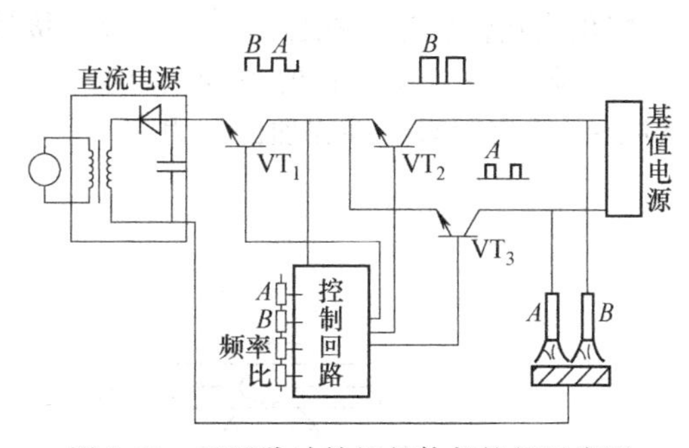

图 9-28　双弧脉冲钨极气体保护焊示意图

### 9.6.2.5　钨极惰性气体保护焊的应用范围

钨极气体保护焊是一种优质的焊接方法，工艺适应性强，且已不断地开发出了高效的工艺方法，应用范围正在逐步扩大。各种钨极气体保护焊接方法的典型应用范围列于表 9-11 中。

**表 9-11　钨极气体保护焊接方法的典型应用**

| 焊接方法 | 适用范围 | 适用部门 |
| --- | --- | --- |
| 直流钨极氩弧焊 | 壁厚 0.3～0.5mm 的不锈钢、钛及其合金、低合金钢和碳钢重要焊件 | 锅炉、压力容器、食品、医药机械、航空航天、管道工程、车辆部门、装饰工程、动力机械等 |
| 交流钨极氩弧焊 | 壁厚 10mm 以下的铝、镁及其合金的焊接件 | 化工机械、航空航天、车辆制造、管道工程、船舶、建筑工程等 |
| 交流方波钨极氩弧焊 | 壁厚 20mm 以下的铝、镁及其合金的焊接件 | 化工机械、航空航天、车辆制造、管道工程、船舶等 |
| 低频直流脉冲钨极氩弧焊 | 壁厚 0.2～0.8mm 的不锈钢、镍基合金、钛合金、高合金耐热钢等重要焊件 | 高压锅炉、电站设备、核能设备、航空航天、管道工程、食品和医药机械等 |
| 中、高频直流脉冲钨极氩弧焊 | 壁厚 0.2～10mm 的不锈钢、镍基合金、钛合金、高合金耐热钢以及碳钢等重要焊件 | 制管工业、管道工程、航空航天、电站设备、核能设备等 |

续表

| 焊接方法 | 适用范围 | 适用部门 |
| --- | --- | --- |
| 热丝钨极氩弧焊 | 壁厚4～16mm的不锈钢、高合金耐热钢、钛合金、低合金钢、碳钢等重要焊件 | 高压锅炉厚壁管、电站设备、核能装置、管道工程、石化容器以及食品医药机械等 |
| 热丝窄间隙钨极氩弧焊 | 壁厚20～100mm不锈钢、耐热钢、镍基合金、钛合金、低合金钢、碳钢厚壁焊件 | 高压锅炉电站设备、核能装置、管道工程、石化容器等 |
| 多弧钨极气体保护焊 | 壁厚0.5～8mm的不锈钢、耐热钢、镍基合金、钛合金、低合金钢等重要的焊件 | 制管工程和管道工程等 |

# 9.7 压力焊

## 9.7.1 电阻焊

电阻焊又称接触焊，是利用电流通过焊接接头的接触面时产生的电阻热将焊件局部加热到熔化或塑性状态，在压力下，形成焊接接头的压焊方法。

电阻焊按接头形式的不同，可分为点焊、缝焊、凸焊和对焊等类型，如图9-29所示。图中的$F$表示对工件施加的压力。

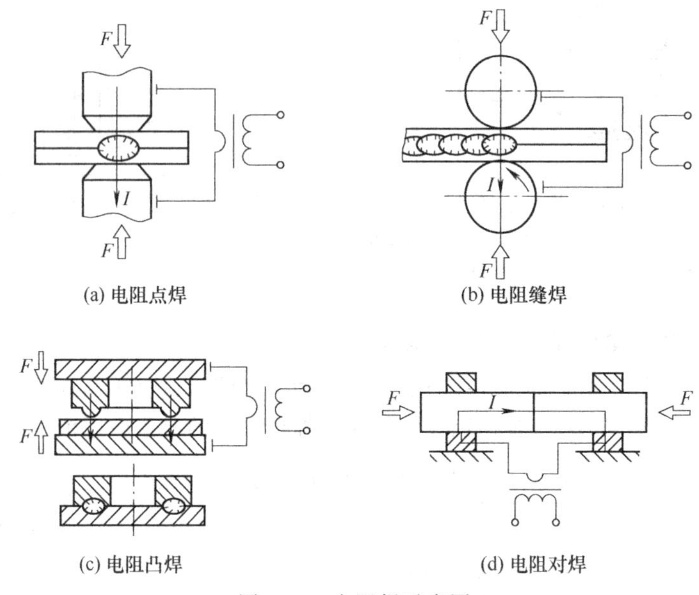


图9-29 电阻焊示意图

### 9.7.1.1 电阻点焊

电阻点焊如图9-29(a)所示，一般采用端部带锥形纯铜或铜合金圆棒作为电极，通过杠杆机构或汽缸向焊件表面施加挤压力，两电极之间由低压变压器供电，由于通过的电流相当大（3000A以上），在焊件接合面处瞬间形成椭圆形的熔核。因通电时同时施加较大的压力，故焊点的强度相当高。点焊按电极的数量可分为单点焊和多点焊。

电阻点焊过程不需要任何保护介质，熔核周围由红热状态塑性金属包围，不受空气侵袭，焊点质量高。而且加热时间相当短，热量集中，焊接热影响区小，焊接变形与焊接应力小。由于无需任何形式的填充金属，焊接成本低。而且操作简便，焊工无需特殊培训，易于实现自动化和机械化。与弧焊方法相比，焊接过程噪声低，无有害有毒气体逸出，符合劳动卫生要求。此外，点焊的焊接效率高，适于组织大批量生产。

然而，电阻点焊也具有一些缺点，如电阻点焊必须采用搭接接头，这不仅增加了焊件重量、而且减弱了接头的强度。但由于操作简单等特点，电阻点焊广泛应用于汽车制造业等大量应用薄板焊接结构的部门中。

#### 9.7.1.2 电阻缝焊

电阻缝焊如图9-29(b)所示，也被形象地称为滚焊。其电极呈圆盘状，焊接时电极在焊件表面上滚动，在通电的周期内施加一定的压力，焊件接合面处形成前后相互搭接的焊点，连成密闭的连续的焊缝。按圆盘状电极滚动与馈电的方式，可分为连续缝焊、断续缝焊和步进缝焊三种。

电阻缝焊与电阻点焊不同，可以形成连续的密封焊缝。因此，可用于有气密性要求的各种接头，如制罐和制桶工业中就广泛应用电阻缝焊工艺。同时，电阻缝焊与电阻点焊相比具有较高的焊接效率，最高焊接速度可达200m/h。而且，由于电阻缝焊时一般采用断续通电的方式加热焊件，可减小热影响区宽度和焊件的变形，特别适用于焊接1.0mm以下的薄板。此外，由于电阻缝焊采用圆盘状电极，对焊件接缝的加压比较均匀，可明显地减少压痕，有利于焊接对外观要求较高的焊缝。

#### 9.7.1.3 电阻凸焊

电阻凸焊如图9-29(c)所示，是电阻点焊的一种特殊形式。凸焊的先决条件是必须在焊件接合面上预制凸点，或焊件接合面的形状相似于凸点，凸焊时采用平端头电极，与点焊相似，在压紧焊件的同时通电，凸点熔化形成焊点。利用焊件表面的凸台或凸点，采用平端面的圆柱形电极或平面电极进行焊接可以延长电极寿命，同时可焊接多个焊点，不产生分流现象。但凸焊亦有一定的局限性，由于凸焊时必须压溃凸点，故焊件必须具有一定的厚度或具有足够的刚度，不适宜用于厚度0.5mm以下的焊件。凸焊不仅可用于板材结构，还可用于螺钉、螺母、线材和管件的连接。

凸焊与点焊相比具有生产效率高的特点。而且，凸点接触面积小，电流密度大，焊接电流可比点焊低，降低了能源消耗。此外，凸点的位置准确，尺寸基本相同，各焊点的强度一致。另外，由于凸点通常在焊件的一面，且采用平端面电极，焊件外露表面的压痕轻微，焊件的外观优于点焊焊件。而且平端面电极与点焊用锥形电极相比，电流密度要小得多，加上电极散热面积大，电极的磨损少，降低了电极维修保养费用。

凸焊的不足之处是需在焊件上预制凸点，增加辅助设备和辅助工序，延长了生产周期。凸焊时，电极的压力较高，提高了焊机的总功率。

#### 9.7.1.4 电阻对焊

电阻对焊也被称为接触对焊。它是利用两对接焊件接触面上的电阻通过焊接电流时产生热量，并在一定顶锻压力的作用下形成的对接接头的焊接方法，这种焊接方法已得到广泛的应用，可以焊接如钢轨、管道、汽车轮、链环和汽车后桥壳等多种形式的对接接头。

电阻对接焊的特点是焊件本身充当电极，焊接电流由夹紧机构传递给焊件，电流通过焊件接触端面将其加热至熔化状态或半熔化状态后加挤压力形成连接。

电阻对焊与其他传统的焊接方法相比，具有如下优点：

① 接头焊前准备工作简单，通常无需加工坡口，待焊接触表面无需特殊的处理。

② 焊接效率高，整个焊接过程不超过1min，对于大截面积钢轨、厚壁管道和空心轴的焊接，与其他传统对接焊方法相比，效率可提高5～10倍。

③ 可以焊接对接截面相同、形状各异的零部件，以及不同钢材和不同材料之间的对接接头。

④ 电阻对焊的设备简单，便于维护，设备的一次投资率低，具有较高的经济指标。

然而，电阻对焊接头可靠的无损探伤方法尚未掌握，难以确保焊接质量，目前尚不能用于对接头质量要求严格的焊件。而且，电阻对焊接头不可避免地会产生内外毛刺，这不仅增加了去除毛刺的工序和辅助器具，而且对于管道和阀体之类的焊件，过量的内毛刺往往成为影响产品性能的重要原因。此外，电阻对焊的耗电量较大，特别是大截面焊件的对接焊耗电量更大，因此在供电不足的地区较难推广。

电阻对焊一般分为电阻加热对焊和闪光对焊两种。电阻加热对焊是将两被焊工件端面压紧，利用电流通过接触面的电阻热，将焊件接合面加热至红塑性状态，再施加轴向顶锻压力，形成牢固的焊接接头。闪光对焊的工艺过程相对复杂，在闪光阶段，先接通焊接电源，并将两焊件端面轻微接触，接触面上总是某些突出点先接触而通电，而该点电流密度很高，接触点立即熔化，形成连接被焊端面的液态金属过桥，过桥在金属蒸气压力和电磁力的作用下，不断爆破、向外喷射，形成闪光。闪光持续过程中，端面的温度逐渐升高，过桥的爆破速度加快。在闪光阶段结束前，应使焊件的整个端面形成一层液态金属，其邻近区达到红塑状态。当闪光结束时，立即对焊件施加足够的顶锻压力，端面间隙迅速减小，过桥停止爆破，顶锻压力快速递增，挤出端面的液体金属和氧化夹杂物，使红塑性状态的金属紧密地接触，形成共同的结晶和牢固的接头。

## 9.7.2 摩擦焊

摩擦焊属于压力焊的范畴，是利用工件接触面摩擦产生的热量为热源，将工件端面加热到塑性状态，然后在压力下使金属连接在一起的焊接方法。摩擦焊具有焊接接头质量好且稳定，焊接生产率高，可焊材料种类广泛，焊机设备简单、功率小、电能消耗低等特点。

摩擦焊焊接过程如图 9-30 所示，先把两工件同心地安装在焊机夹紧装置中，回转夹具作高速旋转、非回转夹具做轴向移动，使两工件端面相互接触，并施加一定轴向压力，依靠接触面强烈摩擦产生的热量把该表面金属迅速加热到塑性状态。当达到要求的变形量后，利用刹车装置使焊件停止旋转，同时对接头施加较大的轴向压力进行顶锻，使两焊件产生塑性变形而焊接起来。

按焊件相对运动的方式和工艺特点目前已有十余种摩擦焊方法。在工业生产中最常用的摩擦焊接法有：连续驱动摩擦焊、惯性摩擦焊、混合型旋转摩擦焊、相位摩擦焊和搅拌摩擦焊等。

如图 9-31 所示的就是搅拌摩擦焊的示意图。焊接开始后，机头带动搅拌头高速旋转，当搅拌头的指棒与焊件接缝接触时，与接合面金属摩擦产生热量，并形成高温热塑性层。当指棒在压力作用下钻入焊件深层时，在搅拌头前面形成的热塑性金属不断转移到搅拌头的后侧，填满搅拌头向前移动所形成的空腔而形成焊缝。目前，这种焊接方法在平板对接、搭接、角接和丁字接多种形式的接头中以及大直径管道对接接头中获得了成功的应用。

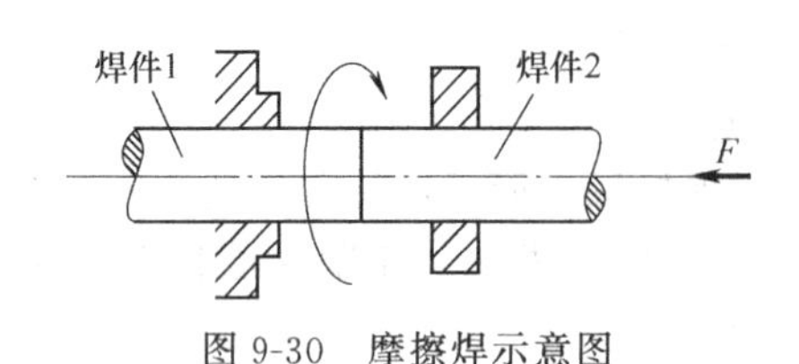


图 9-30 摩擦焊示意图

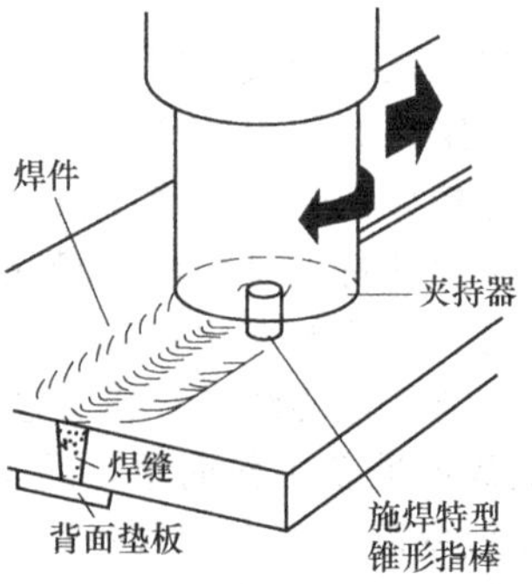

焊件
夹持器
焊缝
背面垫板
施焊特型
锥形指棒

图 9-31 搅拌摩擦焊示意图

不管采用哪种摩擦焊方法，其共同的特点都是被焊工件高速旋转，加压摩擦，加热至红热状态后焊件旋转停止的瞬间，加压顶锻。整个焊接过程在几秒至几十秒之内完成。因此，具有相当高的焊接效率。摩擦焊过程中无需加任何填充金属，因此也是一种低耗材的焊接方法。此外，由于焊件是在高速旋转且接合面相互紧密接触的条件下完成的，周围空气不可能侵入接合区，不会产生焊接区的氧化和氮化。又因接合区金属未产生熔化，只处于高温塑性流变状态，焊接区金属为锻造组织，故接头具有较高的力学性能。此外，焊件的尺寸可加以严格的控制，长度偏差可以控制在±0.1mm，而偏心度一般能够保证不超过0.2mm。与此同时，摩擦焊在焊接异种材料时具有非常大的优势，可以焊接其他焊接方法无法焊接的如铝-钢、铝-铜和钛-铜等异种材料接头。

## 9.8 钎焊

### 9.8.1 钎焊的原理

钎焊是利用熔点比焊件低的钎料作为填充金属，加热时通过钎料与母材的润湿作用将焊件连接起来的焊接方法。

钎焊前，将表面清理好的工件以搭接形式装配在一起，把钎料放在接头间隙附近或接头间隙之间。当工件与钎料被加热到稍高于钎料的熔点温度后，钎料熔化而工件不熔化，借助毛细管作用钎料被吸入并充满固态工件间隙，液态钎料与工件金属相互扩散溶解、冷凝后即形成钎焊接头。

### 9.8.2 钎焊的分类

根据钎料熔点的不同，钎焊可分为硬钎焊与软钎焊两类。

#### 9.8.2.1 硬钎焊

用于硬钎焊的钎料熔点在450℃以上，接头强度在200MPa以上。属于这类的钎料有铜基、银基和镍基钎料等，钎剂常用硼砂、硼酸、氯化物等。银基钎料钎焊的接头具有较高的强度、良好的导电性和耐蚀性，而且熔点较低，工艺性好。但银钎料较贵，只用于要求高的焊件。镍铬合金钎料可用于钎焊耐热的高强度合金与不锈钢。工作温度可高达900℃。但钎焊时的温度要求高于1000℃以上，工艺要求很严。

硬钎焊主要用于受力较大的钢铁和铜合金构件的焊接（如自行车架、带锯锯条等）以及工具、刀具的焊接。

#### 9.8.2.2 软钎焊

软钎焊所使用的钎料熔点在450℃以下，接头强度较低，一般不超过70MPa。这种钎焊只用于焊接受力不大、工作温度较低的工件。

软钎焊常用的钎料是锡-铅合金，所以软钎焊又称为锡焊。这类钎料的熔点一般低于230℃。熔化后渗入接头间隙的能力较强，所以具有较好的焊接工艺性能。

软钎焊广泛用于焊接受力不大的常温下工作的仪表、导电元件以及钢铁、铜及铜合金等制造的构件。

### 9.8.3 钎剂

在钎焊过程中，一般都需要使用熔剂，即钎剂。

利用钎剂可以去除被焊金属表面的氧化膜及其他杂质，还能改善钎料流入间隙的性能（即湿润性），并保护钎料及焊件不被氧化。因此，钎剂的使用对钎焊质量影响很大。

软钎焊时，常用的钎剂为松香或氯化锌溶液；硬钎焊钎剂的种类较多，主要有硼砂、硼酸、氟化物、氯化物等，应根据钎料种类选用。

### 9.8.4 钎焊的特点

与一般熔化焊相比，钎焊具有如下特点：

① 钎焊时工件加热温度较低，组织和力学性能变化很小，变形也小，因此接头光滑平整，工件尺寸精确。

② 钎焊可以焊接性能差异很大的异种金属，对工件厚度的差别也没有严格限制。

③ 工件整体加热钎焊时，可同时钎焊多条（甚至上千条）接缝组成的复杂形状构件，生产率很高。

④ 钎焊设备较为简单，前期投资费用少。

但钎焊的接头强度较低，尤其是动载强度低，允许的工作温度不高，焊前清整要求严格。而且钎料价格较贵。

## 9.9 其他焊接方法

### 9.9.1 电渣焊

电渣焊是利用电流通过液态熔渣时所产生的电阻热作为热源的一种高效的熔焊方法。在垂直位置，它可一次行程完成任意厚度焊件的焊接，是 40mm 以上厚板接头的经济而优质的一种焊接方法，已广泛应用于大型电站锅炉、大型水轮机、重型机械、大吨位船舶、大型冶金设备和核能装置等重型部件的制造中。

#### 9.9.1.1 电渣焊的工作原理

电渣焊的工作原理如图 9-32 所示。电渣焊的装置主要由大功率焊接电源、单丝或多丝送丝机构、焊接机头、垂直行走机构和水冷滑块等组成。

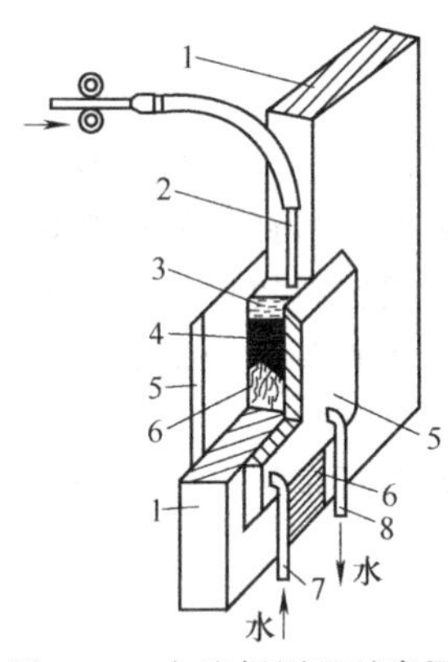


图 9-32 电渣焊原理示意图

1—工件；2—焊丝；3—渣池；4—金属熔池；5—水冷滑块；6—焊缝；7,8—冷却时进、出管

如图 9-32 所示，在焊接前，先将焊件垂直放置，在接触面之间预留 20～40mm 的间隙形成焊接接头。在接头底部加装引入板和引弧板，顶部加装引出板，以便引燃电弧和引出渣池，保证焊接质量。在接头两侧装有水冷铜滑块以利熔池冷却凝固。焊接时，先将颗粒焊剂放入焊接接头的间隙，然后送入焊丝，焊丝同引弧板接触后引燃电弧。电弧将不断加入的焊剂熔化成熔渣，当熔渣液面升高到一定高度，形成渣池。渣池形成后，迅速将电极（焊丝）埋入熔池中，并降低焊接电压，使电弧熄灭，进行电渣焊过程。

电渣焊按电极形式（填充金属形式）的不同，可分为丝极电渣焊、熔嘴电渣焊、板极电渣焊和接触电渣焊。

#### 9.9.1.2 电渣焊的特点

① 全厚度一次成形　由于电渣焊均在垂直位置焊接，并在接缝间隙两端用水冷铜滑块挡住金属熔池和渣池。这样，焊件的整个厚度被金属熔池所填充，并与接缝两侧母材熔合，形成连续的焊缝。特别适用于厚板和特厚板的焊接。

② 焊缝金属纯净度高　电渣焊过程中，液态渣池始终覆盖金属熔池，不仅严密地隔离大气侵入金属熔池，而且对熔池金属起良好的除气作用。焊缝金属的纯净度大大高于其他熔

焊方法。

③ 焊接热循环平缓　电渣焊时由于金属熔池和高温渣池体积较大，加热及冷却速度缓慢，高温停留时间较长，利于淬硬倾向较高的钢材（如中碳、高碳钢和中合金钢等）的焊接，可有效地防止焊接裂纹的形成。

④ 焊接热输入相当大　电渣焊时焊接热输入比其他熔焊方法大得多，导致焊缝金属和热影响区晶粒粗大，宏观偏析严重，力学性能明显下降。为此，对于必须采用电渣焊接法连接的母材，应具有较高的纯度，较低的杂质含量，并含有适量的细化晶粒的合金元素，如钼、钛、铌和铝等。对于接头力学性能要求较高的焊件，焊后必须作调质处理。

### 9.9.2 堆焊

堆焊是将具有特定性能的材料熔敷在焊件表面的工艺方法。堆焊的目的是使焊件的表面形成耐磨、耐热和耐蚀的特性，或者是使焊件尺寸增加到所要求的数值。

堆焊可显著地延长焊件的使用寿命、节省制造和维修费用、缩短生产周期、降低生产成本。同时堆焊还是一种合理利用材料、使焊件具有优异综合性能的制造技术。因此，堆焊技术已被金属加工和机械制造各部门广泛应用。

目前，已在工业生产中实际应用的堆焊方法有焊条电弧堆焊、埋弧堆焊、熔化极气体保护电弧堆焊、钨极惰性气体保护堆焊、等离子弧堆焊和电渣堆焊等。其中埋弧堆焊由于熔敷率高、稀释率低的特点而被普遍推广应用。

## 9.10 焊接结构及工艺性

设计焊接结构时，除了考虑焊件的使用性能外，还应依据各种焊接方法的工艺过程特点，考虑焊接结构的材料、焊接方法、接头形式及结构工艺性等方面的内容，达到焊接工艺简单、焊接质量优良的目的。

### 9.10.1 焊缝的布置

为简化焊接工艺和保证接头质量，应合理布置焊接结构中的焊缝位置。为此，要考虑以下因素。

① 焊缝位置应方便焊接操作和检验　焊缝布置应考虑焊接操作时有足够的空间，以便于施焊和检验。如焊条电弧焊时需考虑留有一定焊接空间，以保证运条方便；气体保护焊时应考虑气体的保护作用；埋弧焊时应考虑施焊时接头处存放焊剂、保持熔融合金和熔渣；点焊与缝焊时，电极应能到达待焊部位。图 9-33～图 9-35 给出了几种布置焊缝位置时的方案。

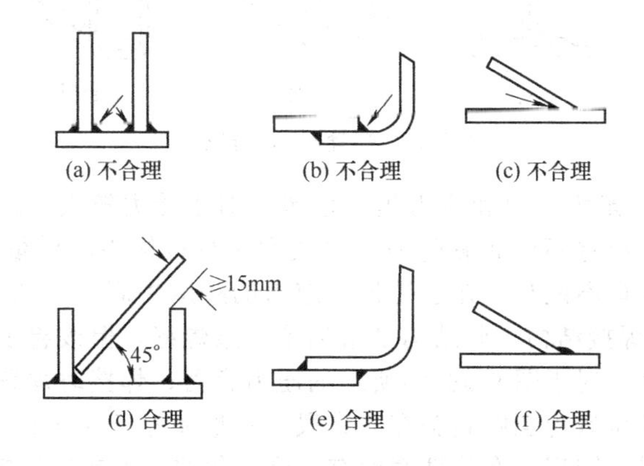


图 9-33　焊缝位置便于电弧焊操作示例

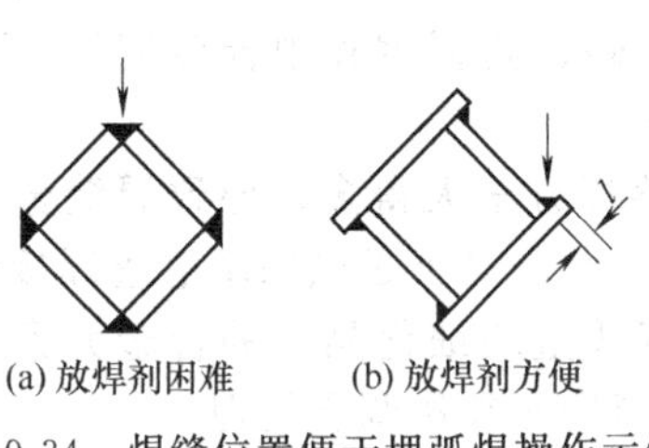


图 9-34 焊缝位置便于埋弧焊操作示例

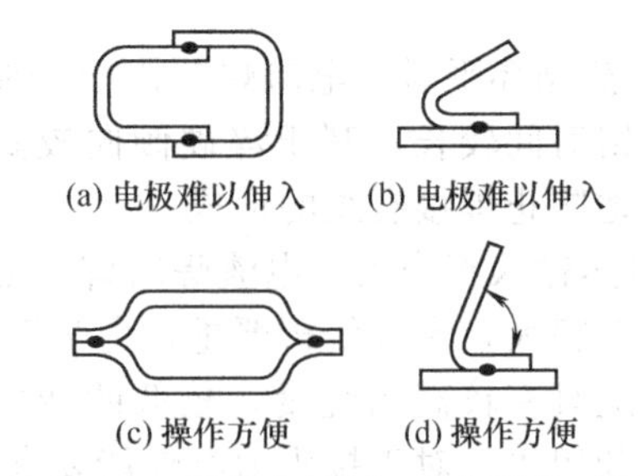


图 9-35 焊缝位置便于点焊操作示例

另外，在焊接操作时，根据焊缝在空间位置的不同，可分为平焊、横焊、立焊和仰焊操作。平焊操作方便，易于保证焊缝质量，立焊和横焊操作较难，而仰焊最难操作。因此，应尽量使焊件的焊缝分布在平焊时的位置上。

② 焊缝应尽量分散布置，避免密集和汇交　密集交叉的焊缝容易导致接头组织和性能恶化，产生应力集中和焊接变形。因此，焊缝应尽量分散，两条焊缝的间距一般要大于三倍焊件厚度且不小于 100mm。如图 9-36 所示。

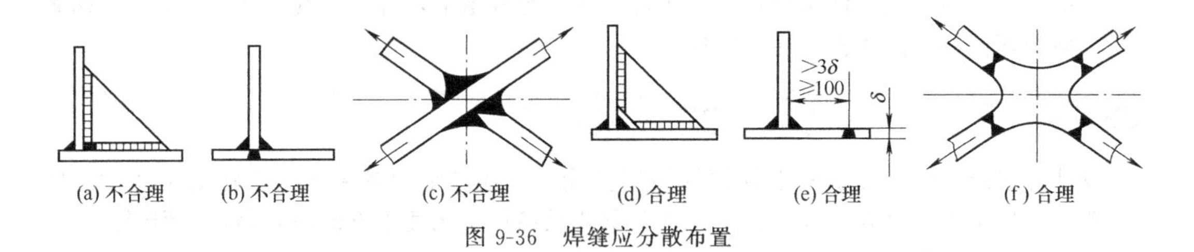


图 9-36 焊缝应分散布置

③ 焊缝布置应尽量对称　对称的焊缝布置，可使焊接变形互相约束、抵消而减轻变形程度。例如，图 9-37 所示的焊件。如果采用图 9-37(a)、(b)所示的焊缝布置方案，使焊缝处于截面重心的一侧，那么当焊缝冷却收缩时，就会造成较大的弯曲应力而形成大的弯曲变形。如果采用图 9-37(c)、(d)和(e)所示的焊缝布置方案，使焊缝对称布置于重心，由于焊缝冷却收缩时造成的弯曲应力可以在最大限度上相互抵消，因此焊接变形不明显。

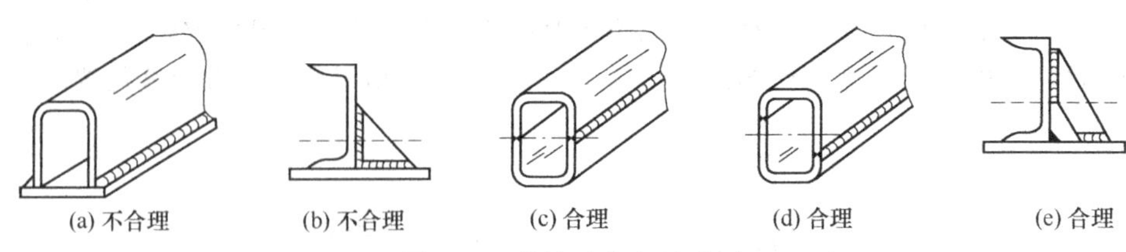


图 9-37 焊缝对称布置示例

④ 焊缝布置应避开最大应力和应力集中位置　对于受力较大、较复杂的焊接构件，在最大应力和应力集中的位置不应布置焊缝，以放宽对焊接接头的质量要求。如图 9-38 所示的大跨度焊接横梁，缝焊不能布置在承受最大应力的跨度中间，如图 9-38(a)所示，而应改变成图 9-38(d)所示的焊接结构。此结构虽增加了一条焊缝，但改善了焊缝的受力状况，结构的承载能力反而上升。对于图 9-38(b)所示的压力容器，焊接时焊缝应避开应力集中的转角处［图 9-38(a)］，其位置应当距封头有一直段（一般不小于 25mm）［如图 9-38(e)］，从而改善了焊缝受力状况。同理，在构件截面有急剧变化的位置或尖锐棱角部位，由于易产生应力集中，不应布置焊缝。如图 9-38(c)所示的焊缝布置应改为图 9-38(f)所示的方案。

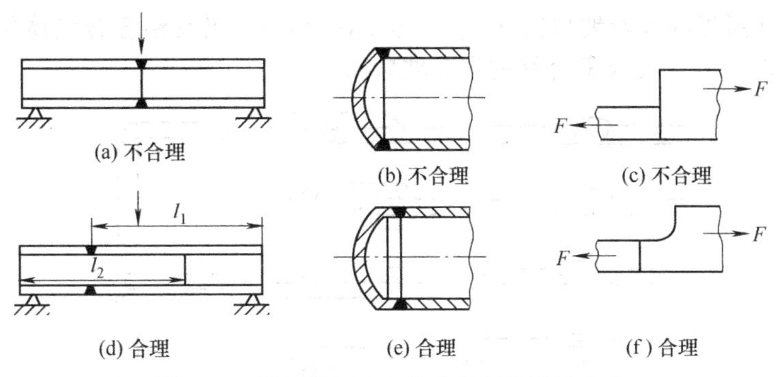

(a) 不合理 (b) 不合理 (c) 不合理

(d) 合理 (e) 合理 (f) 合理

图 9-38 焊缝避开应力集中位置的设计方案

⑤ 焊缝布置应避开机械加工表面 如果焊接结构的某些部位要求较高精度，而且必须在加工以后才能进行焊接，此时焊缝布置应避开机械加工的表面，使已加工表面的加工精度不受影响，如图 9-39 所示。

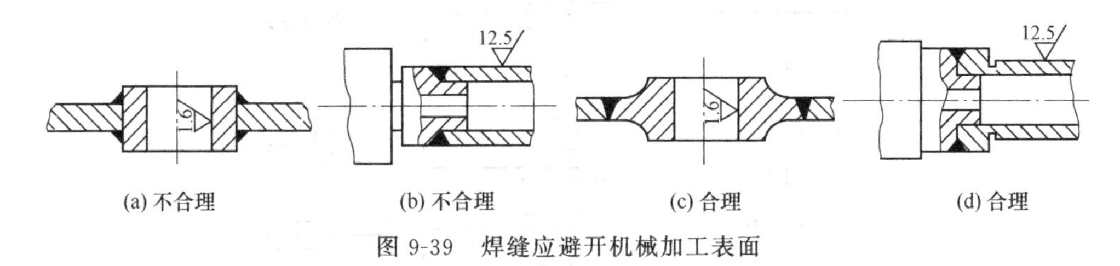

(a) 不合理 (b) 不合理 (c) 合理 (d) 合理

图 9-39 焊缝应避开机械加工表面

## 9.10.2 焊接接头及其设计

焊接形成的接头是焊接结构的最基本要素。焊接接头的设计是在充分考虑结构特点、材料特性、接头工作条件和经济性等的前提下，在首先选定焊接方法之后，正确合理地布置焊缝，确定接头形式和坡口形式。

### 9.10.2.1 焊接接头的形式

根据接头的构造形式不同，焊接接头可以分为对接接头、T 形接头、十字接头、搭接接头、盖板接头、套管接头、塞焊（槽焊）接头、角接接头、卷边接头和端接接头等十种类型。从另外角度讲，十字接头可视为两个 T 形接头的组合；盖板接头、套管接头和塞焊（槽焊）接头，都通过角焊缝连接，实质上是搭接接头的变种；而卷边接头根据其构造和焊缝传力特点不同，可以分属于对接接头、角接接头和端接接头。所以，焊接接头的基本类型实际上共有五种，即对接接头、T 形接头、搭接接头、角接接头和端接接头，如图 9-40 所示。

对接接头受力比较均匀，是最常用的接头形式，重要的受力焊缝应尽量选用。角接接头与 T 形接头受力情况都较对接接头复杂，但接头成直角或一定角度连接时，必须采用这种接头形式。搭接接头因两工件不在同一平面，受力时将产生附加弯矩，而且金属消耗量也大，一般应避免采用。但搭接接头不需开坡口，装配时尺寸要求不高，对某些受力不大的平面联接与空间构架，采用搭接接头可节省工时。

### 9.10.2.2 坡口形式

根据设计或工艺需要，将被焊工件上的待焊部位加工并装配成一定几何形状的沟槽，称为坡口。在焊接结构设计时，除考虑接头形式外，还应注意坡口形状和尺寸。

焊接接头可采用各种坡口形式，坡口形式由相关国家标准规定。详细内容可以查阅 GB/T 985.1—2008《气焊、焊条电弧焊、气体保护焊和高能束焊的推荐坡口》、GB/T

985.2—2008《埋弧焊的推荐坡口》、GB/T 985.3—2008《铝及铝合金气体保护焊的推荐坡口》和 GB/T 985.4—2008《复合钢的推荐坡口》。

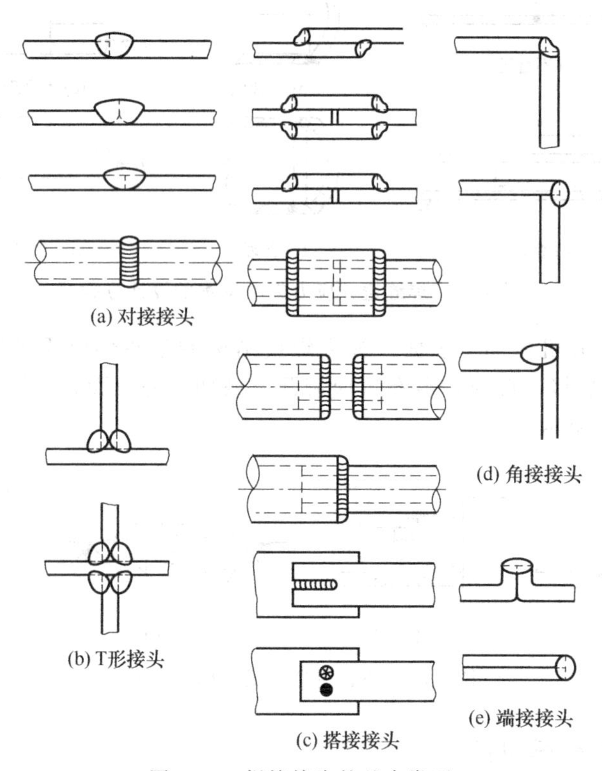


图 9-40　焊接接头的基本类型

以对接接头为例，常用的坡口形式有 I 形坡口、V 形坡口、U 形坡口等基本类型外，还有由两种或两种以上的基本型坡口组合而成的组合型坡口，如 Y 形坡口和 X 形坡口等，如图 9-41 所示。

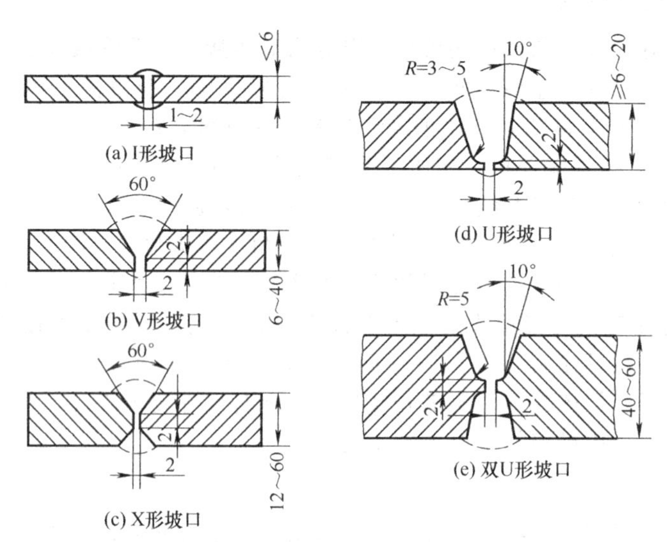


图 9-41　对接接头的基本坡口形式

选择坡口形式时，如果是承载接头，则要求焊缝具有与母材相等的强度，须采用能完全焊透钢板的方法，即全熔透焊缝。若是联系接头，焊缝要承受的力较小，这时就不一定要求焊透或全长焊接。此外，还要考虑接头的准备和焊接成本，即坡口加工、焊缝填充金属量、焊接工时及辅助工时等。

## 9.11 焊接应力与变形

焊接应力与焊接变形是直接影响焊接结构性能、安全可靠性和制造工艺性的重要因素。它会导致在焊接接头中产生冷、热裂纹等缺陷，在一定的条件下还会对结构的断裂特性、疲劳强度、形状和尺寸精度有不利的影响。在构件制造过程中，焊接变形往往引起正常工艺流程中断。因此掌握焊接应力与变形的规律，了解其作用与影响，采取措施控制或消除，对于焊接结构的完整性设计和制造工艺方法的选择以及运行中的安全评定都有重要意义。

### 9.11.1 焊接应力和变形产生的原因

在焊接过程中，对焊件进行局部的不均匀加热和冷却是产生焊接应力和变形的根本原因。

焊接时，多采用几种热源进行局部加热，使焊件上产生不均匀的温度场，导致材料产生不均匀膨胀。处于高温区域的材料加热时膨胀量大，但受到周围温度较低、膨胀量较小的材料的限制，而不能自由膨胀。于是焊件中出现内应力，高温区域材料受压，低温区域受拉。由于高温区的材料强度较低，故将产生局部压缩塑性变形，且冷却后其室温尺寸应小于加热前的尺寸。但在冷却过程中，该区域受到周围材料的约束而不能自由收缩，致使焊件中出现一个与加热时方向相反的应力场，即原高温区域的材料受拉，而周围材料受压，且由于此时材料已难于产生塑性应变而使应力残留在构件中，由于焊接应力的存在，必然会使焊件出现变形。

焊后残留在焊件内的应力和变形称为焊接残余应力和焊接残余变形。

### 9.11.2 焊接变形的基本形式

焊接变形的形式因焊接件结构形状不同、其刚性和焊接过程不同而异。最常见的如图 9-42 所示。

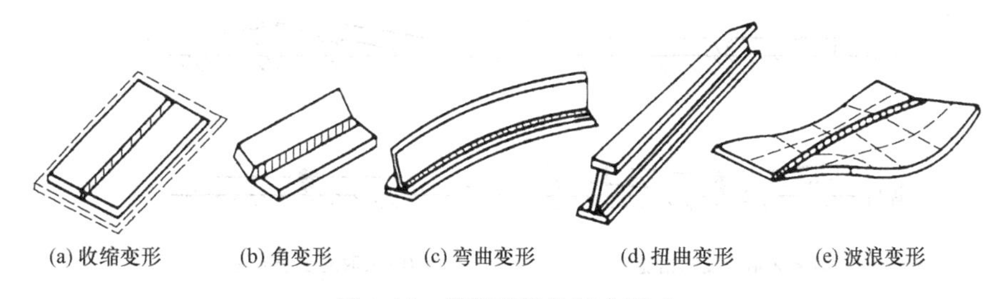

(a) 收缩变形　(b) 角变形　(c) 弯曲变形　(d) 扭曲变形　(e) 波浪变形

图 9-42　焊接变形的基本形式

构件焊接后，由于尺寸缩短，引起纵向收缩和横向收缩［图 9-42(a)］；V 形坡口对接焊时，由于焊缝截面形状上下不对称，焊后收缩不均而引起角变形［图 9-42(b)］；T 形和单边焊缝焊接后，由于焊缝布置不对称，纵向收缩引起弯曲变形［图 9-42(c)］；由于焊缝在构件截面上布置的不对称或焊接过程不合理，使工件产生扭曲变形［图 9-42(d)］；焊接薄板结构时，由于薄板在焊接应力作用下丧失稳定性而引起波浪变形［图 9-42(e)］。

在实际焊接生产中，工件的焊接变形往往是两种或几种基本变形形式的组合，如图 9-43 所示的工件中，就包含了角变形、弯曲变形和扭曲变形三种形式。因此，在生产中应根据具体工件的变形特点加以仔细分析。

### 9.11.3 防止焊接变形的措施

① 合理设计焊接构件　在保证结构有足够承载能力情况下，尽量减少焊缝数量、焊缝

长度及焊缝截面积；要使结构中所有焊缝尽量处于对称位置。厚大件焊接时，应开两面坡口进行焊接，避免焊缝交叉或密集。尽量采用大尺寸板料及合适的型钢或冲压件代替板材拼焊，易减少焊缝数量，减少变形。

② 选择合理的焊接顺序　在焊接过程中，选择合理的焊接顺序能大大减少变形。如构件的对称两侧都有焊缝，应该设法使两侧焊缝的收缩能互相抵消或减弱。选择焊接顺序的主要原则是尽量使焊缝自由收缩而不受较大的拘束。主要选择方法有：先焊收缩量较大的焊缝；先焊工作时受力较大的焊缝，使其预承受压应力；拼焊时，先焊错开的短焊缝，后焊直通的长焊缝。

图 9-44 所示的拼板件，宜先焊错开的短焊缝，再焊直通的长焊缝，使短焊缝有较大的横向收缩余地，从而减小残余应力。

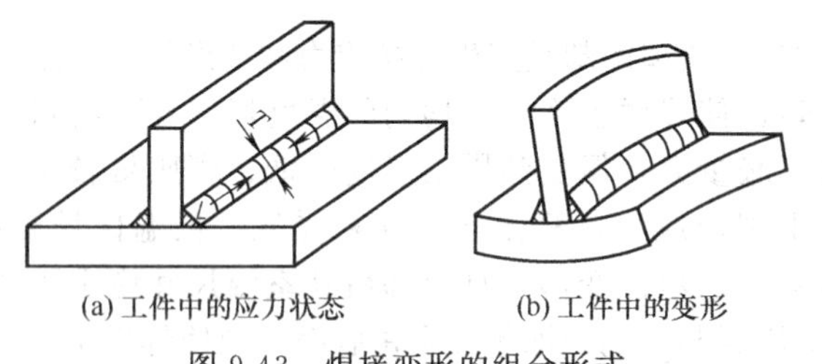


(a) 工件中的应力状态　(b) 工件中的变形

图 9-43　焊接变形的组合形式

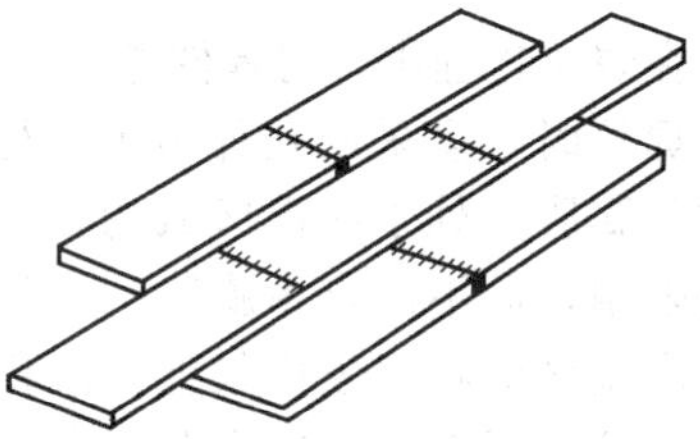

图 9-44　拼板工件的焊接次序

③ 采取必要的技术措施　可在焊前采取预防变形措施，以及选择适用的措施对待焊工件进行刚性固定，从而避免焊接变形。

反变形法是生产中常用的焊前预防方法。事先估计或试验好结构变形的大小和方向，然后在装配时给予一个相反方向的变形与焊接变形相抵消（见图 9-45），使焊件焊后达到设计的要求。

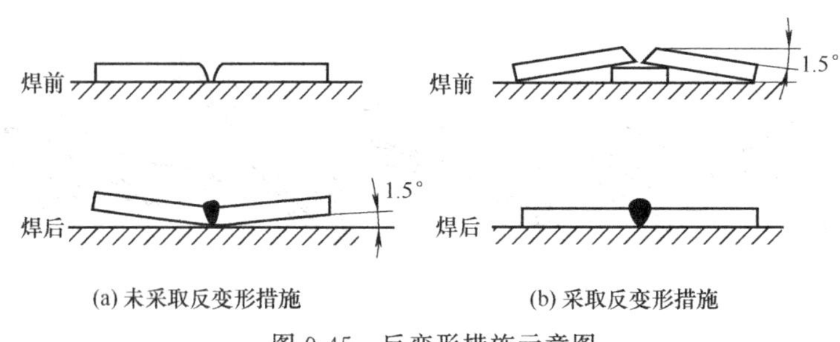


(a) 未采取反变形措施　(b) 采取反变形措施

图 9-45　反变形措施示意图

当工件刚性较小的情况下，可以利用刚性固定法来减小焊接变形，如图 9-46 所示。这种方法能有效减小或者避免焊接变形，但会在工件中产生较大的焊接应力，若材料的强度较低，会导致工件在焊接过程中发生开裂现象。

## 9.11.4　焊接变形的矫正措施

焊接过程中，即使采取了上述工艺措施，有时也会出现超过允许值的焊接变形，因此，需要对变形进行矫正，其方法主要有火焰矫正和机械矫正两种。

焊后采用火焰对焊接构件局部加热，可矫正焊接中的变形。这种方法中，加热部位金属的膨胀受到周围冷金属的约束，产生压缩塑性变形，在冷却过程中，加热部位的收缩将使焊件产生挠曲，从而矫正焊件变形。如图 9-47(a)所示。这种方法的缺点是引起冷作硬化，降低了材料的塑性。

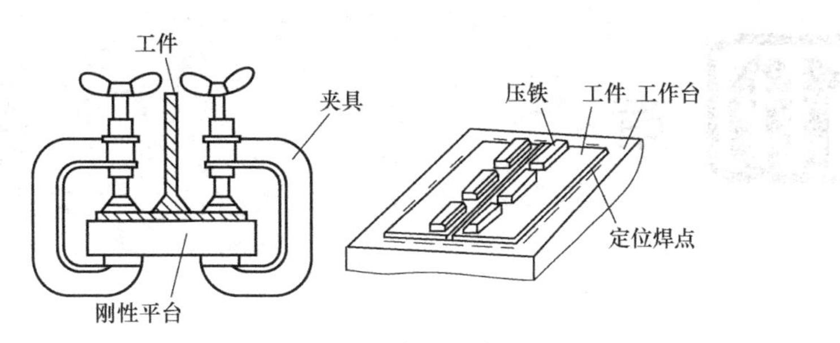


图 9-46 刚性固定法示意图

对某些刚度较大的焊接构件，除采用火焰矫正外，也可采用机械矫正法。机械矫正法利用外力使结构产生与焊接变形方向相反的塑性变形，使两者相抵消，达到消除焊接变形的目的。此法的缺点是引起冷作硬化，降低了材料的塑性。图 9-47(b)所示为用加压机构来矫正工字梁挠曲变形的例子。

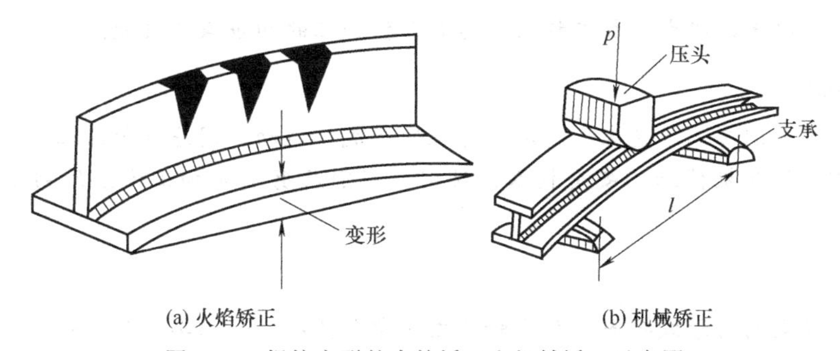


(a) 火焰矫正　　(b) 机械矫正

图 9-47 焊接变形的火焰矫正和机械矫正示意图

## 思考题与习题

1. 什么叫焊接热影响区？低碳钢焊接热影响区的组织和性能有什么特点？如何改善焊接接头的组织和性能？

2. 焊接热过程有什么特点？焊接冶金过程与钢材冶炼过程有什么异同？

3. 焊条电弧焊的焊接化学冶金反应区有哪些？每个区域各自特点是什么？

4. 常见的焊接热源有哪些种？试举出每种焊接热源的应用场合？

5. 焊条电弧焊焊接工艺规范包括哪些具体参数？

6. 熔化焊、压力焊和钎焊的实质有何不同？

7. 直流电弧的极性指的是什么？

8. 焊条芯的作用是什么？其化学成分有何特点？焊条药皮在焊条电弧焊过程中起到什么作用？

9. 下列焊条型号或牌号的含义是什么？

E4303、E5015、J422、J507

10. 埋弧焊与焊条电弧焊相比有什么特点？其应用范围怎样？

11. 埋弧焊时如何正确匹配焊剂与焊丝？其原则是什么？

12. 气体保护焊与埋弧焊相比有什么特点？$CO_2$ 焊与氩弧焊各适用于什么场合？

13. 产生焊接应力和焊接变形的主要原因是什么？

14. 焊接变形的基本形式有哪些？如何消除或减小焊接变形？

# 第10章 金属的冷加工工艺

**学习目的**

了解金属切削加工的基本知识；了解卧式车床的组成、运动、用途及典型零件的装卡方法；掌握基本车削工艺，具有主要车削工艺操作技能和机械加工安全技术；掌握铣床、刨床及磨床的组成、运动、用途和加工工艺特点；具有铣削、刨削及磨削等加工方法的初步操作技能；了解数控机床的组成和加工特点，具有数控加工的初步操作技能。

**重点和难点**

重点是基本车削工艺，铣床、刨床及磨床的组成、运动、用途和加工工艺特点；难点是车削工艺操作技能和机械加工安全技术；铣削、刨削及磨削等加工方法的初步操作技能的培养。

**学习指导**

同样可以以案例的形式巩固以及检验学生的学习情况。如以车床溜板箱中一根传动轴为例，确定其机械加工工艺过程。

切削加工是利用切削工具和工件之间的相对运动，从毛坯（例如：铸件、锻件、型材等）上切去多余部分材料，以获得所需要的尺寸精度、形状精度、相互位置精度及表面粗糙度的一种加工方法。机械加工是操作机床进行的切削加工。

在现代机械制造中，除少部分零件可以采用精密铸造、精密锻造、粉末冶金及工程塑料通过铸造、锻压等方法直接获得要求的精度外，绝大部分零件都需要切削加工，来保证零件的加工精度与表面粗糙度。因此，切削加工是历史较悠久，应用最广泛的加工方法，切削加工的先进程度直接影响产品的生产率和质量。

## 10.1 切削加工基本知识

### 10.1.1 切削加工运动

为了进行切削加工以获得工件所需的各种形状，并达到要求的加工精度和表面粗糙度，刀具和工件必须完成一系列运动。

（1）切削运动

切削时的基本运动是直线运动和回转运动，按切削时工件和刀具相对运动所起的作用不同可分为主运动和进给运动，如图 10-1 所示。

① 主运动　主运动是进行切削时最主要的运动。通常它的速度最高，消耗机床动力最多。机床的主运动一般只有一个。如普通卧式车床的主运动为主轴的旋转运动 $v$（$n$），镗床主运动是镗杆的旋转运动。

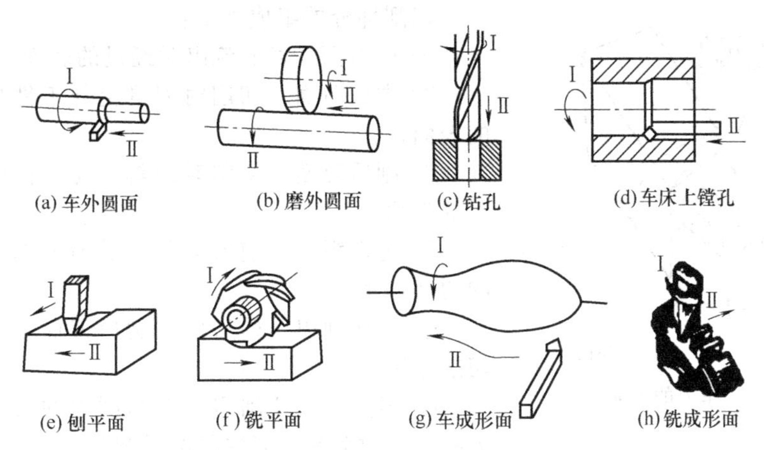


图 10-1　切削运动

② 进给运动　进给运动与主运动配合后，将能保持切削工作连续的进行，从而切除金属层形成已加工表面。机床的进给运动可由一个或几个组成，如图 10-1 所示，在普通卧式车床上加工外圆，表面刀具的进给运动有两个：一个是沿工件轴线方向的运动 $f_a$（也称纵向进给），以便能连续不断地切削形成圆柱表面；另一个是与工件轴线垂直方向的进给（$f_r$）（也称横向进给），以便保证工件的直径尺寸。

进给运动通常消耗功率较小，进给运动可以是连续的，如车床的进给运动；也可以是间歇的，如牛头刨床工作台的进给运动。

在切削加工过程中，工件上形成三种表面，如图 10-2 所示。

a. 待加工表面：将被切去一层金属的表面。

b. 已加工表面：工件上切去一层金属后，形成新的表面。

c. 加工表面：工件正在被切削的表面（过渡表面）。

(2) 切削要素

切削用量三要素如图 10-2 所示。

① 切削速度 $v_c$：切削速度是主运动的线速度，单位为 m/s。

② 进给量 $f$：进给量是进给运动方向上相对工件的位移量。车削时，进给量为主轴每转一转时，工件与刀具相对的位移量，单位为 mm/r。

③ 背吃刀量 $a_p$：背吃刀量是每次走刀切入的深度。背吃刀量等于待加工表面与已加工表面间的垂直距离（mm），如图 10-2 所示。

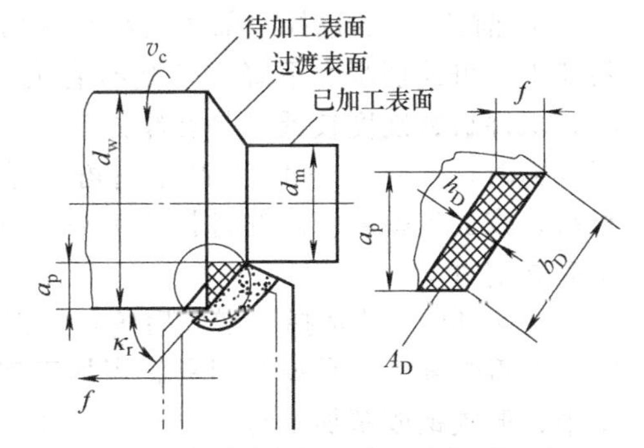


图 10-2　车削时的加工表面和切削要素

## 10.1.2　金属切削刀具

金属切削刀具种类繁多，形状也各有不同，但是，不管形状多么复杂的刀具，都是由刀具的基本类型基础上发展起来的，以便适应不同条件下的切削加工，因此，掌握切削刀具的基本类型，其他刀具都是由基本类型刀具演变而成的，现以外圆车刀为例分析如下：

(1) 刀具的组成

外圆车刀从总体结构上分为切削部分（也称刀头）及夹持部分（也称刀杆或刀体），如图 10-3 所示，刀体装在刀架上，刀头装在刀体上（可焊接或机械装卡）。

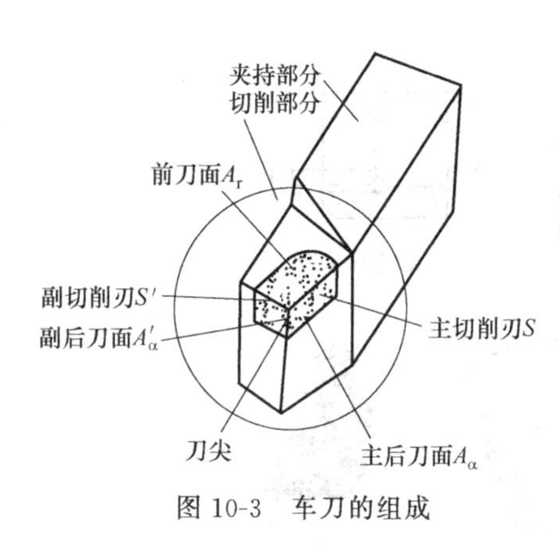

图 10-3 车刀的组成

切削部分的组成如下：

① 前刀面 切屑流出时经过的表面。

② 主后刀面 切削时刀具上与工件加工表面相对的表面。

③ 副后刀面 切削时刀具上与工件已加工表面相对的表面。

④ 主切削刃 前刀面与主后刀面的交线，起主要的切削作用。

⑤ 副切削刃 前刀面与副后刀面的交线，起辅助切削作用。

⑥ 刀尖 主切削刃与副切削刃的交点，为提高刀尖刚度及耐磨性，刀尖可磨成圆弧，形成过渡刀刃。

（2） *刀具切削部分角度*

车刀的切削部分包括五个主要的基本角度，即前角 $\gamma_0$、后角 $\alpha_0$、主偏角 $\kappa_r$、副偏角 $\kappa_r'$、刃倾角 $\lambda_s$，见图 10-4。

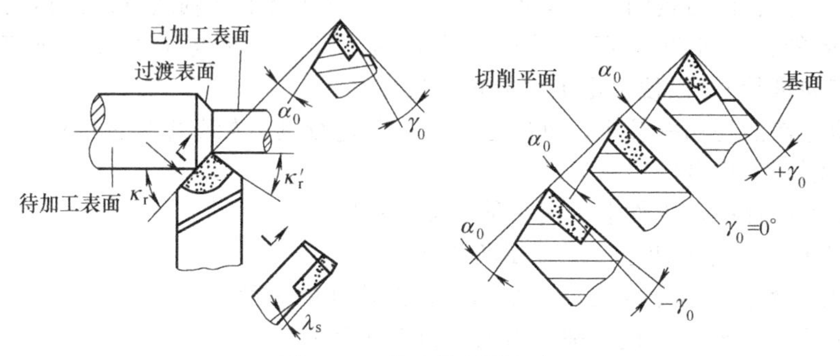

图 10-4 车刀的主要角度

正确选择刀具角度，对保证加工精度、提高劳动生产率有着十分重要的意义。下面对车刀的几个角度的选择提供几个原则。

① 前角 $\gamma_0$ 的选择 前角大小影响切屑流出的难易程度及刀刃的强度。增大前角，切屑易流出，可使切削力下降，切削时省力，但过大的前角降低刀刃的强度，当加工塑性材料时，工件材料硬度较低或是在精加工时，前角可取大些，如加工低碳钢时，$\gamma_0=30°$；加工铝或铜时，$\gamma_0=35°\sim40°$。减小前角，可提高刀刃强度，但切屑流出不畅，一般在加工脆性材料，或加工硬度较高的材料及粗加工时往往减少前角，如加工不锈钢时 $\gamma_0=15°\sim25°$，加工高碳钢时 $\gamma_0=-5°$。

② 后角 $\alpha_0$ 的选择 增大后角，可以减少刀具后面与工件之间的摩擦。但过大的后角要降低刀刃强度，容易损坏刀具。当加工塑性材料时，后角可以取大些，如采用高速钢车刀加工中、低碳钢或精加工时，$\alpha_0=6°\sim18°$。当强力车削或粗加工时，适当减小后角，以提高刀刃强度，如硬质合金车刀粗车碳钢工件时 $\alpha_0=3°\sim6°$，精车时 $\alpha_0=6°\sim10°$。

③ 主偏角 $\kappa_r$的选择 在切削深度和进给量不变的条件下，增大主偏角，使轴向切削力增大，径向切削力减小，有利于加工细长轴类零件，减小因径向力引起的工件弯曲变形，提高加工精度，也使振动减小；但是，增大主偏角时，使参加切削工作的主切削刃长度缩短，刀刃单位长度上切削负荷加大，散热性能下降，刀具磨损加快。通常加工细长轴时 $\kappa_r=75°\sim90°$；加工硬材料时 $\kappa_r=10°\sim30°$。

④ 刃倾角 $\lambda_s$ 的选择 增大刃倾角有利刀具承受冲击。刃倾角为正值时，切屑向待加工

表面方向流出；为负值时，切屑向已加工表面方向流出。如图 10-4 所示。通常精车时 $\lambda_s=0°\sim4°$，粗车时 $\lambda_s=-10°\sim-5°$。

(3) 刀具材料

刀具材料性能的优劣是影响表面加工质量、切削效率、刀具寿命的基本因素。正确选择刀具材料是设计和选择刀具的重要内容之一。刀具材料应具备高硬度、高耐磨性、高红硬性和足够的强度和韧性，除此之外，刀具材料还要有良好的工艺性及经济性。常用刀具材料分为工具钢、硬质合金、陶瓷及超硬材料四大类。

(4) 刀具的刃磨

刀具用钝后，必须刃磨，以便恢复其合理的形状和角度。刀具两次刃磨之间实际进行切削的时间称为刀具的耐用度。车刀是在砂轮机上刃磨的。磨高速钢车刀时，用氧化铝砂轮（一般为白色），磨硬质合金车刀时，用碳化硅砂轮（一般为绿色）。车刀在砂轮上刃磨后，还要用油石加机油将各面修磨光，以使车刀耐用和提高被加工零件的加工精度。刃磨车刀时应注意以下事项：

① 刃磨时两手握稳车刀，使刀杆靠在支架上，并使受磨面轻贴砂轮。切勿用力过猛，以免挤碎砂轮，造成事故。

② 应将刃磨的车刀在砂轮的圆周面上左右移动，使砂轮磨耗均匀，不出沟槽。应避免在砂轮两侧面用力粗磨车刀，以至砂轮受力偏摆、跳动，甚至破碎。

③ 刀头磨热时，即应沾水冷却，以免刀头因温度升高而降低硬度。但磨硬质合金车刀时，应在空气中冷却，不应沾水，以免产生裂纹。

④ 不要站在砂轮的正面，以防砂轮破碎时使操作者受伤。

### 10.1.3 切削液

切削液主要用来减少摩擦和降低切削温度。合理使用切削液，对提高刀具耐用度和表面加工质量有着重要意义。切削液有以下的作用：

① 冷却作用　切削液浇注在切削区域后，通过切削热的传导、对流和汽化，使切屑、刀具和工件上的热量散逸而起到冷却作用。冷却的目的主要是降低前刀面的温度，以提高刀具的耐用度。

② 润滑作用　切削液在切削过程中渗透到刀具、切屑和工件之间形成润滑膜而达到润滑目的。

③ 洗涤和排屑作用　浇注切削液可冲走切削过程中留下的细屑和磨粒（磨床加工时），从而起到冲洗作用，以防细屑刮伤工件表面和机床导轨表面。在深孔加工时，注入切削液可以起到排屑作用。

④ 防锈作用　在切削液中加入防锈添加剂，如亚硫酸钠等使金属产生保护膜，防止机床、工件受到水分、空气和酸介质的腐蚀，起到防腐作用。

常用的切削液有水溶液切削液，主要起冷却和排屑作用；油溶液切削液，除冷却和排屑作用外还有防锈作用。

### 10.1.4 工件材料的切削加工性

工件材料的切削加工性是指对某种材料进行切削加工的难易程度。在相同切削条件下，若一定切削速度下刀具的耐用度较长，则该材料切削加工性好，反之较差。切削加工性对加工质量和生产率有很大影响，所以在保证零件使用要求的条件下，应尽可能选择切削加工性好的材料。

对材料进行适当的热处理是改善切削加工性的重要途径。例如对低碳钢进行正火，可降低塑性，提高硬度，容易断屑，加工面易获得较小的粗糙度值。对高碳钢进行退火，可降低硬度，改善切削加工性。对铸铁件切削加工前退火，可降低表层硬度，有利于切削加工。此外，调整材料的化学成分也可改善切削加工性。例如钢中添加适量的硫、铅等元素，形成易切削钢，可提高刀具耐用度，减小切削力，易断屑，使加工质量和效率得以提高。

## 10.2 车削加工

车工是机械加工中的基本工种，它的技术性很强，主要用车床加工回转表面，所用刀具是车刀，还可用钻头、铰刀、丝锥、滚花刀等刀具。在金属切削机床中，车床所占比例最大，约占金属切削机床总台数的20%～35%。车床应用范围很广，种类很多。按用途和结构的不同，主要分为卧式车床及落地车床、立式车床和各种专门化车床等。此外，在大批量生产中还有各种各样专用车床。在所有车床中，以卧式车床应用最为广泛。

车床的加工范围很广，车床主要用于各种回转表面加工，其中包括端面、外圆、内圆、锥面、螺纹、回转成形面、回转沟槽以及滚花等。如图10-5所示。卧式车床加工尺寸公差等级可达IT8～IT7，表面粗糙度 $Ra$ 值可达1.6μm。

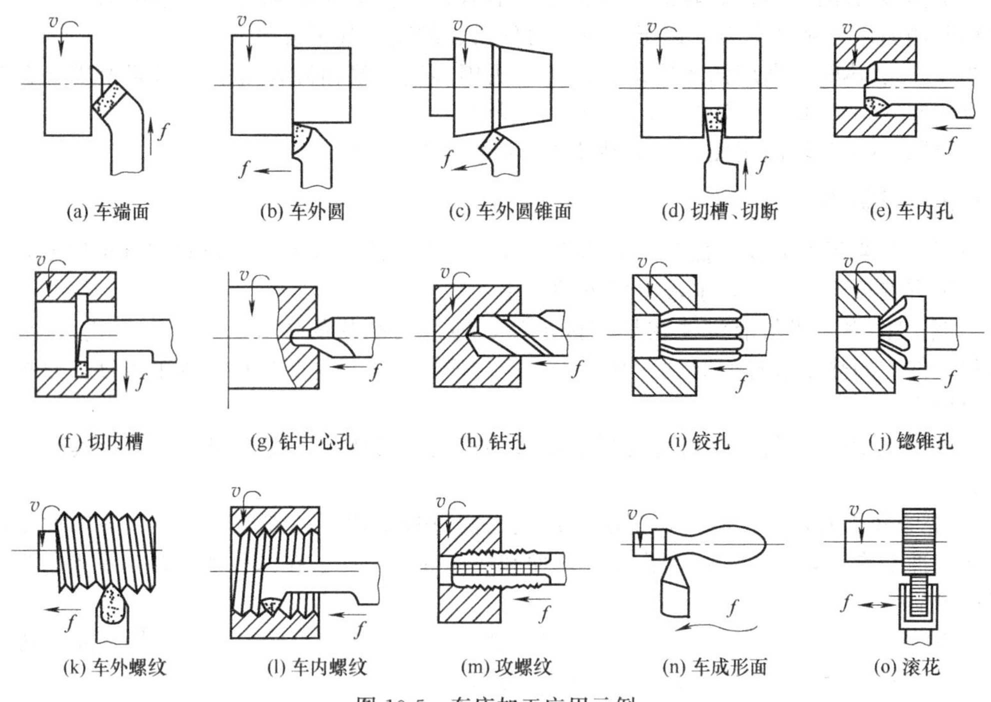


图10-5 车床加工应用示例

### 10.2.1 车床

车床种类很多，其中卧式车床是应用最广泛的一种。其组成见图10-6。

由图10-6可知车床的组成部分如下。

① 主轴箱：安装主轴和主轴变速机构。

② 变速箱：安装变速机构，增加主轴变速范围。

③ 进给箱：安装作进给运动的变速机构。

④ 溜板箱：安装作横向运动的传动元件并连接拖板和刀架。

⑤ 尾架：安装尾架套筒及顶尖。

⑥ 床身：支承上述部件并保证其相对位置。

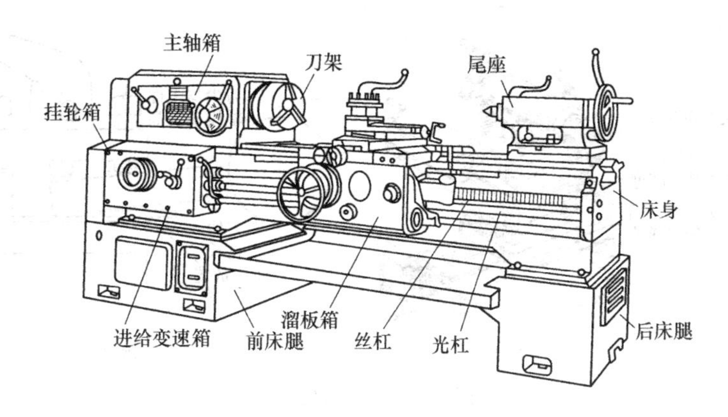


图 10-6　卧式车床

## 10.2.2　车刀

常用车刀的结构形式有三种：将刀头焊在刀体上的焊接车刀，如图 10-7(c)所示；刀头和刀体成一整体的整体车刀，如图 10-7(a)所示；将刀片用机械夹固的方法紧固在刀体上的机夹不重磨车刀，如图 10-7(b)所示。

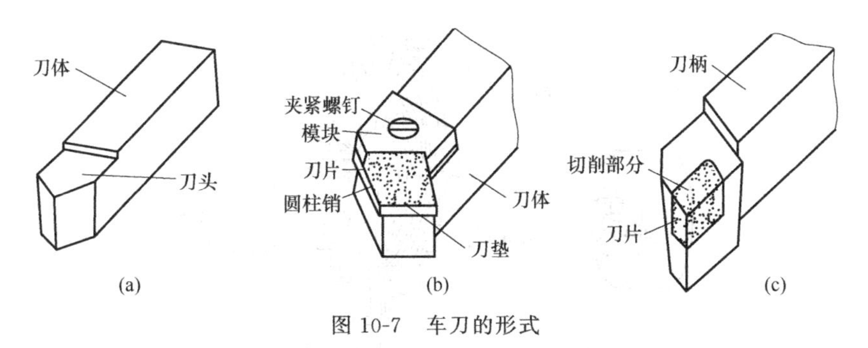


图 10-7　车刀的形式

焊接车刀和机夹不重磨车刀切削部分的材料为硬质合金。车削铸铁等脆性材料一般用钨钴类硬质合金；车削碳钢等塑性材料一般用钨钛钴类硬质合金。机夹刀的刀刃磨损后不需要重新刃磨，松开夹紧螺钉，将刀片换一个方向再紧固，即可继续使用。整体车刀的切削部分是靠刃磨而得到的，这类车刀大多用高速钢来制造。

车刀的种类很多，按其用途分有外圆车刀、端面车刀、切断刀、镗孔刀、成形车刀、螺纹车刀等。常用车刀如图 10-8 所示。

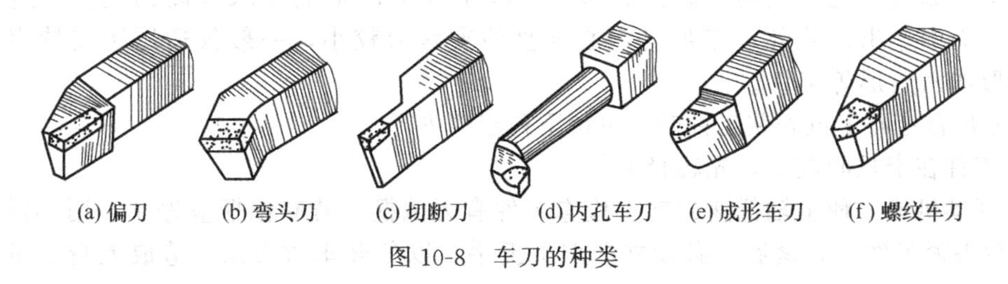


图 10-8　车刀的种类

车刀安装在方刀架上，刀尖应与工件轴线等高。一般用安装在车床尾座上的顶尖来校对车刀刀尖的高低，在车刀下面放置垫片进行调整。此外，车刀在方刀架上伸出的长度要合适，通常不超过刀体高度的两倍。车刀与方刀架都要锁紧。车刀的安装如图 10-9 所示。

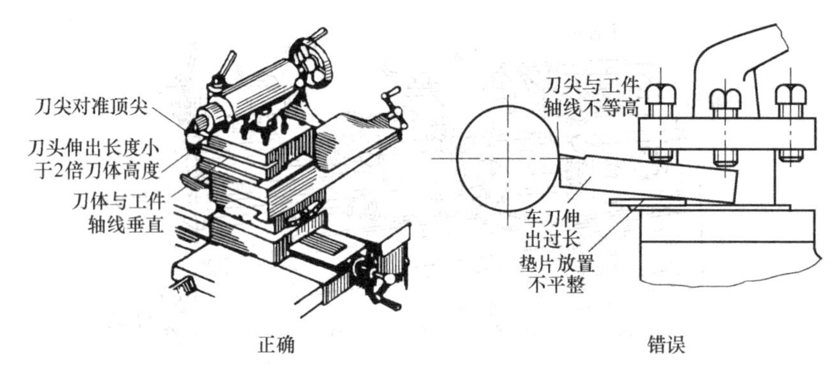


图 10-9　车刀的安装

### 10.2.3　工件的安装方法及附件

工件形状、大小和加工数量等不同时，安装工件的方法也不同。安装工件的主要要求是工件位置准确，装夹牢固，以保证工件的加工质量和必要的生产效率。

三爪自定心卡盘是车床上应用最广的通用夹具，适合于安装较短的轴类或盘类工件。它的构造如图 10-10 所示。

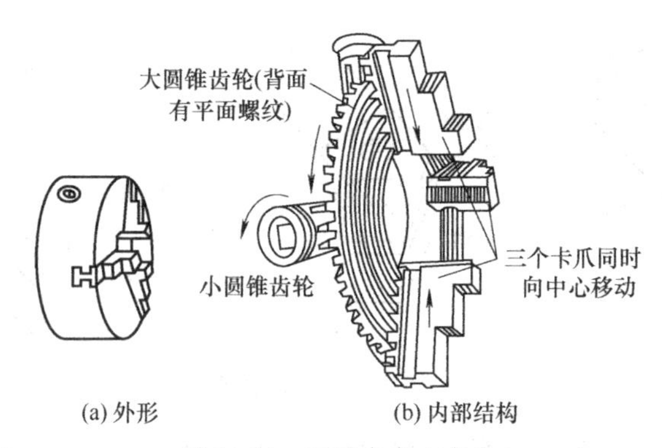


图 10-10　三爪自定心卡盘

三爪自定心卡盘体内有三个小圆锥齿轮，转动其中任何一个小圆锥齿轮时，可以使与它相啮合的大圆锥齿轮旋转。大圆锥齿轮背面的平面螺纹与三个卡爪背面的平面螺纹相啮合。当大圆锥齿轮旋转时，三个卡爪就在卡盘体上的平面螺纹内同时作向内或向外移动，以夹紧或松开工件。三爪自定心卡盘能自动定心，因此装夹方便。但其定心精度受卡盘本身制造精度和使用后磨损的影响，故工件上同轴度要求较高的表面，应尽可能在一次装夹中车出。此外，三爪自定心卡盘的夹紧力较小，一般仅适用于夹持表面光滑的圆柱形或六角形等工件。

用三爪自定心卡盘安装工件时，可按下列步骤进行。

① 工件在卡爪间放正，先轻轻夹紧。

② 开动机床，使主轴低速旋转，检查工件有无偏摆，若有偏摆应停车，用小锤轻轻找正，然后夹紧工件。夹紧后，必须立即取下扳手，以免开车时飞出，造成人身或机床损坏事故。

③ 移动车刀至车削行程的左端。用手转动卡盘检查刀架等是否与卡盘或工件碰撞。卧式车床的其他主要附件还有四爪单动卡盘、顶尖、花盘、芯轴、跟刀架和中心架等。

## 10.2.4 基本车削工艺

(1) 车外圆

外圆车削是车削加工中最基本、也是最常见的工作。常见的外圆车刀及车外圆的方法如图 10-11 所示。

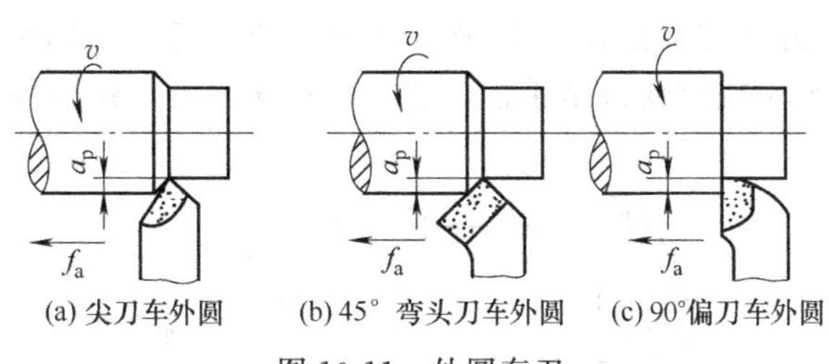


(a) 尖刀车外圆 (b) 45° 弯头刀车外圆 (c) 90°偏刀车外圆

图 10-11 外圆车刀

车削外圆时，主轴带动工件作旋转运动，刀具夹持在刀架上切入工件一定深度并作纵向运动，为了准确地确定背吃刀量，保证工件的尺寸精度，通常需进行试切。轴上的台阶面可在车外圆时同时车出。台阶高度在 5mm 以下时，可一次车出，台阶高度在 5mm 以上时应分层进行切削。

(2) 车端面

车削端面时常用偏刀或弯头刀，如图 10-12 所示。车削时可由工件外向中心切削，也可由工件中心向外切削。车刀安装时，刀尖应准确地对准工件中心，以免车出的端面中心留有凸台。

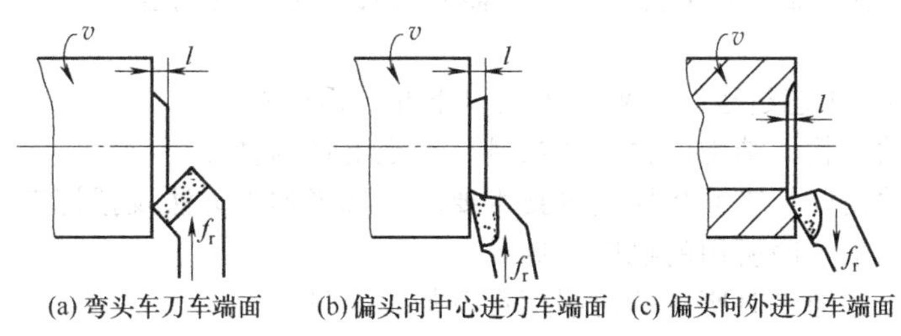


(a) 弯头车刀车端面 (b) 偏头向中心进刀车端面 (c) 偏头向外进刀车端面

图 10-12 车端面

(3) 车圆锥面

车削圆锥面常用的方法有四种：小滑板转位法、尾座偏移法、靠模法和宽刀法。

① 小滑板转位法 根据工件锥度或锥角 $\alpha$，把小滑板下的转盘扳转 $\alpha/2$ 角并锁紧。转动小滑板手柄，刀尖则沿锥面母线移动，从而加工出所需锥面，如图 10-13 所示。此法操作简单，可加工任意锥角的内、外圆锥面。但由于受小滑板行程限制，不能加工较长的锥面，而且操作中只能手动进给，劳动强度大，表面粗糙度较难控制。

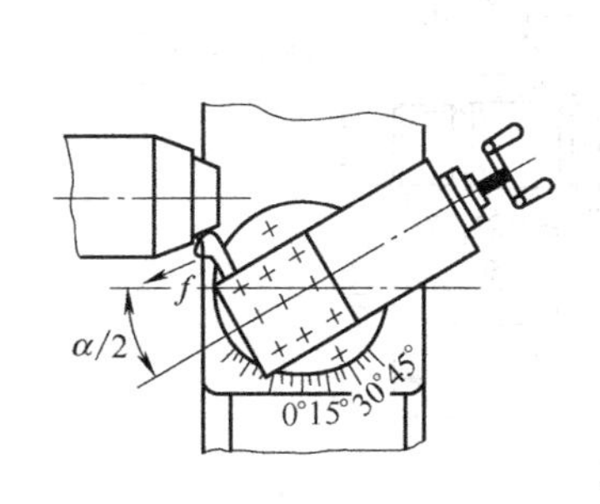


图 10-13 转动小滑板车圆锥面

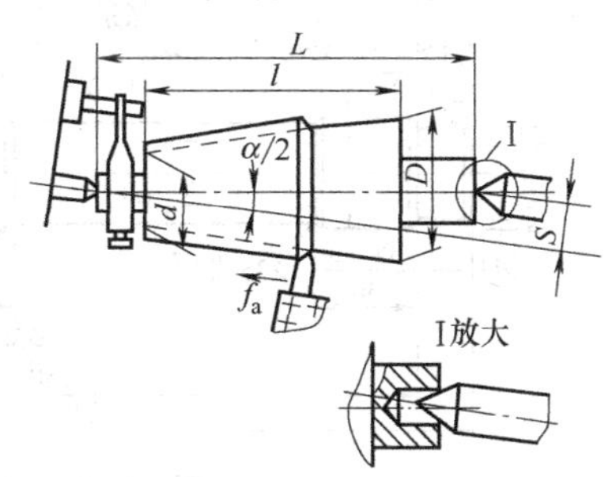


图 10-14 尾座偏移法车锥面

② 尾座偏移法　根据工件的锥度 $K$ 或锥角 $\alpha$，将尾座顶尖横向偏移一定距离后，使工件回转轴线与车床主轴轴线的夹角等于 $\alpha/2$，利用车刀纵向进给，　即可车出所需锥面，如图 10-14 所示。

(4) 螺纹加工

在车床上能加工各种螺纹。车螺纹时，为了获得准确的螺距，必须用丝杠带动刀架进给，使工件每转一周，刀具移动的距离等于工件螺纹的导程。主轴至丝杠的传动路线如图 10-15 所示。更换交换齿轮或改变进给手柄位置，即可车出不同螺距的螺纹。

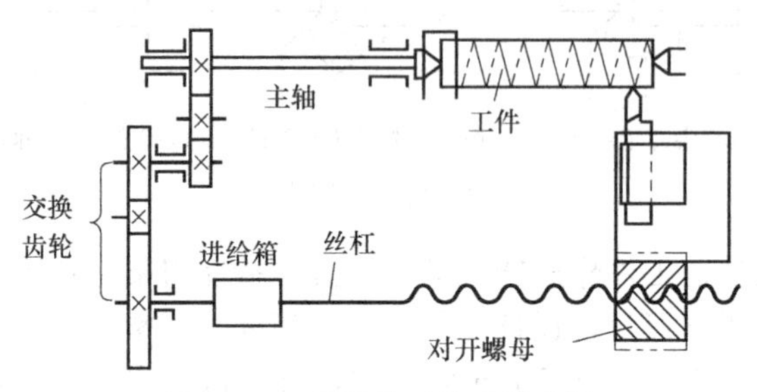


图 10-15　车螺纹时传动示意图

## 11.2.5　典型零件加工

由于零件都是由多个表面组成的，在生产中往往需经过若干个工序才能将坯料加工成成品。零件形状越复杂，加工质量要求越高，需要的加工工序也就越多。加工前，需合理安排加工工艺过程。

编制零件的加工工艺过程，一般要解决以下几方面问题：

① 根据零件的形状、结构、材料和数量，确定毛坯的种类。

② 根据零件的精度、表面粗糙度等技术要求，选择加工方法及拟订工艺路线。

③ 确定每一加工工序所用的机床、夹具。

④ 确定每一工序加工时所用的切削用量及加工余量。

图 10-16 所示为轴的零件图，其加工工艺过程见表 10-1。

该轴尺寸精度要求较高，表面粗糙度 $Ra$ 值较小，工件长度与直径比值较大（通常称长径比），加工时不可能一次完成全部表面，往往需多次调头安装。为了保证零件的安装精度，并且安装方便可靠，轴类零件一般都采用顶尖安装。

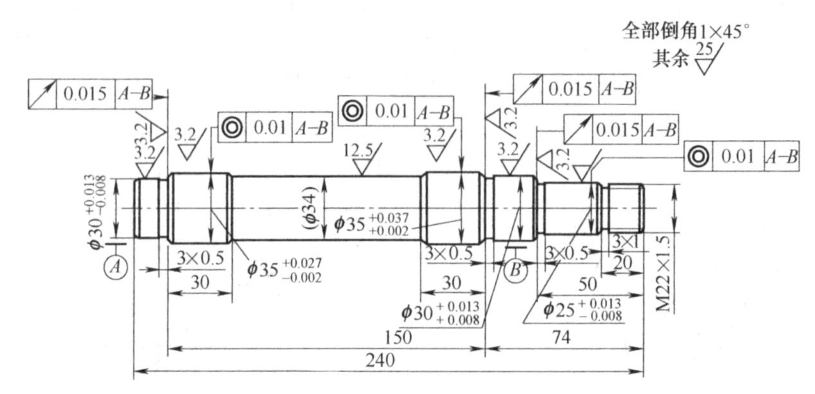


图 10-16　轴的零件图

**表 10-1 轴的车削工艺过程**

| 工序号 | 加工简图 | 加工内容 | 装卡方法 |
|---|---|---|---|
| 1 | | 下料 $\phi$40mm×243mm 5 件 | |
| 2 | | 车端面见平；钻 $\phi$2.5mm 中心孔 | 三爪 |
| 3 | | 调头，车端面保证总长 240mm；粗车外圆 $\phi$32mm×15mm，钻 $\phi$2.5mm 中心孔 | 三爪 |
| 4 | | 粗车各台阶，车 $\phi$36mm 外圆全长；车外圆 $\phi$31mm×74mm；车外圆 $\phi$26mm×50mm；车外圆 $\phi$23mm×20mm，切槽 3 个；$\phi$34mm 至尺寸 | 顶尖卡箍 |
| 5 | | 调头精车，切槽 1 个；光小端面保证尺寸 150mm；车 $\phi30^{+0.013}_{-0.008}$mm 至尺寸；车两外圆 $\phi35^{+0.027}_{-0.002}$ mm 至尺寸；倒角 1×45° | 顶尖卡箍 |
| 6 | | 调头精车，车外圆 $\phi30^{+0.013}_{-0.008}$ mm 至尺寸；车外圆 $\phi25^{+0.013}_{-0.008}$ mm 至尺寸；车螺纹外圆 $\phi22^{-0.1}_{-0.2}$mm 至尺寸；修光台肩小端面；倒角 1×45°，4 个；车螺纹 M22×1.5 | 顶尖卡箍（垫铁皮） |
| 7 | | 检验 | |

## 10.2.6 机械加工安全技术

① 了解机床安全操作规程，严格遵守规则制度。

② 穿戴好防护用品，不带手套操作，长发同学必须戴安全帽。

③ 紧固工件、刀具或机床时勿用力过猛，卡盘扳手使用完毕后必须及时取下，否则不准启动机床。

④ 机床运转前各手柄必须推到正确的位置上，然后低速运转，确认正常后再正式开始工作。

⑤ 工作时不能用手摸正在运动的工件、刀具或机件，不要用手直接清理切屑，测量工件尺寸或变速应停车后进行。

⑥ 机床运动时，头部不要离工件太近，手和身体不要靠近正在旋转的工件。

⑦ 人离开机床时必须停车，工作完毕要关闭电源开关。

⑧ 加工过程中如发现机床运转声音不正常或发生故障要立即停车检修，以免机件损伤

过大。

⑨ 装卸工件或卡盘等时要注意保护导轨、主轴和工作台台面，以免影响机床精度。

⑩ 做好机床加油润滑保养。

⑪ 保持工作场地整齐清洁。

⑫ 工作完毕后，清扫切屑，擦净机床，把各部件调整到正常位置。

## 10.3 铣削、刨削与磨削加工

### 10.3.1 铣削加工

铣削加工是在铣床上利用铣刀的旋转运动和工件的移动来加工工件的，它是切削加工中常用的方法之一。在一般情况下，它的切削运动是刀具作快速的旋转运动，即主运动。工件作缓慢的直线移动，即进给运动。一般工件可有纵向、横向和垂直方向的进给运动。

铣削时，一般情况下可有几个刀齿同时参加切削，且没有空程，并可采用较高的切削速度，所以通常铣削生产率比刨削高。铣削加工精度一般可达 IT9～IT8，表面粗糙度 $Ra=6.3\sim1.6\mu m$。

(1) 铣床

铣床的加工范围很广，在铣床上利用各种铣刀可加工平面（包括水平面、垂直面、斜面）、沟槽（包括直槽、键槽、燕尾槽、T 形槽、圆弧槽、螺旋槽）和成形表面，有时钻孔、镗孔加工也可在铣床上进行，如图 10-17 所示。

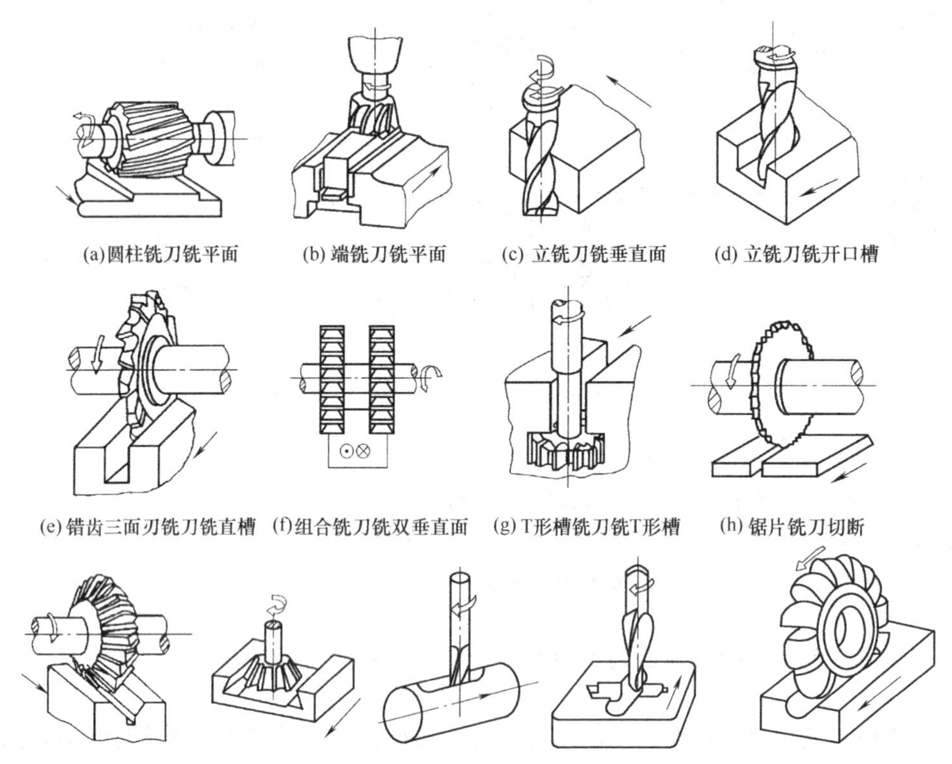

(a)圆柱铣刀铣平面 (b) 端铣刀铣平面 (c) 立铣刀铣垂直面 (d) 立铣刀铣开口槽

(e) 错齿三面刃铣刀铣直槽 (f)组合铣刀铣双垂直面 (g) T形槽铣刀铣T形槽 (h) 锯片铣刀切断

(i) 角度铣刀铣V形槽 (j)燕尾槽铣刀铣燕尾槽 (k)键槽铣刀铣键槽 (l)球头铣刀铣成形面 (m)半圆键槽铣刀铣半圆键槽

图 10-17 铣削加工范围

铣床的种类很多，有升降台式铣床、无升降台式铣床，龙门铣床、特种铣床等，最常用的是卧式铣床和立式铣床，现将万能卧式铣床作一简要介绍。万能卧式铣床的主轴是水平放置的。如图 10-18 所示。其主要组成部分及作用如下。

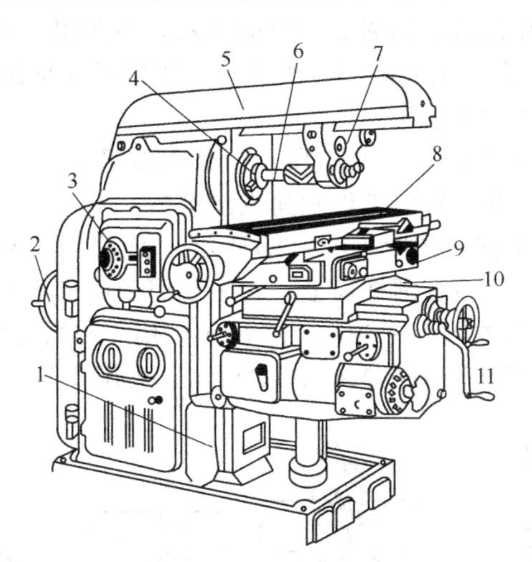


图 10-18　X6132 型卧式万能升降台铣床

1—床身底座；2—主传动电动机；3—主轴变速机构；4—主轴；5—横梁；6—刀杆；7—吊架；8—纵向工作台；9—转台；10—横向工作台；11—升降台

① 床身　它用来固定和支承铣床上所有的部件。它的内部装有变速机构、主轴并存放润滑油；它的后面装有电动机；前面有燕尾形的垂直导轨，可供升降台上下移动之用，顶面有装横梁用的水平导轨。

② 横梁　它安装在床身的上面，其外端可安装吊架，用来支撑铣刀刀杆，以增加刀杆刚度。横梁可沿床身的水平导轨移动，以调整其伸出长度。

③ 主轴　主轴是空心的，前端有 7∶24 的精密锥孔，其作用是安装铣刀刀杆并带动铣刀旋转。

④ 纵向工作台　它用来安装工件或夹具，并可沿转台的导轨作纵向移动。

⑤ 横向工作台　它位于升降台上的水平导轨上，并可沿导轨作横向运动。

⑥ 转台　它的作用是能将纵向工作台在水平面内旋转一个角度（正、反最大均可转过 45°)，以便铣削螺旋槽等工作。

⑦ 升降台　它的上面装有横向工作台、转台和纵向工作台，并带动它们一起沿床身前面的垂直导轨作上下移动，以调整台面到铣刀间的距离。

带有转台的卧式铣床，由于其工作台除了能作纵向、横向和垂直方向移动外，还能在水平面内左右旋转 45°，因此称为万能卧式铣床。

(2) 铣刀

铣刀的种类很多，用于加工各类平面常用的铣刀及其应用介绍如下。

① 圆柱铣刀。圆柱铣刀如图 10-19(a)所示，其切削刃分布在圆柱表面上（无副切削刃)，一般由高速钢整体制造，也可镶焊硬质合金刀片。它用于卧式铣床上加工平面，加工效率不太高。

② 面铣刀。面铣刀（亦称端铣刀）如图 10-19(b)所示，其主切削刃分布在圆柱或圆锥面上，刀齿由硬质合金刀片制成，用机夹或焊接固定在刀体上。它用于在立式铣床上加工平面，尤其适合加工大面积平面，加工效率较高。

③ 槽铣刀。槽铣刀（亦称盘铣刀）分为单面刃、三面刃和错齿三面刃铣刀 3 种。如图 10-19(c)所示为错齿三面刃铣刀，它的圆柱面和两端面上均有切削刃，并且圆柱面上的刀齿

呈左右旋交错分布，既具有刀齿逐渐切入工件、切削较为平稳的优点，又可以使左右轴向力获得平衡。槽铣刀主要用于加工直槽，也可加工台阶面，其加工效率较高。

薄片的槽铣刀也称锯片铣刀，如图 10-19(d)所示，主要用于切削窄槽或切断工件。

④ 立铣刀。立铣刀如图 10-19(e)、(f)所示，主切削刃分布在圆柱面上。它主要用于立式铣床加工沟槽，也可用于加工平面。

⑤ 键槽铣刀。键槽铣刀如图 10-19(g)所示，其刃瓣只有两个，兼有钻头和立铣刀的功能。在铣槽时沿铣刀轴向钻孔，再沿工件轴向铣出键槽。

⑥ T 形槽铣刀。T 形槽铣刀如图 10-19(h)所示，若不考虑柄部和尺寸的大小，它类似于三面刃铣刀，其主切削刃分布在圆柱面上。它主要用于加工 T 形槽。

⑦ 角度铣刀。角度铣刀如图 10-19(i)、(j)所示，用于铣削角度槽和斜面。

⑧ 成形铣刀。成形铣刀如图 10-19(k)、(l)所示，为用于铣削外成形表面的专用铣刀。

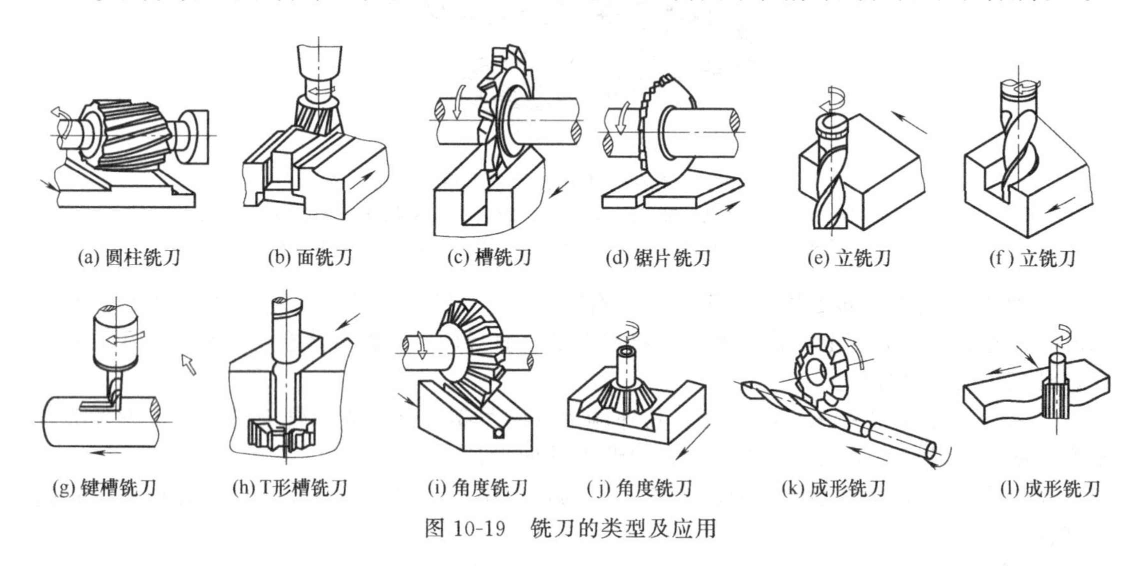


图 10-19　铣刀的类型及应用

## 11.3.2　刨削加工

在刨床上用刨刀加工工件叫做刨削。刨削是最普通的平面加工方法之一。刨床的加工范围很广，主要用来加工平面（水平面、垂直面、斜面）、各种沟槽（直槽、T 形槽、燕尾槽）及成形表面等。刨削加工的尺寸精度一般可达 IT9～IT8，表面粗糙度一般可达 $Ra$12.5～1.6$\mu$m。图 10-20 为刨床加工范围。

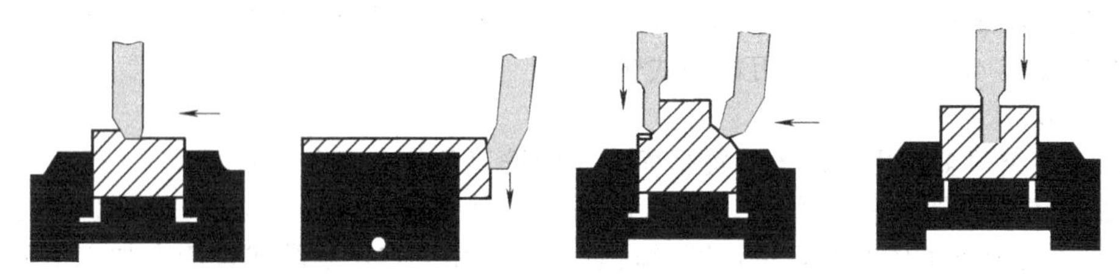

图 10-20　刨床加工范围

(1) 刨削的工艺特点

① 机床刀具简单、通用性好。刨削可以加工各种平面、沟槽及成形面，它所用机床成本低，刀具的生产和刃磨简单，生产准备周期短，所以刨削加工的成本低。

② 生产率较低。因为刨刀回程时不切削，加工不是连续的；加之一般又是用单刃刨刀

进行加工，而且加工时冲击现象很严重，限制了切削速度的提高，所以，刨削加工生产率较低，一般用于单件小批生产或修配工作。

③ 刨削加工长而窄的表面时仍可得到较高的生产率。

(2) 刨床

刨床的种类很多，型号也很多。按其结构特征，可分为牛头刨床、龙门刨床和插床等类型。

牛头刨床是用来刨削中、小型工件的刨床，工件的长度一般不超过1m。工件装夹在可调整的工作台上或夹在工作台上的平口钳内，利用刨刀的直线往复运动（切削运动）和工作台的间歇移动（进给运动）进行刨削加工。牛头刨床主要由床身、滑枕、刀架、工作台、横梁、底座等部分组成，如图10-21所示。

B6065型号含义如下。

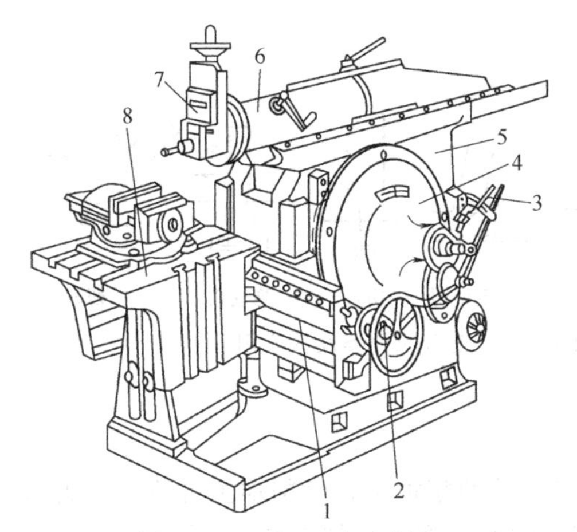


图10-21 B6065牛头刨床

1—横梁；2—进刀机构；3—变速机构；4—摆杆机构；5—床身；6—滑枕；7—刀架；8—工作台

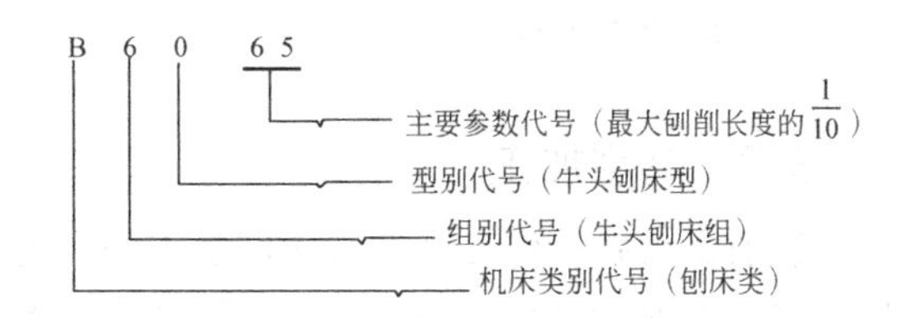


即它是最大刨削长度为650m的牛头刨床。

B6065型牛头刨床主要组成部分的名称和作用如下。

① 床身。它用来支承刨床各部件，其顶面燕尾形轨供滑枕作往复运动用，垂直面轨供工作台升降用。床身的内部有传动机构。

② 滑枕。滑枕主要用来带动刨刀作直线往复运动，其前端有刀架。

③ 刀架（见图10-22）。刀架用以夹持刨刀。摇动刀架手柄时，滑板便可沿转盘上的导轨带动刨刀作上下移动。松开转盘上的螺母，将转盘扳转一定角度后，就可使刀架斜向进给。滑板上还装有可偏转的刀座，抬刀板可以绕刀座的轴向上抬起。刨刃安装在刀夹上，在返回行程时，可绕刀轴自由上抬，以减少与工件的摩擦。

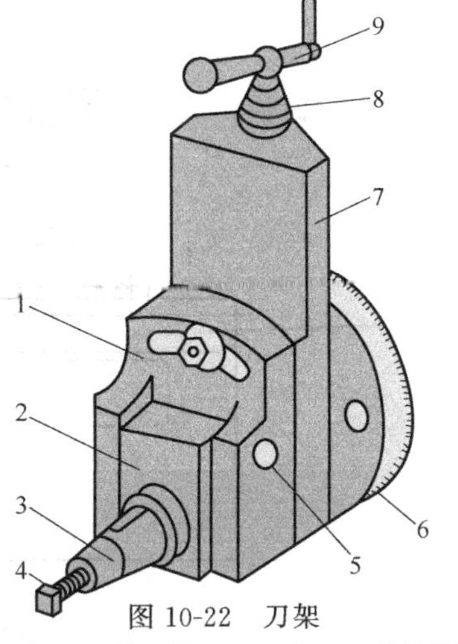


图10-22 刀架

1—刀座；2—抬刀板；3—刀夹；4—紧固螺钉；5—轴；6—刻度转盘；7—滑板；8—刻度环；9—手柄

④ 横梁 它可带动工作台沿床身垂直导轨作升降

运动。其内腔装有工作台进给丝杠。

⑤ 工作台　它是用来安装工件的，可随横梁作上下调整，并可沿横梁作水平方向移动或作间歇进给运动。

(3) 刨刀

刨刀的几何参数与车刀相似，但由于刨削加工的不连续性，刨刀切入工件时，受到较大的冲击力，容易使刀具损坏，所以刨刀刀杆的横截面通常比车刀大，刨刀刀杆常做成弯头，这是刨刀的特点。否则，会损坏刀刃及已加工表面。刨刀的结构如图 10-23 所示。刨刀的种类很多，按加工形式和用途不同，有各种不同的刨刀。常用刨刀有：平面刨刀、偏刀、切刀、角度偏刀、弯切刀及成形刀等。常用刨刀的形状及应用如图 10-24 所示。

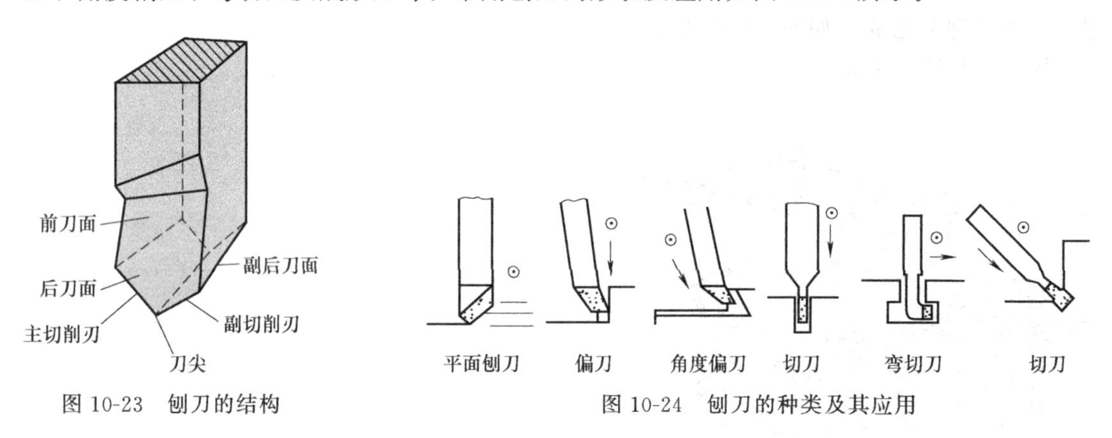


图 10-23　刨刀的结构

图 10-24　刨刀的种类及其应用

## 11.3.3　磨削加工

磨削是以砂轮作刀具进行切削加工的，主要用于工件的精加工，磨削加工可使工件表面粗糙度达到 $Ra0.8 \sim 0.4\mu m$，加工精度达 IT6～IT5，超精磨削时，加工精度会更高。

磨床按用途不同可分为外圆磨床、内圆磨床、平面磨床、无心磨床、工具磨床、螺纹磨床、齿轮磨床以及其他各种专用磨床等。图 10-25 所示为 M1432 型万能外圆磨床的外形。

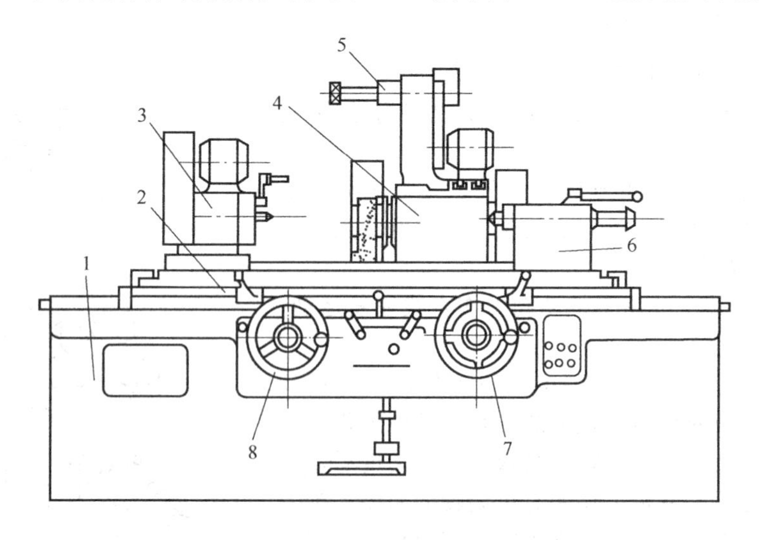


图 10-25　M1432 型万能外圆磨床

1—床身；2—工作台；3—头架；4—砂轮架；5—内圆磨具；6—尾座；7,8—手轮

### 10.3.4 钻孔

（1）工艺特点

① 钻孔（如图 10-26 所示）是孔的粗加工方法；

② 可加工直径 0.05～125mm 的孔；

③ 孔的尺寸精度在 IT10 以下；

④ 孔的表面粗糙度一般只能控制在 $Ra12.5\mu m$。

对于精度要求不高的孔，如螺栓的贯穿孔、油孔以及螺纹底孔，可直接采用钻孔。

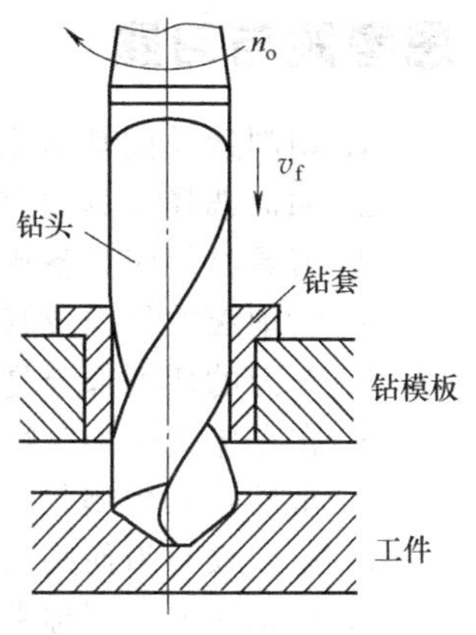

图 10-26　钻孔示意图

（2）钻孔最常用的刀具是麻花钻，如图 10-27 所示。钻头的直径一般不大于 475mm。

钻孔的方式有两种：一种是钻头旋转而工件不转动，如在钻床、镗床上钻孔，这种方式在钻头刚度不足的情况下，钻头引偏时孔的中心线就会发生歪曲，而孔径无显著的变化；另一种是工件旋转而钻头不转动，如在车床上钻孔。这种方式钻头的引偏仅引起孔径的变化而产生锥度、腰鼓形等缺陷，但孔的中心线是直的，且与工件回转中心一致。

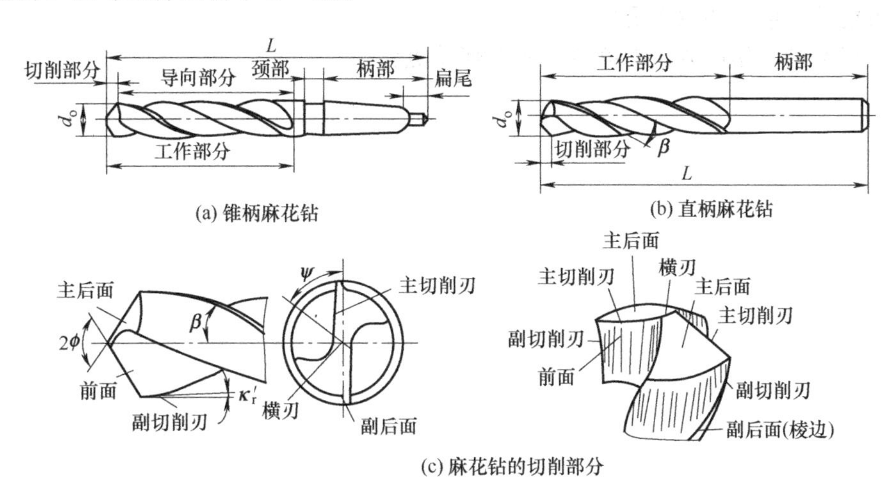

图 10-27　麻花钻结构示意图

无论是孔径的变化或是孔中心线的歪曲，都应尽量避免，特别是孔中心线的歪曲会在继续加工时增加修正的困难（尤其当孔较深时）。常用组合机床来钻孔，效率高，在大批、大量生产中应用非常普遍。钻孔大多是扩、铰之前的粗加工和加工螺纹的底孔，采用钻头旋转而工件不转动的方式，并且常用钻套做导向。组合机床在铸铁件上钻孔，精度一般可达 11 级，表面粗糙度值为 $Ra12.5\mu m$，为了提高孔径的尺寸精度及位置精度，要减小导向和钻头的间隙，控制钻头切削刃的摆差，使导向适当地靠近工件及提高主轴与导向的同轴度。

钻孔之所以是粗加工方法，是由于钻孔有以下几方面的质量问题：

① 孔轴心线偏移；

② 孔轴心线歪曲；

③ 孔径扩大；

④ 表面粗糙度高或呈多角形。

用普通麻花钻头钻孔，造成上述误差的原因固然和机床精度、钻削方式、切削用量等因素有关，但主要是麻花钻头本身的缺点决定的。

## 思考题与习题

1. 切削运动按其功能可分为几种?
2. 如何选择刀具的前角、后角及主偏角?
3. 刀具材料应具备哪些性能?常用的刀具材料有哪些?
4. 切削液的种类及其特点有哪些?
5. 车刀的切削部分是由哪些部分组成的?
6. 在车床上能加工哪些表面?
7. 车外圆常用哪些车刀?车削细长轴的外圆时,为什么常用90°的偏刀?
8. 车螺纹时为何必须用丝杠带动刀架移动?主轴转速与刀具移动速度有何关系?
9. 在车床上车圆锥常用方法有哪些?各有何特点?
10. 卧铣与立铣的主要区别是什么?
11. 铣床能加工哪些表面?各用什么刀具?
12. 刨削时刀具和工件作哪些运动?与车削相比,刨削运动有何特点?
13. 刨刀有哪几种?各适合于加工什么表面?
14. 万能外圆磨床功用有哪些?
15. 平面磨削常用的方法有哪些?各有何特点?

# 第 11 章 典型零件的加工工艺分析及热处理工艺设计

**学习目的**

本章主要介绍钢的热处理工艺，其中包括普通热处理与化学热处理工艺。要求能根据铁碳合金相图能进行选材、热处理工艺的确定。

**重点和难点**

重点掌握常见机械零部件性能分析，并进行热处理工艺的分析。难点是如何根据零件的性能要求制订出准确的热处理工艺。

**学习指导**

学习本章时要对零件的工作环境工艺进行综合分析，这样能使学生能够对机械零件制造进行更多的了解，能够与实际紧密联系。

## 11.1 金属材料成为机器的制造过程简述

金属零件的制造过程一般包括毛坯成形和对毛坯的切削加工，在这过程中重要的机械零部件需要进行热处理以获得所希望的性能，以便进行后续加工直至达到使用要求。

图 11-1 为机器生产过程示意图。

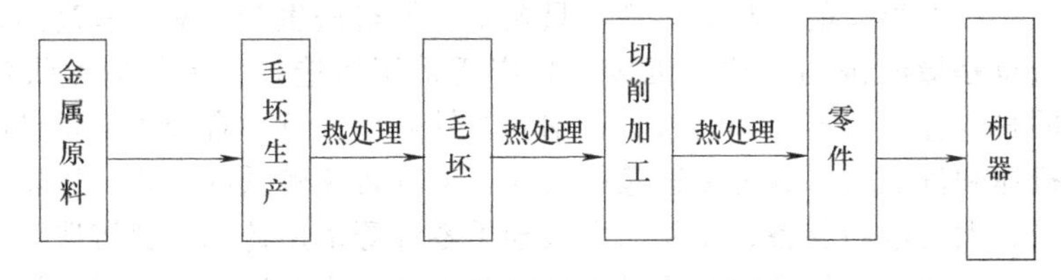


图 11-1 机器零件生产过程示意图

金属成形方法主要指获得毛坯的生产加工方法。工业上应用金属成形方法（即毛坯生产方法）主要有：铸造、压力加工、焊接、粉末冶金等，图 11-2 为金属毛坯生产方法及其分类。

下面介绍几种工业制造生产过程中主要的毛坯生产方法以及和热处理的关系。

### 11.1.1 铸造与热处理的关系

#### 11.1.1.1 铸造

有一部分的机械零部件是由铸造生产得到的。铸造是将所需的金属熔化成液体，浇注到铸型中，待其冷却凝固后获得铸件（毛坯），因此铸造也可以称为液态成形。铸造主要有以下特点：

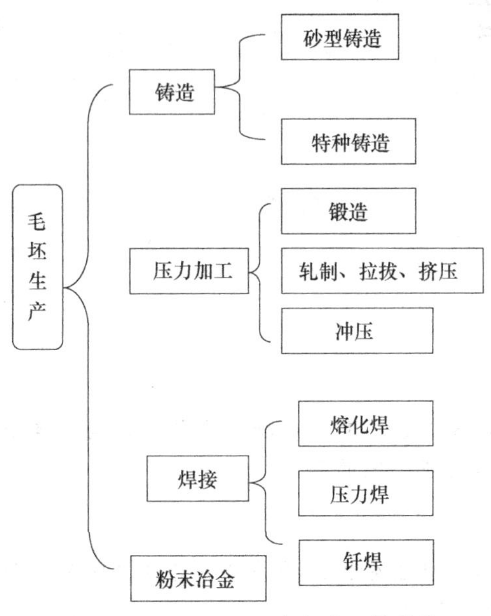


图 11-2　金属毛坯生产方法及其分类

① 由于是液态成形，铸造可以生产形状很复杂的铸件。

② 铸件大小几乎不受限制，质量从几克到几百吨，壁厚从 1mm 到 1m 以上都可以铸造。

③ 可用于铸造的金属与合金的种类很多。从原理上讲，所有金属与合金都可以熔化成液体，能够用于铸造但这些不同的金属材料其铸造性能有着千差万别。实际生产中主要使用那些容易铸造的合金，如铸铁等。

④ 铸造所用金属材料价格较低，所以铸造的生产成本较低。

铸造的特点是金属一次成形，可用于各种成分、形状和重量的构件（如重达 875kg 的河南安阳商代遗址出土的司母戊大鼎就是铸铜件）；成本低廉，能经济地制造出内腔形状复杂的零件。对一些韧性很差的材料如铸铁，只能采用铸造法生产。对一些高温合金成形复杂的零部件，铸造也是最经济的方法。机械产品广泛采用铸造，大量制造形状各异的零件毛坯。可以铸造的材料种类很多，如铸铁、铸钢和非铁金属、特种合金等。常见的如各种机床床身，内燃机机体和汽缸盖，各种变速箱的壳体，多种转速较低的齿轮、飞轮等，都广泛使用灰口铸铁制造。大型电站装备、船舶的大型轴类零件等都用铸钢材料铸造。

由于铸造具有如此突出的优点，所以才会经久不衰而不断发展。到现在为止，仍然在制造业中得到广泛应用。虽然，由于铸造生产过程较为复杂，铸件质量不易控制，铸件的力学性能较同种材料的锻压件要差。但是，由于铸造工艺的不断改进，现代科技在铸造中的应用，以及一些新型铸造方法的出现和应用，这些缺点正在逐步被克服，铸件的力学性能、形状和尺寸精度、表面质量大大提高，这使得铸造的应用范围更加广泛。例如，高强度的球墨铸铁材料现在已可以取代锻钢制造齿轮、曲轴、连杆等重要结构零件。

**11.1.1.2　热处理工艺与铸造的关系**

① 铸造工艺对热处理的影响　铸钢件由于是从高温液态直接在模中冷凝后得到的，本身往往有很多铸造缺陷。

a. 晶粒粗大：常出现粗大片状珠光体，周围有又粗又大的铁素体网，或粗大的铁素体晶粒。

b. 魏氏体组织：铁素体以针状出现，脆性较大。

c. 枝晶偏析：造成化学成分不均匀。

d. 由于凝固和冷却的不均匀，内应力较大。

以上这些缺陷的存在，会使铸件的力学性能大大降低，切削加工性能变坏，并在随后的热处理中可能造成变形和硬度不足，甚至开裂。因此，必须在机加工前进行预先热处理，以消除组织缺陷，改善切削加工性能，为下一步进行的淬火处理做好组织准备。

② 铸钢件的预先热处理　一般在铸造后立即进行，但要注意根据不同要求采取不同的预先（或预备）热处理工艺。

a. 低碳钢一般选正火处理，以获得均匀的铁素体＋细片状珠光体组织。低碳钢件一般不采用退火方式，退火后硬度太低对切削加工性不利。

b. 中碳钢和合金钢一般采用完全退火或等温退火，以获得铁素体＋片状（或球状）珠光体组织。

这两种预备热处理的方式都可以清除铸造中出现的粗大晶粒、网状铁素体和魏氏组织等微观缺陷和应力，大大改善铸件的切削加工性能，并且细化了组织，为最终热处理做好组织准备，使最终热处理时组织细化，同时也减少了变形开裂的倾向。

c. 如果只是为了消除铸造应力则可采用去应力退火工艺处理铸件。

d. 对于大型铸件，由于往往会出现枝晶偏析，这时可采用扩散退火。由于扩散退火温度较高，处理后组织变得异常粗大，因此，随后还应再进行一次完全退火或正火，以细化晶粒，提高强度，改善切削加工性能，为最终热处理做好组织准备。

③ 铸铁件的热处理　很多铸铁零部件都需要进行相应的热处理，灰铸铁件一般需要进行退火，包括消除铸件内应力的去应力退火，消除白口组织以利切削加工的石墨化退火，以及提高铸件的强度和塑性的正火处理；球墨铸铁在机加工前应进行退火以消除内应力并均匀组织，粗加工后再进行淬火、回火（等温淬火、表面淬火或化学热处理等），由于其强化潜力巨大，经热处理提高自身强度后，可用于制造若干重要零件，如齿轮、曲轴等。

④ 非铁金属铸件的热处理　可按技术要求进行淬火（固溶处理）与时效处理等，以满足铸件的组织性能要求。

## 11.1.2　压力加工与热处理的紧密关系

### 11.1.2.1　压力加工概述

压力加工是大部分金属零件生产中的重要步骤之一，其加工过程是利用金属在外力的作用下所产生的塑性变形来获得的具有一定形状、尺寸和力学性能的毛坯或零件的生产方法。除了在零件成形上的独特优势之外（如薄板、细丝），压力加工另一个重要特点是可改善金属材料的力学性能。通过再结晶细化晶粒，纤维流线的定向控制，晶粒内偏析组织的均匀化，夹杂物及其他组织的破碎和重新分布以及材料内部缩松的焊合等方式，都可以提高材料的强度和韧性。

### 11.1.2.2　压力加工种类

根据金属坯料变形时被加热的温度高低，压力加工可分为热加工（或热变形）和冷加工（或冷变形）。变形温度在再结晶温度以上时，称为热加工（或热变形）；变形温度在再结晶温度以下时，则称为冷加工（或冷变形）。

压力加工的基本生产方式有：自由锻造、模型锻造、轧制、挤压、拉拔、板料冲压等。

一般的金属型材，如棒材、板材、管材和线材等大都是通过轧制、挤压和拉拔等形式制成的，如汽车外壳钢板、建筑钢筋、钢轨。拉拔通常是轧制或挤压的后步工序，主要用来生产各种细丝（拉丝）和薄管（拔管），如电线、电缆、钢绞线等。由于锻造可以改善金属内部的组织结构和力学性能，所以工程上的承受载荷的重要零部件必须采用锻造方式制造，如机器的主轴、重要的齿轮、炮弹的弹头、汽车的前桥等。

#### 11.1.2.3　压力加工后材料性能变化

经过冷变形的金属强度、硬度升高，塑性、韧性下降的现象，称为加工硬化。再结晶可以使加工硬化完全消除，所以热加工不会造成加工硬化。然而，由于金属经塑性变形后内部组织致密、晶粒细化，所以冷、热加工生产的毛坯或零件具有更高的力学性能。

#### 11.1.2.4　热处理工艺与锻造的关系

① 锻造工艺对热处理质量的影响　由于锻造温度较高，一般为1150～1200℃，锻后往往带有过热缺陷。这种过热缺陷由于晶粒内部组织异常，用一般正火的方法很难消除，因而在最终热处理后往往会留下淬火组织晶粒粗大、冲击韧度降低等缺陷。高速钢、高铬模具钢等铸造后经常有粗大共晶碳化物，如果锻造比不足或反复锻打次数不够，会使共晶碳化物呈严重带状、网状或大块存在，不仅不利于切削加工，而且在随后的淬火处理时极易变形开裂，并影响零件的韧性。另外，锻造成形时，如果零件各部位的变形程度不同，将在同一零件内部造成组织不均匀，若不加以消除，在淬火中也会导致变形开裂。

因此，为了改善锻件的组织状态，并为以后的淬火做好组织准备以及降低硬度改善切削加工性能，锻件必须进行预备（预先）热处理。

② 锻件的预备热处理方法

a. 碳的质量分数小于0.45%的碳素钢和碳的质量分数小于0.40%的低合金结构钢，应用正火方法。

b. 碳的质量分数在0.45%～0.70%的碳素钢和弹簧钢，以及碳的质量分数大于0.40%的合金结构钢和弹簧钢，一般应采用完全退火。

### 11.1.3　焊接与热处理的关系

#### 11.1.3.1　焊接工艺简述

要把各种零部件组成一个整体，成为一个有机的结构以完成一定的功能，就需要一定的连接手段。几乎所有的工程结构都是由连接在一起的不同零件组成的。一种方式是机械连接，如螺钉连接、铆接等，这种方式对材料本身的性能几乎没有影响；另一种方式是在工程上广泛使用的借助于物理化学过程的焊接，它往往在很大程度上改变了材料原有的成分、组织和性能，在这里重点加以介绍。

焊接是通过加热或加压等方式，将金属局部熔化，通过焊缝的凝固把单个的构件连接组合在一起，形成一个完整的毛坯或零件。因此，焊接是一种永久性连接金属部件的工艺方法。焊接成形技术的本质是利用加热或加压，使分离的金属部件形成原子间的结合，从而形成新的金属结构。焊接是一种高速高效的连接方法，通过金属间（也可以用于金属和非金属间）的压接、熔合、扩散、合金化、再结晶等现象，而使零件永久地结合。许多大型零件很难用铸造、锻造等工艺方法制造，却可以采用焊接工艺通过复杂的拼接和搭接而得以实现。它广泛地用于制造桥梁、船舶、车辆、压力容器、建筑物等大型工程结构。焊接也可用于批量制造各种结构较复杂的薄壳类零件。焊接的方法制造零件，由于拼接的方法灵活，其优越性有时是其他工艺方法无法比拟的。

另外，焊接成形对材料的影响很大，尤其是工程上大量应用的熔化焊接，相当于对焊接区的局部金属材料进行了重新冶炼和热处理过程，可以显著改变焊接区的成分、组织和性能，处理不当，会导致焊接桥梁的脆断事故以及局部腐蚀失效事故等，因此焊接是一个很重要的工艺过程。

焊接方法的种类很多。根据焊接过程的特点，可以将常用的焊接方法归纳为熔焊、压焊和钎焊三大类。

#### 11.1.3.2 热处理工艺与焊接的关系

焊接件的热处理目的主要是去除因焊接而产生的结构应力，稳定构件的尺寸；其次是对焊缝处的组织缺陷进行弥补。因此，焊接成形后应进行去应力处理，如对于焊接件局部有组织和性能要求的，可进行感应加热淬火、火焰加热淬火等热处理工艺。

### 11.1.4 热处理工艺与切削加工的关系

热处理工艺是金属零件加工和性能改善的重要一环，当选定了上述的合适毛坯后，很多零件的生产的必要工艺加工过程就进入到了切削加工的最重要的环节。钢的切削加工性的好坏与其化学成分、金相组织和力学性能有关。热处理可以改善材料的切削加工性能，降低加工后的表面粗糙度值，提高刀具的使用寿命。表 11-1 总结了常用结构钢采用不同热处理工艺后的硬度、组织与加工表面粗糙度的关系。

为了不至于发生粘刀现象和刃具的严重磨损，将硬度值控制在 170～230HBS 时，钢具有良好的切削加工性能。若要求进一步降低表面粗糙度值，可将硬度值提高到大于或等于 250HBW，但此时刀具将受到严重磨损，使用寿命降低。

切削加工对热处理质量也有重要影响，切削加工进给量大会引起工件产生切削应力，导致热处理后变形严重；工件表面粗糙度值大，特别是有较深的刀痕时，常在这些地方产生淬火裂纹。为了消除因切削应力而造成的热处理变形，在淬火之前应进行一次或数次消除应力处理，同时对切削加工进给量及切削刀痕应严加控制。

**表 11-1 常用结构钢采用不同热处理工艺后的硬度、组织与加工表面粗糙度的关系**

| 钢号 | 热处理 | 硬度(HBS) | 组织 | 加工表面粗糙度 |
|---|---|---|---|---|
| 20Cr | 正火 | 156～179 | 铁素体＋索氏体 | 车、拉、插削尚好 |
| 20Cr | 调质 | 187～207 | 回火索氏体＋铁素体 | 车削好，拉、插削不良或尚好 |
| 20CrMnTi | 正火 | 160～207 | 铁素体＋索氏体 | 车削好，拉、插削不良 |
| 45 | 正火 | 170～230 | 铁素体＋索氏体 | 车削好，拉、插削尚好 |
| 45 | 调质 | 220～250 | 回火索氏体＋少量铁素体 | 车削好，拉、插削不良 |
| 40Cr | 正火 | 179～229 | 索氏体＋少量铁素体 | 车、拉、插削均良好 |
| 40Cr | 调质 | 230～250 | 回火索氏体＋少量铁素体 | 车削好，拉、插削不良或尚好 |
| 35SiMn | 正火 | 187～229 | 铁素体＋索氏体 | 车、拉、插削均良好 |

## 11.2 金属零件选材的一般原则

在机器制造工业中，无论是开发新产品或是更新产品，除了标准零件可由设计者查阅手册外，设计与制造机械及零件时大都要考虑如何合理地选用材料这个重要问题。实践证明，影响产品的质量和生产成本的因素经常是与材料的选用是否恰当有着密切的联系，并且往往起到关键的作用。

2004 年三峡水电站大坝建设中从日本进口了了一批 50mm 厚低碳钢板，这批钢板是用来制造坝底输水管道，要承受很大的压力而且应该是无限长寿命，因此要求材料必须达到一定的强度、塑性指标。但进口时检查时发现这批钢板性能远远达不到要求，为此中方提出退货、索赔的要求。日方起初根本不承认，经过多次抽样、性能测试，使得日方在事实面前不得不承认这批钢板在生产时工艺有所调整，导致性能不合格，同意退换并赔偿中方。很明显，大坝工程设计人员对材料进行了正确的选择，并和律师、海关、管理人员多方合作进行了成功的索赔。

从机械零件设计和制造的一般程序来看，先是按照零件工作条件的要求来选择毛坯材料，然后根据所选材料的力学性能和工艺性能来确定零件的结构形状和尺寸。在零件生产过程中，首先要按所用的材料来制订加工工艺方案，零件材料的选择与毛坯工艺的选择有密切的关系。如柴油机曲轴材料由锻钢改为球墨铸铁时，毛坯就只能改用铸造方法获得；反之，当需要改变毛坯制造工艺方法时，亦常需要相应地改变零件的材料。如单件制造机床，将铸造床身改为焊接床身时，床身材料就应当由铸铁改为钢板。

机械零件选材应从零件的使用性能、材料的工艺性能、制造成本和生产条件等诸方面综合考虑。

### 11.2.1 选用的毛坯材料要满足零件使用性能的要求

材料的使用性能应满足工作条件的要求，零件的工作条件是各种各样的，例如受力状态就有拉伸、压缩、弯曲、扭转、剪切等；载荷性质也有冲击、交变载荷。不同工作温度则有室温、高温、低温等。环境介质亦有酸的、碱的、海水以及使用润滑剂等的不同。从上列的工作条件来看受力状态和载荷性质是反映力学性能的；工作湿度和环境介质则属于使用环境的。

材料的力学性能指标也是各种各样的。如屈服极限、强度极限、疲劳极限等是反映金属材料强度的指标，伸长率、断面收缩率等是反映材料塑性的指标，冲击韧性、断裂韧性等则是反映材料承受冲击载荷作用的指标。

由于选材的基本出发点是要满足零件的强度要求，所以各种强度指标通常都直接用于零件断面尺寸的设计计算，而 $\psi$、$\delta$、$E$ 等一般不直接用于设计计算。有时为了保证零件的安全才用它们作间接的强度校定，用来以确定所选材料的强度、塑性和韧性等是否配合至于材料的硬度指标虽可对强度性能作出一定量的估计但也不用于零件的设计计算。但测量硬度比较简便，在生产中还是应用很多的。

至于使用环境的情况，在选材时也是必须考虑的。例如在高温下工作的零件可选用耐热金属材料；要求具有一定的耐腐蚀性能，可用奥氏体不锈钢；要求耐磨性可用硬质合金；要求高硬度的，可用工具钢等。

在确定了具体力学性能指标和数值后，即可利用手册选材。但零件所要求的力学性能数据不能简单地同手册、书本中所给出的完全等同对待，另外，在利用常规力学性能指标选材时，还必须注意以下几点：

① 材料的性能不仅与化学成分有关，也与加工、处理后的状态有关。所以要注意手册中的性能指标是在何种加工、处理条件下得到的。

② 材料的实验性能数据与加工处理时试样的尺寸有关，随截面尺寸的增大，力学性能一般降低，因此必须注意零件尺寸与手册中试样尺寸的差别，并进行适当的修正。

③ 材料的化学成分、加工处理的工艺参数都有一个波动范围，所以性能的数据也有一个波动范围。一般手册中的性能，大多是波动范围的下限值，即在尺寸和处理条件相同时，手册数据是偏安全的。

④ 材料的性能指标各有自己的物理意义，有的较直观，可直接用于定量设计计算，例如强度 $\sigma_s$、$\sigma_b$、等；有些则不能直接应用于设计计算，只能间接用来估计零件的性能，如伸长率 $\delta$、断面收缩率 $\psi$、冲击韧度 $a_K$ 等，这些指标属于保证安全的性能指标，对于具体零

件 $\delta$、$a_K$ 值的选择，完全依赖于经验。

⑤ 由于测定硬度的方法较简便，且硬度与其他性能指标密切相关，例如钢的抗拉强度 $\sigma_b \approx 0.35$HBS，所以硬度常用来作为设计中控制材料的指标。但由于硬度有对组织敏感性差等缺点的局限性，因而单凭硬度指标不能确保零件的使用安全。所以设计中在给出硬度值的同时，还必须对热处理工艺作出明确的规定。

### 11.2.2 毛坯材料的工艺性能也是选材的重要依据之一

金属材料的基本加工方法有铸造、压力加工、焊接、切削加工和热处理等，工艺性能主要包括铸造性能（包括流动性、收缩、偏析和吸气性等）、锻造性能（包括塑性和变形抗力）、焊接性能（焊接接头产生工艺缺陷的敏感性及焊接接头的使用性能）、热处理工艺性能（包括淬透性、淬火变形开裂倾向、过热敏感性、耐回火性等）和切削加工性能。这些加工工艺性能在前面章节中有了介绍，对各种金属材料特点和加工工艺方法时也有较多说明。

材料的工艺性能是指所选用的材料能否保证顺利地加工制成零件。在选材中，同使用性能比较，工艺性能处于次要地位。但在某些情况下，工艺性能也可作为选材考虑的主要根据。例如某些材料仅从零件的使用要求来看是完全适合的，但无法加工制造或加工制造很困难，成本很高，这些都属于工艺性不好。因此工艺性能的好坏，对决定零件的生产效率以及难易程度、生产成本等方面起着十分重要的作用，是选材时必须同时考虑的重要因素。材料的工艺性能要求与零件制造的加工工艺路线密切相关，具体的工艺性能要求是结合制造方法和工艺路线提出来的。

① 零件的生产方法将直接影响其质量和生产成本　在大多数情况下，将决定应选用何种生产工艺方法来进行零件毛坯的加工。例如，铸造可以适用于任何金属材料，但对铸铁零件只能用铸造方法生产，这样才能顺利经济地得到零件。焊件毛坯一般情况下要选用低碳钢等可焊性较好的材料，这是因为低碳钢具有很好的焊接工艺性能。

对于力学性能要求较高的零件应当选用锻件或直接采用各种轧制型材作为零件的首选毛坯材料。经冷拉、冷拔的型材，有较高的尺寸精度与表面质量，有时不经加工即可使用。所以，如果有多种金属材料可供选择毛坯时，应当对各种材料的加工工艺性进行比较，并兼顾经济性，作出最后的选择（见表11-2）。

**表 11-2　常用金属材料与加工工艺性的关系**

| 材料＼毛坯生产方法 | 铸造 | | | | 锻造 | 冷冲压 | 焊接 | 挤压 | 冷拉拔 |
|---|---|---|---|---|---|---|---|---|---|
| | 砂型 | 金属型 | 压力铸造 | 熔模铸造 | | | | | |
| 低碳钢 | 好 | | | 好 | 好 | 好 | 好 | 好 | 好 |
| 中碳钢 | 好 | | | 好 | 好 | 好 | 好 | | 好 |
| 高碳钢 | 好 | | | 好 | 好 | 好 | | | 好 |
| 灰口铸铁 | 好 | | | | | | | | |
| 铝及铝合金 | 好 | 好 | 好 | | 好 | 好 | 好 | 好 | 好 |
| 铜及铜合金 | 好 | 好 | 好 | | 好 | 好 | 好 | 好 | 好 |
| 工具钢 | 好 | | | 好 | 好 | | | | |
| 不锈钢 | 好 | | | 好 | 好 | 好 | 好 | 好 | 好 |

② 零件的形状及尺寸　零件的形状及尺寸常会影响到采用某种毛坯加工工艺性能及可行性。砂型铸造生产的毛坯，尺寸可以很大，形状也可以很复杂，但强度不如锻造工艺的毛坯。自由锻造的毛坯形状只能比较简单，模锻虽然可以锻制形状比较复杂的毛坯，但由于受

模锻设备吨位的限制，模锻件质量不能太大，如 16t 的模锻锤所能锻造的锻件件质量约 150kg 等。

小型毛坯可以采用多种方法进行生产但如考虑到零件的具体形状，毛坯生产方法就受到一定的限制。对于直径相差较小的阶梯轴、盘类及套筒类等零件，可直接采用各种型材作为零件的毛坯。

零件的截面形状变化大。例如直径相差较大的阶梯轴，采用锻件可以获得较合理的加工余量。

③ 生产类型　生产类型对毛坯加工方法的选择有决定性的影响。生产批量愈大，采用精密制造的毛坯的方法愈有利。因为，为了生产精密的毛坯所使用的设备，由于高的生产率及依靠减小加工余量、节省材料以及降低机械加工费用而得到补偿。目前广泛采用的少、无切屑的毛坯生产方法，已能达到较高的精度，在很多情况下，可以免去或减少切削加工的工作量。

用自由锻造、焊接方法生产毛坯生产准备费用较少，故在单件小批生产时是比较经济的。

近年来以焊件代替锻件或铸钢件的加工生产方法，在重型机器制造中得到较广泛的应用。

工程塑料的工艺路线比较简单，成形后可进行机械加工。工程塑料的机械加工性能是比较好的，但由于塑料具有弹性大、散热差和不耐高温等性质，切削时易引起零件变形及加工面粗糙等现象。陶瓷材料的工艺路线也比较简单，主要工艺是成形加工，成形后只能磨削加工。

### 11.2.3 选材要本着经济性的原则

机械制造过程中，毛坯材料的选择是一个较复杂的问题，不仅要从技术方面考虑，而且要从经济观点来研究毛坯的经济性问题。

所选材料既要价廉质量高，又要尽量选用国产材料。一般情况下，铸铁能满足要求就不用铸钢。碳钢能满足要求就不用合金钢了。例如在我国，有些曲轴和连杆选用球墨铸铁代替锻钢材料，不但能满足性能要求同时降低了材料成本，同时减少了切削加工生产，进一步地降低了生产成本。

在选材时重视材料的经济性时，除了要考虑材料本身的价格和制造零件所需的一切费用，还要考虑材料的功能。根据价值工程的原理

产品的综合价值=产品的功能/成本

产品功能包括：服役寿命，承载能力，运转效率等。

用它计算出的结果进行比较，价值就不单仅材料本身的价格了，还有材料的功能和使用寿命等因素，只有这样综合考虑，才能够比较全面地反映选材的经济性。

例如，要制造一个耐腐蚀的容器，有三个选材方案：一是用普通碳素钢，制造成本为 5000 元，可使用一年；二是用奥氏体耐酸不锈钢，制造成本为 40000 元，可用 10 年；三是选用铁素体不锈钢，制造成本为 15000 元，可用 6 年。根据价值工程原理算出一、二、三方案的价值系数是 1∶1.25∶2，可见第三选材方案的经济性更好些。

再如：如图 11-3 所示家用缝纫机的梭芯套壳，按年产量 200 万只计算，由于采用冷挤压工艺制造毛坯［图 11-3(b)］，与直接用圆钢作为毛坯［图 11-3(c)］比较之后发现，原材料可节约 89.8t，人力由原来的 25 人减为 7 人。因此可见毛坯的选用对零件的生产成本影响很大，降低了材料成本，产品的综合价值才会大大提高。因此在零件生产设计的第一步，选择合适的材料毛坯，应综合地、全面地从零件的全部制造过程进行考察，以便做到更好的经

济性和最合理。

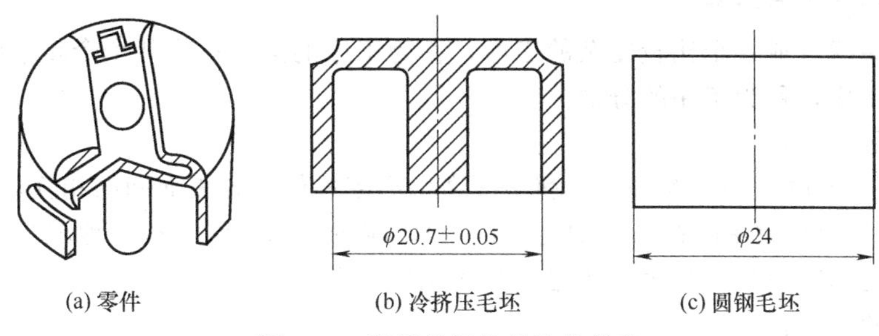


图 11-3　家用缝纫机的梭芯套壳

## 11.3　机械加工工艺过程的制订简介

在制订机械加工工艺过程中，需要考虑的问题很多，涉及的面也极广，包括考虑采用哪些表面作为定位基准，采用哪些加工方法，怎样安排加工顺序，怎样选择机床、刀具、夹具及量具等。作为设计人员，为了确定合理的工艺过程，最好应同时拟定几个方案进行比较，必要时还要通过技术经济分析，以确定最佳方案。下面只讨论制订工艺过程时，要解决的主要问题。

### 11.3.1　选择定位基准

定位基准的选择与制订工艺过程是密切相关的。在保证加工精度的前提下，应使定位准确，夹紧可靠，夹具结构简单及制造方便。因此应结合具体生产条件和生产类型选择好定位基准。

### 11.3.2　制订工艺路线

制订的工艺路线是否合理，不但影响加工质量和生产率，而且影响到劳动强度和生产成本等问题。在拟定工艺路线时，主要应解决以下四个问题。

(1) 选择加工方法

在分析研究零件图的基础上，根据工件的结构形状和尺寸，每个加工表面的技术要求，工件材料的性质，生产类型及本厂的具体情况对不同的表面选择相应的加工方法。

(2) 划分加工阶段（加工顺序）

零件的精度要求较高时，往往要将加工过程划分为几个阶段，如粗加工、精加工、光整加工等。划分加工阶段的原因如下。

① 应该避免粗加工时产生的变形对精加工的影响。当进行粗加工时切除的金属较多，产生的切削力和切削热以及夹紧力都较大，因而使工件产生的内应力和变形也较大。如果把粗、精加工分开进行，就能使工件在精加工前有一定时间减少或消除其内应力和变形，从而保证了加工精度。

② 将粗、精加工分开，这样便于合理地使用机床和刀具，能够充分发挥粗加工机床的效率的同时，也有利于保持精密机床的精度。

③ 为了热处理工序的需要。根据工件对热处理的要求不同，通常要安排热处理在各个加工阶段中进行（如调质安排在粗加工后）。工件经热处理后要产生一定的变形，因此要求在以后的加工中修正，这就必须把工艺路线划分为几个加工阶段。

应当指出，在某些情况下，例如零件的精度要求不高，或者生产批量较小又受到设备条件的限制，特别是在加工重型零件时，不一定要把粗、精加工分开，但要采取一些措施：如粗加工后将夹紧力减小一点再进行精加工。

(3) 工序的集中与分散

把几个工序联合成一个比较复杂的工序，称为工序的集中；将几个个复杂的工序划分为几个较简单的工序，称为工序的分散。

工序集中的优点：

① 可以减少工件的安装次数，有利于提高生产率和保证各表面间的相互位置精度。

② 有可能利用高效率的机床（如自动机床），减少机床数量，相应地减少操作工人数量和生产中占用的车间面积，缩短工艺路线并简化生产管理。

工序分散的优点：

① 设备与工艺装备较简单，机床调整方便，便于采用专用机床。

② 对工人的技术水平要求较低。

③ 有利于选择最合理的切削用量，便于产品更新和进行工艺改革。

在一般情况下，单件小批生产只能采用工序集中的方法，使用通用机床。

大批、大量生产可以采用工序集中，也可采用工序分散。从生产技术发展的要求来看趋向于采用多刀、多轴等高效率的机床使工序集中。但对于有些零件（如活塞等）不便于工序集中，可采用效率高、结构简单的专用机床和夹具，将工序分散，组织流水生产。

对于大型和重型零件，由于安装、运输比较困难，应采用工序集中的办法并希望在一次安装中加工尽可能多的表面。

对于刚度差、精度要求高的零件，工序则应适当分散。

所以，工序集中与分散各有优点，必须根据生产类型、零件的结构特点和技术要求、机床设备等具体生产条件进行综合分析来决定。

(4) 合理安排各表面的加工顺序

对各个表面加工顺序的安排不同，会得到截然不同的经济效果，如果安排得不合理，就不可能保证加工质量。对于辅助工序（如检验、去毛刺、平衡等）也不能忽视。安排工件表面的加工顺序，一般可从以下几个方面考虑。

① 作为精基准的表面应安排在前面加工。如轴类零件的中心，箱体零件的剖分面或底面，齿轮的孔和端面。这样，为后面的工序作基准，便于保证基准同一的原则。

② 精基准面加工好后就可以对精度要求较高的表面进行粗加工，同时可以穿插一些次要表面的粗加工。主要表面的精加工应安排在工艺过程的最后，以便不受其他表面加工的影响；对于容易出现缺陷（如气孔、砂眼等）的表面，也应尽可能在前面进行。

③ 热处理工序的安排。出于热处理的目的不同，其安排也不同。

要改善切削加工性、消除毛坯制造时引起的内应力为主要目的的热处理如正火、退火等，一般安排在机械加工之前。

要消除切削加工时引起的内应力为主要目的的热处理，一般安排在粗加工之后、精加工之前，以减少粗加工后内应力重新分布而引起的变形。对于高精度的零件，如精密机床的床身，在粗、精加工之间，往往要安排几次去除内应力的热处理。

要提高材料力学性能为目的的热处理，如调质等，一般安排在粗加工后进行。对于要求表面高硬度的热处理如渗碳、表面淬火、氮化等应安排在工艺过程的最后或该表面的最终工序之前。

### 11.3.3 加工余量的确定

加工余量可分为总余量和工序余量。

在一个工序中，需要切除的金属层厚度，称为工序余量；从毛坯到成品总共需要切除的余量称为总余量。总余量等于该表面各工序余量之和。

对于旋转体表面（外圆及孔），加工余量是按直径计算的，即为所切除的金属层厚度的一倍，如图11-4所示。

各工序间加工余量的大小，主要决定于各工序的加工条件、工件尺寸和质量要求。一般来说，愈是精加工，工序余量愈小。例如，加工拉伸试样的外圆面，粗车余量为11mm，精车余量为1.8mm，而磨削余量为0.2mm。

总余量的大小对制订工艺过程有一定的影响，总余量不够，不能保证加工质量，甚至造成废品；总余量过大，不但增加了机械加工的劳动量，而且也增加了材料、工具和电力的消耗。

总余量的大小，一般与毛坯的制造方法有关，毛坯的制造精度愈高，余量可以愈小；总余量的大小也与生产类型有关，批量大，总余量就应小些。

目前在单件小批生产中，确定加工余量大小的方法是由工人和技术人员根据生产经验和本厂的具体生产条件，用估计法来确定；也可以用查表法，以有关手册或资料中推荐的加工余量数值为基础并结合实际加工情况进行修改，然后确定加工余量的数值。

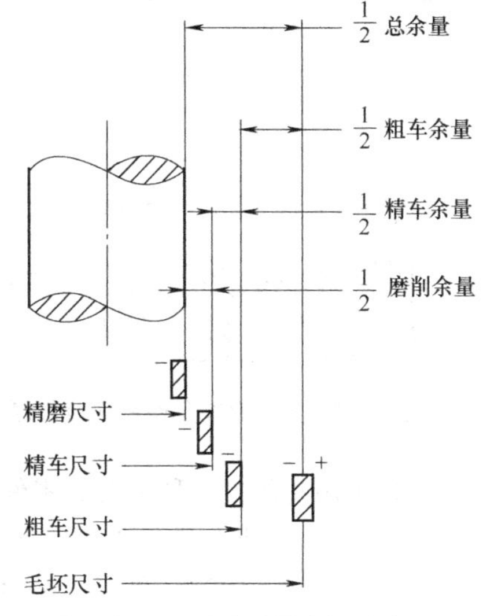


图11-4　总加工余量与各工序余量之间关系示意图

## 11.4　热处理零件的结构工艺性

淬火钢件失效的主要原因是超载或内应力过大。而内应力的过大又是零件结构和尺寸设计不合理而引起。

设计零件几何形状应力求简单、对称。应避免结构过于复杂，才能消除内应力过大而产生的破碎、变形等疵病。不合理的零件经常引起淬火变形、开裂，使零件报废。当设计需要淬火零件的结构形状时，应提前采取有效的办法和措施避免或减小变形、开裂。在实际生产中，工程师们有时只注意到如何使零件的结构、形状及尺寸适合零件结构的需要，而往往忽视了零件在热处理过程中因其结构的不合理给热处理工序带来的不便，以致引起淬火变形甚至开裂，使零件报废。因此，在设计时，必须充分考虑淬火零件的结构形状及各部分的尺寸与热处理工艺性的关系。熟悉这些基本知识，才能保证零件的使用功能和经济成本相统一。

在设计淬火零件的结构、形状及尺寸时应掌握以下原则。

① 避免尖角和棱角。零件的尖角、棱角部分是淬火应力最为集中的地方，往往是淬火裂纹的起点。因此，在零件结构设计时应避免尖角、棱角，并要在尖角、棱角地方倒角。一般原则如图11-5所示。

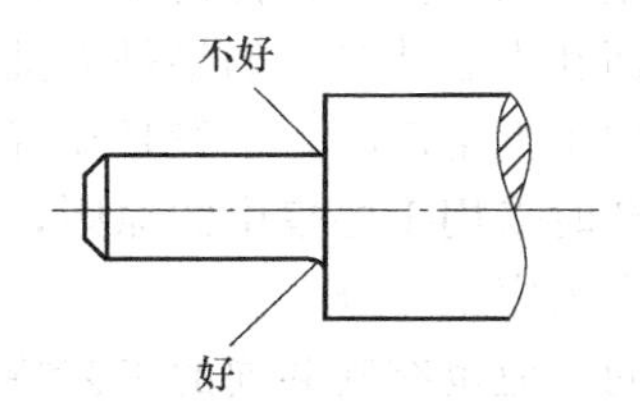


图11-5　避免尖角、棱角的实例

② 设计时避免厚薄悬殊。

a. 使淬火后薄处变形直径或体积较大，并且还要考虑零件对称，见图 11-6。

b. 淬火后零件形状不均匀，淬火后零件圆度变大，为此可开一个工艺孔就可以使淬火变形减少，进而减少圆度。如图 11-7 所示。

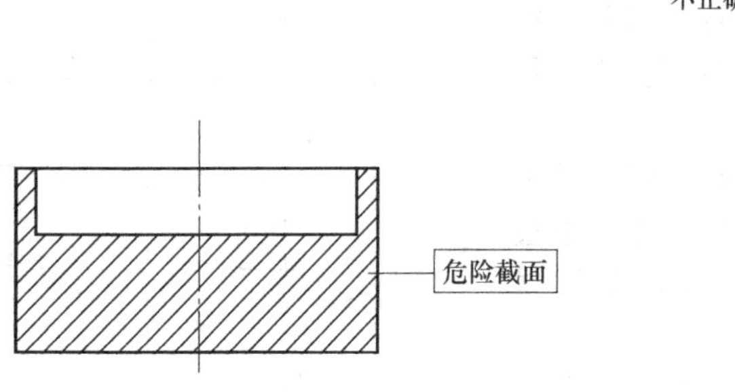


图 11-6 零件存在危险截面时加厚薄壁

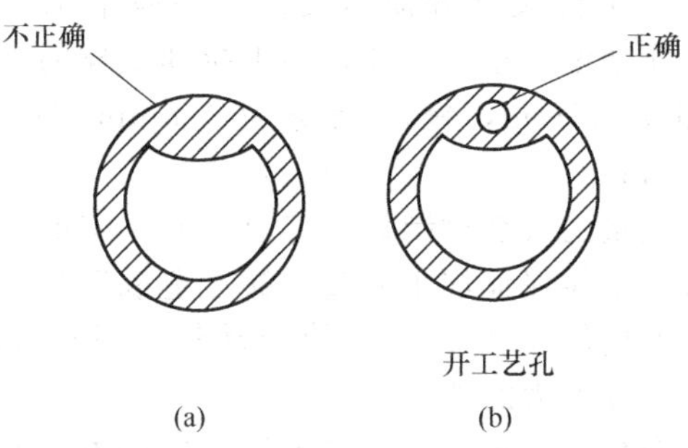


图 11-7 开工艺孔可避免淬火变形、开裂

③ 采用封闭、对称结构。零件形状为开口或不对称结构时，淬火时淬火应力分布不均匀，容易引起变形。为了减小变形，应尽可能采用封闭、对称结构。

④ 采用组合结构。对形状复杂或截面尺寸变化较大的零件，尽可能采用组合结构或镶拼结构。对特别细长、薄长的零件，结构上有可能拼接时，应尽量拼接。

⑤ 轴类零件的细长比不可太大。

⑥ 内孔要求淬硬时，应变不通孔为通孔。

孔与孔之间或孔与棱边之间应有一定距离。如有可能应该在内孔底部横向钻通，以改善淬火时内孔的冷却条件。

⑦ 提高零件结构的刚性，必要时可附加加强肋。

⑧ 热处理前零件要有一定的表面粗糙度。一般淬火零件要求表面粗糙度不大于 $Ra \approx 3.2\mu m$；渗氮零件表面粗糙度值大时，脆性增大，硬度不容易测准，一般要求 $Ra$ 在 $0.80 \sim 0.10\mu m$ 之间；渗碳零件表面粗糙度值不高于 $Ra6.3\mu m$。表面不能有较深的印痕，关键部位不能有印痕。

## 11.5 典型零件的选材及加工工艺与热处理工艺分析

### 11.5.1 轴类零件的选材及工艺分析

#### 11.5.1.1 轴类零件机械加工的一般工艺过程

轴是组成机器的重要零件之一，有传动轴、主轴、花键轩、凸轮轴、曲轴等，起着支撑传动零件（加齿轮、带轮等）和传递扭矩的作用。

由于轴的结构形状、生产类型和工厂生产条件的不同，各类轴的具体机械加工工艺过程是不完全相同的。例如，加工端面和中心孔时，如果是大批量生产，那么铣端面、钻中心孔都是在专用机床上进行的；而单件小批生产时，一般是在普通车床上进行的。又如，车外圆中的粗车和精车，在单件小批生产时采用工序集中的原则，作为一个工序；而在大量生产时多采用工序分散的原则，作为两个工序来安排。

轴的机械加工工艺虽然有不同，但也有其共同的工艺特点，对于毛坯为轧制棒料或锻件的实心阶梯轨，一般可归纳为如下的典型工艺路线：预备加工—粗车外圆—热处理（正火或调质）—精车外圆—其他表面加工（如螺纹、键槽等）—热处理（耐磨部位进行表面热处理）—磨削。

从工艺路线中可以看到，这类零件必须要进行相应的热处理，而在热处理加工工艺中遇到的主要问题是如何减小变形，防止丧失精度。因此，合理地设计出较好的零件外形结构，正确地选用材料，提出恰当的热处理技术要求，再加上采用正确的热处理工艺与操作，才会获得质量良好的热处理零件。

#### 11.5.1.2 轴类零件选材

（1）轴类零件的工作条件及失效形式

轴类零件在工作时主要承受弯曲应力和扭转应力的复合作用，它们大多是在交变应力状态下工作的；轴与轴上零件在工作过程中有相对运动而产生摩擦（轴颈和花键处）；另外，当外力为动载荷时轴类零件也经常受到一定冲击。由此可见，轴类零件在试验过程中受到的载荷情况是相当复杂的，因而其损坏形式也是多种多样的。常见轴的失效形式有：疲劳断裂、过量变形和过度磨损等。

（2）对轴的材料性能要求及常用材料

制造轴的材料应具备下列性能：

a. 足够的强度、刚度和一定的韧性。

b. 高的疲劳极限，对应力集中敏感性低。

c. 足够的淬透性。

d. 低的淬火开裂倾向，受磨损的局部可获得高硬度和高耐磨性。

e. 良好的切削加工性。

机械行业中常用轴类材料有：优质碳素结构钢，如35钢、40钢、45钢、65Mn钢等，其中用得最多的是45钢；合金钢，如20Cr、40Cr、40Cr、20CrMnTi、40MnB等；碳素结构钢，如Q235、Q275等。除了上述碳钢和合金钢外，近年来越来越多地采用球墨铸铁和高强度灰铸铁作为轴的材料，尤其是曲轴的材料。

### 11.5.2 典型轴类零件——磨床头架主轴的加工工艺及热处理工艺简介

#### 11.5.2.1 服役条件和技术要求

铣床、车床及磨床等机床头架主轴大都是空心的。这是因为一方面主轴内孔要经常与顶尖配合装卡；另一方面又便于细长零件穿过主轴内孔后进行局部加工。如图11-8所示是一典型的磨床头架主轴。主轴与轴承相配合，工作中主轴转速高而导致轴颈与轴瓦磨损严重，故要求轴颈具有较高的硬度和耐磨性。大头内孔 $\phi$44.399mm 及外圆各段以及130mm大头侧端面要求淬硬到59HRC；螺纹、螺孔等要求低硬度，其余部分淬硬与否均可；为了保证磨床的加工精度，对主轴主要考虑其耐磨性。根据以上要求，材料选用20MnVB或20Cr钢，渗碳层深度为1.2～1.6mm。该轴精度高，要求外圆圆跳动不大于0.002mm。

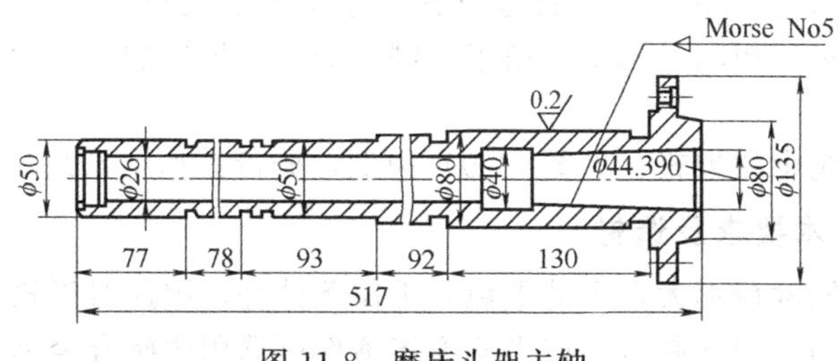


图11-8 磨床头架主轴

#### 11.5.2.2 加工工艺路线

工艺路线如下：下料→锻造→正火→粗加工（钻孔至 $\phi$20～22mm，留加工余量 4～6mm）→去应力退火→精加工各个部位（留余量 0.6～0.7mm，其中留下螺孔与螺纹部分渗碳前不加工，单边留余量 2.5～3mm）→渗碳→加工螺孔与螺纹部分（加工去除不要求淬硬部位的渗碳层，单边留余量 0.30～0.40mm）→淬火→低温回火→检验硬度及弯曲变形。

#### 11.5.2.3 热处理工艺

渗碳后淬火＋回火是为了使轴颈和外圆锥部分获得高硬度，提高耐磨性。

① 锻后正火　加热 880℃，保温 1～2h，空冷。因为 20MnVB 或 20Cr 钢都是低碳低合金钢，若采用退火工艺，则硬度太低而塑性与韧性则太高，加工时容易粘刀，加工后表面粗糙度值大；不仅如此，退火还会造成低碳钢基体组织中的铁素体粗大，影响最终淬硬后的心部强韧性。而正火不但效率高而且成本低，所以锻后宜采用正火，这样既消除锻造应力及组织不均匀性，也降低了硬度，改善了加工性。

② 去应力退火　粗加工后由于加工硬化等原因，需进行去应力退火，以便后续进行加工。为了减小变形，零件应垂直吊挂在井式炉中回火，加热 600～650℃，保温 2h，随炉缓冷到 300℃出炉空冷。

③ 渗碳　按工艺要求渗碳层深度为 1.55～1.95mm，渗碳温度为 930℃，保温 8h 后出炉坑冷或炉内冷却，以防止氧化脱碳。这里尤其需要注意的是，如果渗碳时工件吊挂与安放不好，一旦发生弯曲变形则很难校正。所以，渗碳时工件一定要细心吊挂，严格垂直安放，不允许有重叠现象，以保证渗碳质量。

④ 淬火　为防止氧化脱碳，一般选择在盐浴炉中加热淬火。主轴由于大头一端内孔要求淬硬，因此必须大头向下在盐浴炉中垂直吊挂，在 820～840℃加热，保温 30min，在 140～160℃稍盐炉中分级淬火，分级时间为 10～15min，然后取出在空气中冷却。分级时间过长会产生较多贝氏体，影响淬火硬度；分级时间太短则会引起没有过冷到 $M_s$ 点以下的奥氏体在随后的空冷中发生中温转变生成珠光体型组织而影响淬火硬度。另外，操作时还要特别注意，由于空心主轴这类套筒形零件淬火时，当下端进入淬火介质中快速冷却时，由于淬火零件仍处在高温，此时淬火介质会被加热至沸腾并沿内孔向上冲出伤人。所以，其上端在淬火时应采用钢板遮挡，以防止沸腾的淬火介质向上直冲。淬火后应检验硬度。

⑤ 低温回火　低温回火的主轴冷至室温后先用冷水冲洗去除盐分，然后再用热水煮洗，最后在 150～160℃回火保温 8h 后在空气中冷却。有条件的企业，最好再进行一次－60℃以下保温 2h 的冷处理，然后再回火一次。

⑥ 检验硬度和弯曲变形　硬度应合格，弯曲变形量不超过圆跳动量 0.20mm。

### 11.5.3 盘类零件机械加工（圆柱齿轮）的一般工艺过程

齿轮、带轮、套筒等零件其加工工艺过程基本相似，把它们都归为盘类零件。具有代表性的盘类零件是圆柱齿轮，用中碳钢制造齿轮的整个工艺过程一般可归纳为如下的工艺路线：下料—锻造—正火—粗车—调质—精车—键槽加工—齿形加工—齿形表面淬火＋低温回火—磨齿。

下面以车床主轴箱中的齿轮（见图 11-9）为例，分析其加工工艺过程。

#### 11.5.3.1 齿轮的技术要求及选材

一般来说机床齿轮载荷不大，运动平稳，工作条件好，因此对齿轮的耐磨性及冲击韧度要求不高，一般可选用中碳钢制造。如果考虑淬透性可选用中碳合金钢，经感应加热表面淬火，基本上能满足机床工作条件。图 11-9 为 C620-1 车床主轴箱中Ⅲ轴上的三联滑动齿轮简图，该齿轮主要用来传递动力并改变转速，通过拨动箱外手柄使齿轮在Ⅲ轴上作滑移运动，从而与Ⅱ轴上的不同齿轮啮合，可获得不同的转速。从该齿轮工作的过程来看，齿轮承受载荷不大，滑移啮合中与Ⅱ轴上的齿轮虽有碰撞，但冲击力不大，运动也较平稳，所以可选用中碳钢来制造。但考虑到整个齿轮较厚，采用中碳钢难以淬透，于是选用中碳合金钢更好，如：40Cr并经高频表面淬火。

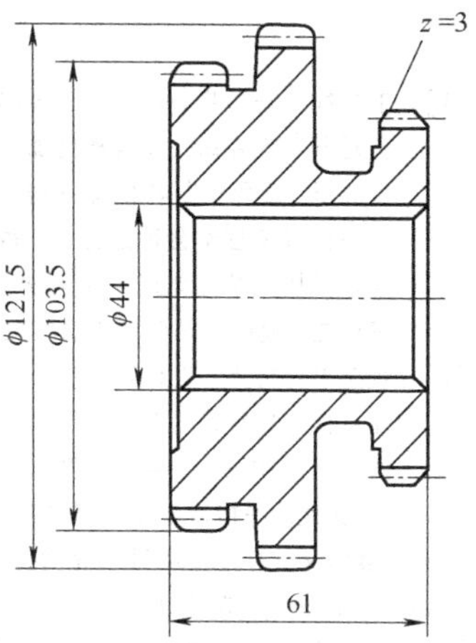

z=3
φ121.5
φ103.5
φ44
61

图 11-9 车床主轴箱齿轮

#### 11.5.3.2 加工工艺简述

锻造工艺选用自由锻。在普通车床上加工，先粗车，后精车外圆和车端面倒角及镗孔，粗车后进行调制热处理，再进行精车。插键槽在插床上进行。齿形的加工在滚齿机上进行粗加工（粗滚）和精加工（精滚）。

#### 11.5.3.3 热处理工艺分析

正火处理对锻造齿轮毛坯是必需的热处理工序，它可消除锻造压力，均匀组织，改善切削加工性。对于一般齿轮，正火也可作为高频表面淬火前的最后热处理工序。

如果生产重要的受力复杂齿轮，粗加工后需进行调制。调质处理可以使齿轮获得较高的综合力学性能，齿轮可承受较大的弯曲应力和冲击力，并可减少淬火变形。

高频淬火及低温回火提高了齿轮表面硬度和耐磨性，并且使齿轮表面产生压应力，提高了抗疲劳破坏的能力。

## 思考题与习题

1. 选择零件材料应遵循哪些原则？

2. 零件选材的经济性应如何考虑？

3. 选择毛坯制造工艺技术时主要考虑哪些因素？

4. 机床变速箱齿轮多采用调质钢制造，而汽车、拖拉机变速箱齿轮多采用渗碳钢制造，为什么？

5. 有一根 $\phi$30mm×300mm 的轴，要求摩擦部分硬度为 53～55HRC，现选用 30 钢来制造，经调质处理后表面高频淬火（水冷）和低温回火，使用过程中发现摩擦部分严重磨损，试分析失效的原因，并提出合适的解决办法。

6. 指出下列工件在选材与制订热处理技术条件中的错误，并说明其理由及改正意见。

| 工作环境及性能要求 | 材料 | 热处理技术条件 |
|---|---|---|
| 直径 30mm，要求良好综合力学性能的传动轴 | 40Cr | 调质 40～45HRC |
| 转速低，表面耐磨性及心部强度要求不高的齿轮 | 45 | 渗碳淬火 58～62HRC |
| 传动轴（直径 100mm，心部 $\sigma_b$>500MPa） | 45 | 调质 220～250HBS |
| 直径 70mm 的拉杆，要求截面上性能均匀，心部 $\sigma_b$>500MPa | 40Cr | 调质 200～230HBS |
| 表面耐磨的凸轮 | 45 | 淬火、回火 60～63HRC |
| 钳工凿子 | T12A | 淬火、回火 60～62HRC |
| 直径 5mm 的塞规，用于大批量生产，检验零件内孔 | T7 或 T10 | 淬火、回火 62～64HRC |

# 参考文献


[1] 王少纯，马慧良，关晓冬. 金属工艺学（普通高等院校工程训练系列规划教材）. 北京：清华大学出版社，2011.
[2] 王延薄，齐克敏. 金属塑性加工学——轧制理论与工艺. 北京：冶金工业出版社，2001.
[3] 崔忠圻. 金属学与热处理（铸造、焊接专业用）. 北京：机械工业出版社，2000.
[4] 中国机械工程学会铸造分会. 铸造手册（第2版）：第5卷——铸造工艺. 北京：机械工业出版社，2007.
[5] 北京科技大学，北京工业大学等校. 金属工艺学实习教材. 北京：机械工业出版社，2004.
[6] 王英杰. 金属工艺学. 北京：机械工业出版社，2008.
[7] 张至丰. 机械工程材料及成形工艺基础. 北京：机械工业出版社，2007.
[8] 孙立权. 材料成形工艺. 北京：高等教育出版社，2010.
[9] 杨春利，林三宝. 电弧焊基础. 哈尔滨：哈尔滨工业大学出版社，2003.
[10] 张文钺. 焊接冶金学（基本原理）. 北京：机械工业出版社，1999.
[11] 袁国义. 有色金属材料焊割技术. 西安：西安电子科技大学出版社，2007.
[12] 胡敬佩. 锻造工识图. 北京：化学工业出版社，2009.
[13] 夏巨谌，张启勋. 材料成形工艺. 北京：机械工业出版社，2010.
[14] 陈剑鹤，于云程. 冷冲压工艺与模具设计. 北京：机械工业出版社，2009.
[15] 中国机械工程学会焊接分会. 焊接手册（第3版）：第1卷——焊接方法及设备. 北京：机械工业出版社，2008.
[16] 中国机械工程学会焊接分会. 焊接手册（第3版）：第2卷——材料的焊接. 北京：机械工业出版社，2008.
[17] 中国机械工程学会焊接分会. 焊接手册（第3版）：第3卷——焊接结构. 北京：机械工业出版社，2008.
[18] 田中良平.向极限金属挑战的金属材料——开拓21世纪的技术.北京：冶金工业出版社，1986.
[19] 刘建华. 材料及成形工艺基础. 西安：西安电子科技大学出版社，2007.
[20] 刘宗昌. 金属材料工程概论. 北京：冶金工业出版社，2007.
[21] 舟久保熙康. 形状记忆合金. 千东范译. 北京：机械工业出版社，1999.
[22] 杨森. 金属工艺实习. 北京：机械工业出版社，1997.
[23] 周燕飞. 金属工艺学实习. 北京：北京邮电大学出版社，2007.
[24] 相瑜才. 工程材料及机械制造基础（工程材料）. 北京：机械工业出版社，1998.
[25] 宋金虎. 材料成型基础. 北京：人民邮电出版社，2009.
[26] 杨慧智. 程材料及成形工艺基础. 北京：机械工业出版社，2009.
[27] 黄天佑. 材料加工工艺. 北京：清华大学出版社，2010.
[28] 于爱兵. 材料成形技术基础. 北京：清华大学出版社，2010.